Lineare Algebra

Gerhard Dobner / Hans-Jürgen Dobner

Lineare Algebra

für Naturwissenschaftler und Ingenieure

ELSEVIER
SPEKTRUM
AKADEMISCHER
VERLAG

Spektrum
AKADEMISCHER VERLAG

Zuschriften und Kritik an:
Elsevier GmbH, Spektrum Akademischer Verlag, Dr. A. Rüdinger, Slevogtstr. 3-5, 69126 Heidelberg

Autoren
Prof. Dr. Gerhard Dobner
Hochschule Konstanz für Technik, Wirtschaft und Gestaltung
Fakultät Elektrotechnik und Informationstechnik
E-Mail: dobner@htwg-konstanz.de

Prof. Dr. Hans-Jürgen Dobner
Hochschule für Technik, Wirtschaft und Kultur (HTWK) Leipzig
Fachbereich Informatik, Mathematik und Naturwissenschaften (IMN)
E-Mail: dobner@imn.htwk-leipzig.de

Bibliografische Information der Deutschen Nationalbibliothek
Die Deutsche Nationalbibliothek verzeichnet diese Publikation in der Deutschen Nationalbibliografie; detaillierte bibliografische Daten sind im Internet über http://dnb.d-nb.de abrufbar.

07 08 09 10 11 5 4 3 2 1

Planung und Lektorat: Dr. Andreas Rüdinger, Barbara Lühker
Herstellung: Ute Kreutzer
Umschlaggestaltung: SpieszDesign, Neu-Ulm
Satz: Autorensatz
Druck und Bindung: Uniprint International BV, Szekesfehervar

Printed in Hungary

ISBN 978-3-8274-1707-7

Aktuelle Informationen finden Sie im Internet unter www.elsevier.de und www.elsevier.com

Vorwort

Die Einführung von Bachelor- und Masterstudiengängen bewirkt eine modulare Struktur der Lehrveranstaltungen an Hochschulen und Universitäten. Dies hat auch Auswirkungen auf Lehrbücher für Studienanfänger. Im Rahmen der neuen Studienabschlüsse sind Darstellungen gefragt, welche einerseits den kompletten Stoff abdecken, diesen durch Beispiele und Aufgaben erläutern bzw. vertiefen und andererseits alle wesentlichen Beweise enthalten müssen. Zudem darf ein solches Lehrbuch nicht zu umfangreich sein. Dicke, umfangreiche Monographien sind für Studierende in der Start- und Orientierungsphase des Studiums ungeeignet. Derzeit gibt es kaum Lehrbücher, welche diesen geänderten Anforderungen Rechnung tragen. Vor diesem Hintergrund ist dieses Lehrwerk „Lineare Algebra" entstanden.

Die Lineare Algebra gehört zu den Grundlagen der Mathematik und zählt zu den Pflichtveranstaltungen im ersten Studienjahr aller natur- und wirtschaftswissenschaftlich ausgerichteten Studiengänge. Je nach Aufbau des Studiums wird der Stoff in einer einsemestrigen vierstündigen oder in einer zweisemestrigen jeweils zweistündig gelesenen Lehrveranstaltung vermittelt.

Das vorliegende Lehrbuch deckt den kanonischen Stoff ab, welcher an allen Universitäten und Hochschulen im Fach Lineare Algebra standardmäßig gelehrt wird. Es beginnt mit den algebraischen Grundstrukturen und schlägt einen Bogen von den Vektorräumen, über lineare Gleichungssysteme, lineare Abbildungen, Determinanten, Eigenwerte bis hin zu den euklidischen und unitären Räumen.

Wir haben das vorliegende Buch in elf Kapitel eingeteilt, jedes Kapitel ist wiederum in verschiedene Abschnitte unterteilt, welche als Lerneinheiten konzipiert sind. Wir haben uns dabei leiten lassen, die oftmals abstrakten Sachverhalte unmittelbar nach deren Einführung durch einprägsame Beispiele zu illustrieren. Das Charakteristische der jeweiligen Begriffe wird dabei herausgearbeitet. Testfragen am Ende jedes Abschnittes dienen zur unmittelbaren Lernkontrolle und ermöglichen ein Feedback, ob der Stoff des jeweiligen Abschnittes gelernt und verstanden wurde. Umfangreichere Aufgaben (Rechnungen, Beweise) am Ende jedes Kapitels dienen der Festigung und dem tieferen Verständnis des Stoffes und auch dem Einüben von Fertigkeiten. Aus didaktischen Erwägungen sind die Beantwortung der Testfragen und die Lösungen der Aufgaben nicht im Buch selbst sondern auf der Homepage des Verlages hinterlegt.

Sehr viel Wert haben wir auf eine auf die Bedürfnisse von Studenten/innen abgestimmte Darstellung gelegt. Aus diesem Grund haben wir stets die Diskussion mit Studierenden gesucht.

Frau cand. math. Claudia Prüstel, Studentin der HTWK Leipzig, war von Anfang an in die Entstehung des Buches eingebunden und hat das Werk aus studentischer Sicht begleitet. Ihre zahlreichen Kommentare, Hinweise und Verbesserungsvorschläge flossen stetig in die Herstellung des Manuskriptes ein, so dass nicht zuletzt dank ihrer Mitarbeit ein gut lesbares und verständliches Lehrbuch für Studierende entstanden ist. Daher sind wir Frau Prüstel zu ganz besonderem Dank verpflichtet.

Dem Verlag Elsevier – Spektrum Akademischer Verlag möchten wir für sein großes Entgegenkommen bei der Gestaltung dieses Buches danken.

Herr Dr. Andreas Rüdinger hat von Anfang an als Programmplaner sich sehr für dieses Werk eingesetzt und seine Erstellung mit großem Wohlwollen und wertvollen Anregungen begleitet. Dafür danken wir Herrn Dr. Rüdinger sehr herzlich.

Frau Barbara Lühker war als Lektorin in besonderer Weise für uns die Ansprechpartnerin während der Entstehung des Buches. Mit großer Geduld, vielen Anregungen und viel Verständnis für das Zeitgefühl von Autoren hat Frau Lühker sehr zum erfolgreichen Abschluss des Werkes beigetragen. Wir sind daher Frau Lühker in hohem Maße zu Dank verpflichtet.

Frau Christine Hoffmeister hat als Korrektorin das Manuskript sehr sorgfältig gelesen; ihre Korrekturvorschläge waren unverzichtbar, wofür wir Frau Hoffmeister herzlich danken.

Für technische Beratung, das endgültige Layout und den Feinschliff beim Umbruch des Buches danken wir besonders Herrn Frank Herweg.

Wir wünschen den Leserinnen und Lesern viel Freude und Erfolg bei der Lektüre des Buches. Für Hinweise und Anregungen von Studierenden und Lehrenden sind die Autoren stets dankbar.

Konstanz, Leipzig im Mai 2007

Gerhard Dobner, Hans-Jürgen Dobner

Inhaltsverzeichnis

1 Grundbegriffe und algebraische Strukturen

In diesem einleitenden Kapitel stellen wir die Grundlagen zusammen, welche einerseits für die lineare Algebra unbedingt notwendig sind, andererseits zum Basiswissen der Mathematik zählen. Darüber hinaus gewöhnen wir uns zugleich an die charakteristische Denkweise der Algebra, zu welcher die lineare Algebra zählt. Das Denken in abstrakten algebraischen Strukturen ist insbesondere für Studienanfänger ungewohnt, daher werden wir diese Begriffe an zahlreichen Beispielen konkretisieren.

1.1 Mengen und Abbildungen

In der Mathematik beschäftigen wir uns mit Aussagen; eine Aussage ist eine Behauptung, die entweder wahr (w) oder falsch (f) ist. Sind **P** und **Q** Aussagen, so sind die aussagenlogischen Symbole $\vee$, $\wedge$, $\Rightarrow$, $\Leftrightarrow$ wie folgt erklärt.

Definition 1.1 **Konjunktion** $\wedge$ (und): Die Aussage **P**$\wedge$**Q** ist genau dann wahr, wenn **P** und **Q** wahr sind.
Disjunktion $\vee$ (oder): Die Aussage **P**$\vee$**Q** ist genau dann wahr, wenn mindestens eine der Aussagen **P** oder **Q** wahr ist.
Implikation $\Rightarrow$ (wenn ... dann): Die Aussage **P** $\Rightarrow$ **Q** ist genau dann falsch, wenn **P** wahr und **Q** falsch ist.
Äquivalenz $\Leftrightarrow$ (genau dann, wenn): Die Aussage **P** $\Leftrightarrow$ **Q** ist genau dann wahr, wenn **P** und **Q** den gleichen Wahrheitswert haben.

Zum mathematischen Grundvokabular zählt der Begriff der Menge. Wir legen den folgenden auf Cantor zurückgehenden Begriff der Menge zugrunde.

Definition 1.2 Eine **Menge** ist eine Zusammenfassung von unterscheidbaren Objekten; diese Objekte nennt man Elemente der Menge. Eine Menge wird durch Angabe ihrer Elemente beschrieben. Dabei kommt es nicht auf die Reihenfolge der Elemente an. Die **leere Menge** $\varnothing$ ist diejenige Menge, welche kein Element enthält.

Für jedes Objekt x muss feststehen, ob es zu einer Menge M gehört, wir schreiben dann $x \in M$, oder ob es nicht zu M gehört, dann schreiben wir $x \notin M$. Mit $|M|$ bezeichnen wir die Anzahl der Elemente einer Menge M, wir unterscheiden Mengen, die endlich viele ($|M| < \infty$) und unendlich viele ($|M| = \infty$) Elemente enthalten.

Beispiel 1.1 Eine Menge kann durch vollständige Angabe ihrer Elemente wie z. B. $A = \{1, grün, a, x\}$ oder durch Angabe der Eigenschaft, welche die Elemente charakterisieren, angegeben werden:

$$B = \{x \mid x \text{ ist ein Tier mit 2 Flügeln}\}.$$

Es ist $|A| = 4$, während $|B|$ zwar endlich, aber nicht genau bekannt ist.

In der Mathematik spielen folgende Mengen eine wichtige Rolle.

- Natürliche Zahlen: $\mathbb{N} = \{1, 2, 3, \ldots\}$,
- Natürliche Zahlen einschließlich der Null: $\mathbb{N}_0 = \{0, 1, 2, 3, \ldots\}$,
- Ganze Zahlen : $\mathbb{Z} = \{0, \pm 1, \pm 2, \pm 3, \ldots\}$,
- Rationale Zahlen : $\mathbb{Q} = \left\{r \mid r = \frac{p}{q}, p \in \mathbb{Z}, q \in \mathbb{N}\right\}$.

Jede rationale Zahl lässt sich entweder als abbrechende Dezimalzahl wie z. B. $\frac{1}{2} = 0.5$ oder als periodische Dezimalzahl wie etwa $\frac{1}{3} = 0.\overline{3}$ schreiben. Umgekehrt stellt jede abbrechende bzw. periodische Dezimalzahl eine rationale Zahl dar. Neben den rationalen Zahlen gibt es noch die irrationalen Zahlen, das sind alle nicht abbrechenden, nicht periodischen Dezimalzahlen, wie $\sqrt{2}$ oder π. Rationale und irrationale Zahlen werden zusammengefasst zu den reellen Zahlen.

- Reelle Zahlen : $\mathbb{R} = \{x \mid x \text{ rationale Zahl oder } x \text{ irrationale Zahl}\}$.

Neben diesen Zahlen führen wir mit den komplexen Zahlen $\mathbb{C}$ eine weitere – im Allgemeinen eher weniger bekannte Zahlenart ein. Wir definieren eine komplexe Zahl als

$$c = a + \mathrm{i}b \text{ oder } c = a + b\mathrm{i},$$

wobei, wie wir in Beispiel 1.14 sehen werden, i Lösung der Gleichung

$$z^2 = -1$$

ist. Folglich ist

$$\mathbb{C} = \{c = a + \mathrm{i}b \mid a, b \in \mathbb{R}\}. \tag{1.1}$$

$a = \mathrm{Re}\,(c)$ ist der Realteil und $b = \mathrm{Im}\,(c)$ der Imaginärteil einer komplexen Zahl c. Mit $\overline{c} = a - ib$ wird die zu c konjugiert komplexe Zahl bezeichnet.

Beispiel 1.2 $2 + 5\mathrm{i}$, $6 - 22\mathrm{i}$, aber auch 3 und $-5\mathrm{i}$ sind komplexe Zahlen. Es ist $\mathrm{Re}\,(6 - 22\mathrm{i}) = 6$ sowie $\mathrm{Im}\,(6 - 22\mathrm{i}) = -22$ und $\overline{6 - 22\mathrm{i}} = 6 + 22\mathrm{i}$.

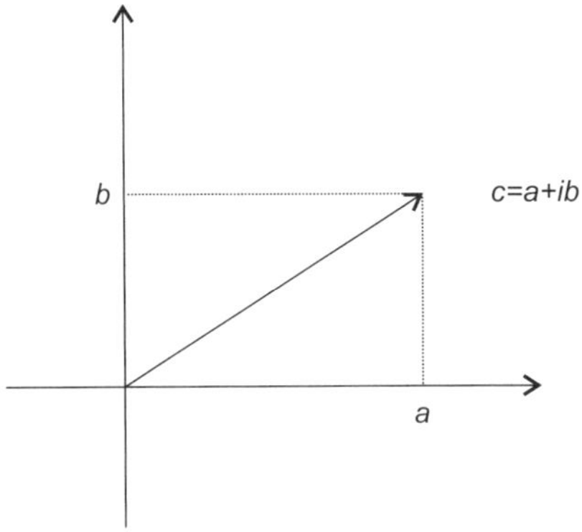

Abb. 1.1: Komplexe Zahlen

Bemerkung 1.1 Behauptungen, wie $x + 3 = 8$, können Variablen enthalten und für einige Werte der Variablen wahr und für andere Werte nicht wahr sein. Man spricht in diesem Fall von einem Prädikat. Für Prädikate sind Allquantor $\bigwedge$, Sprechweise „für alle" und Existenzquantor $\bigvee$, Sprechweise „es existiert" erklärt. Andere Bezeichnungen für All- bzw. Existenzquantor sind $\forall$ bzw. $\exists$.

Definition 1.3 Sind A und B Mengen, dann sind die **Mengenverknüpfungen** wie folgt erklärt:
A ist **Teilmenge** von B, in Zeichen $A \subseteq B$, wenn jedes Element von A auch ein Element der Menge B ist.

$$A \subseteq B : x \in A \Rightarrow x \in B \tag{1.2}$$

Zwei Mengen A und B sind gleich, wenn A Teilmenge von B und B Teilmenge von A ist.

$$A = B : x \in A \Leftrightarrow x \in B \tag{1.3}$$

Der **Vereinigung** $A \cup B$ gehören sowohl die Elemente der Menge A als auch die Elemente der Menge B an.

$$A \cup B = \{x | x \in A \vee x \in B \} \tag{1.4}$$

Der **Durchschnitt** $A \cap B$ enthält alle Elemente, die zu A und zu B gehören.

$$A \cap B = \{x | x \in A \wedge x \in B\} \tag{1.5}$$

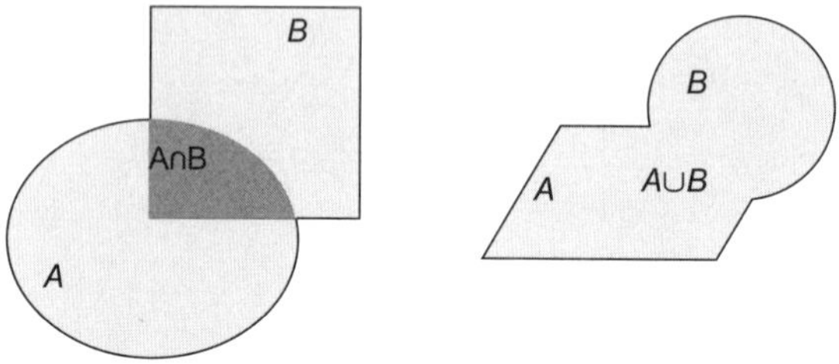

Abb. 1.2: Durchschnitt und Vereinigung zweier Mengen

Das **Komplement** $B \backslash A$ enthält diejenigen Elemente, die zu B, aber nicht zu A gehören.

$$B \backslash A = \{x \mid x \in B \wedge x \notin A\}. \qquad (1.6)$$

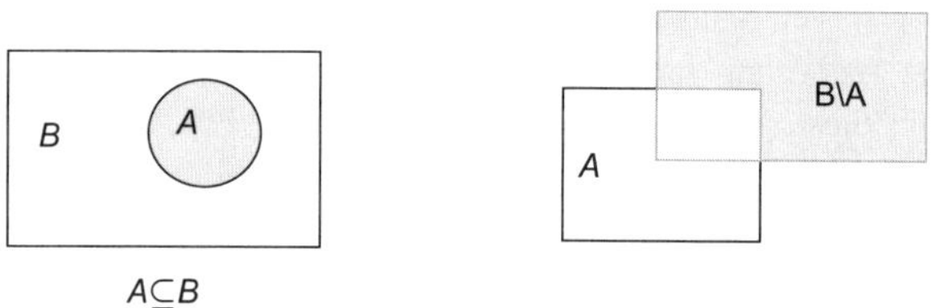

Abb. 1.3: Teilmenge und Komplement von Mengen

Zwei Mengen A, B heißen **disjunkt**, wenn ihr Durchschnitt die leere Menge ist, d. h. $A \cap B = \varnothing$. Die Potenzmenge $\mathfrak{P}(A)$ einer Menge A enthält alle Teilmengen von A:

$$\mathfrak{P}(A) = \{M \mid M \subseteq A\}.$$

Das **kartesische Produkt**

$$A \times B = \{(a, b) \mid a \in A \wedge b \in B\} \qquad (1.7)$$

enthält die Menge aller geordneten Paare (a, b). Im Falle $A = B$ schreibt man statt $A \times A$ auch A^2. Für $n \in \mathbb{N}$ bedeutet A^n

$$A^n = \underbrace{A \times A \ldots \times A}_{n\text{-mal}} \qquad (1.8)$$

die Menge aller geordneten n-Tupel.

Bemerkung 1.2 Die **leere Menge** $\varnothing$ ist Teilmenge jeder Menge.

Bemerkung 1.3 Es gilt $\mathbb{N} \subseteq \mathbb{N}_0 \subseteq \mathbb{Z} \subseteq \mathbb{Q} \subseteq \mathbb{R}$. Die irrationalen Zahlen lassen sich in der Form $\mathbb{R}\backslash\mathbb{Q}$ angeben.

Beispiel 1.3 Für $A = \{1, 2, 3\}$ und $B = \{2, \alpha, \triangle\}$ ist
$A \cup B = \{1, 2, 3, \alpha, \triangle\}$, $A \cap B = \{2\}$
$\mathfrak{P}(A) = \{\varnothing, \{1\}, \{2\}, \{3\}, \{1, 2\}, \{1, 3\}, \{2, 3\}, A\}$
$A \times B = \{(1, 2), (1, \alpha), (1, \triangle), (2, 2), (2, \alpha), (2, \triangle), (3, 2), (3, \alpha), (3, \triangle)\}$.

Besonders häufig werden **Intervalle** verwendet, welche spezielle Teilmengen der reellen Zahlen darstellen. Dabei unterscheidet man offene, halboffene und abgeschlossene Intervalle.

Definition 1.4 Abgeschlossenes Intervall $[a, b] = \{x \in \mathbb{R} \mid a \leq x \leq b\}$.
Offenes Intervall $(a, b) = \{x \in \mathbb{R} \mid a < x < b\}$.
Halboffenes Intervall $(a, b] = \{x \in \mathbb{R} \mid a < x \leq b\}$ nach links offen,
$[a, b) = \{x \in \mathbb{R} \mid a \leq x < b\}$ nach rechts offen.

Bemerkung 1.4 Unter Verwendung des Symbols ∞ bedeutet
$[a, \infty) = \{x \in \mathbb{R} \mid a \leq x\}$; analog sind andere Intervalle, in denen das Symbol ∞ enthalten ist, zu verstehen; $(-\infty, \infty)$ ist eine andere Bezeichnung für die Menge der reellen Zahlen $\mathbb{R}$.

Abbildungen dienen der Beschreibung von Prozessen, in denen Elemente einer Menge in die Elemente einer anderen Menge transformiert werden. Sie sind ein mächtiges Darstellungsmittel und begegnen uns daher auch außerhalb der Mathematik.

Definition 1.5 Eine **Abbildung** oder **Funktion** f von einer Menge $X = D(f)$ in eine Menge $Y = W(f)$ (Abbildung von X nach Y) ist eine Vorschrift, bei der in eindeutiger Weise jedem Element $x \in X$ genau ein Element $y \in Y$ zugeordnet wird. Wir schreiben dafür

$$f : X \to Y, x \mapsto y = f(x)$$

oder in Kurzform

$$y = f(x); \quad x \in X.$$

Man nennt x das Argument und $f(x)$ das Bild von x unter f. Eine Abbildung ist ein Tripel (f, X, Y), bestehend aus

- **Abbildungsvorschrift** f,
- **Definitionsbereich** von f, bezeichnet mit $X = D(f)$,
- **Wertevorrat** von f, bezeichnet mit $Y = W(f)$.

Die Menge

$$G = \{(x, f(x)) \mid x \in X\} \subseteq X \times Y$$

heißt **Graph** der Abbildung f. Der **Bildbereich** oder **Wertebereich** von f ist die Menge aller Bilder aller von f :

$$\text{Bild}(f) = f(X) = \{f(x) \mid x \in X\} \subseteq Y.$$

Beispiel 1.4 $f : \mathbb{Z} \to \mathbb{Z}, x \mapsto f(x) = x^2$ ist eine Abbildung, da für jede ganze Zahl x der Wert x^2 eindeutig bestimmt ist.

Beispiel 1.5 $f : \mathbb{R} \to \mathbb{R}, x \mapsto f(x) = \sqrt{x}$ ist keine Abbildung, da nicht jedem Element des Definitionsbereichs – nämlich einer reellen Zahl $x < 0$ – ein Wert zugewiesen werden kann. Dagegen ist

$$g : [0, \infty) \to \mathbb{R}, x \mapsto g(x) = \sqrt{x}$$

eine Abbildung, da nun jedem Element des Definitionsbereichs in eindeutiger Weise ein Wert zugewiesen wird.

Bemerkung 1.5 Zwei Abbildungen sind nur dann gleich, wenn Abbildungsvorschrift, Definitionsbereich und Wertevorrat übereinstimmen. So sind die Abbildungen

$$f : [0, \infty) \to \mathbb{R}, x \mapsto 7x + 1$$

und

$$g : \mathbb{R} \to \mathbb{R}, x \mapsto 7x + 1$$

verschieden, da $D(f) = [0, \infty) \neq D(g) = \mathbb{R}$. Die Abbildung g ist eine Fortsetzung der Abbildung f, während f eine Einschränkung von g ist.

Merke: Wertebereich $f(X)$ und Wertevorrat $W(f)$ sind im Allgemeinen voneinander verschieden. Es ist $f(X) \subseteq W(f)$.

Definition 1.6 Eine Abbildung $f : X \to Y, x \mapsto y = f(x)$ heißt

- **injektiv**, wenn gilt $\bigwedge\limits_{x_1, x_2 \in X} x_1 \neq x_2 \Rightarrow f(x_1) \neq f(x_2)$,
- **surjektiv**, wenn gilt $\bigwedge\limits_{y \in Y} \bigvee\limits_{x \in X} y = f(x)$,
- **bijektiv**, wenn gilt f injektiv und f surjektiv.

Merke: Bei einer injektiven Abbildung wiederholt sich nie ein Funktionswert. Verschiedene x-Werte führen durch die Abbildung zu verschiedenen Funktionswerten $f(x)$. Eine injektive Abbildung wird auch als eineindeutig bezeichnet.

Eine Abbildung ist surjektiv, wenn der Bildbereich von f mit dem Wertevorrat von f übereinstimmt. Jedes Element des Wertevorrats ist bei surjektiven Abbildungen ein Funktionswert.

Eine bijektive Abbildung wird auch als umkehrbar eineindeutig bezeichnet.

Beispiel 1.6 Die Abbildung $f : \mathbb{Z} \to \mathbb{Z}, x \mapsto f(x) = x^2$ ist nicht injektiv, denn $x_1 = 2 \neq x_2 = -2$, aber $f(x_1) = f(x_2) = 4$. Die Abbildung ist auch nicht surjektiv, denn $y = -1$ gehört nicht zum Bildbereich von f.

Beispiel 1.7 Die Abbildung $f : \mathbb{Z} \times \mathbb{Z} \to \mathbb{Z}, x = (x_1, x_2) \mapsto x_1 - x_2$ ist nicht injektiv, denn es ist $x^{(1)} = (2, 3) \neq x^{(2)} = (-3, -2)$, aber trotzdem gilt $f\left(x^{(1)}\right) = f\left(x^{(2)}\right) = -1$. Die Abbildung ist surjektiv, denn für jedes $y \in \mathbb{Z}$ erhält man $f(y + x_1, x_1) = y$.

Definition 1.7 Bei einer bijektiven Abbildung $f : X \to Y, x \mapsto y = f(x)$ existiert die **Umkehrfunktion** oder inverse Funktion f^{-1} von f:

$$f^{-1} : Y \to X, y \mapsto x = f^{-1}(y).$$

Sie ist eindeutig definiert über die Beziehung

$$x = f^{-1}(y) \Leftrightarrow f(x) = y. \tag{1.9}$$

Konstruktion einer Umkehrabbildung durch

- Auflösen der Gleichung $y = f(x)$ nach $x : x = f^{-1}(y)$.
- Tauschen der Bezeichnungen x und y, falls erforderlich.
- Der Graph von f^{-1} entsteht aus dem Graphen von f durch Spiegelung an der Geraden $y = x$.
- Es gilt $D(f) = W\left(f^{-1}\right)$ und $W(f) = D\left(f^{-1}\right)$ sowie

$$f\left(f^{-1}(y)\right) = y \text{ und } f^{-1}(f(x)) = x.$$

Es ist zu beachten, dass im Allgemeinen $f^{-1}(x) \neq \frac{1}{f(x)}$ ist.

Beispiel 1.8 Wir bestimmen die Umkehrfunktion der bijektiven Funktion

$$f : [0, \infty) \to (-1, 0], x \mapsto \frac{1}{1+x} - 1,$$

indem wir die Gleichung

$$y = \frac{1}{1+x} - 1$$

nach x auflösen. Wir erhalten durch einfache Umformungen die Umkehrfunktion f^{-1}

$$1 + y = \frac{1}{1+x} \Rightarrow 1 + x = \frac{1}{1+y} \Rightarrow x = \frac{1}{1+y} - 1 = f^{-1}(y),$$

welche im vorliegenden Fall mit der Funktion f übereinstimmt.

Definition 1.8 Sind

$$f : D(f) \to W(f), x \mapsto f(x)$$

und

$$g : D(g) \to W(g), x \mapsto g(x)$$

zwei Abbildungen mit der Eigenschaft $W(f) \subseteq D(g)$, dann ist die **Hintereinanderausführung** (**Komposition** oder das **Produkt**) $g \circ f$ der Abbildungen f und g wie folgt erklärt:

$$g \circ f : D(f) \to W(g), x \mapsto (g \circ f)(x) := g(f(x)).$$

Folgerung 1.1 Die Hintereinanderausführung von injektiven (surjektiven, bijektiven) Abbildungen ergibt wieder eine injektive (surjektive, bijektive) Abbildung.

Beispiel 1.9 Für die Abbildungen

$$f : \mathbb{R} \to \mathbb{R}, x \mapsto f(x) = x^2$$

$$g : \mathbb{R} \to \mathbb{R}, x \mapsto g(x) = 4x + 3$$

erhalten wir:

$$g \circ f : \mathbb{R} \to \mathbb{R}, x \mapsto g(f(x)) = g\left(x^2\right) = 4x^2 + 3$$

$$g \circ g : \mathbb{R} \to \mathbb{R}, x \mapsto g(g(x)) = g(4x + 3) = 4(4x + 3) + 3 = 16x + 15.$$

Testfragen

1. Bestimmen Sie die Potenzmenge der leeren Menge $\varnothing$.
2. Beschreiben Sie die Menge $\mathbb{Q}\backslash\mathbb{Z}$.
3. Wie kann man die reellen Zahlen $\mathbb{R}$ als Teilmenge der komplexen Zahlen $\mathbb{C}$ charakterisieren?
4. Was versteht man unter einer Abbildung?
5. Wie kann durch Wahl von $W(f)$ erreicht werden, dass eine beliebige Abbildung zu einer surjektiven Abbildung wird?
6. Geben Sie je eine Funktion an, welche a) injektiv, aber nicht surjektiv, b) surjektiv, aber nicht injektiv, c) weder injektiv noch surjektiv ist.

1.2 Gruppen

In den folgenden Abschnitten befassen wir uns mit algebraischen Strukturen. Eine der einfachsten algebraischen Strukturen sind Halbgruppen; von diesen ausgehend werden wir dann immer komplexere algebraische Strukturen untersuchen.

Definition 1.9 Eine **Halbgruppe** G besteht aus einer nicht leeren Menge G und einer **Verknüpfung** $\circ$, welche eine Abbildung $G \times G \to G$ darstellt, die je zwei Elementen a, b aus G genau ein Element $a \circ b \in G$ zuordnet:

$$\circ : G \times G \to G, (a, b) \mapsto a \circ b.$$

Man sagt, G ist bezüglich $\circ$ **algebraisch abgeschlossen**, da $\circ$ nicht aus G herausführt. Ferner muss das **Assoziativgesetz**

$$\text{(G1)} \qquad \bigwedge_{a,b,c \in G} (a \circ b) \circ c = a \circ (b \circ c)$$

gelten. Wir schreiben $(G, \circ)$. Da mit $\circ$ ausschließlich Elemente aus G verknüpft werden, bezeichnet man $\circ$ auch als **innere Verknüpfung**.

Bemerkung 1.6 In einer Halbgruppe G gibt es nur eine Verknüpfung, welche ganz allgemein mit dem Symbol $\circ$ bezeichnet wird und im konkreten Fall genauer spezifiziert werden muss. Ist $\circ$ eine Multiplikation, so schreibt man anstelle von $\circ$ häufig $\cdot$ und bei einer Addition $+$ anstatt $\circ$. Man spricht dann von einer **multiplikativen** bzw. **additiven Halbgruppe**.

Beispiel 1.10 $(\mathbb{N}, +)$ ist eine additive Halbgruppe und $(\mathbb{Z}, \cdot)$ ist eine multiplikative Halbgruppe.

Definition 1.10 Eine **Gruppe** G besteht aus einer nicht leeren Menge G und einer Verknüpfung $\circ$, die je zwei Elementen a, b aus G genau ein Element $a \circ b$ aus G zuordnet, so dass gilt:

(G1) $$\bigwedge_{a,b,c \in G} (a \circ b) \circ c = a \circ (b \circ c) \qquad \text{Assoziativität}$$

(G2) Es gibt ein **neutrales Element** $e \in G$ mit der Eigenschaft

$$\bigwedge_{a \in G} e \circ a = a \circ e = a.$$

(G3) Zu jedem $a \in G$ existiert das **inverse Element** $\widehat{a}$ mit

$$\widehat{a} \circ a = a \circ \widehat{a} = e.$$

Satz 1.1 *a) In einer Gruppe $(G, \circ)$ existiert genau ein neutrales Element; in additiven Gruppen wird das neutrale Element mit 0, in multiplikativen Gruppen mit 1 bezeichnet.*

b) In einer Gruppe $(G, \circ)$ existiert zu jedem Element $a \in G$ genau ein inverses Element; in additiven Gruppen wird das neutrale Element mit $-a$, in multiplikativen Gruppen mit a^{-1} bezeichnet.

Beweis: a) Wir nehmen an, dass es zwei verschiedene neutrale Elemente e_1, e_2 in G gibt. Da e_1 neutrales Element ist, gilt für alle Element $a \in G$

$$e_1 \circ a = a \circ e_1 = a,$$

speziell für $a = e_2$ folgt

$$e_1 \circ e_2 = e_2 \circ e_1 = e_2.$$

Andererseits ist auch e_2 neutrales Element, folglich gilt für alle $a \in G$

$$e_2 \circ a = a \circ e_2 = a,$$

für $a = e_1$ ergibt sich

$$e_2 \circ e_1 = e_1 \circ e_2 = e_1.$$

Insgesamt haben wir $e_1 = e_2$.

b) Wir nehmen an, dass es zu einem Element $a \in G$ zwei verschiedene inverse Elemente $\widehat{a}_1 \neq \widehat{a}_2$ gibt, dann folgt

$$\widehat{a}_1 \underset{(G2)}{=} \widehat{a}_1 \circ e \underset{(\text{Annahme})}{=} \widehat{a}_1 \circ (a \circ \widehat{a}_2) \underset{(G1)}{=} (\widehat{a}_1 \circ a) \circ \widehat{a}_2 \underset{(\text{Annahme})}{=} e \circ \widehat{a}_2 = \widehat{a}_2. \quad \blacksquare$$

Definition 1.11 Gilt in einer Gruppe $(G, \circ)$ zusätzlich das Axiom

(G4) $$\bigwedge_{a,b\in G} a \circ b = b \circ a \quad \text{Kommutativität,}$$

so nennt man die Gruppe G **kommutativ** oder **abelsch.**

Satz 1.2 *In einer Gruppe* $(G, \circ)$ *gilt für alle* $a, b \in G$:
a) $\left(a^{-1}\right)^{-1} = a$ *b)* $(a \circ b)^{-1} = b^{-1} \circ a^{-1}$.

Beweis: a) $\left(a^{-1}\right)^{-1} \underset{(G2)}{=} \left(a^{-1}\right)^{-1} \circ e \underset{(G3)}{=} \left(a^{-1}\right)^{-1} \circ \left(a^{-1} \circ a\right)$

$\underset{(G1)}{=} \left(\left(a^{-1}\right)^{-1} \circ a^{-1}\right) \circ a \underset{(G3)}{=} e \circ a \underset{(G2)}{=} a.$

b) $(a \circ b)^{-1} \underset{(G2)}{=} (a \circ b)^{-1} \circ e \underset{(G3)}{=} (a \circ b)^{-1} \circ \left(a \circ b \circ b^{-1} \circ a^{-1}\right)$

$\underset{(G1)}{=} \left((a \circ b)^{-1} \circ (a \circ b)\right) \circ \left(b^{-1} \circ a^{-1}\right) \underset{(G3)}{=} e \circ \left(b^{-1} \circ a^{-1}\right) \underset{(G2)}{=} b^{-1} \circ a^{-1}.$ ■

Definition 1.12 Eine nicht leere Teilmenge U einer Gruppe $(G, \circ)$ heißt **Untergruppe** von G, wenn U bezüglich der in G erklärten und auf U eingeschränkten Verknüpfung $\circ$ selbst eine Gruppe bildet. Wir schreiben $U \leq G$.

Satz 1.3 *(Untergruppenkriterium)* $(G, \circ)$ *sei eine Gruppe. Eine nicht leere Teilmenge* U *von* G *ist genau dann eine Untergruppe von* G, *wenn gilt*

$$\bigwedge_{a,b\in U} a \circ b^{-1} \in U. \tag{1.10}$$

Beweis: „⇒" Da U selbst eine Gruppe ist, gehören das neutrale Element e sowie zu jedem b auch dessen Inverses b^{-1} zu U . Da U als Gruppe algebraisch abgeschlossen ist, muss für beliebige $a, b^{-1} \in U$ gelten $a \circ b^{-1} \in U$.

„⇐" Das neutrale Element e gehört zu U , denn (1.10) liefert für $b = a \in U$

$$a \circ a^{-1} = e \in U.$$

Für jedes $a \in U$ liegt auch das inverse Element in U , denn mit (1.10) folgt

$$e \circ a^{-1} = a^{-1} \in U. \tag{1.11}$$

Zudem ist U algebraisch abgeschlossen, denn für $a, b \in U$ folgt wegen (1.11) $b^{-1} \in U$ und somit nach (1.10) und Satz 1.2

$$a \circ \left(b^{-1}\right)^{-1} = a \circ b \in U.$$

Ist $\varnothing \neq U \subseteq G$, dann sind Assoziativität und ggf. Kommutativität auch in U gültig. ■

Bemerkung 1.7 Jede Gruppe G besitzt die trivialen Untergruppen $\{e\}$ und G. Somit besitzt jede Gruppe eine Abel'sche Untergruppe, nämlich $\{e\}$. Alle Untergruppen einer Abel'schen Gruppe sind abelsch. Eine nicht Abel'sche Gruppe kann aber – außer der Untergruppe $\{e\}$ – weitere Abel'sche Untergruppen haben.

Beispiel 1.11 In der folgenden Übersicht sind die wichtigsten uns bisher bekannten Halbgruppen und Gruppen zusammengestellt. In der Praxis spielen

$(G, \circ)$	Halbgruppen mit neutralem Element	Halbgruppen mit Inversen	Gruppe	Abel'sche Gruppe
$(\mathbb{N}_0, +)$	x	-	-	-
$(\mathbb{N}, \cdot)$	x	-	-	-
$(\mathbb{Z}, +)$	x	x	x	x
$(\mathbb{Z}, \cdot)$	x	-	-	-
$(\mathbb{Q}, +)$	x	x	x	x
$(\mathbb{Q}\setminus\{0\}, \cdot)$	x	x	x	x
$(\mathbb{R}, +)$	x	x	x	x
$(\mathbb{R}\setminus\{0\}, \cdot)$	x	x	x	x

endliche Gruppen, das sind Gruppen, welche nur aus endlich vielen Elementen bestehen, eine wichtige Rolle. Als **Gruppenordnung** bezeichnet man die Anzahl der Elemente einer Gruppe. Endliche Gruppen können in einer Gruppentafel (Verknüpfungstafel) dargestellt werden.

$\circ$	$\cdots$	x	y	$\cdots$
$\cdots$	$\cdots$	$\cdots$	$\cdots$	$\cdots$
x	$\cdots$	$x \circ x$	$x \circ y$	$\cdots$
y	$\cdots$	$y \circ x$	$y \circ y$	$\cdots$
$\cdots$	$\cdots$	$\cdots$	$\cdots$	$\cdots$

Die Verknüpfungsreihenfolge lautet „Zeile $\circ$ Spalte". Anhand der Gruppentafel können Eigenschaften einer Gruppe direkt abgelesen werden:

- Die Gruppentafel einer Abel'schen Gruppe ist symmetrisch.
- Kommt in jeder Zeile und jeder Spalte der Verknüpfungstafel jedes Gruppenelement genau einmal vor, dann existieren die inversen Elemente.

Beispiel 1.12 In der Menge $G = \{a, b, c\}$ ist eine Verknüpfung $\circ$ durch die folgende Verknüpfungstafel definiert.

$\circ$	a	b	c
a	a	a	b
b	b	c	b
c	c	b	c

Die Verknüpfung kann nicht kommutativ sein, da die Verknüpfungstafel nicht symmetrisch ist; beispielsweise gilt: $a \circ b = a \neq b \circ a = b$. Außerdem ist die Verknüpfung nicht assoziativ, da $(a \circ b) \circ c = b \neq a \circ (b \circ c) = a$. Folglich ist $(G, \circ)$ keine Halbgruppe. Allerdings ist $(M, \circ)$, mit $M = \{b, c\}$, eine Abel'sche Gruppe der Ordnung 2.

Beispiel 1.13 Eine komplexe Zahl (vgl. (1.1)) $c \in \mathbb{C}$ hat die Form $c = a{+}\mathrm{i}b$, mit $a, b \in \mathbb{R}$. Erklären wir die Addition zweier komplexer Zahlen $c_1 = a_1{+}\mathrm{i}b_1$ und $c_2 = a_2{+}\mathrm{i}b_2$ wie folgt:

$$c_1 + c_2 = (a_1 + a_2) + \mathrm{i}\,(b_1 + b_2)\,,$$

dann ist $(\mathbb{C}, +)$ eine Abel'sche Gruppe. Assoziativität und Kommutativität übertragen sich vom Reellen. Das neutrale Element ist $0 + 0\mathrm{i} = 0$, und das zu $c = a{+}\mathrm{i}b$ inverse Element bezüglich der Addition lautet

$$-c = -a - \mathrm{i}b.$$

Beispiel 1.14 Für zwei komplexe Zahlen $c_1 = a_1{+}\mathrm{i}b_1$ und $c_2 = a_2{+}\mathrm{i}b_2$ erklären wir die Multiplikation wie folgt:

$$c_1 \cdot c_2 = (a_1 \cdot a_2 - b_1 \cdot b_2) + \mathrm{i}\,(a_2 \cdot b_1 + a_1 \cdot b_2)\,,$$

dann ist $(\mathbb{C}\backslash\,\{0\}\,, \cdot)$ eine Abel'sche Gruppe. Assoziativität und Kommutativität der Multiplikation folgen aus der Assoziativität und Kommutativität der Addition und Multiplikation in $\mathbb{R}$. Das neutrale Element ist $1 + 0\mathrm{i} = 1$ und das zu $c = a{+}\mathrm{i}b$ mit $a^2 + b^2 \neq 0$ inverse Element bezüglich der Multiplikation lautet

$$c^{-1} = \frac{a}{a^2 + b^2} + \mathrm{i}\frac{(-b)}{a^2 + b^2},\ a^2 + b^2 \neq 0.$$

Speziell folgt aus der Definition der Multiplikation

$$\mathrm{i}^2 = -1.$$

Bemerkung 1.8 Eine andere Möglichkeit, die komplexen Zahlen einzuführen, besteht darin, dass man die komplexen Zahlen als Paare reeller Zahlen auffasst, für die eine Addition und eine Multiplikation wie folgt erklärt sind:

$$(a_1, b_1) + (a_2, b_2) = (a_1 + a_2, b_1 + b_2)\,, \tag{1.12}$$

$$(a_1, b_1) \cdot (a_2, b_2) = (a_1 \cdot a_2 - b_1 \cdot b_2, a_2 \cdot b_1 + a_1 \cdot b_2)\,. \tag{1.13}$$

$\mathbb{C}$ ist bei dieser Vorgehensweise das kartesische Produkt $\mathbb{R}^2$, versehen mit der Addition (1.12) und der Multiplikation (1.13). Die Paarschreibweise (a, b) entspricht der Schreibweise $a+ib$.

Permutationsgruppen sind wichtige endliche Gruppen in der Algebra.

Definition 1.13 Unter einer n-stelligen **Permutation** versteht man die Anordnung von n verschiedenen Elementen auf n Plätzen (geordnetes n-Tupel).

Satz 1.4 *Es sei $n \in \mathbb{N}$. Bezeichnet $P(n)$ die Menge aller n-stelligen Permutationen und $|P(n)|$ deren Anzahl, so ist $|P(n)| = n!$*

Wir beschäftigen uns mit speziellen Permutationen, und zwar betrachten wir die n-stelligen Permutationen der Zahlen $1, 2, 3, \ldots, n$. Es gibt $n!$ solcher Permutationen. Diese werden mit $\pi_1, \pi_2, \pi_3, \ldots, \pi_{n!}$ bezeichnet. Permutationen werden in Form eines zweizeiligen Schemas dargestellt, wobei in der ersten Zeile die ursprüngliche Reihenfolge und in der zweiten Zeile darunter die permutierte Reihenfolge aufgeführt ist.

Beispiel 1.15 Die Permutationen der Zahlen $1, 2$ sind $P(2) = \{\pi_1, \pi_2\}$ mit

$$\pi_1 = \begin{pmatrix} 1 & 2 \\ 1 & 2 \end{pmatrix} \begin{array}{l} \leftarrow \text{ ursprüngliche Reihenfolge} \\ \leftarrow \text{ permutierte Reihenfolge} \end{array}$$

$$\pi_2 = \begin{pmatrix} 1 & 2 \\ 2 & 1 \end{pmatrix} \begin{array}{l} \leftarrow \text{ ursprüngliche Reihenfolge} \\ \leftarrow \text{ permutierte Reihenfolge} \end{array}$$

Beispiel 1.16 Die Permutationen der Zahlen $1, 2, 3$ lauten

$$\pi_1 = \begin{pmatrix} 1 & 2 & 3 \\ 1 & 2 & 3 \end{pmatrix}, \pi_2 = \begin{pmatrix} 1 & 2 & 3 \\ 3 & 1 & 2 \end{pmatrix}, \pi_3 = \begin{pmatrix} 1 & 2 & 3 \\ 2 & 3 & 1 \end{pmatrix},$$

$$\pi_4 = \begin{pmatrix} 1 & 2 & 3 \\ 2 & 1 & 3 \end{pmatrix}, \pi_5 = \begin{pmatrix} 1 & 2 & 3 \\ 1 & 3 & 2 \end{pmatrix}, \pi_6 = \begin{pmatrix} 1 & 2 & 3 \\ 3 & 2 & 1 \end{pmatrix}.$$

Geometrisch können diese Permutationen als Drehungen und Spiegelungen eines gleichseitigen Dreiecks interpretiert werden, wenn die Ecken des Dreiecks mit $1, 2, 3$ durchnummeriert werden; π_1, π_2, π_3 sind Drehungen und π_4, π_5, π_6 Spiegelungen.

Beispiel 1.17 Unter der Hintereinanderausführung $\pi \circ \sigma$ zweier Permutationen π, σ wird diejenige Permutation verstanden, die entsteht, wenn man zuerst die Permutation σ ausführt und dann auf die Bildelemente die Permutation π anwendet, z. B.

$$\pi_2 \circ \pi_5 = \begin{pmatrix} 1 & 2 & 3 \\ 3 & 2 & 1 \end{pmatrix} = \pi_6 .$$

Satz 1.5 *Die Permutationen $P(n)$ bilden bezüglich der Hintereinanderausführung $\circ$ eine Gruppe – die Permutationsgruppe $S_n = (P(n), \circ)$.*

Beispiel 1.18 Wir stellen die Verknüpfungstafel der Permuationsgruppe $S_3 = (\{\pi_1, \pi_2, \pi_3, \pi_4, \pi_5, \pi_6\}, \circ)$ auf.

$\circ$	π_1	π_2	π_3	π_4	π_5	π_6
π_1	π_1	π_2	π_3	π_4	π_5	π_6
π_2	π_2	π_3	π_1	π_5	π_6	π_4
π_3	π_3	π_1	π_2	π_6	π_4	π_5
π_4	π_4	π_6	π_5	π_1	π_3	π_2
π_5	π_5	π_4	π_6	π_2	π_1	π_3
π_6	π_6	π_5	π_4	π_3	π_2	π_1

Ersichtlich ist die Hintereinanderausführung $\circ$ assoziativ. Der Gruppentafel entnehmen wir

- In jeder Zeile und jeder Spalte kommt jedes Gruppenelement genau einmal vor, es existieren also die inversen Elemente. Die inversen Elemente sind

$$\pi_1^{-1} = \pi_1, \pi_2^{-1} = \pi_3, \pi_3^{-1} = \pi_2, \pi_4^{-1} = \pi_4, \pi_5^{-1} = \pi_5, \pi_6^{-1} = \pi_6 .$$

- Die Gruppentafel ist nicht symmetrisch, also liegt keine Abel'sche Gruppe vor.

Testfragen

1. Wodurch unterscheiden sich Gruppen und Halbgruppen?
2. Geben Sie eine Halbgruppe ohne neutrales Element an.
3. Bestimmen Sie alle Untergruppen der Gruppe $(\mathbb{Z}, +)$.
4. Wie lautet das Untergruppenkriterium? Gilt es auch für Halbgruppen?
5. Geben Sie eine nicht Abel'sche Gruppe an, welche mindestens zwei verschiedene Abel'sche Untergruppen besitzt.

6. Welches ist die kleinstmögliche Ordnung einer Gruppe?

7. Warum ist $(\mathbb{R}, \cdot)$ keine Gruppe?

8. Wie lässt sich die Permutationsgruppe S_2 geometrisch interpretieren?

9. Bestimmen Sie alle Untergruppen der Permutationsgruppe S_3.

10. Welche Ordnung hat die Permutationsgruppe S_n?

1.3 Ringe und Körper

Wenden wir uns nun Mengen zu, in denen zwei Verknüpfungen – Addition und Muliplikation – erklärt sind. Die einfachste Struktur dieser Art ist ein Ring.

Definition 1.14 Ein **Ring** R besteht aus einer nicht leeren Menge $R \neq \emptyset$, in der zwei Verknüpfungen $+$ (Addition) und $\cdot$ (Multiplikation) erklärt sind, so dass R bezüglich $+$ und $\cdot$ algebraisch abgeschlossen ist, d. h., je zwei Elementen a, b aus R wird genau ein Element $a + b \in R$ bzw. $a \cdot b \in R$ zugeordnet:

$$+ : R \times R \to R, (a, b) \mapsto a + b,$$

$$\cdot : R \times R \to R, (a, b) \mapsto a \cdot b.$$

Ferner muss gelten:

(R1) $(R, +)$ ist eine Abel'sche Gruppe, das neutrale Element wird mit 0 bezeichnet.

(R2) $(R, \cdot)$ ist eine Halbgruppe.

(R3a) $\bigwedge_{a,b,c \in R} a \cdot (b + c) = a \cdot b + a \cdot c$ 1. Distributivgesetz

(R3b) $\bigwedge_{a,b,c \in R} (a + b) \cdot c = a \cdot c + b \cdot c$ 2. Distributivgesetz

Wir schreiben $(R, +, \cdot)$.

$(R, +, \cdot)$ ist ein **Ring mit Eins**, wenn ein neutrales Element 1 bezüglich der Multiplikation $\cdot$ existiert: $\bigwedge_{a \in R} 1 \cdot a = a \cdot 1 = a$.

$(R, +, \cdot)$ heißt **kommutativer Ring**, wenn die Multiplikation $\cdot$ kommutativ ist:

$$\bigwedge_{a,b \in R} a \cdot b = b \cdot a.$$

Definition 1.15 Ist $(R, +, \cdot)$ ein Ring, dann heißen zwei Elemente $a, b \in R$, $a \neq 0, b \neq 0$ **Nullteiler**, wenn $a \cdot b = 0$ gilt. Ein Ring heißt **nullteilerfrei**, wenn es keine Nullteiler gibt.

Beispiel 1.19 $(\mathbb{Z}, +, \cdot)$ ist ein kommutativer, nullteilerfreier Ring mit Eins.

Definition 1.16 Eine nicht leere Menge $K \neq \emptyset$, in der zwei Verknüpfungen $+$ und $\cdot$ definiert sind, so dass je zwei Elementen a, b aus K genau ein Element $a + b \in K$ bzw. $a \cdot b \in K$ zugeordnet wird:

$$+ : K \times K \to K, (a, b) \mapsto a + b$$

$$\cdot : K \times K \to K, (a, b) \mapsto a \cdot b$$

heißt **Körper**, wenn folgende Axiome erfüllt sind

(K1) $(K, +)$ ist eine Abel'sche Gruppe, das neutrale Element wird mit 0 bezeichnet.

(K2) $(K \setminus \{0\}, \cdot)$ ist eine Abel'sche Gruppe, das neutrale Element wird mit 1 bezeichnet.

(K3) $\bigwedge_{a,b,c \in K} a \cdot (b + c) = a \cdot b + a \cdot c$ Distributivgesetz.

Genauer schreiben wir $(K, +, \cdot)$.

Satz 1.6 *Ist $(K, +, \cdot)$ ein Körper dann gilt:*

a) $\bigwedge_{a \in K} a \cdot 0 = 0.$

b) $\bigwedge_{a,b \in K} a \neq 0, b \neq 0 \Rightarrow a \cdot b \neq 0.$ *(Nullteilerfreiheit)*

Beweis: a) Es gilt

$$a \cdot 0 = a \cdot 0 + 0 = a \cdot (0 + 0) = a \cdot 0 + a \cdot 0.$$

Addition von $-a \cdot 0$ auf beiden Seiten ergibt $0 = a \cdot 0$.
b) Wir nehmen an $a \neq 0$, aber $a \cdot b = 0$. Da $a \neq 0$ ist, existiert das zu a multiplikativ Inverse a^{-1}. Multiplikation von $a \cdot b = 0$ auf beiden Seiten mit a^{-1} liefert aufgrund von a) und der Assoziativität der Multiplikation

$$b = 1 \cdot b = \left(a^{-1} \cdot a\right) \cdot b = a^{-1} \cdot (a \cdot b) = a^{-1} \cdot 0 = 0,$$

also $b = 0$. ∎

Bemerkung 1.9 Ein Ring oder ein Körper heißt **endlich**, wenn er aus endlich vielen Elementen besteht, ansonsten nicht endlich.

Beispiel 1.20 $(\mathbb{Q}, +, \cdot)$ und $(\mathbb{R}, +, \cdot)$ sowie $(\mathbb{C}, +, \cdot)$ sind nicht endliche Körper.

Beispiel 1.21 Mit nachstehend definierten Verknüpfungen ist $K = \{0, 1, a, b\}$ ein endlicher Körper:

$+$	0	1	a	b
0	0	1	a	b
1	1	0	b	a
a	a	b	0	1
b	b	a	1	0

$\cdot$	1	a	b
1	1	a	b
a	a	b	1
b	b	1	a

Definition 1.17 Unter der **Charakteristik** eines Körpers K versteht man diejenige Primzahl p, für welche gilt $p \cdot 1 = 0$; in Zeichen char $(K) = p$. Existiert eine solche Zahl nicht, d. h., gilt $n \cdot 1 = 0$ nur im Fall $n = 0$, so sagt man, K hat die Charakteristik 0.

$\mathbb{Q}$, $\mathbb{R}$ und $\mathbb{C}$ sind Körper der Charakteristik 0.

Beispiel 1.22 Rechenanlagen rechnen mit Gleitkommazahlen.
Sind $b > 1, l > 0, e_1 \leq 0 \leq 1 \leq e_2$ ganze Zahlen, dann besteht das Gleitkommasystem $T = T\,(b, l, e_1, e_2) \subseteq \mathbb{R}$ aus der Zahl 0 und allen rationalen Zahlen x der Form (normalisierte Gleitkommazahl)

$$x = \underbrace{\pm}_{\text{Vorzeichen}} \quad \underbrace{0.d_1 d_2 \ldots d_l}_{\text{Mantisse } m} \cdot b^e,$$

wobei gilt:

$$d_1 \in \{1, 2, \ldots, b-1\}\,, d_i \in \{0, 1, 2, \ldots, b-1\}\,, i = 2, \ldots, l, \;\; e_1 \leq e \leq e_2.$$

l ist die Mantissenlänge, b die Basis des Gleitkommasystems und e der Exponent. Da Rechner die Ergebnisse der Gleitkommaverknüpfungen nicht darstellen können, wird das Ergebnis jeder arithmetischen Operation $* \in \{+, -, \cdot, /\}$ mithilfe einer Rundungsfunktion $\square : \mathbb{R} \longrightarrow T$ nach T abgebildet.

$$\bigwedge_{x,y \in T} x \widetilde{*} y = \square\,(x * y)\,.$$

In den meisten Fällen ist $\square$ die Rundung zur nächstgelegenen Gleitkommazahl. Beim Umgang mit Gleitkommazahlen ist zu beachten, dass $(T, \tilde{+}, \tilde{\cdot})$ kein Körper ist. Im Gleitkommasystem $T\ (10, 1, -1, 1)$ ist das Assoziativgesetz für die Gleitkommaaddition $\tilde{+}$ und die Gleitkommamultiplikation $\tilde{\cdot}$ sowie das Distributivgesetz verletzt ist, denn es ist

$$
\begin{array}{lclclcl}
0.2 \cdot 10^1 & = & \left(0.6 \tilde{+} 0.8\right) \tilde{+} 0.9 & \neq & 0.6 \tilde{+} \left(0.8 \tilde{+} 0.9\right) & = & 0.3 \cdot 10^1 . \\
0.5 \cdot 10^{-1} & = & (0.3 \tilde{\cdot} 0.4) \tilde{\cdot} 0.5 & \neq & 0.3 \tilde{\cdot} (0.4 \tilde{\cdot} 0.5) & = & 0.6 \cdot 10^{-1} . \\
0.6 \cdot 10^1 & = & 0.3 \tilde{\cdot} \left(0.8 \tilde{+} 0.9\right) & \neq & 0.3 \tilde{\cdot} 0.8 \tilde{+} 0.3 \tilde{\cdot} 0.9 & = & 0.5 \cdot 10^1 .
\end{array}
$$

Testfragen

1. Welche algebraische Struktur liegt vor, wenn wir auf der folgenden Menge $\mathbb{M} = \{c = a + ib | \, a, b \in \mathbb{Z}\}$ Addition und Multiplikation wie folgt definieren:

$$c_1 + c_2 = a_1 + a_2 + \mathrm{i}\,(b_1 + b_2)\,,$$

$$c_1 \cdot c_2 = (a_1 \cdot a_2 - b_1 \cdot b_2) + \mathrm{i}\,(a_2 \cdot b_1 + a_1 \cdot b_2)\,?$$

2. Welche algebraische Struktur hat ein Gleitkommasystem $T\ (b, l, e_1, e_2)$?

3. Was versteht man unter einem Ring?

4. Wie viele Elemente muss ein Körper mindestens haben?

5. In der Menge $\mathbb{I}$ aller nicht leeren abgeschlossenen reellen Intervalle $[a]$

$$[a] = [a_l, a_r] = \{x \in \mathbb{R} \,|\, a_l \le x \le a_r\}$$

sind die folgenden Intervallverknüpfungen erklärt

$$[a] + [b] = [a_l + b_l, a_r + b_r]\,,$$

$$
\begin{aligned}
[a] \cdot [b] = \; & [\min\{a_l \cdot b_l, a_l \cdot b_r, a_r \cdot b_l, a_r \cdot b_r\}\,, \\
& \max\{a_l \cdot b_l, a_l \cdot b_r, a_r \cdot b_l, a_r \cdot b_r\}]\,.
\end{aligned}
$$

Ist $(\mathbb{I}, +, \cdot)$ ein Körper?

1.4 Restklassenringe und Restklassenkörper

In diesem Abschnitt gewinnen wir aus dem Ring der ganzen Zahlen durch Klassenbildung neue „kleinere" Ringe.

Definition 1.18 Zu ganzen Zahlen $z, m \in \mathbb{Z}$ mit $m > 0$ gibt es genau ein $q \in \mathbb{Z}$, und ein $r \in \mathbb{Z}$ mit

$$z = q \cdot m + r, \ \ 0 \leq r < m;$$

$r = r_m(z)$ heißt **reduzierter Rest** von z modulo m. Folgende Reste $r_m(z)$ sind möglich:

$$0, 1, 2, \ldots, m-1.$$

Beispiel 1.23 Im Fall $m = 7$, $z = 38$ erhalten wir $q = 5$ und $r = r_7(38) = 3$, denn $38 = 5 \cdot 7 + 3$. Für $m = 9$, $z = 38$ erhalten wir $q = 4$ und $r = r_9(38) = 2$, da $38 = 4 \cdot 9 + 2$.

Bemerkung 1.10 Wir schreiben $a \mid b$, wenn die ganze Zahl a ein Teiler der ganzen Zahl b ist, andernfalls schreibt man $a \nmid b$, so ist $4 \mid 12$ aber $12 \nmid 4$.

Definition 1.19 Zwei ganze Zahlen $a, b \in \mathbb{Z}$ heißen **kongruent** modulo m; in Zeichen $a \equiv b \pmod{m}$ oder $a \equiv b\ (m)$, wenn sie modulo m denselben Rest hinterlassen:

$$a \equiv b\ (m) \Leftrightarrow r_m(a) = r_m(b).$$

Beispiel 1.24 Es ist $12 \equiv 19\ (7)$, da $r_7(12) = r_7(19) = 5$. Weiter stellen wir fest $31 \equiv 45\ (7)$, da $r_7(31) = r_7(45) = 3$.

Satz 1.7 *Sei $m \in \mathbb{Z}$. Die Kongruenz $\equiv$ hat folgende Eigenschaften*

$$\bigwedge_{a \in \mathbb{Z}} a \equiv a\,(m) \quad \textit{reflexiv},$$

$$\bigwedge_{a,b,c \in \mathbb{Z}} a \equiv b\,(m) \wedge b \equiv c\,(m) \Rightarrow a \equiv c\,(m) \quad \textit{transitiv},$$

$$\bigwedge_{a,b \in \mathbb{Z}} a \equiv b\,(m) \Rightarrow b \equiv a\,(m) \quad \textit{symmetrisch}.$$

*$\equiv$ ist also eine **Äquivalenzrelation**.*

Alle ganzen Zahlen, welche modulo m denselben Rest hinterlassen, haben ähnliche Eigenschaften, wir fassen sie deshalb zu Restklassen zusammen:

$$\overline{a} = \{\widehat{a} \in \mathbb{Z} \,|\widehat{a} \equiv a \ (m)\}$$

$\overline{a}$ heißt Restklasse von a modulo m. Für ein $m \in \mathbb{Z}$ gibt es genau m verschiedene Restklassen, nämlich $\overline{0}, \overline{1}, \ldots, \overline{m-1}$, dafür schreiben wir auch

$$\mathbb{Z}_m = \mathbb{Z}/m\mathbb{Z} = \left\{\overline{0}, \overline{1}, \ldots, \overline{m-1}\right\},$$

wobei $m\mathbb{Z}$ die Menge der ganzzahligen Vielfachen von m bedeutet.Weiter gilt

$$a \equiv b \ (m) \Leftrightarrow m \mid (a-b) \Leftrightarrow \overline{a} = \overline{b}.$$

Beispiel 1.25 Die Restklassen modulo $m = 5$ sind:

$$\begin{aligned}
\overline{0} &= \{\ldots, -5, 0, 5, 10, \ldots\} \\
\overline{1} &= \{\ldots, -4, 1, 6, 11, \ldots\} \\
\overline{2} &= \{\ldots, -3, 2, 7, 12, \ldots\} \\
\overline{3} &= \{\ldots, -2, 3, 8, 13, \ldots\} \\
\overline{4} &= \{\ldots, -1, 4, 9, 14, \ldots\}
\end{aligned}$$

Es ist $-7 \in \overline{3}$, weil $5 \mid (-7-3)$.

Als Nächstes wollen wir das Rechnen mit Restklassen, die sogenannte Kongruenzrechnung einführen; das geschieht nach folgender Vorschrift.

$$\overline{a} + \overline{b} = \overline{a+b}$$

$$\overline{a} \cdot \overline{b} = \overline{a \cdot b}$$

Wie ist das zu interpretieren? Die Summe bzw. das Produkt zweier Restklassen $\overline{a}, \overline{b}$ wird wie folgt gebildet

- Nimm aus jeder Restklasse einen Vertreter $a, b : a \in \overline{a}, b \in \overline{b}$.
- Bilde die Summe $a + b$ bzw. das Produkt $a \cdot b$.
- Bestimme die Restklasse, in welcher $a + b$ bzw. $a \cdot b$ liegen.

Das Ergebnis ist unabhängig von den gewählten Vertretern a, b.

Beispiel 1.26 Auf diese Weise können wir die Verknüpfungstafel für $\mathbb{Z}_3$ aufstellen. Es gibt drei Restklassen $\overline{0}, \overline{1}, \overline{2}$

$+$	$\overline{0}$	$\overline{1}$	$\overline{2}$
$\overline{0}$	$\overline{0}$	$\overline{1}$	$\overline{2}$
$\overline{1}$	$\overline{1}$	$\overline{2}$	$\overline{0}$
$\overline{2}$	$\overline{2}$	$\overline{0}$	$\overline{1}$

$(\mathbb{Z}_3, +)$ ist also eine Abel'sche Gruppe. Weiter erhalten wir für die Multiplikation

$\cdot$	$\overline{1}$	$\overline{2}$
$\overline{1}$	$\overline{1}$	$\overline{2}$
$\overline{2}$	$\overline{2}$	$\overline{1}$

und wir sehen, dass auch $\left(\mathbb{Z}_3 \setminus \left\{\overline{0}\right\}, \cdot\right)$ eine Abel'sche Gruppe ist. Sehr einfach weist man das Distributivgesetz $\overline{a} \cdot \left(\overline{b} + \overline{c}\right) = \overline{a} \cdot \overline{b} + \overline{a} \cdot \overline{c}$ nach, somit ist $(\mathbb{Z}_3, +, \cdot)$ ein Körper.

Es drängt sich die Frage auf, ob $(\mathbb{Z}_m, +, \cdot)$ stets ein Körper ist. Dazu betrachten wir das nächste Beispiel.

Beispiel 1.27 Wir erstellen die Verknüpfungstafel für $\mathbb{Z}_4$. Es gibt vier Restklassen $\overline{0}, \overline{1}, \overline{2}, \overline{3}$

$+$	$\overline{0}$	$\overline{1}$	$\overline{2}$	$\overline{3}$
$\overline{0}$	$\overline{0}$	$\overline{1}$	$\overline{2}$	$\overline{3}$
$\overline{1}$	$\overline{1}$	$\overline{2}$	$\overline{3}$	$\overline{0}$
$\overline{2}$	$\overline{2}$	$\overline{3}$	$\overline{0}$	$\overline{1}$
$\overline{3}$	$\overline{3}$	$\overline{0}$	$\overline{1}$	$\overline{2}$

$(\mathbb{Z}_4, +)$ erweist sich als Abel'sche Gruppe. Nun zur Multiplikation

$\cdot$	$\overline{1}$	$\overline{2}$	$\overline{3}$
$\overline{1}$	$\overline{1}$	$\overline{2}$	$\overline{3}$
$\overline{2}$	$\overline{2}$	$\overline{0}$	$\overline{2}$
$\overline{3}$	$\overline{3}$	$\overline{2}$	$\overline{1}$

Anhand der Verknüpfungstafel erkennen wir, dass die Multiplikation zwar kommutativ ist, aber nicht alle Elemente ein multiplikativ Inverses besitzen, denn

$\left(\mathbb{Z}_4 \setminus \left\{\overline{0}\right\}, \cdot\right)$ besitzt den Nullteiler $\overline{2}$, daher ist $\left(\mathbb{Z}_4 \setminus \left\{\overline{0}\right\}, \cdot\right)$ eine Abel'sche Halbgruppe mit Eins und $(\mathbb{Z}_4, +, \cdot)$ ein kommutativer Ring mit Eins.

Allgemein gilt:

Satz 1.8 *Für jede Primzahl p ist $\left(\mathbb{Z}_p, +, \cdot\right)$ ein Körper, und zwar ein endlicher Körper; er wird mit $\mathbb{F}_p$ bezeichnet und* ***Primkörper der Charakteristik*** *p genannt. Für alle Nichtprimzahlen m ist $(\mathbb{Z}_m, +, \cdot)$ ein kommutativer Ring mit Eins.*

Testfragen

1. Welche Äquivalenzrelation kennen Sie?
2. Ist die Relation $\leq$ eine Äquivalenzrelation auf $\mathbb{R}$?
3. In welcher Restklasse liegt 437 in $\mathbb{Z}_3, \mathbb{Z}_8, \mathbb{Z}_{21}$?
4. In welcher Restklasse liegt -128 in $\mathbb{Z}_2, \mathbb{Z}_{11}, \mathbb{Z}_{27}$?
5. Berechnen Sie $\overline{3} + \overline{6}$ und $\overline{3} \cdot \overline{6}$ in $\mathbb{Z}_7, \mathbb{Z}_8$.
6. Existiert $\sqrt{3}$ in $\mathbb{Z}_{11}$?
7. Welche unterschiedliche algebraische Struktur haben $\mathbb{Z}_{11}, \mathbb{Z}_{22}$?

1.5 Der Fundamentalsatz der Algebra

Zunächst wollen wir uns mit den Nullstellen von Polynomen beschäftigen und einige Eigenschaften zusammenstellen.

Definition 1.20 Die Funktion

$$p(x) = \sum_{k=0}^{n} a_k x^k; \quad x \in D(p) = \mathbb{C};$$

heißt **Polynom** mit den Koeffizienten $a_0, a_1, \ldots, a_n \in \mathbb{C}$. Ist $a_n \neq 0$, so heißen a_n der **höchste Koeffizient** und n der **Grad** von p: $\operatorname{grad}(p) = n$. Das Polynom O, für das gilt $O(x) = 0, x \in \mathbb{C}$ ist das **Nullpolynom**; ihm wird der Grad $-\infty$ zugeordnet. Wir schreiben

$$\mathcal{P} = \left\{ p(x) \,\middle|\, p(x) = \sum_{k=0}^{n} a_k x^k \,,\; a_k \in \mathbb{C},\, n \in \mathbb{N}_0 \right\}.$$

Beispiel 1.28 In $\mathcal{P}$ definieren wir für $p = \sum_{k=0}^{n} a_k x^k$ und $q = \sum_{k=0}^{m} b_k x^k$ eine Addition

$$p + q = \sum_{k=0}^{\max\{n,m\}} (a_k + b_k)\, x^k$$

sowie eine Multiplikation

$$p \cdot q = \sum_{k=0}^{n+m} \left(\sum_{l=0}^{k} a_l \cdot b_{k-l} \right) x^k .$$

$(\mathcal{P}, +, \cdot)$ ist dann ein kommutativer Ring mit Eins, **Polynomring** genannt. Das Nullpolynom ist das neutrale Element bezüglich $+$ und $p(x) = 1$ das neutrale Element bezüglich $\cdot$. Zu $p(x) = \sum_{k=0}^{n} a_k x^k$ lautet das inverse Element bezüglich der Addition $-p(x) = \sum_{k=0}^{n} (-a_k)\, x^k$.

Manchmal ist es erforderlich, zwischen reellen und komplexen Polynomen zu unterscheiden. Ein reelles bzw. komplexes Polynom liegt vor, wenn alle Koeffizienten a_k reell bzw. komplex sind.

Die Menge aller reellen bzw. komplexen Polynome wird mit $\mathcal{P}(\mathbb{R})$ bzw. $\mathcal{P}(\mathbb{C})$ bezeichnet.

Definition 1.21 Eine Zahl x_0 heißt **Nullstelle** der **Vielfachheit** m des Polynoms $p(x)$ vom n-ten Grade, wenn es ein Polynom $q(x)$ mit $\operatorname{grad}(q) = n - m$ gibt, für welches gilt:

$$p(x) = (x - x_0)^m\, q(x)\,,\; q(x_0) \neq 0.$$

Satz 1.9 *(Fundamentalsatz der Algebra) Jedes Polynom n-ten Grades, $n \geq 1$, besitzt eine Nullstelle in $\mathbb{C}$.*

Wiederholte Anwendung des Fundamentalsatzes liefert:

Satz 1.10 *(Faktorisierung eines Polynoms) Ist $p(x) = \sum_{k=0}^{n} a_k x^k$, $a_n \neq 0$ ein Polynom n-ten Grades, dann gilt*

$$p(x) = a_n (x - x_1)^{k_1} (x - x_2)^{k_2} \ldots (x - x_l)^{k_l}\,,$$

wobei $k_1 + k_2 + \ldots + k_l = n$.

Merke: Jedes Polynom n-ten Grades besitzt genau n Nullstellen in $\mathbb{C}$, wobei jede Nullstelle entsprechend ihrer Vielfachheit zu zählen ist. Wir schreiben $(x - x_i)^{k_i} \mid p(x)$, wenn das Polynom $(x - x_i)^{k_i}$ als Faktor (Teiler) im Polynom $p(x)$ enthalten ist, andernfalls schreibt man $(x - x_i)^{k_i} \nmid p(x)$.

Der folgende Satz gilt nur für reelle Polynome.

Satz 1.11 *Ist $p(x) = \sum_{k=0}^{n} a_k x^k$ ein Polynom mit reellen Koeffizienten $a_k \in \mathbb{R}$, dann ist mit jeder echt komplexen Nullstelle x_0, d. h.* $\operatorname{Im}(x_0) \neq 0$, *auch deren konjugiert komplexe $\overline{x_0}$ Nullstelle von $p(x)$.*

Beweis: Ist x_0 Nullstelle von $p(x)$ so folgt

$$p(\overline{x_0}) = \sum_{k=0}^{n} a_k \overline{x_0}^k = \sum_{k=0}^{n} a_k \overline{x_0^k} = \sum_{k=0}^{n} \overline{a_k x_0^k} = \overline{\sum_{k=0}^{n} a_k x_0^k} = \overline{p(x_0)} = \overline{0} = 0.$$

■

Folgerung 1.2 Ist $p(x)$ ein reelles Polynom ungeraden Grades, d. h. $\operatorname{grad}(p) = 2m + 1, m \in \mathbb{N}$, so besitzt p mindestens eine reelle Nullstelle, da bei reellen Polynomen komplexe Nullstellen immer „paarweise" auftreten; denn mit einer komplexen Nullstelle z ist auch die dazu konjugiert komplexe Zahl $\overline{z}$ Nullstelle von p.

Merke:

- Jedes reelle Polynom kann auch als komplexes Polynom aufgefasst werden.
- Eine besondere Situation liegt bei reellen Polynomen vor. Reelle Polynome wie $p(x) = x^2 + 1$ brauchen keine reelle Nullstelle zu haben; $p(x)$ hat die beiden komplexen Nullstellen $-\mathrm{i}$ und i.
- Bei einem komplexen Polynom ist die konjugiert Komplexe einer Nullstelle i. A. keine Nullstelle: $p(x) = x^2 + \mathrm{i}x + 6$ hat die Nullstellen $-3\mathrm{i}$ und $2\mathrm{i}$.

Testfragen

1. Gibt es komplexe Polynome, welche nur reelle Nullstellen haben?
2. Wann hat das reelle, quadratische Polynom $ax^2 + bx + c$ nur reelle/komplexe Nullstellen?
3. Wie lautet der Fundamentalsatz der Algebra?

4. Hat ein komplexes Polynom ungeraden Grades immer mindestens eine reelle Nullstelle?
5. Besitzt ein komplexes Polynom stets ein Paar konjugiert komplexer Nullstellen?
6. Kann ein reelles Polynom keine reellen Nullstellen besitzen?
7. Warum ist $(\mathcal{P}, +, \cdot)$ kein Körper?

1.6 Matrizen

Durch die rechteckige Anordnung von reellen oder komplexen Zahlen erzeugen wir eine neue Struktur.

Beispiel 1.29 Ein Getränkelieferant beliefert vier Gaststätten (G1, G2, G3, G4) mit Bier, Wein und Softdrinks. Dann können die in einem Halbjahr gelieferten Mengen in Hektoliter in einer Tabelle dargestellt werden.

Getränk/Gaststätte	G1	G2	G3	G4
Bier	90	35	48	75
Wein	40	50	16	18
Softdrinks	80	19	20	120

Lassen wir die Kopfzeile und die erste Spalte weg, so entsteht folgendes rechteckige Zahlenschema, dabei entsprechen die Zeilen den Getränkesorten und die Spalten den Gaststätten

90	35	48	75
40	50	16	18
80	19	20	120

Wir müssen uns also merken, welche Zeile welcher Getränkesorte und welche Spalte welcher Gaststätte entspricht. Die Zeilen und Spalten dürfen nicht vertauscht werden! Solche schematischen Anordnungen von Zahlen heißen Matrizen. Wir schließen dieses Zahlenschema in runde Klammern ein, unterdrücken die waagrechten und senkrechten Linien und erhalten folgendes Schema:

$$\begin{pmatrix} 90 & 35 & 48 & 75 \\ 40 & 50 & 16 & 18 \\ 80 & 19 & 20 & 120 \end{pmatrix}.$$

Definition 1.22 Eine $n \times m$ **Matrix** A ist ein aus n Zeilen und m Spalten bestehendes rechteckiges Schema reeller oder komplexer Zahlen:

$$A = \begin{pmatrix} a_{11} & a_{12} & \dots & \dots & \dots & \dots & a_{1m} \\ a_{21} & a_{22} & \dots & \dots & \dots & \dots & a_{2m} \\ \vdots & \vdots & \vdots & \vdots & \vdots & \vdots & \vdots \\ \vdots & \vdots & \vdots & \vdots & \vdots & \vdots & \vdots \\ a_{n1} & a_{n2} & \dots & \dots & \dots & \dots & a_{nm} \end{pmatrix}.$$

Die Zahlen a_{ij} heißen Elemente der Matrix, dabei ist i der Zeilenindex und j der Spaltenindex. Mithilfe dieser Indizes ist die Position des Elements a_{ij} in der Matrix eindeutig festgelegt. Eine Matrix mit den Elementen a_{ij} wird auch wie folgt angegeben.

$$A = \left(a_{ij}\right)_{i=1,\ldots n, j=1,\ldots m} \text{ bzw. } A = \left(a_{ij}\right)_{i=1, j=1}^{n,m} \text{ bzw. } A = \left(a_{ij}\right)_{n,m}.$$

Manchmal schreiben wir auch $a_{i,j}$ anstatt a_{ij}. Ist die Zeilenanzahl gleich der Spaltenanzahl, spricht man von einer quadratischen Matrix. Mit $M_{n \times m}(\mathbb{K})$ bezeichnen wir die Menge aller $n \times m$ Matrizen, deren Elemente $a_{i,j}$ aus dem Körper $\mathbb{K}$ sind. Die Elemente der **Nullmatrix** O sind alle gleich 0.

Folgende Merkregel bezüglich der Indexreihenfolge ist hilfreich.

Zeile zuerst, Spalte später.

Definition 1.23 Zwei Matrizen $A = \left(a_{ij}\right)$ und $B = \left(b_{ij}\right)$ heißen **gleich**, wenn A und B $n \times m$ Matrizen sind und die entsprechenden Elemente übereinstimmen, d. h.

$$\bigwedge_{i=1,\ldots,n,\; j=1,\ldots,m} a_{ij} = b_{ij}.$$

Bemerkung 1.11 Eine Matrix kann nur aus einer Spalte bestehen, in diesem Fall liegt eine $n \times 1$ Matrix vor, und der Spaltenindex 1 wird weggelassen:

$$A = \begin{pmatrix} a_1 \\ a_2 \\ \vdots \\ \vdots \\ a_n \end{pmatrix}.$$

Am Beispiel des Getränkelieferanten bedeutet das, dass nur eine Gaststätte beliefert wird. Besteht eine Matrix nur aus einer Zeile, so handelt es sich um eine $1 \times m$ Matrix; in diesem Fall wird der Zeilenindex 1 weggelassen:

$$A = \begin{pmatrix} a_1 & a_2 & \dots & \dots & \dots & \dots & a_m \end{pmatrix}.$$

Am Beispiel des Getränkelieferanten bedeutet dies, dass nur eine Getränkesorte geliefert wird.

Definition 1.24 Ist $A = (a_{ij})_{i=1,\dots n, j=1,\dots m}$ eine $n \times m$ Matrix, dann ist die zu A **transponierte Matrix** A^T wie folgt erklärt:

$$A^T = (\widetilde{a}_{ji})_{j=1,\dots m, i=1,\dots n} \text{ mit } \widetilde{a}_{ji} = a_{ij}. \tag{1.14}$$

Bemerkung 1.12 A^T entsteht aus A, indem man die Zeilen von A als Spalten und die Spalten von A als Zeilen schreibt. A^T ist eine $m \times n$ Matrix.

Beispiel 1.30 Die Transponierte der Matrix

$$A = \begin{pmatrix} 3 & -8 \\ 12 & 81 \\ 11 & 6 \end{pmatrix} \quad \text{ist} \quad A^T = \begin{pmatrix} 3 & 12 & 11 \\ -8 & 81 & 6 \end{pmatrix}.$$

In den Anwendungen spielen quadratische Matrizen $M_{n \times n}(\mathbb{K})$ eine besondere Rolle, dabei sind $a_{i,i}$ die **Diagonalelemente** einer quadratischen Matrix. Als Nächstes stellen wir einige wichtige quadratische Matrizen zusammen.

Definition 1.25 Im Folgenden handelt es sich immer um quadratische $n \times n$ Matrizen; das Symbol $*$ steht für eine beliebige Zahl.

Einheitsmatrix $E = (\delta_{ij})_{i,j=1,\dots n} = \begin{cases} 1 & \text{für } i = j \\ 0 & \text{für } i \neq j \end{cases}$

$$E = \begin{pmatrix} 1 & 0 & 0 & \dots & 0 \\ 0 & 1 & & & \vdots \\ \vdots & 0 & \ddots & & \vdots \\ \vdots & & & \ddots & 0 \\ 0 & \dots & \dots & 0 & 1 \end{pmatrix}$$

Obere Dreiecksmatrix $U = \big(u_{ij}\big)_{i,j=1,\dots n}$ mit $u_{ij} = 0$, falls $i > j$

$$U = \begin{pmatrix} * & * & * & \dots & * \\ 0 & * & & & \vdots \\ \vdots & 0 & \ddots & & \vdots \\ \vdots & & & * & * \\ 0 & \dots & \dots & 0 & * \end{pmatrix}$$

Untere Dreiecksmatrix $L = \big(l_{ij}\big)_{i,j=1,\dots n}$ mit $l_{ij} = 0$, falls $i < j$

$$L = \begin{pmatrix} * & 0 & 0 & \dots & 0 \\ * & * & 0 & & \vdots \\ \vdots & 0 & \ddots & & \vdots \\ \vdots & & & * & 0 \\ * & \dots & \dots & * & * \end{pmatrix}$$

Diagonalmatrix $D = \big(d_{ij}\big)_{i,j=1,\dots n}$ mit $d_{ij} = 0$, falls $i \neq j$

$$D = \begin{pmatrix} * & 0 & 0 & \dots & 0 \\ 0 & * & & & \vdots \\ \vdots & 0 & \ddots & & \vdots \\ \vdots & & & * & 0 \\ 0 & \dots & \dots & 0 & * \end{pmatrix}.$$

Für die Diagonalmatrix mit den Diagonalelementen $d_{11}, d_{22}, \dots, d_{nn}$ verwendet man die Bezeichnung

$$\mathrm{Diag}\,(d_{11}, d_{22}, \dots, d_{nn})\,.$$

Definition 1.26 Unter der **Spur** einer $n \times n$ Matrix $A = \big(a_{ij}\big)_{i,j=1,\dots n}$ versteht man die Summe der Diagonalelemente

$$\mathrm{spur}\,(A) = \sum_{k=1}^{n} a_{kk}.$$

Definition 1.27 Die **Multiplikation** einer $n \times m$ Matrix $A = (a_{ij})$ mit einer Zahl β erfolgt, indem jedes Element von A mit β multipliziert wird:

$$\beta \cdot A = (\beta \cdot a_{ij})_{i=1,\dots n, j=1,\dots m}$$

$$= \begin{pmatrix} \beta \cdot a_{11} & \beta \cdot a_{12} & \dots & \dots & \dots & \dots & \beta \cdot a_{1m} \\ \beta \cdot a_{21} & \beta \cdot a_{22} & \dots & \dots & \dots & \dots & \beta \cdot a_{2m} \\ \vdots & \vdots & \vdots & \vdots & \vdots & \vdots & \vdots \\ \vdots & \vdots & \vdots & \vdots & \vdots & \vdots & \vdots \\ \beta \cdot a_{n1} & \beta \cdot a_{n2} & \dots & \dots & \dots & \dots & \beta \cdot a_{nm} \end{pmatrix}.$$

Beispiel 1.31 Falls die Liefermengen aus Beispiel 1.29 um 50 % erhöht werden, müssen alle Elemente der Matrix mit dem Faktor 1.5 multipliziert werden:

$$1.5 \begin{pmatrix} 90 & 35 & 48 & 75 \\ 40 & 50 & 16 & 18 \\ 80 & 19 & 20 & 120 \end{pmatrix}$$

$$= \begin{pmatrix} 1.5 \cdot 90 & 1.5 \cdot 35 & 1.5 \cdot 48 & 1.5 \cdot 75 \\ 1.5 \cdot 40 & 1.5 \cdot 50 & 1.5 \cdot 16 & 1.5 \cdot 18 \\ 1.5 \cdot 80 & 1.5 \cdot 19 & 1.5 \cdot 20 & 1.5 \cdot 120 \end{pmatrix}$$

$$= \begin{pmatrix} 135 & 52.5 & 72 & 112.5 \\ 60 & 75 & 24 & 27 \\ 1200 & 28.5 & 30 & 180 \end{pmatrix}$$

Bemerkung 1.13 Durch die Multiplikation einer Matrix A mit einer Zahl β werden im Unterschied zu den bisherigen Verknüpfungen Elemente zweier verschiedener Mengen – nämlich Zahlen und Matrizen – verknüpft. Man spricht deshalb auch von einer **äußeren Verknüpfung**.

Beispiel 1.32 Greifen wir nochmals Beispiel 1.29 auf. Die Liefermenge im ersten Halbjahr war durch die Matrix

$$\begin{pmatrix} 90 & 35 & 48 & 75 \\ 40 & 50 & 16 & 18 \\ 80 & 19 & 20 & 120 \end{pmatrix}$$

beschrieben worden. Ist die Liefermenge im zweiten Halbjahr durch

$$\begin{pmatrix} 40 & 65 & 48 & 75 \\ 20 & 30 & 25 & 58 \\ 100 & 50 & 30 & 110 \end{pmatrix}$$

gegeben, so entsteht durch Addition der entsprechenden Liefermengen im ersten und zweiten Halbjahr eine Matrix, welche die Lieferungen für das gesamte Jahr angibt:

$$\begin{pmatrix} 90+40 & 35+65 & 48+48 & 75+75 \\ 40+20 & 50+30 & 16+25 & 18+58 \\ 80+100 & 19+50 & 20+30 & 120+110 \end{pmatrix}$$
$$= \begin{pmatrix} 130 & 100 & 96 & 150 \\ 60 & 80 & 41 & 76 \\ 180 & 69 & 50 & 230 \end{pmatrix}$$

Wir lesen ab, dass an Gaststätte G3 innerhalb eines Jahres insgesamt 41 Hektoliter Wein geliefert wurden.

Dieses Beispiel führt dazu, die Addition von Matrizen zu definieren.

Definition 1.28 Die **Summe** $A+B$ zweier $n \times m$ Matrizen $A = \left(a_{ij}\right)_{n,m}$ und $B = \left(b_{ij}\right)_{n,m}$ ist diejenige $n \times m$ Matrix, deren Elemente gleich der Summe der entsprechenden Elemente von A und B sind:

$$\begin{aligned} A+B &= \left(a_{ij}+b_{ij}\right)_{i=1,\ldots n,\, j=1,\ldots m} \\ &= \begin{pmatrix} a_{11}+b_{11} & a_{12}+b_{12} & \ldots & \ldots & \ldots & a_{1m}+b_{1m} \\ a_{21}+b_{21} & a_{22}+b_{22} & \ldots & \ldots & \ldots & a_{2m}+b_{2m} \\ \vdots & \vdots & \vdots & \vdots & \vdots & \vdots \\ \vdots & \vdots & \vdots & \vdots & \vdots & \vdots \\ a_{n1}+b_{n1} & a_{n2}+b_{n2} & \ldots & \ldots & \ldots & a_{nm}+b_{nm} \end{pmatrix}. \end{aligned}$$

Beispiel 1.33 Für die Matrizen

$$A = \begin{pmatrix} 8 & -4 & 1 & 0 \\ 2 & 1.5 & -2 & 11 \\ 7 & -6 & 10 & 9 \end{pmatrix} \text{ und } B = \begin{pmatrix} 3 & 4 & -1 & 3 \\ -8 & -3.5 & -2 & -1 \\ 12 & 6 & 0 & 7 \end{pmatrix}$$

erhalten wir

$$A+B = \begin{pmatrix} 11 & 0 & 0 & 3 \\ -6 & -2 & -4 & 10 \\ 19 & 0 & 10 & 16 \end{pmatrix}.$$

Folgerung 1.3 Wie man sieht, ist $(M_{n\times m}(\mathbb{K}), +)$ eine additive Abel'sche Gruppe, das neutrale Element ist die Nullmatrix O, und $-A = \left(-a_{ij}\right)_{n,m}$ ist das zur Matrix $A = \left(a_{ij}\right)_{n,m}$ eindeutig bestimmte inverse Element. Assoziativität und Kommutativität übertragen sich elementweise von $\mathbb{K}$.

Beispiel 1.34 Zur Herstellung der vier Zwischenprodukte $P1$, $P2$, $P3$, $P4$ werden drei verschiedene Rohstoffe $R1$, $R2$, $R3$ benötigt. Die zur Herstellung von einer Mengeneinheit eines Produktes benötigten Rohstoffmengen sind in der Tabelle als Matrix A dargestellt.

A	$P1$	$P2$	$P3$	$P4$
$R1$	2	1	3	4
$R2$	3	2	0	1
$R3$	0	3	2	4

Aus $P1$, $P2$, $P3$, $P4$ sollen die zwei Endprodukte $E1$, $E2$ hergestellt werden. Die zur Herstellung einer Einheit benötigten Mengen an Zwischenprodukten wird durch die Matrix B beschrieben:

B	$E1$	$E2$
$P1$	2	4
$P2$	1	3
$P3$	3	1
$P4$	5	6

Wir wollen die Frage beantworten, wie viele Einheiten des Rohstoffs $R1$ zur Herstellung einer Einheit des Produkts $E1$ notwendig sind. Der zweiten Tabelle entnehmen wir:

Zur Produktion 1 Einheit $E1$ sind erforderlich:
2 Einheiten $P1$, 1 Einheit $P2$, 3 Einheiten $P3$, 5 Einheiten $P4$.
Der ersten Tabelle entnehmen wir:
Zur Produktion 1 Einheit von $P1$ bzw. $P2$ bzw. $P3$ bzw. $P4$ sind
jeweils 2 bzw. 1 bzw. 3 bzw. 4 Einheiten von $R1$ erforderlich, so dass zur Herstellung des Endproduktes $E1$ insgesamt

$2 \cdot 2 + 1 \cdot 1 + 3 \cdot 3 + 4 \cdot 5 = 34$ Einheiten des Rohstoffes $R1$ benötigt werden.

Die anderen Rohstoffmengen bestimmen wir analog, dabei können wir das **Schema von Falk** verwenden:

$$\begin{array}{cc} & \begin{array}{c} \quad E1 \quad E2 \\ \begin{array}{c} P1 \\ P2 \\ P3 \\ P4 \end{array} \begin{pmatrix} 2 & 4 \\ 1 & 3 \\ 3 & 1 \\ 5 & 6 \end{pmatrix} \end{array} \\ \begin{array}{c} \quad P1 \quad P2 \quad P3 \quad P4 \\ \begin{array}{c} R1 \\ R2 \\ R3 \end{array} \begin{pmatrix} 2 & 1 & 3 & 4 \\ 3 & 2 & 0 & 1 \\ 0 & 3 & 2 & 4 \end{pmatrix} \end{array} & \begin{pmatrix} 2 \cdot 2 + 1 \cdot 1 + 3 \cdot 3 + 4 \cdot 5 & \cdots \\ 3 \cdot 2 + 2 \cdot 1 + 0 \cdot 3 + 1 \cdot 5 & \cdots \\ 0 \cdot 2 + 3 \cdot 1 + 2 \cdot 3 + 4 \cdot 5 & \cdots \end{pmatrix} \end{array}$$

Das Ergebnis ist also die folgende 3×2 Matrix

$$\begin{array}{c} \\ R1 \\ R2 \\ R3 \end{array} \begin{array}{c} \begin{array}{cc} E1 & E2 \end{array} \\ \begin{pmatrix} 34 & 38 \\ 13 & 24 \\ 29 & 35 \end{pmatrix} \end{array},$$

an welcher der Rohstoffbedarf zur Fertigung der Endprodukte unmittelbar abgelesen werden kann. So benötigt die Fertigung einer Einheit des Produktes $E2$ 35 Einheiten des Rohstoffes $R3$.

Definition 1.29 Das **Produkt** $A \cdot B$ einer $n \times p$ Matrix $A = \left(a_{ij}\right)_{n,p}$ und einer $q \times m$ Matrix $B = \left(b_{ij}\right)_{q,m}$ ist nur dann erklärt, wenn gilt

$$p = q,$$

d. h., wenn gilt,

$$\text{Spaltenanzahl von } A = \text{Zeilenzahl von } B.$$

Das Produkt $C = A \cdot B$ ist dann eine $n \times m$ Matrix. Das Element c_{ij} in der i-ten Zeile und j-ten Spalte der Produktmatrix $C = A \cdot B$ berechnet sich wie folgt

$$c_{ij} = \sum_{\nu=1}^{p} a_{i\nu} \cdot b_{\nu j} \;, \quad i = 1, \ldots, n, \, j = 1, \ldots, m.$$

Merke: Für die Multiplikation zweier Matrizen gilt kurz gesagt:
„Multipliziere die Zeilen von A in die Spalten von B und addiere die bei dieser Art der Multiplikation entstehenden Produkte!“

Beispiel 1.35 Gegeben sind die Matrizen

$$A = \begin{pmatrix} 3 & -4 & 0 \\ 8 & 0.5 & -1 \\ 10 & 7 & 9 \end{pmatrix} \text{ und } B = \begin{pmatrix} 2 & -3 & 5 & 0 \\ -2 & 1 & 3 & 7 \\ 0 & -1 & 4 & 0 \end{pmatrix}.$$

A ist eine 3×3 Matrix, und B ist eine 3×4 Matrix, daher kann das Produkt $A \cdot B$ gebildet werden, während das Produkt $B \cdot A$ nicht definiert ist. Wir erhalten als Produkt $A \cdot B$ die 3×4 Matrix C

$$C \doteq A \cdot B = \begin{pmatrix} 14 & -13 & 3 & -28 \\ 15 & -22.5 & 37.5 & 3.5 \\ 6 & -32 & 107 & 49 \end{pmatrix}.$$

Bemerkung 1.14 Bei quadratischen Matrizen A, B kann sowohl das Produkt $A \cdot B$ als auch das Produkt $B \cdot A$ gebildet werden. Wie das Beispiel der Matrizen

$$A = \begin{pmatrix} 1 & 2 \\ 3 & 4 \end{pmatrix}, \; B = \begin{pmatrix} 2 & 1 \\ 4 & -3 \end{pmatrix}$$

zeigt, ist wegen

$$A \cdot B = \begin{pmatrix} 10 & -5 \\ 22 & -9 \end{pmatrix}, \; B \cdot A = \begin{pmatrix} 5 & 8 \\ -5 & -4 \end{pmatrix}$$

die Matrizenmultiplikation nicht kommutativ.

Merke: Das Matrizenprodukt ist i. A. nicht kommutativ.

Folgerung 1.4 Die Multiplikation einer $n \times n$ Matrix A mit einer Diagonalmatrix $D = \mathrm{Diag}\,(d_{11}, d_{22}, \ldots, d_{nn})$ ist besonders einfach.

Die j-te Spalte der Matrix $A \cdot D$ erhält man, indem man jedes Element der j-ten Spalte von A mit d_{jj} multipliziert.

Die i-te Zeile der Matrix $D \cdot A$ erhält man, indem man jedes Element der i-ten Zeile von A mit d_{ii} multipliziert.

Die Diagonalmatrix $D = \mathrm{Diag}\,(d_{11}, d_{22}, \ldots, d_{nn})$ ist invertierbar $\Leftrightarrow d_{11} \cdot d_{22} \cdot \ldots \cdot d_{nn} \neq 0$; in diesem Fall ist

$$D^{-1} = \mathrm{Diag}\left(\frac{1}{d_{11}}, \frac{1}{d_{22}}, \ldots, \frac{1}{d_{nn}}\right).$$

Folgerung 1.5 $(M_{n \times n}(\mathbb{K}), \cdot)$ ist eine Halbgruppe, mit der $n \times n$ Einheitsmatrix als neutrales Element. Nicht zu jeder $n \times n$ Matrix $A = \left(a_{ij}\right)_{i=1,\ldots n, j=1,\ldots n}$ existiert ein inverses Element, wie das Beispiel der Matrix

$$A = \begin{pmatrix} 0 & 0 \\ 0 & 6 \end{pmatrix}$$

zeigt. Weiter sieht man, $(M_{n \times n}(\mathbb{K}), +, \cdot)$ ist ein Ring mit der $n \times n$ Einheitsmatrix als Einselement.

Definition 1.30 Ist A eine $n \times n$ Matrix, dann sind für $k \in \mathbb{N}$ die Matrixpotenzen A^k wie folgt erklärt:

$$A^0 = E, \quad A^k = \underbrace{A \cdot A \ldots \cdot A}_{k \text{ Faktoren}}.$$

Falls A invertierbar ist, setzen wir weiter fest

$$A^{-k} = \left(A^{-1}\right)^k.$$

Bemerkung 1.15 Nach dieser Definition ergeben sich die folgenden Rechenregeln für den Umgang mit Matrixpotenzen:

$$A^k A^p = A^{k+p}, \ k, p \in \mathbb{N} \tag{1.15}$$
$$\left(A^k\right)^p = A^{kp}, \ k, p \in \mathbb{N} \tag{1.16}$$
$$\left(A^k\right)^{-1} = \left(A^{-1}\right)^k, \ k \in \mathbb{N} \tag{1.17}$$

Testfragen

1. Was versteht man unter einer 1×1 Matrix? Welche algebraische Struktur hat $(M_{1\times 1}(\mathbb{K}), +, \cdot)$?
2. Geben Sie je eine reelle invertierbare/nicht invertierbare 3×3 Matrix an!
3. Warum ist $(M_{n\times m}(\mathbb{K}), +, \cdot)$ für $n \neq m$ kein Ring?
4. Für welche Matrizen A, B können beide Produkte $A \cdot B$ und $B \cdot A$ gebildet werden?
5. Ist die Summe zweier invertierbarer Matrizen invertierbar?
6. Kann die Summe zweier nicht invertierbarer Matrizen invertierbar sein?
7. Berechnen Sie A^7, wobei
$$A = \begin{pmatrix} 2 & 0 & 0 \\ 0 & -1 & 0 \\ 0 & 0 & \frac{1}{3} \end{pmatrix}.$$
8. Kann eine quadratische Matrix, welche eine Nullzeile enthält, invertierbar sein?

1.7 Aufgaben

Aufgabe 1.1 Gegeben sind die folgenden Mengen

$$A = (-2, 3], B = [-2, 3), C = (-2, 1), D = [0, 3].$$

Bestimmen Sie :

$$A \cap B, C \cup D, C \times D, A \cup (B \cap C), (A \cup B) \cap C.$$

Aufgabe 1.2 Gegeben sind die folgenden Mengen

$$A = \left\{(x, y) \in \mathbb{R} \times \mathbb{R} = \mathbb{R}^2 \mid y^2 \leq 2x\right\},$$

$$B = \left\{(x, y) \in \mathbb{R} \times \mathbb{R} = \mathbb{R}^2 \mid \frac{x^2}{9} + \frac{y^2}{4} \leq 1\right\}.$$

Skizzieren Sie diese Mengen und bestimmen Sie $A \cup B$.

Aufgabe 1.3 Bestimmen Sie die Potenzmenge der Mengen $A = \{1, 2, 3\}$ und $B = \{\emptyset, \{2, 4\}, x\}$.

Aufgabe 1.4 Beweisen Sie für drei Mengen X, A und B die folgenden de Morgan'schen Regeln
a) $X \setminus (A \cup B) = (X \setminus A) \cap (X \setminus B)$, b) $X \setminus (A \cap B) = (X \setminus A) \cup (X \setminus B)$.

Aufgabe 1.5 Zeigen Sie, dass die Funktion

$$f : [0, \infty) \to (-1, 0], x \mapsto f(x) = \frac{1}{1+x} - 1$$

bijektiv ist.

Aufgabe 1.6 $(G, \circ)$ ist eine Gruppe, und $U_1 \neq \emptyset$, $U_2 \neq \emptyset$ sind Untergruppen von G. Sind dann $U_1 \cup U_2$ und $U_1 \cap U_2$ auch Untergruppen von G? (Beweis oder Gegenbeispiel!)

Aufgabe 1.7 Stellen Sie die Verknüpfungstafel der Permuationsgruppe S_4 auf und bestimmen Sie alle Untergruppen.

Aufgabe 1.8 In der Menge der reellen Zahlen $\mathbb{R}$, werden eine Addition $\oplus$ und eine Multiplikation $\odot$ wie folgt eingeführt ($+$ und $\cdot$ bezeichnen die üblichen reellen Rechenoperationen).

$$a \oplus b = a + b - \frac{13}{5},$$

$$a \odot b = \frac{25 \cdot a \cdot b - 65 \cdot (a + b) + 312}{55}.$$

Beweisen Sie, dass $(\mathbb{R}, \oplus, \odot)$ ein Körper ist.

Aufgabe 1.9 Wie viele verschiedene reelle Nullstellen kann ein reelles bzw. komplexes Polynom dritten Grades haben? Geben Sie Beispiele für alle möglichen Fälle an!

Aufgabe 1.10 Bestimmen Sie in $\mathbb{Z}_{21}$ alle Lösungen der quadratischen Gleichung

$$x^2 + \overline{9}x + \overline{14} = \overline{0}.$$

Aufgabe 1.11 Bestimmen Sie in $\mathbb{Z}_{35}$ alle Lösungen der quadratischen Gleichung

$$x^2 + \overline{10}x - \overline{28} = \overline{0}.$$

Aufgabe 1.12 Berechnen Sie in $\mathbb{Z}_{101}$ das Inverse von $\overline{25}$.

Aufgabe 1.13 Berechnen Sie, falls möglich, $AB, BA, AC, (A+B)C$, $C(A+B)$ für

$$A = \begin{pmatrix} 1 & -2 & 4 \\ 7 & 11 & 15 \\ -3 & 6 & 8 \end{pmatrix}, \quad B = \begin{pmatrix} 3 & 0 & 1 \\ -1 & 1 & 5 \\ 3 & 14 & -8 \end{pmatrix},$$

$$\text{und } C = \begin{pmatrix} 2 & 1 & -2 \\ 4 & 6 & 12 \\ 9 & -4 & 13 \\ 10 & 5 & 6 \end{pmatrix}.$$

Aufgabe 1.14 Es ist

$$B^{-1} = \begin{pmatrix} 3 & 6 \\ 1 & 2 \end{pmatrix} \text{ und } (AB)^{-1} = \begin{pmatrix} 1 & 4 \\ -6 & 3 \end{pmatrix},$$

bestimmen Sie A .

Aufgabe 1.15 Bestimmen Sie alle 2×2 Matrizen B mit der Eigenschaft $AB = BA$, wobei

$$A = \begin{pmatrix} 2 & -1 \\ 3 & 1 \end{pmatrix}.$$

Aufgabe 1.16 Gilt die Beziehung

$$(A+B)^2 = A^2 + 2AB + B^2$$

für beliebige Matrizen $A, B \in M_{n\times n}(\mathbb{R})$?

2 Vektorräume

Im vorangegangen Kapitel hatten wir uns mit algebraischen Strukturen beschäftigt, die dadurch charakterisiert waren, dass nur Elemente innerhalb einer Menge verknüpft wurden. Wir befassen uns nun mit algebraischen Strukturen, in welchen Elemente von zwei Mengen verknüpft werden. Damit kommen wir zur Struktur des Vektorraumes. Der Bezeichnung Vektor wurde von dem englischen Mathematiker William Rowan Hamilton (1805–1865) Mitte des vorletzten Jahrhunderts eingeführt. Vektorräume sind grundlegend für nahezu alle Gebiete der Mathematik.

2.1 Der Vektorraumbegriff

Wir führen zunächst den Begriff des Vektorraumes ein.

Definition 2.1 $\mathbb{K}$ ist ein Körper. Die nicht leere Menge V heißt $\mathbb{K}$-**Vektorraum**, wenn eine innere Verknüpfung (Addition)

$$V : V \times V \to V, \left(\overrightarrow{u}, \overrightarrow{v}\right) \mapsto \overrightarrow{u} + \overrightarrow{v} \in V \tag{2.1}$$

und eine äußere Verknüpfung (skalare Multiplikation)

$$\mathbb{K} \times V \to V, \left(\alpha, \overrightarrow{u}\right) \mapsto \alpha \cdot \overrightarrow{u} \in V \tag{2.2}$$

erklärt sind, so dass gilt:
$(V, +)$ ist eine Abel'sche Gruppe, das neutrale Element wird mit $\overrightarrow{0}$ bezeichnet.

Für die skalare Multiplikation mit Elementen aus $\mathbb{K}$ gelten die folgenden vier Regeln:

$$\bigwedge_{\overrightarrow{u} \in V} 1 \cdot \overrightarrow{u} = \overrightarrow{u}$$

$$\bigwedge_{\alpha, \beta \in \mathbb{K}} \bigwedge_{\overrightarrow{u} \in V} \alpha \cdot \left(\beta \cdot \overrightarrow{u}\right) = (\alpha\beta) \cdot \overrightarrow{u}$$

$$\bigwedge_{\alpha \in \mathbb{K}} \bigwedge_{\overrightarrow{u}, \overrightarrow{v} \in V} \alpha \cdot \left(\overrightarrow{u} + \overrightarrow{v}\right) = \alpha \cdot \overrightarrow{u} + \alpha \cdot \overrightarrow{v} \quad \text{(1. Distributivgesetz)}$$

$$\bigwedge_{\alpha, \beta \in \mathbb{K}} \bigwedge_{\overrightarrow{u} \in V} (\alpha + \beta) \cdot \overrightarrow{u} = \alpha \cdot \overrightarrow{u} + \beta \cdot \overrightarrow{u} \quad \text{(2. Distributivgesetz)}$$

Die Elemente von V nennt man Vektoren, sie werden mit einem übergesetzten Pfeil gekennzeichnet. Die Elemente von $\mathbb{K}$ heißen Skalare; für Skalare verwenden wir kleine griechische Buchstaben.
Bei der skalaren Multiplikation lassen wir künftig oft das Verknüpfungszeichen $\cdot$ weg und schreiben nur $\alpha \vec{u}$ anstelle von $\alpha \cdot \vec{u}$.

Bemerkung 2.1 Schreiben wir die Vektorraum-Axiome ausführlich hin, so lauten diese:
(1) Für alle $\vec{u}, \vec{v} \in V$ ist eine Addition $\vec{u} + \vec{v} \in V$ erklärt, so dass gilt:

$$\bigwedge_{\vec{u}, \vec{v}, \vec{w} \in V} \left(\vec{u} + \vec{v}\right) + \vec{w} = \vec{u} + \left(\vec{v} + \vec{w}\right) \quad \text{Assoziativität} \tag{2.3}$$

Es gibt genau einen Nullvektor $\vec{0} \in V$ mit der Eigenschaft

$$\bigwedge_{\vec{u} \in V} \vec{u} + \vec{0} = \vec{0} + \vec{u} = \vec{u} \tag{2.4}$$

Die Gleichung

$$\vec{u} + \vec{x} = \vec{0} \text{ ist für jedes } \vec{u} \in V \text{ eindeutig lösbar;} \tag{2.5}$$

die eindeutige Lösung $\vec{x}$ lautet $\vec{x} = -\vec{u}$.

$$\bigwedge_{\vec{u}, \vec{v} \in V} \vec{u} + \vec{v} = \vec{v} + \vec{u} \quad \text{Kommutativität} \tag{2.6}$$

(2) Für alle $\alpha \in \mathbb{K}, \vec{u} \in V$ ist eine Multiplikation (skalare Multiplikation) $\alpha \vec{u} \in V$ erklärt, so dass gilt:

$$\bigwedge_{\vec{u} \in V} 1\vec{u} = \vec{u} \tag{2.7}$$

$$\bigwedge_{\alpha, \beta \in \mathbb{K}} \bigwedge_{\vec{u} \in V} \alpha\left(\beta \vec{u}\right) = (\alpha\beta)\,\vec{u} \tag{2.8}$$

(3) Vektor-Addition und skalare Multiplikation genügen den distributiven Gesetzen

$$\bigwedge_{\alpha \in \mathbb{K}} \bigwedge_{\vec{u}, \vec{v} \in V} \alpha\left(\vec{u} + \vec{v}\right) = \alpha \vec{u} + \alpha \vec{v} \tag{2.9}$$

$$\bigwedge_{\alpha, \beta \in \mathbb{K}} \bigwedge_{\vec{u} \in V} (\alpha + \beta)\,\vec{u} = \alpha \vec{u} + \beta \vec{u} \tag{2.10}$$

Lemma 2.1 *Aus den Vektorraumaxiomen können wir zwei wichtige Folgerungen ziehen:*

a)
$$\bigwedge_{\vec{u} \in V} 0\vec{u} = \vec{0}$$

b) Bei gegebenem $\vec{u}, \vec{v} \in V$ hat die Gleichung $\vec{u} + \vec{x} = \vec{v}$ genau eine Lösung.

Beweis: a) Wegen (2.9) und (2.10) gilt für $\vec{u} \in V$

$$0\vec{u} + 0\vec{u} = (0+0)\vec{u} = 0\vec{u} \Rightarrow 0\vec{u} = \vec{0}.$$

b) Wir zeigen zunächst $-\vec{u} = (-1)\vec{u}$. Nach (2.7) – (2.10) und a) erhalten wir

$$\vec{u} + (-1)\vec{u} = 1\vec{u} + (-1)\vec{u} = (1 + (-1))\vec{u} = 0\vec{u} = \vec{0}.$$

Für $\vec{x} = \vec{v} - \vec{u}$ folgt dann $\vec{u} + \vec{v} - \vec{u} = \vec{u} + \left(-\vec{u}\right) + \vec{v} = \vec{v}$. ■

Testfragen

1. Erklären Sie den Unterschied zwischen innerer und äußerer Verknüpfung!
2. Wie ist ein reeller bzw. komplexer Vektorraum definiert?
3. Beweisen Sie, dass in einem $\mathbb{K}$-Vektorraum gilt:
$$\bigwedge_{\alpha,\beta \in \mathbb{K}} \bigwedge_{\vec{u} \in V} (\alpha - \beta)\vec{u} = \alpha\vec{u} - \beta\vec{u}.$$
4. Warum ist jeder Körper $\mathbb{K}$ auch zugleich ein $\mathbb{K}$-Vektorraum?

2.2 Beispiele von Vektorräumen

Anhand einiger Beispiele wollen wir uns nun mit dem Vektorraumbegriff vertraut machen. Gleichzeitig lernen wir für die Anwendungen bedeutsame Vektorräume kennen. Dabei ist die Vorgehensweise die Folgende:

- Menge V festlegen
- Körper $\mathbb{K}$ angeben
- Addition definieren
- Skalare Multipliaktion definieren
- Vektorraumaxiome nachprüfen

Beispiel 2.1 Der Nullraum $\mathcal{O}$ besteht nur aus dem Nullvektor $\mathcal{O} = \{\overrightarrow{0}\}$.

Beispiel 2.2 Die Menge

$$V = \mathbb{R}^n = \left\{ \overrightarrow{x} = \begin{pmatrix} x_1 \\ x_2 \\ \vdots \\ x_n \end{pmatrix} | x_1, \ldots, x_n \in \mathbb{R} \right\}$$

ist ein reeller Vektorraum bei folgender komponentenweise erklärter Vektoraddition und skalarer Multiplikation mit reellen Zahlen (er wird als **Standard-Vektorraum** $\mathbb{R}^n$ bezeichnet):

$$\overrightarrow{x} + \overrightarrow{y} = \begin{pmatrix} x_1 \\ x_2 \\ \vdots \\ x_n \end{pmatrix} + \begin{pmatrix} y_1 \\ y_2 \\ \vdots \\ y_n \end{pmatrix} := \begin{pmatrix} x_1 + y_1 \\ x_2 + y_2 \\ \vdots \\ x_n + y_n \end{pmatrix} \tag{2.11}$$

$$\alpha \overrightarrow{x} = \alpha \begin{pmatrix} x_1 \\ x_2 \\ \vdots \\ x_n \end{pmatrix} = \begin{pmatrix} \alpha x_1 \\ \alpha x_2 \\ \vdots \\ \alpha x_n \end{pmatrix}, \alpha \in \mathbb{R} \tag{2.12}$$

$$\text{Nullvektor } \overrightarrow{0} = \begin{pmatrix} 0 \\ 0 \\ \vdots \\ 0 \end{pmatrix}$$

$$\text{additiver inverser Vektor } -\overrightarrow{x} = (-1) \cdot \begin{pmatrix} x_1 \\ x_2 \\ \vdots \\ x_n \end{pmatrix} = \begin{pmatrix} -x_1 \\ -x_2 \\ \vdots \\ -x_n \end{pmatrix}$$

Zwei Vektoren $\overrightarrow{x}$ und $\overrightarrow{y}$ sind gleich, $\overrightarrow{x} = \overrightarrow{y}$, genau dann, wenn alle Komponenten gleich sind, d. h. wenn gilt $x_k = y_k, k = 1, 2, \ldots, n$.

Beispiel 2.3 Als Nächstes betrachten wir

$$V = \mathbb{Q}^n = \left\{ \overrightarrow{x} = \begin{pmatrix} x_1 \\ x_2 \\ \vdots \\ x_n \end{pmatrix} | x_1, \ldots, x_n \in \mathbb{Q} \right\}$$

und definieren die Addition von Elementen aus $\mathbb{Q}^n$ komponentenweise wie in (2.11). Erklären wir die skalare Multiplikation von $\overrightarrow{x} \in \mathbb{Q}^n$ gemäß (2.12), so erkennen wir, dass für $\alpha \in \mathbb{Q}$, wegen $\alpha x_i \in \mathbb{Q}$ für $i = 1, 2, \ldots, n$ die Menge $V = \mathbb{Q}^n$ ein Vektorraum über $\mathbb{Q}$ ist (rationaler Vektorraum). Da aber für $\alpha \in \mathbb{R}$, αx_i i. A. keine rationale Zahl ergibt, wie z. B. $\pi \frac{7}{4}$, ist $V = \mathbb{Q}^n$ kein Vektorraum über $\mathbb{R}$!

Beispiel 2.4 Wir betrachten die Menge

$$V = \mathbb{C}^n = \left\{ \overrightarrow{v} = \begin{pmatrix} v_1 \\ v_2 \\ \vdots \\ v_n \end{pmatrix} | v_1, \ldots, v_n \in \mathbb{C} \right\}$$

und erklären die Addition komponentenweise wie in (2.11). Da sowohl die Multiplikation zweier komplexer Zahlen als auch die Multiplikation einer reellen mit einer komplexen Zahl eine komplexe Zahl ergibt, führt die komponentenweise erklärte Multiplikation

$$\alpha \overrightarrow{v} = \alpha \begin{pmatrix} v_1 \\ v_2 \\ \vdots \\ v_n \end{pmatrix} = \begin{pmatrix} \alpha v_1 \\ \alpha v_2 \\ \vdots \\ \alpha v_n \end{pmatrix}$$

weder für $\alpha \in \mathbb{R}$ noch für $\alpha \in \mathbb{C}$ aus der Menge $V = \mathbb{C}^n$ heraus. $\mathbb{C}^n$ ist somit bei Wahl des Skalarenkörpers $\mathbb{K} = \mathbb{C}$ ein komplexer Vektorraum und bei Wahl des Skalarenkörpers $\mathbb{K} = \mathbb{R}$ ein reeller Vektorraum.

Beispiel 2.5 Die Menge $V = M_{n \times m}(\mathbb{K})$ aller $n \times m$ Matrizen ist mit der üblichen Matrizenaddition und Multiplikation mit einer Zahl $\alpha \in \mathbb{K}$ ein $\mathbb{K}$-Vektorraum. In Folgerung (1.3) hatten wir gesehen, dass $(M_{n \times m}(\mathbb{K}), +)$ eine Abel'sche Gruppe ist. Die Nullmatrix O ist der Nullvektor und $-A = (-a_{i,j})$ der zu A inverse Vektor. Die Gesetze (2.7)–(2.10) rechnet man leicht nach. Im Vektorraum $M_{n \times m}(\mathbb{K})$ sind die Vektorräume $V = \mathbb{R}^n$ und $V = \mathbb{C}^n$ als Sonderfall $m = 1$ enthalten.

Als Nächstes werden wir einen „Monster-Vektorraum" kennenlernen, welcher den Vorteil hat, dass in diesem praktisch alle Vektorräume als Spezialfall enthalten sind.

Satz 2.1 *A ist eine nicht leere Menge und $\mathbb{K}$ ein Körper. $F(A, \mathbb{K})$ bezeichnet die Menge aller auf A definierten Funktionen mit Werten in $\mathbb{K}$:*

$$f : A \to \mathbb{K}, s \mapsto y = f(s).$$

Erklären wir die Addition $f + g$ zweier Funktionen f und g und die Multiplikation einer Funktion f mit einer Zahl α in $F(A, \mathbb{K})$ „punktweise" wie folgt:

$$(f + g)(s) = f(s) + g(s), s \in A \quad \text{punktweise Addition} \tag{2.13}$$

$$(\alpha \cdot f)(s) = \alpha f(s), \alpha \in \mathbb{K}, s \in A \quad \text{punktweise skalare Multiplikation} \tag{2.14}$$

dann ist $F(A, \mathbb{K})$ mit den solchermaßen punktweise definierten Operationen ein $\mathbb{K}$-Vektorraum.

Beweis: Die Addition im Körper $\mathbb{K}$ ist assoziativ. Mehrfache Anwendung von (2.13) liefert für $f, g, h \in F(A, \mathbb{K})$ und $s \in A$

$$\begin{aligned} ((f+g)+h)(s) &= (f+g)(s) + h(s) = f(s) + g(s) + h(s) \\ &= f(s) + (g(s) + h(s)) = f(s) + (g+h)(s) \\ &= (f + (g+h))(s) \end{aligned}$$

damit gilt

$$(f+g)+h = f + (g+h).$$

Die Addition in $\mathbb{K}$ ist kommutativ; zweifache Anwendung der Definition (2.13) ergibt für $f, g \in F(A, \mathbb{K})$ und alle $s \in A$

$$(f+g)(s) = f(s) + g(s) = g(s) + f(s) = (g+f)(s)$$

und somit

$$f + g = g + f.$$

Für die Nullabbildung O, erklärt durch

$$\bigwedge_{s \in A} O(s) = 0,$$

gilt für $f \in F(A, \mathbb{K})$ sowie $s \in A$:

$$(f + O)(s) = f(s) + O(s) = f(s) + 0 = f(s).$$

Damit haben wir

$$f + O = f,$$

und die Nullabbildung erweist sich als das neutrale Element bei der Addition in $F(A, \mathbb{K})$. Erklären wir zu beliebigem $f \in F(A, \mathbb{K})$ eine Abbildung f^- gemäß

$$\bigwedge_{s \in A} \left(f^-\right)(s) = -\left(f(s)\right),$$

so folgt

$$\left(f + f^-\right)(s) = f(s) + f^-(s) = f(s) - f(s) = 0 = O(s).$$

Folglich ist

$$f + f^- = O,$$

und f^- ist das zu f eindeutig bestimmte inverse Element. Wir haben nachgewiesen, dass $F(A, \mathbb{K})$ bzgl. der punktweise erklärten Addition (2.13) eine additive Abel'sche Gruppe ist. Nun müssen noch die Gültigkeit der Gesetze (2.7) – (2.10) nachgewiesen werden. Für das Einselement $1 \in \mathbb{K}$ und beliebige Elemente $f \in F(A, \mathbb{K})$ gilt wegen (2.14):

$$\bigwedge_{s \in A} (1 \cdot f)(s) = 1 \cdot (f(s)) = f(s)$$

und damit

$$1 \cdot f = f.$$

Da die Multiplikation im Körper $\mathbb{K}$ assoziativ ist, folgt durch Anwendung von (2.14) für $\alpha, \beta \in \mathbb{K}$, und $f \in F(A, \mathbb{K})$ sowie $s \in A$

$$\begin{aligned} ((\alpha\beta) \cdot f)(s) &= (\alpha\beta)(f(s)) = \alpha(\beta(f(s))) \\ &= \alpha((\beta \cdot f))(s) = (\alpha \cdot (\beta \cdot f))(s), \end{aligned}$$

somit ist (2.8) erfüllt

$$(\alpha\beta) \cdot f = \alpha \cdot (\beta \cdot f).$$

Bleiben noch die Distributivgesetze (2.9) und (2.10) nachzuweisen. Für $f, g \in F(A, \mathbb{K})$ und $\alpha \in \mathbb{K}, s \in A$ ist wegen (2.14) und der Distributivität in $\mathbb{K}$

$$\begin{aligned} (\alpha \cdot (f + g))(s) &= \alpha((f + g)(s)) = \alpha(f(s) + g(s)) = \alpha f(s) + \alpha g(s) \\ &= (\alpha \cdot f)(s) + (\alpha \cdot g)(s) = (\alpha \cdot f + \alpha \cdot g)(s) \end{aligned}$$

und somit

$$\alpha \cdot (f + g) = \alpha \cdot f + \alpha \cdot g.$$

Ebenso folgern wir für $f \in F(A, \mathbb{K})$, $\alpha, \beta \in \mathbb{K}$ sowie $s \in A$ wegen (2.14) und der Distributivität in $\mathbb{K}$

$$\begin{aligned} ((\alpha+\beta)\cdot f)(s) &= (\alpha+\beta)(f(s)) = \alpha f(s) + \beta f(s) \\ &= (\alpha\cdot f)(s) + (\beta\cdot f)(s) = (\alpha\cdot f + \beta\cdot f)(s), \end{aligned}$$

d. h.

$$(\alpha+\beta)\cdot f = \alpha\cdot f + \beta\cdot f.$$

Damit ist gezeigt, dass die gemäß (2.14) definierte skalare Multiplikation die Regeln (2.7) – (2.10) erfüllt. $F(A, \mathbb{K})$ ist also ein Vektorraum über $\mathbb{K}$ in Bezug auf die durch (2.13) und (2.14) erklärten Verknüpfungen. ■

In $F(A, \mathbb{K})$ erkennen wir eine Vielzahl von Vektorräumen wieder, so sind die Vektorräume der Beispiele 2.2 bzw. 2.5 als Spezialfall enthalten, wenn wir $A = \{1, 2, \ldots, n\}$ bzw. $A = \{1, 2, \ldots, n\} \times \{1, 2, \ldots, m\}$ und $\mathbb{K} = \mathbb{R}$ wählen. Dieses sehr allgemeine Beispiel eines Vektorraumes wollen wir weiter anhand einer konkreten Situation begreiflicher machen. Gleichzeitig konstruieren wir einen Vektorraum mit vier Elementen.

Beispiel 2.6 Wir wählen als Menge $A = \{\clubsuit, \spadesuit\}$, und als Körper $\mathbb{K}$ nehmen wir den Primkörper $\mathbb{F}_p = \left\{\overline{0}, \overline{1}\right\}$. Der Vektorraum $V = F(A, \mathbb{K})$ besteht dann aus den vier Vektoren $f_k : \{\clubsuit, \spadesuit\} \to \mathbb{F}_p, x \mapsto f(x), k = 1, 2, 3, 4$

$$\begin{aligned} f_1(\clubsuit) &= \overline{0}, \quad f_1(\spadesuit) = \overline{0} \\ f_2(\clubsuit) &= \overline{1}, \quad f_2(\spadesuit) = \overline{1} \\ f_3(\clubsuit) &= \overline{0}, \quad f_3(\spadesuit) = \overline{1} \\ f_4(\clubsuit) &= \overline{1}, \quad f_4(\spadesuit) = \overline{0} \end{aligned}$$

Nach Satz 2.1 ist $V = \{f_1, f_2, f_3, f_4\}$ bezüglich (2.13) und (2.14) ein Vektorraum über $\mathbb{F}_p$; zugegebenermaßen ein etwas exotisches Beispiel eines Vektorraumes!

Testfragen

1. Wie ist der komplexe Punktraum $\mathbb{C}^n$ als reeller/komplexer Vektorraum definiert?
2. Ist die Menge $V = \mathbb{R}^n$ bei komponentenweise erklärter Addition und skalarer Multiplikation ein rationaler Vektorraum?
3. Ist die Menge $V = \mathbb{Q}^n$ bei komponentweise erklärter Addition und skalarer Multiplikation ein komplexer Vektorraum?

4. Im $\mathbb{R}^n$ erklären wir die Addition gemäß (2.11). Welche Gesetze sind verletzt, wenn wir die skalare Multiplikation nach (2.12) auf ganze Zahlen $\alpha \in \mathbb{Z}$ einschränken?
5. Begründen Sie, warum $F(\mathbb{R}, \mathbb{R})$ bezüglich punktweise erklärter Addition und skalarer Multiplikation ein reeller Vektorraum ist!

2.3 Basis und Dimension

Wir gehen nun daran, Vektorräume zu klassifizieren und zu charakterisieren. Dies führt auf die Begriffe Dimension und Basis. Während die Dimension eine Einteilung der Vektorräume erlaubt, ist es mithilfe einer Basis möglich, alle Elemente eines Vektorraumes durch geeignete Wahl weniger Vektoren zu beschreiben.

Definition 2.2 Es sei V ein $\mathbb{K}$–Vektorraum. Unter einer **Linearkombination** der Vektoren $\overrightarrow{u_1}, \overrightarrow{u_2}, \ldots, \overrightarrow{u_m} \in V$ versteht man eine Summe der Form

$$\sum_{i=1}^{m} \alpha_i \overrightarrow{u_i} \ , \ \alpha_i \in \mathbb{K}. \tag{2.15}$$

Beispiel 2.7 Gegeben sind die Vektoren

$$\overrightarrow{u_1} = \begin{pmatrix} 1 \\ 1 \\ 1 \end{pmatrix}, \overrightarrow{u_2} = \begin{pmatrix} 2 \\ 2 \\ 2 \end{pmatrix}, \overrightarrow{u_3} = \begin{pmatrix} 1 \\ 0 \\ 1 \end{pmatrix}, \overrightarrow{u_4} = \begin{pmatrix} 0 \\ 0 \\ 2 \end{pmatrix} \in \mathbb{R}^3 \tag{2.16}$$

Linearkombinationen dieser Vektoren sind beispielsweise

$$4\begin{pmatrix} 1 \\ 1 \\ 1 \end{pmatrix} + (-7)\begin{pmatrix} 2 \\ 2 \\ 2 \end{pmatrix} + 8\begin{pmatrix} 1 \\ 0 \\ 1 \end{pmatrix} + 2\begin{pmatrix} 0 \\ 0 \\ 2 \end{pmatrix}$$

sowie

$$2\begin{pmatrix} 1 \\ 1 \\ 1 \end{pmatrix} + 0\begin{pmatrix} 2 \\ 2 \\ 2 \end{pmatrix} + 0\begin{pmatrix} 1 \\ 0 \\ 1 \end{pmatrix} + 0\begin{pmatrix} 0 \\ 0 \\ 2 \end{pmatrix}.$$

Definition 2.3 Es sei V ein $\mathbb{K}$-Vektorraum. Die Vektoren $\overrightarrow{u_1}, \overrightarrow{u_2}, \ldots, \overrightarrow{u_m} \in V$ heißen **linear unabhängig**, wenn die Beziehung

$$\sum_{i=1}^{m} \alpha_i \overrightarrow{u_i} = \overrightarrow{0} \tag{2.17}$$

nur für $\alpha_1 = \alpha_2 = \ldots = \alpha_m = 0$ erfüllt werden kann, d. h. wenn der Nullvektor nur trivial darstellbar ist. Die Vektoren $\overrightarrow{u_1}, \overrightarrow{u_2}, \ldots, \overrightarrow{u_m} \in V$ heißen **linear abhängig**, wenn mindestens ein Skalar α_i in der Beziehung $\sum\limits_{i=1}^{m} \alpha_i \overrightarrow{u_i} = \overrightarrow{0}$ ungleich null ist: $\alpha_i \neq 0$, d. h. wenn nicht triviale Darstellungen des Nullvektors möglich sind.

Beispiel 2.8 Die Linearkombinationen

$$0\begin{pmatrix}1\\1\\1\end{pmatrix} + 0\begin{pmatrix}2\\2\\2\end{pmatrix} + 0\begin{pmatrix}1\\0\\1\end{pmatrix} + 0\begin{pmatrix}0\\0\\2\end{pmatrix} \text{ bzw. } 4\begin{pmatrix}1\\1\\1\end{pmatrix} + (-2)\begin{pmatrix}2\\2\\2\end{pmatrix}$$

stellen eine triviale bzw. nicht triviale Darstellung des Nullvektors $\overrightarrow{0}$ dar.

Merke: Um festzustellen, ob die Vektoren $\overrightarrow{u_1}, \overrightarrow{u_2}, \ldots, \overrightarrow{u_m}$ linear abhängig bzw. linear unabhängig sind, muss immer von der Vektorgleichung (Ansatz)

$$\alpha_1\overrightarrow{u_1} + \alpha_1\overrightarrow{u_2} + \ldots + \alpha_m\overrightarrow{u_m} = \overrightarrow{0} \tag{2.18}$$

ausgegangen werden.

Folgerung 2.1 Fügt man zu einem System linear abhängiger Vektoren weitere Vektoren hinzu, so bleibt das System linear abhängig. Lässt man bei einem System linear unabhängiger Vektoren einen oder mehrere Vektoren weg, so ist das verbleibende System ebenfalls linear unabhängig.

Beispiel 2.9 Die Vektoren aus Beispiel 2.7 sind linear abhängig, da beispielsweise $4 \cdot \overrightarrow{u_1} + (-2) \cdot \overrightarrow{u_2} = \overrightarrow{0}$ eine nicht triviale Darstellung des Nullvektors ist. Die Vektoren

$$\overrightarrow{v_1} = \begin{pmatrix}2\\0\\0\end{pmatrix}, \overrightarrow{v_2} = \begin{pmatrix}0\\-1\\0\end{pmatrix} \tag{2.19}$$

sind linear unabhängig, denn die Vektorgleichung

$$\alpha_1\begin{pmatrix}2\\0\\0\end{pmatrix} + \alpha_2\begin{pmatrix}0\\-1\\0\end{pmatrix} = \begin{pmatrix}0\\0\\0\end{pmatrix}$$

ist nur für $\alpha_1 = \alpha_2 = 0$ erfüllt, d. h. trivial lösbar.

Beispiel 2.10 Im Vektorraum $V = \mathbb{R}^n$ sind die n Vektoren

$$\begin{pmatrix} 1 \\ 0 \\ \vdots \\ 0 \end{pmatrix}, \begin{pmatrix} 0 \\ 1 \\ \vdots \\ 0 \end{pmatrix}, \ldots, \begin{pmatrix} 0 \\ 0 \\ \vdots \\ 1 \end{pmatrix}$$

linear unabhängig, denn die Gleichung

$$\alpha_1 \begin{pmatrix} 1 \\ 0 \\ \vdots \\ 0 \end{pmatrix} + \alpha_2 \begin{pmatrix} 0 \\ 1 \\ \vdots \\ 0 \end{pmatrix} + \ldots + \alpha_n \begin{pmatrix} 0 \\ 0 \\ \vdots \\ 1 \end{pmatrix} = \begin{pmatrix} 0 \\ 0 \\ \vdots \\ 0 \end{pmatrix}$$

führt auf $\alpha_1 = \alpha_2 = \ldots = \alpha_n = 0$.

Beispiel 2.11 Wir untersuchen im Vektorraum $F(\mathbb{R}, \mathbb{R})$ die Vektoren (Funktionen) p_0, p_1, p_2 mit $p_0(x) = 1$, $p_1(x) = 1 - x$, $p_2(x) = x^2$, $x \in \mathbb{R}$ auf lineare Unabhängigkeit. Der Ansatz

$$\alpha_0 p_0 + \alpha_1 p_1 + \alpha_2 p_2 = O$$

führt zu der Bedingung

$$\alpha_0 + \alpha_1 (1 - x) + \alpha_2 x^2 = 0 \ , \ \ x \in \mathbb{R}.$$

Ausmultiplizieren ergibt

$$\bigwedge_{x \in \mathbb{R}} (\alpha_0 + \alpha_1) - \alpha_1 x + \alpha_2 x^2 = 0.$$

Vergleich der Koeffizienten auf beiden Seiten liefert

$$\alpha_0 + \alpha_1 = 0, \alpha_1 = 0, \alpha_2 = 0,$$

hieraus ergibt sich $\alpha_0 = \alpha_1 = \alpha_2 = 0$. Somit sind die Vektoren p_0, p_1, p_2 linear unabhängig. Im Fall der Vektoren $q_0, q_1, q_2 \in F(\mathbb{R}, \mathbb{R})$ mit $q_0(x) = 1$, $q_1(x) = x$, $q_2(x) = 2x + 1$, $x \in \mathbb{R}$, führt der Ansatz

$$\alpha_0 q_0 + \alpha_1 q_1 + \alpha_2 q_2 = \overrightarrow{0} \text{ zu } \bigwedge_{x \in \mathbb{R}} \alpha_0 + \alpha_1 x + \alpha_2 (2x + 1) = 0,$$

das bedeutet

$$\bigwedge_{x\in\mathbb{R}} (\alpha_0 + \alpha_2) + (\alpha_1 + 2\alpha_2)\, x = 0,$$

und Koeffizientenvergleich führt unmittelbar auf die Beziehung

$$\alpha_0 + \alpha_2 = 0, \alpha_1 + 2\alpha_2 = 0.$$

Somit ist beispielsweise

$$-q_0 - 2q_1 + q_2 = O, \text{ d. h. } \bigwedge_{x\in\mathbb{R}} -1 - 2x + 2x + 1 = 0$$

eine nicht triviale Darstellung des Nullvektors (der Nullfunktion), und das System der Vektoren q_0, q_1, q_2 ist somit linear abhängig.

Definition 2.4 Unter dem **Zeilenrang** einer $n \times m$ Matrix A versteht man die maximale Anzahl linear unabhängiger Zeilenvektoren, der **Spaltenrang** einer $n \times m$ Matrix A ist die maximale Anzahl linear unabhängiger Spaltenvektoren. Der **Rang** einer $n \times m$ Matrix A, bezeichnet mit rang(A), ist gleich der maximalen Anzahl linear unabhängiger Zeilenvektoren, diese stimmt mit der Anzahl linear unabhängiger Spaltenvektoren überein.

Folgerung 2.2 Für eine $n \times m$ Matrix A gilt

$$\text{rang}\,(A) = \text{Zeilenrang}\,(A) = \text{Spaltenrang}\,(A)\,,$$

d. h.

$$\text{rang}(A) = \text{rang}(A^T) \tag{2.20}$$

und somit

$$\text{rang}(A) \leq \min\{n, m\}\,. \tag{2.21}$$

Merke: Der Rang einer Matrix ändert sich nicht, wenn man das Vielfache einer Zeile (Spalte) zu einer anderen Zeile (Spalte) addiert und wenn eine Zeile (Spalte) mit einer Zahl $c \neq 0$ multipliziert wird.

Beispiel 2.12 Die Matrix

$$A = \begin{pmatrix} 3 & 12 & 11 \\ -8 & 81 & 6 \end{pmatrix}$$

hat den Rang 2, denn die zweite Zeile ist kein Vielfaches der ersten Zeile.

Beispiel 2.13 Wir bestimmen den Rang der Matrix

$$A = \begin{pmatrix} 1 & 2 & 3 \\ 2 & 3 & 4 \\ 3 & 4 & 5 \\ 4 & 5 & 6 \end{pmatrix}.$$

Es ist

$$\operatorname{rang}\begin{pmatrix} 1 & 2 & 3 \\ 2 & 3 & 4 \\ 3 & 4 & 5 \\ 4 & 5 & 6 \end{pmatrix} \underset{\text{4. Zeile}-\text{3. Zeile}}{=} \operatorname{rang}\begin{pmatrix} 1 & 2 & 3 \\ 2 & 3 & 4 \\ 3 & 4 & 5 \\ 1 & 1 & 1 \end{pmatrix}$$

$$\underset{\text{3. Zeile}-\text{2. Zeile}}{=} \operatorname{rang}\begin{pmatrix} 1 & 2 & 3 \\ 2 & 3 & 4 \\ 1 & 1 & 1 \\ 1 & 1 & 1 \end{pmatrix} \underset{\text{2. Zeile}-\text{1. Zeile}}{=} \operatorname{rang}\begin{pmatrix} 1 & 2 & 3 \\ 1 & 1 & 1 \\ 1 & 1 & 1 \\ 1 & 1 & 1 \end{pmatrix}$$

$$\underset{\text{4. Zeile}-\text{3. Zeile}}{=} \operatorname{rang}\begin{pmatrix} 1 & 2 & 3 \\ 1 & 1 & 1 \\ 1 & 1 & 1 \\ 0 & 0 & 0 \end{pmatrix} \underset{\text{3. Zeile}-\text{2. Zeile}}{=} \operatorname{rang}\begin{pmatrix} 1 & 2 & 3 \\ 1 & 1 & 1 \\ 0 & 0 & 0 \\ 0 & 0 & 0 \end{pmatrix}$$

$$\underset{\text{2. Zeile}-\text{1. Zeile}}{=} \operatorname{rang}\begin{pmatrix} 1 & 2 & 3 \\ 0 & -1 & -2 \\ 0 & 0 & 0 \\ 0 & 0 & 0 \end{pmatrix} \underset{\text{Transponieren}}{=} \operatorname{rang}\begin{pmatrix} 1 & 0 & 0 & 0 \\ 2 & -1 & 0 & 0 \\ 3 & -2 & 0 & 0 \end{pmatrix}$$

$$\underset{\text{1. Spalte}+2\times\text{2. Spalte}}{=} \operatorname{rang}\begin{pmatrix} 1 & 0 & 0 & 0 \\ 0 & 1 & 0 & 0 \\ -1 & 2 & 0 & 0 \end{pmatrix}$$

$$\underset{\text{1. Zeile}+\text{3. Zeile}}{=} \operatorname{rang}\begin{pmatrix} 1 & 0 & 0 & 0 \\ 0 & 1 & 0 & 0 \\ 0 & 2 & 0 & 0 \end{pmatrix}$$

$$\underset{-2\times\text{2. Zeile}+\text{3. Zeile}}{=} \operatorname{rang}\begin{pmatrix} 1 & 0 & 0 & 0 \\ 0 & 1 & 0 & 0 \\ 0 & 0 & 0 & 0 \end{pmatrix} = 2.$$

Definition 2.5 Eine endliche Menge $\mathcal{E} = \left\{\overrightarrow{e_1}, \overrightarrow{e_2}, \ldots, \overrightarrow{e_r}\right\}$ heißt ein **Erzeugendensystem** des $\mathbb{K}$-Vektorraumes V, wenn sich jeder Vektor $\overrightarrow{u} \in V$ als Linearkombination

$$\overrightarrow{u} = \sum_{i=1}^{r} \alpha_i \overrightarrow{e_i}$$

der Vektoren $\overrightarrow{e_i} \in \mathcal{E}$ darstellen lässt. Man sagt, die Vektoren $\overrightarrow{e_1}, \overrightarrow{e_2}, \ldots, \overrightarrow{e_r}$ spannen den Vektorraum V auf und schreibt

$$\operatorname{span}\left(\overrightarrow{e_1}, \overrightarrow{e_2}, \ldots, \overrightarrow{e_r}\right) = V.$$

Satz 2.2 *Für Matrizen* $A = \left(a_{ij}\right)_{i=1,\ldots n, j=1,\ldots p}$ *und* $B = \left(b_{ij}\right)_{i=1,\ldots p, j=1,\ldots m}$ *gilt:*

$$\operatorname{rang}(AB) \leq \min\{\operatorname{rang}(A), \operatorname{rang}(B)\} \tag{2.22}$$

Beweis: Wir führen die Bezeichnung

$$\overrightarrow{a_\nu} = \begin{pmatrix} a_{1\nu} \\ a_{2\nu} \\ \vdots \\ a_{n\nu} \end{pmatrix}, \nu = 1, \ldots p, \quad \overrightarrow{b_j} = \begin{pmatrix} b_{1j} \\ b_{2j} \\ \vdots \\ b_{pj} \end{pmatrix}, j = 1, \ldots m$$

ein und können damit die Spalten $\overrightarrow{c_j}$ des Produkts

$$AB = \left(c_{ij}\right)_{m,n} = \left(\sum_{\nu=1}^{p} a_{i\nu} \cdot b_{\nu j}\right)_{i=1,\ldots,n, j=1,\ldots,m}$$

wie folgt darstellen

$$\overrightarrow{c_j} = AB = \sum_{\nu=1}^{p} \overrightarrow{a_\nu} \cdot b_{\nu j} \in \operatorname{span}\left(\overrightarrow{a_1}, \overrightarrow{a_2}, \ldots, \overrightarrow{a_n}\right), j = 1, \ldots m \tag{2.23}$$

und es folgt

$$\operatorname{rang}(AB) \leq \operatorname{rang}(A).$$

Wegen

$$\operatorname{rang}(AB) = \operatorname{rang}\left((AB)^T\right) = \operatorname{rang}\left(B^T A^T\right)$$

folgt aus (2.23)

$$\operatorname{rang}\left(B^T A^T\right) \leq \operatorname{rang}\left(B^T\right) = \operatorname{rang}(B). \qquad \blacksquare$$

Beispiel 2.14 Die Vektoren

$$\vec{e_1} = \begin{pmatrix} 1 \\ 0 \\ 0 \end{pmatrix}, \vec{e_2} = \begin{pmatrix} -2 \\ 0 \\ 0 \end{pmatrix}, \vec{e_3} = \begin{pmatrix} 0 \\ 1 \\ 0 \end{pmatrix}, \vec{e_4} = \begin{pmatrix} 0 \\ 0 \\ 2 \end{pmatrix} \in \mathbb{R}^3$$

sind ein Erzeugendensystem des Vektorraumes $V = \mathbb{R}^3$, da sich jeder Vektor

$$\vec{x} = \begin{pmatrix} x_1 \\ x_2 \\ x_3 \end{pmatrix} \in \mathbb{R}^3$$

als Linearkombination dieser vier Vektoren darstellen lässt. Denn durch die Wahl von $\alpha_1 = t$ mit beliebigem $t \in \mathbb{R}$ und $\alpha_2 = \frac{1}{2}(\alpha_1 - x_1), \alpha_3 = x_2, \alpha_4 = \frac{1}{2}x_3$ kann $\vec{x}$ wie folgt als Linearkombination der Vektoren $\vec{e_1}, \vec{e_2}, \vec{e_3}, \vec{e_4}$ dargestellt werden.

$$\vec{x} = t \cdot \vec{e_1} + \frac{1}{2}(t - x_1) \cdot \vec{e_2} + x_2 \cdot \vec{e_3} + \frac{1}{2}x_3 \cdot \vec{e_4}.$$

Diese Darstellung ist allerdings nicht eindeutig. Die Vektoren $\vec{v_1}, \vec{v_2}$ aus (2.19) sind dagegen kein Erzeugendensystem, da beispielsweise der Vektor

$$\begin{pmatrix} 0 \\ 0 \\ 1 \end{pmatrix} \in \mathbb{R}^3$$

nicht als Linearkombination der Vektoren $\vec{v_1}, \vec{v_2}$ darstellbar ist.

Die Frage ist nun, wie viele Vektoren man aus einem Erzeugendensystem entfernen kann, so dass es immer noch ein Erzeugendensystem bleibt, und wie viele Vektoren zu einem System linear unabhängiger Vektoren hinzugefügt werden können, ohne dass das System linear abhängig wird. Dies führt zum Begriff der Dimension.

Definition 2.6 Ein $\mathbb{K}$-Vektorraum V heißt
nulldimensional, $\dim V = 0$, wenn V nur aus dem Nullvektor besteht,
n-dimensional, $\dim V = n$, wenn es n linear unabhängige Elemente $\vec{b_1}, \vec{b_2}, \ldots, \vec{b_n} \in V$, genannt eine **Basis** von V, gibt, so dass jeder Vektor $\vec{u} \in V$ auf genau eine Weise als Linearkombination der Basisvektoren geschrieben werden kann:

$$\vec{u} = \sum_{i=1}^{n} \beta_i \vec{b_i},$$

d. h., die Skalare $\beta_i \in \mathbb{K}$ sind eindeutig bestimmt. Die Koeffizienten $\beta_1, \ldots, \beta_n$ in der Basisdarstellung heißen die **Koordinaten** von $\overrightarrow{u}$ in Bezug auf die Basis $\mathcal{B} = \left\{\overrightarrow{b_1}, \overrightarrow{b_2}, \ldots, \overrightarrow{b_n}\right\}$,

unendlichdimensional, $\dim V = \infty$, wenn es eine Folge $\overrightarrow{b_1}, \overrightarrow{b_2}, \ldots \in V$ derart gibt, dass die Elemente $\overrightarrow{b_1}, \overrightarrow{b_2}, \ldots, \overrightarrow{b_k} \in V$ für jede natürliche Zahl k linear unabhängig sind.

Satz 2.3 *Jeder Vektorraum V besitzt – einschließlich* 0 *und* ∞ *– genau eine Dimension.*

In der Linearen Algebra beschäftigten wir uns hauptsächlich mit endlichdimensionalen Vektorräumen; gelegentlich werden wir jedoch auch unendlichdimensionale Vektorräume in unsere Betrachtungen einbeziehen. Bedingt durch das Fehlen einer endlichen Basis gelten in nicht endlichdimensionalen Räumen viele Aussagen nicht, welche in endlichdimensionalen Vektorräumen Gültigkeit haben. Diese Fragen werden im Rahmen der Funktionalanalysis untersucht.

Lemma 2.2 *In einem endlichdimensionalen Vektorraum V hat jede Basis $\mathcal{B}$ die gleiche Anzahl von Basisvektoren. Die Anzahl der Basisvektoren ist die **Dimension** von V.*

Lemma 2.3 *Ist V ein Vektorraum mit* $\dim V = n < \infty$, *so enthält V genau n linear unabhängige Elemente, und je $n + 1$ Elemente sind linear abhängig, somit erzeugen $m < n$ linear unabhängige Elemente nicht den ganzen Raum.*

Ein Basissystem $\mathcal{B}$ eines endlichdimensionalen Vektorraumes V besteht aus der maximalen Anzahl linear unabhängiger Vektoren, nimmt man zu $\mathcal{B}$ einen weiteren Vektor hinzu, so ist das System nicht mehr linear unabhängig; andererseits ist ein Basissystem $\mathcal{B}$ auch minimal erzeugend, denn lässt man einen oder mehrere Vektoren in $\mathcal{B}$ weg, so kann nicht jeder Vektor aus V als Linearkombination der Basisvektoren dargestellt werden.

$$\dim V = \max\{m \in \mathbb{N} \mid \text{es gibt } m \text{ linear unabhängige Elemente aus } V\}$$

$$\dim V = \min\{m \in \mathbb{N} \mid V \text{ besitzt ein Erzeugendensystem mit } m \text{ Elementen}\}$$

Die Dimension eines Vektorraumes V erfordert die Angabe einer Basis; die Anzahl der Basisvektoren ist die Dimension. Im Fall n-dimensionaler Vektorräume müssen zur Angabe einer Basis n linear unabhängige Vektoren bestimmt werden, welche V aufspannen.

Beispiel 2.15 Der Vektorraum $\mathbb{R}^n$ hat die Dimension $\dim \mathbb{R}^n = n$, denn die Vektoren

$$\overrightarrow{e_1} = \begin{pmatrix} 1 \\ 0 \\ \vdots \\ 0 \end{pmatrix}, \overrightarrow{e_2} = \begin{pmatrix} 0 \\ 1 \\ \vdots \\ 0 \end{pmatrix}, \ldots, \overrightarrow{e_n} = \begin{pmatrix} 0 \\ 0 \\ \vdots \\ 1 \end{pmatrix} \tag{2.24}$$

sind linear unabhängig, und jeder Vektor

$$\overrightarrow{x} = \begin{pmatrix} x_1 \\ x_2 \\ \vdots \\ x_n \end{pmatrix}$$

lässt sich in folgender Weise eindeutig als Linearkombination dieser Vektoren schreiben:

$$\overrightarrow{x} = \sum_{i=1}^{n} x_i \overrightarrow{e_i} \,.$$

Die Vektoren (2.24) bezeichnet man auch als die **kanonischen Basisvektoren** oder **Standardbasis** des $\mathbb{R}^n$.

Beispiel 2.16 $\dim C\,[a, b] = \infty$. Wir betrachten das System

$$f_0 = 1,\; f_1 = x,\; f_2 = x^2, \ldots, x \in [a, b]\,. \tag{2.25}$$

Die Bedingung für unendlichdimensional lautet: Je k Elemente sind linear unabhängig:

$$\sum_{i=0}^{k} \alpha_i f_i = \overrightarrow{0}\,, \text{ d. h. } \sum_{i=0}^{k} \alpha_i x^i = 0 \text{ für alle } x \in [a, b]$$

und führt auf ein Polynom k-ten Grades mit mehr als k – nämlich unendlich vielen – Nullstellen in $[a, b]$, folglich muss $\sum_{i=0}^{k} \alpha_i x^i$ das Nullpolynom sein und daher $\bigwedge_{i=1}^{k} \alpha_i = 0$ gelten.

Testfragen

1. Wodurch ist eine Basis eines Vektorraumes charakterisiert?
2. Geben Sie unendlich viele Basen des Vektorraumes $V = \mathbb{R}^4$ an!
3. Geben Sie zwei verschiedene Basen des Vektorraumes $V = F([0, 1], \mathbb{R})$ an!
4. Bestimmen Sie im Vektorraum $C[a, b]$ alle Linearkombinationen der drei Vektoren $1, x, x^2$!
5. Zeigen Sie, dass für beliebiges $n \in \mathbb{N}$ im Vektorraum $C[a, b]$ die Vektoren $1, e^x, \ldots, e^{nx}$ linear unabhängig sind.
6. Welchen Vektorraum erzeugen die Vektoren

$$\begin{pmatrix} 1 & 2 \\ 3 & 4 \end{pmatrix}, \begin{pmatrix} 1 & 0 \\ 1 & 0 \end{pmatrix}, \begin{pmatrix} 1 & 0 \\ 0 & 0 \end{pmatrix}?$$

2.4 Basissysteme

Wie wir gesehen haben, kann ein Vektorraum beliebig viele verschiedene Basissysteme besitzen; aber ihm ist genau eine Dimension zugeordnet. Wir untersuchen in diesem Abschnitt den Zusammenhang unterschiedlicher Basissysteme.

Satz 2.4 *Ist V ein Vektorraum über $\mathbb{K}$ und $\mathcal{B} = \left\{\overrightarrow{b_1}, \overrightarrow{b_2}, \ldots, \overrightarrow{b_n}\right\}$ eine Basis sowie ein beliebiger, vom Nullvektor verschiedener Vektor $\overrightarrow{u}$ gegeben*

$$\overrightarrow{u} = \sum_{i=1}^{n} \beta_i \overrightarrow{b_i} \neq \overrightarrow{0}\ ,\ \beta_i \in \mathbb{K}, \tag{2.26}$$

dann existiert ein Index $k \in \{1, 2, \ldots, n\}$ mit $\beta_k \neq 0$, so dass auch $\widetilde{\mathcal{B}} = \left\{\overrightarrow{b_1}, \overrightarrow{b_2}, \ldots, \overrightarrow{b_{k-1}}, \overrightarrow{u}, \overrightarrow{b_{k+1}}, \ldots, \overrightarrow{b_n}\right\}$ eine Basis von V ist.

Beweis: Da $\mathcal{B} = \left\{\overrightarrow{b_1}, \overrightarrow{b_2}, \ldots, \overrightarrow{b_n}\right\}$ eine Basis ist, lässt sich jeder Vektor $\overrightarrow{v} \in V$ eindeutig als Linearkombination der Basisvektoren aus $\mathcal{B}$ darstellen:

$$\overrightarrow{v} = \sum_{i=1}^{n} \alpha_i \overrightarrow{b_i}\ , \alpha_i \in \mathbb{K}.$$

Da $\overrightarrow{u} \neq \overrightarrow{0}$ ist, gibt es einen Index $k \in \{1, 2, \ldots, n\}$ mit $\beta_k \neq 0$, und wir können Gleichung (2.26) nach $\overrightarrow{b_k}$ auflösen:

$$\overrightarrow{b_k} = \frac{1}{\beta_k}\left(\overrightarrow{u} - \sum_{i=1, i\neq k}^{n} \beta_i \overrightarrow{b_i}\right).$$

Somit ist

$$\overrightarrow{v} = \frac{\alpha_k}{\beta_k}\overrightarrow{u} + \sum_{i=1, i\neq k}^{n}\left(\alpha_i - \frac{\alpha_k \beta_i}{\beta_k}\right)\overrightarrow{b_i}.$$

Deshalb ist auch $\widetilde{\mathcal{B}}$ ein Erzeugendensystem. Aus der Darstellung

$$\xi\overrightarrow{u} + \sum_{i=1, i\neq k}^{n} \xi_i \overrightarrow{b_i} = \overrightarrow{0}$$

ergibt sich mit (2.26)

$$\xi\beta_k\overrightarrow{b_k} + \sum_{i=1, i\neq k}^{n} (\xi\beta_i + \xi_i)\overrightarrow{b_i} = \overrightarrow{0}.$$

Da $\mathcal{B} = \left\{\overrightarrow{b_1}, \overrightarrow{b_2}, \ldots, \overrightarrow{b_n}\right\}$ als Basis ein System linear unabhängiger Vektoren ist, folgt unmittelbar

$$\xi\beta_k = 0 \text{ und } \bigwedge_{i=1, i\neq k}^{n} \xi\beta_i + \xi_i = 0.$$

Da $\beta_k \neq 0$ ist, muss $\xi = 0$ und damit auch $\xi_i = 0, i \neq k$ sein. ■

Satz 2.5 *(Austauschsatz von Steinitz) V sei ein $\mathbb{K}$-Vektorraum und $\mathcal{B} = \left\{\overrightarrow{b_1}, \overrightarrow{b_2}, \ldots, \overrightarrow{b_n}\right\}$ eine Basis. Ist $\overrightarrow{a_1}, \overrightarrow{a_2}, \ldots, \overrightarrow{a_m}$ ein System linear unabhängiger Vektoren, dann ist*

$$m \leq n,$$

und durch Austauschen von m geeigneten Vektoren der Basis $\mathcal{B}$ durch die Vektoren $\overrightarrow{a_1}, \overrightarrow{a_2}, \ldots, \overrightarrow{a_m}$ erhält man wiederum eine Basis von V, d. h. genauer: Durch geeignete Nummerierung der Vektoren $\overrightarrow{b_1}, \overrightarrow{b_2}, \ldots, \overrightarrow{b_n}$ ist auch

$$\mathcal{B}^* = \left\{\overrightarrow{a_1}, \overrightarrow{a_2}, \ldots, \overrightarrow{a_m}, \overrightarrow{b_{m+1}}, \ldots, \overrightarrow{b_n}\right\}$$

eine Basis von V.

Beweis: Der Beweis wird durch vollständige Induktion nach m geführt.
(I) Induktionsanfang: $m = 0$, dann ist die Menge $\{\overrightarrow{a_1}, \overrightarrow{a_2}, \ldots, \overrightarrow{a_m}\}$ gleich der leeren Menge und die Behauptung trivialerweise richtig.
(II) Induktionsvoraussetzung: Die Aussage sei für beliebiges, aber fest gewähltes $m \in \mathbb{N}_0$ richtig.
(III) Induktionsschluss: Wir gehen von den linear unabhängigen Vektoren $\overrightarrow{a_1}, \overrightarrow{a_2}, \ldots, \overrightarrow{a_{m+1}}$ aus, dann gilt $m + 1 \leq n$. Nach Induktionsannahme folgt aus der Basiseigenschaft des Systems $\mathcal{B}^* = \left\{\overrightarrow{a_1}, \overrightarrow{a_2}, \ldots, \overrightarrow{a_m}, \overrightarrow{b_{m+1}}, \ldots, \overrightarrow{b_n}\right\}$:

$$\overrightarrow{a_{m+1}} = \sum_{i=1}^{m} \beta_i \overrightarrow{a_i} + \sum_{i=m+1}^{n} \beta_i \overrightarrow{b_i}$$

und die Behauptung folgt aus Satz 2.4. ■

Welche Vektoren ausgetauscht werden können, muss im konkreten Fall entschieden werden. Dabei ist die Vorgehensweise wie folgt:
Stelle $\overrightarrow{a_{m+1}}$ als Linearkombination der Basiselemente aus $\mathcal{B}^*$ dar. Jeder Vektor $\overrightarrow{b_{m+1}}, \ldots, \overrightarrow{b_n}$ dessen zugehörige Koordinate $\beta_i \neq 0$ ist, kann gegen $\overrightarrow{a_{m+1}}$ ausgetauscht werden.

Beispiel 2.17 Das System

$$\mathcal{B} = \left\{\overrightarrow{b_1} = \begin{pmatrix} 6 \\ 10 \\ 2 \end{pmatrix}, \overrightarrow{b_2} = \begin{pmatrix} 1 \\ 1 \\ 0 \end{pmatrix}, \overrightarrow{b_3} = \begin{pmatrix} 0 \\ 0 \\ -2 \end{pmatrix}\right\}$$

ist eine Basis des Vektorraumes $V = \mathbb{R}^3$. Die Vektoren

$$\overrightarrow{a_1} = \begin{pmatrix} 1 \\ 2 \\ 3 \end{pmatrix}, \overrightarrow{a_2} = \begin{pmatrix} 1 \\ 5 \\ 1 \end{pmatrix}$$

sind linear unabhängig. Es ist

$$\overrightarrow{a_1} = \frac{1}{4}\overrightarrow{b_1} - \frac{1}{2}\overrightarrow{b_2} - \frac{5}{4}\overrightarrow{b_3} \tag{2.27}$$

sowie

$$\overrightarrow{a_2} = \overrightarrow{b_1} - 5\overrightarrow{b_2} + \frac{1}{2}\overrightarrow{b_3}. \tag{2.28}$$

Aus $\overrightarrow{a_1} \in \operatorname{span}\left(\overrightarrow{b_1}, \overrightarrow{b_2}, \overrightarrow{b_3}\right)$ folgt $\operatorname{span}\left(\overrightarrow{a_1}, \overrightarrow{b_1}, \overrightarrow{b_2}, \overrightarrow{b_3}\right) = \operatorname{span}\left(\overrightarrow{b_1}, \overrightarrow{b_2}, \overrightarrow{b_3}\right)$.
Nach (2.27) ist

$$\overrightarrow{b_1} = 4\overrightarrow{a_1} + 2\overrightarrow{b_2} + 5\overrightarrow{b_3}, \tag{2.29}$$

so dass wir $\overrightarrow{b_1}$ durch $\overrightarrow{a_1}$ austauschen können, damit ist dann $\operatorname{span}\left(\overrightarrow{b_1}, \overrightarrow{b_2}, \overrightarrow{b_3}\right) = \operatorname{span}\left(\overrightarrow{a_1}, \overrightarrow{b_2}, \overrightarrow{b_3}\right)$. Aus (2.28) und (2.29) folgt

$$\overrightarrow{a_2} = \underbrace{4\overrightarrow{a_1} + 2\overrightarrow{b_2} + 5\overrightarrow{b_3}}_{\overrightarrow{b_1}} - 5\overrightarrow{b_2} + \frac{1}{2}\overrightarrow{b_3} = 4\overrightarrow{a_1} - 3\overrightarrow{b_2} + \frac{11}{2}\overrightarrow{b_3}.$$

Auflösen nach $\overrightarrow{b_2}$ liefert

$$\overrightarrow{b_2} = \frac{4}{3}\overrightarrow{a_1} - \frac{1}{3}\overrightarrow{a_2} + \frac{11}{6}\overrightarrow{b_3}$$

d. h. $\overrightarrow{b_2} \in \operatorname{span}\left(\overrightarrow{a_1}, \overrightarrow{a_2}, \overrightarrow{b_3}\right)$, somit ist

$$\operatorname{span}\left(\overrightarrow{a_1}, \overrightarrow{a_2}, \overrightarrow{b_2}, \overrightarrow{b_3}\right) = \operatorname{span}\left(\overrightarrow{a_1}, \overrightarrow{a_2}, \overrightarrow{b_3}\right),$$

und wir können $\overrightarrow{b_2}$ durch $\overrightarrow{a_2}$ austauschen und erhalten

$$\operatorname{span}\left(\overrightarrow{b_1}, \overrightarrow{b_2}, \overrightarrow{b_3}\right) = \operatorname{span}\left(\overrightarrow{a_1}, \overrightarrow{a_2}, \overrightarrow{b_3}\right).$$

Satz 2.6 *(Basisergänzungssatz) Ist V ein $\mathbb{K}$-Vektorraum mit* $\dim V = n$, *$n < \infty$, dann kann jedes System linear unabhängiger Vektoren $\left\{\overrightarrow{a_1}, \overrightarrow{a_2}, \ldots, \overrightarrow{a_m}\right\}$ zu einer Basis von V ergänzt werden.*

Testfragen

1. Formulieren Sie den Austauschsatz von Steinitz!
2. Ergänzen Sie die zwei Vektoren

$$\overrightarrow{a_1} = \begin{pmatrix} 1 \\ \mathrm{i} \\ -\mathrm{i} \\ 1 \end{pmatrix}, \quad \overrightarrow{a_2} = \begin{pmatrix} \mathrm{i} \\ 1 \\ 1 \\ -\mathrm{i} \end{pmatrix} \in \mathbb{C}^4$$

   zu einer Basis des komplexen Vektorraumes $V = \mathbb{C}^4$!
3. Es sei V ein $\mathbb{K}$-Vektorraum und $\overrightarrow{b_1}, \overrightarrow{b_2}, \ldots, \overrightarrow{b_n}$ eine Basis von V. Welche Vektoren $\overrightarrow{u} \in V$ können jeden Vektor der Basis ersetzen?
4. Es sei V ein $\mathbb{K}$-Vektorraum und $\overrightarrow{b_1}, \overrightarrow{b_2}, \ldots, \overrightarrow{b_n}$ eine Basis von V. Bestimmen Sie alle Vektoren $\overrightarrow{u} \in V$, so dass $\overrightarrow{b_1}, \overrightarrow{b_2}, \ldots, \overrightarrow{b_i}, \overrightarrow{u}, \overrightarrow{b_{i+1}} \ldots \overrightarrow{b_n}$ eine Basis von V bildet!

5. Im reellen Vektorraum $\mathbb{R}^2$ sind die Vektoren

$$\vec{a_1} = \begin{pmatrix} 3 \\ -3 \end{pmatrix}, \vec{a_2} = \begin{pmatrix} 0 \\ 0 \end{pmatrix}, \vec{a_3} = \begin{pmatrix} 2 \\ -2 \end{pmatrix}$$

gegeben. Gilt span $(\vec{a_1}, \vec{a_2}, \vec{a_3}) = \mathbb{R}^2$?

6. Gilt

$$\begin{pmatrix} 1 \\ -1 \\ 0 \end{pmatrix} \in \operatorname{span}\left(\begin{pmatrix} 6 \\ 0 \\ 3 \end{pmatrix}, \begin{pmatrix} 3 \\ 1 \\ 1 \end{pmatrix}\right)?$$

7. Geben Sie im Vektorraum $\mathbb{R}^5$ ein Erzeugendensystem sowie ein System linear unabhängiger Vektoren an, welche keine Basis bilden!

2.5 Koordinaten

Jeder Vektor lässt sich durch die Vektoren einer Basis auf genau eine Weise als Linearkombination darstellen. In der Praxis verwendet man in einem Vektorraum oft verschiedene Basen nebeneinander, was sich in unterschiedlichen Linearkombinationen für ein und denselben Vektor niederschlägt. Wie sich unterschiedliche Basissysteme auf die Darstellung von Vektoren auswirken, wollen wir im Folgenden untersuchen. Dazu orientieren wir uns an der Darstellung von Zahlen in unterschiedlichen Zahlensystemen.

Zahlen werden üblicherweise im Dezimalsystem (Basis 10), welches die Ziffern $0, 1, 2, \ldots, 9$ verwendet, dargestellt. So ist die Schreibweise 5473 im Dezimalsystem eine Abkürzung für

$$5473 = 5 \cdot 10^3 + 4 \cdot 10^2 + 7 \cdot 10^1 + 3 \cdot 10^0;$$

im Oktalsystem, welches die Ziffern $0, 1, 2, \ldots, 7$ verwendet, lautet die ausführliche Darstellung dieser Zahl dagegen

$$5473 = 5 \cdot 8^3 + 4 \cdot 8^2 + 7 \cdot 8^1 + 3 \cdot 8^0$$

und hat somit den Wert 2826. Bei simultaner Verwendung unterschiedlicher Basen wird die verwendete Basis als tiefgestelltes Symbol an die Zahl angehängt 5473_{10} bzw. 5473_8 .
Im Hexadezimalsystem mit den Ziffern $0, 1, 2, \ldots, 9, A, B, \ldots, F$ erhalten wir

$$5473_{16} = 5 \cdot 16^3 + 4 \cdot 16^2 + 7 \cdot 16^1 + 3 \cdot 16^0.$$

Diese Situation finden wir in ähnlicher Form in Vektorräumen vor, wenn wir unterschiedliche Basissysteme verwenden. Ist V ein n-dimensionaler Vektorraum und $\mathcal{B} = \left\{\vec{b_1}, \vec{b_2}, \ldots, \vec{b_n}\right\}$ ein Basissystem, dann kann jeder Vektor $\vec{u} \in V$ als eindeutige Linearkombination der Basisvektoren geschrieben werden:

$$\vec{u} = \sum_{i=1}^{n} \beta_i \vec{b_i}\,, \tag{2.30}$$

Dabei ist es von Bedeutung, wie die Basisvektoren nummeriert (angeordnet) werden. Die Koeffizienten $\beta_1, \beta_2, \ldots, \beta_n$ in der Basisdarstellung (2.30) heißen die **Koordinaten** von $\vec{u}$ in Bezug auf die Basis. Mithilfe von Spaltenvektoren lautet die Koordinatendarstellung des Vektors $\vec{u}$

$$\vec{u} = \begin{pmatrix} \beta_1 \\ \beta_2 \\ \vdots \\ \beta_n \end{pmatrix}. \tag{2.31}$$

Falls erforderlich, wird die verwendete Basis - wie bei den Zahlsystemen – mittels tiefgestellter Indizes gekennzeichnet.

Beispiel 2.18 Im Vektorraum $V = \mathbb{R}^3$ betrachten wir die beiden Basissysteme

$$\mathcal{E} = \left\{\vec{e_1} = \begin{pmatrix} 1 \\ 0 \\ 0 \end{pmatrix}, \vec{e_2} = \begin{pmatrix} 0 \\ 1 \\ 0 \end{pmatrix}, \vec{e_3} = \begin{pmatrix} 0 \\ 0 \\ 1 \end{pmatrix}\right\} \tag{2.32}$$

und

$$\mathcal{B} = \left\{\vec{b_1} = \begin{pmatrix} 1 \\ 1 \\ 2 \end{pmatrix}, \vec{b_2} = \begin{pmatrix} 1 \\ 0 \\ 1 \end{pmatrix}, \vec{b_3} = \begin{pmatrix} 0 \\ 0 \\ -1 \end{pmatrix}\right\}.$$

Der Vektor

$$\vec{u} = 1 \cdot \vec{e_1} + 1 \cdot \vec{e_2}$$

hat bezüglich der Basis $\mathcal{E}$ die Koordinatendarstellung

$$\vec{u} = \begin{pmatrix} 1 \\ 1 \\ 0 \end{pmatrix}.$$

Bezüglich der Basis $\mathcal{B}$ lauten die Koordinaten

$$\overrightarrow{u} = \begin{pmatrix} 1 \\ 0 \\ 2 \end{pmatrix}$$

oder ausführlich hingeschrieben

$$\overrightarrow{u} = 1 \cdot \overrightarrow{b_1} + 2 \cdot \overrightarrow{b_3}.$$

Kennzeichnen wir die verwendete Basis durch tiefgestellte Indizes, so erhalten wir

$$\overrightarrow{u} = \begin{pmatrix} 1 \\ 1 \\ 0 \end{pmatrix}_{\mathcal{E}} = \begin{pmatrix} 1 \\ 0 \\ 2 \end{pmatrix}_{\mathcal{B}}.$$

V sei ein n-dimensionaler $\mathbb{K}$-Vektorraum. $\mathcal{B} = \left\{\overrightarrow{b_1}, \ldots, \overrightarrow{b_n}\right\}$, $\mathcal{C} = \left\{\overrightarrow{c_1}, \ldots, \overrightarrow{c_n}\right\}$ und $\mathcal{D} = \left\{\overrightarrow{d_1}, \ldots, \overrightarrow{d_n}\right\}$ seien Basissysteme von V. Dann lässt sich aufgrund der Basiseigenschaft von $\mathcal{B}$ jeder Vektor $\overrightarrow{c_j} \in \mathcal{C}$ als eindeutige Linearkombination mit Vektoren des Systems $\mathcal{B}$ darstellen

$$\overrightarrow{c_j} = \sum_{i=1}^{n} \beta_{ij} \overrightarrow{b_i}$$

Schreiben wir die Koordinatendarstellung von $\overrightarrow{c_j}$ (vgl. 2.31) als j-te Spalte in ein Matrixschema, so erhalten wir die Matrix, **Basisübergangsmatrix** genannt, welche den Übergang von der Basis $\mathcal{B}$ zur Basis $\mathcal{C}$ ($\mathcal{B} \to \mathcal{C}$) beschreibt:

$$M_{\mathcal{B}\to\mathcal{C}} = \begin{pmatrix} \beta_{11} & \cdots & \cdots & \beta_{1n} \\ \beta_{21} & & & \vdots \\ \vdots & & & \beta_{n-1\,n} \\ \beta_{n1} & \cdots & \cdots & \beta_{nn} \end{pmatrix}. \tag{2.33}$$

Aufgrund der Basiseigenschaft von $\mathcal{C}$ kann jeder Vektor $\overrightarrow{d_l} \in \mathcal{D}$ in eindeutiger Weise als Linearkombination von Vektoren aus $\mathcal{C}$ dargestellt werden:

$$\overrightarrow{d_l} = \sum_{k=1}^{n} \gamma_{kl} \overrightarrow{c_k}.$$

Die Matrix

$$M_{\mathcal{C}\to\mathcal{D}} = \begin{pmatrix} \gamma_{11} & \cdots & \cdots & \gamma_{1n} \\ \gamma_{21} & & & \vdots \\ \vdots & & & \gamma_{n-1\,n} \\ \gamma_{n1} & \cdots & \cdots & \gamma_{nn} \end{pmatrix}$$

beschreibt die Darstellung der Basisvektoren $\mathcal{D}$ durch die Vektoren des Basissystems $\mathcal{C}$.

Satz 2.7 *Sind* $\mathcal{B} = \left\{\overrightarrow{b_1}, \ldots, \overrightarrow{b_n}\right\}$, $\mathcal{C} = \left\{\overrightarrow{c_1}, \ldots, \overrightarrow{c_n}\right\}$ *und* $\mathcal{D} = \left\{\overrightarrow{d_1}, \ldots, \overrightarrow{d_n}\right\}$ *Basen des* $\mathbb{K}$*-Vektorraumes* V *und bezeichnet* $M_{Basis1\to Basis2}$ *die Darstellung der Vektoren der* $Basis2$ *durch Vektoren der* $Basis1$*, dann gilt*

$$M_{\mathcal{B}\to\mathcal{D}} = M_{\mathcal{B}\to\mathcal{C}} M_{\mathcal{C}\to\mathcal{D}}.$$

Im Fall $\mathcal{B} = \mathcal{D}$ *ist*

$$(M_{\mathcal{B}\to\mathcal{C}})^{-1} = M_{\mathcal{C}\to\mathcal{B}}.$$

Beweis: Es ist

$$\overrightarrow{d_l} = \sum_{k=1}^{n} \gamma_{kl} \overrightarrow{c_k} = \sum_{k=1}^{n} \gamma_{kl} \sum_{i=1}^{n} \beta_{ik} \overrightarrow{b_i} = \sum_{i=1}^{n} \left(\sum_{k=1}^{n} \beta_{ik}\gamma_{kl} \right) \overrightarrow{b_i}.$$

Offenbar ist $M_{\mathcal{B}\to\mathcal{B}}$ für jede Basis $\mathcal{B}$ die n-reihige Einheitsmatrix. Daher ist $E = M_{\mathcal{B}\to\mathcal{B}} = M_{\mathcal{B}\to\mathcal{C}} M_{\mathcal{C}\to\mathcal{B}}$ und damit folgt die Behauptung. ■

Beispiel 2.19 Im Fall der Basen aus Beispiel 2.18 lautet die Basisübergangsmatrix

$$M_{\mathcal{E}\to\mathcal{B}} = \begin{pmatrix} 1 & 1 & 0 \\ 1 & 0 & 0 \\ 2 & 1 & -1 \end{pmatrix}.$$

Folgerung 2.3 Der Rang einer Matrix kann verwendet werden, um Vektoren auf lineare Unabhängigkeit zu überprüfen. Ist

$$\overrightarrow{u_1} = \begin{pmatrix} \beta_{11} \\ \beta_{21} \\ \vdots \\ \beta_{n1} \end{pmatrix}, \overrightarrow{u_2} = \begin{pmatrix} \beta_{12} \\ \beta_{22} \\ \vdots \\ \beta_{n2} \end{pmatrix}, \ldots, \overrightarrow{u_l} = \begin{pmatrix} \beta_{1l} \\ \beta_{2l} \\ \vdots \\ \beta_{nl} \end{pmatrix}$$

die Koordinatendarstellung bezüglich einer Basis und bildet man die Matrix

$$M = \begin{pmatrix} \beta_{1,1} & \cdots & \cdots & \beta_{1l} \\ \beta_{21} & & & \vdots \\ \vdots & & & \beta_{n-1\,l} \\ \beta_{n1} & \cdots & \cdots & \beta_{nl} \end{pmatrix},$$

so gilt:

$$\overrightarrow{u_1}, \overrightarrow{u_2}, \ldots, \overrightarrow{u_l} \text{ linear unabhängig } \Leftrightarrow \operatorname{rang}(M) = l.$$

Testfragen

1. Drücken Sie die Dezimalzahl 1278 im Oktal- und Hexadezimalsystem aus!

2. Bezüglich der Standardbasis (2.32) des Vektorraumes $V = \mathbb{R}^3$ hat der Vektor $\overrightarrow{v}$ die Koordinatendarstellung

$$\overrightarrow{v} = \begin{pmatrix} 15 \\ -36 \\ 12 \end{pmatrix}.$$

Bestimmen Sie die Koordinaten von $\overrightarrow{v}$ bezüglich der Basis

$$\mathcal{B} = \left\{ \overrightarrow{b_1} = \begin{pmatrix} 1 \\ 1 \\ 1 \end{pmatrix}, \overrightarrow{b_2} = \begin{pmatrix} 2 \\ 2 \\ 0 \end{pmatrix}, \overrightarrow{b_3} = \begin{pmatrix} 0 \\ 0 \\ 3 \end{pmatrix} \right\}!$$

3. Im Vektorraum $V = \mathbb{R}^3$ sind die Basissysteme

$$\mathcal{E} = \left\{ \overrightarrow{e_1} = \begin{pmatrix} 1 \\ 0 \\ 0 \end{pmatrix}, \overrightarrow{e_2} = \begin{pmatrix} 0 \\ 1 \\ 0 \end{pmatrix}, \overrightarrow{e_3} = \begin{pmatrix} 0 \\ 0 \\ 1 \end{pmatrix} \right\}$$

und

$$\mathcal{B} = \left\{ \overrightarrow{b_1} = \begin{pmatrix} 0 \\ -1 \\ 0 \end{pmatrix}, \overrightarrow{b_2} = \begin{pmatrix} -2 \\ 0 \\ 0 \end{pmatrix}, \overrightarrow{b_3} = \begin{pmatrix} 0 \\ 0 \\ -1 \end{pmatrix} \right\}$$

gegeben. Bestimmen Sie die Basisübergangsmatrizen $M_{\mathcal{E}\to\mathcal{B}}$ und $M_{\mathcal{B}\to\mathcal{E}}$!

4. Kann die Basisübergangsmatrix unterschiedliche Zeilen- und Spaltenzahl besitzen?

5. Was bedeutet es, wenn die Basisübergangsmatrix eine Diagonalmatrix ist? Kann eines der Diagonalelemente null sein?

6. In einem reellen Vektorraum V ist der Vektor $\overrightarrow{x} = \begin{pmatrix} -2 \\ 4 \\ 7 \end{pmatrix}$ gegeben. Was können Sie dieser Information entnehmen?

2.6 Aufgaben

Aufgabe 2.1 Zeigen Sie, dass die Menge

$$V = \mathbb{C}^n = \left\{ \overrightarrow{x} = \begin{pmatrix} x_1 \\ x_2 \\ \vdots \\ x_n \end{pmatrix} ; \ x_i \in \mathbb{C} \right\}$$

bezüglich komponentenweise erklärter Addition und skalarer Multiplikation mit Elementen aus $\mathbb{C}$ ein komplexer Vektorraum ist!

Aufgabe 2.2 Ist die Menge $V = \mathbb{R}^2 = \left\{ \overrightarrow{x} = \begin{pmatrix} x_1 \\ x_2 \end{pmatrix} ; x_1, x_2 \in \mathbb{R} \right\}$ bei den folgendermaßen definierten Verknüpfungen ein reeller Vektorraum?

$$\text{Addition: } \overrightarrow{x} \oplus \overrightarrow{y} = \begin{pmatrix} x_1 + y_1 + 1 \\ x_2 + y_2 + 1 \end{pmatrix}$$

$$\text{Skalare Multiplikation: } \alpha \cdot \overrightarrow{x} = \begin{pmatrix} \alpha x_1 \\ \alpha x_2 \end{pmatrix}, \alpha \in \mathbb{R}$$

Aufgabe 2.3 S ist die Menge aller reellen $n \times n$ Matrizen mit der Eigenschaft $A = -A^T$. Zeigen Sie dass S bezüglich der üblichen Matrizenaddition und skalaren Multiplikation ein reeller Vektorraum ist und bestimmen Sie dim S!

Aufgabe 2.4 Zeigen Sie, dass im Vektorraum $V = F(\mathbb{R}, \mathbb{R})$ die Funktionen $p_1(x) = 4x$, $p_2(x) = 2 - 2x$, $p_3(x) = x - 2x^2$ linear unabhängig sind und berechnen Sie die Koordinaten des Polynoms $p(x) = 3x^2 - 7x + 4$ bezüglich dieses Systems!

Aufgabe 2.5 Ersetzen Sie zwei Vektoren der Basis

$$\mathcal{B} = \left\{ \overrightarrow{b_1} = \begin{pmatrix} 1 - i \\ 3 \\ 4 \end{pmatrix}, \overrightarrow{b_2} = \begin{pmatrix} 0 \\ 1 \\ i \end{pmatrix}, \overrightarrow{b_3} = \begin{pmatrix} -1 \\ 3 \\ 1 \end{pmatrix} \right\}$$

des komplexen Vektorraumes $V = \mathbb{C}^3$ durch die Vektoren

$$\vec{a_1} = \begin{pmatrix} 1 \\ 1 \\ 1 \end{pmatrix}, \vec{a_2} = \begin{pmatrix} 0 \\ 1 \\ 0 \end{pmatrix}!$$

Aufgabe 2.6 Bestimmen Sie eine Basis des $\mathbb{R}$-Vektorraumes $V = M_{2\times 2}(\mathbb{R})$, und geben Sie die Dimension von V an.

Aufgabe 2.7 Bezüglich der Basis

$$\mathcal{E} = \left\{ \vec{e_1} = \begin{pmatrix} 1 \\ 0 \\ 0 \end{pmatrix}, \vec{e_2} = \begin{pmatrix} 0 \\ 1 \\ 0 \end{pmatrix}, \vec{e_3} = \begin{pmatrix} 0 \\ 0 \\ 1 \end{pmatrix} \right\}$$

des $\mathbb{R}^3$ hat der Vektor $\vec{u}$ die Koordinaten

$$\vec{u} = \begin{pmatrix} 2 \\ 1 \\ -3 \end{pmatrix}.$$

Zeigen Sie, dass auch $\vec{b_1} = 2\vec{e_1} - \vec{e_3}, \vec{b_2} = \vec{e_2} + \vec{e_3}, \vec{b_3} = \vec{e_1} - \vec{e_3}$ eine Basis des $\mathbb{R}^3$ ist, und geben Sie die Koordinaten von $\vec{u}$ bezüglich der Basis $\mathcal{B} = \left\{ \vec{b_1}, \vec{b_2}, \vec{b_3} \right\}$ an!

Aufgabe 2.8 Im Vektorraum $V = \mathbb{R}^3$ sind folgende Basissysteme gegeben:

$$\mathcal{B} = \left\{ \vec{b_1} = \begin{pmatrix} -21 \\ 0 \\ 0 \end{pmatrix}, \vec{b_2} = \begin{pmatrix} 0 \\ 6 \\ 0 \end{pmatrix}, \vec{b_3} = \begin{pmatrix} 0 \\ -2 \\ 2 \end{pmatrix} \right\},$$

$$\mathcal{C} = \left\{ \vec{c_1} = \begin{pmatrix} 1 \\ -1 \\ 1 \end{pmatrix}, \vec{c_2} = \begin{pmatrix} -2 \\ 1 \\ -2 \end{pmatrix}, \vec{c_3} = \begin{pmatrix} 3 \\ 4 \\ 5 \end{pmatrix} \right\},$$

$$\mathcal{D} = \left\{ \vec{d_1} = \begin{pmatrix} 1 \\ 2 \\ 0 \end{pmatrix}, \vec{d_2} = \begin{pmatrix} 3 \\ -4 \\ 2 \end{pmatrix}, \vec{d_3} = \begin{pmatrix} -1 \\ 0 \\ 1 \end{pmatrix} \right\}.$$

Stellen Sie die folgenden Basisübergangsmatrizen auf: $M_{\mathcal{B}\to\mathcal{C}}$, $M_{\mathcal{B}\to\mathcal{D}}$, $M_{\mathcal{C}\to\mathcal{B}}$!

3 Teilräume

In diesem Kapitel befassen wir uns mit Teilmengen von Vektorräumen und fragen, unter welchen Bedingungen diese selbst einen Vektorraum bilden. Untersucht werden der Durchschnitt und die Summe von Teilräumen sowie die sogenannte Faktorisierung nach einem Teilraum. Wichtige Aussagen über die Dimension von Teilräumen runden das Kapitel ab.

3.1 Untervektorräume

Wir untersuchen nachfolgend die Frage, wann eine Teilmenge eines Vektorraumes selbst ein Vektorraum ist. Dazu müssen nicht alle Vektorraumgesetze überprüft werden.

Definition 3.1 Es sei V ein $\mathbb{K}$-Vektorraum. Eine nicht leere Teilmenge U von V heißt **Teilraum** oder **Untervektorraum** von V, in Zeichen $U \leq V$, wenn U bezüglich der in V erklärten, aber auf U eingeschränkten Verknüpfungen (Addition und skalare Multiplikation mit Elementen aus $\mathbb{K}$) selbst ein $\mathbb{K}$-Vektorraum ist. U heißt **echter Teilraum** von V, in Zeichen $U < V$, wenn U Teilraum von V ist und zusätzlich gilt $U \neq V$, d. h. $U \subset V$ (U echte Teilmenge von V).

Satz 3.1 *Eine nicht leere Teilmenge U eines $\mathbb{K}$-Vektorraumes V ist ein Teilraum von V genau dann, wenn gilt:*

$$\text{(UV1)} \qquad \bigwedge_{\vec{u},\,\vec{v} \in U} \vec{u} + \vec{v} \in U. \tag{3.1}$$

$$\text{(UV2)} \qquad \bigwedge_{\alpha \in \mathbb{K}} \bigwedge_{\vec{u} \in U} \alpha \vec{u} \in U. \tag{3.2}$$

Die Bedingungen (UV1) und (UV2) lassen sich auch in einer Forderung zusammenfassen:

$$\bigwedge_{\alpha,\beta \in \mathbb{K}} \bigwedge_{\vec{u},\,\vec{v} \in U} \alpha \vec{u} + \overrightarrow{\beta v} \in U.$$

Beweis: Die Bedingungen (3.1) und (3.2) sichern die algebraische Abgeschlossenheit von U bezüglich der Vektorraumverknüpfungen. Alle anderen Eigenschaften wie Assoziativität, Kommutativität werden vom Vektorraum auf die Teilmenge vererbt. ∎

Um nachzuweisen, dass ein Teilraum vorliegt, müssen demnach nicht alle Vektorraumaxiome überprüft werden.

Bemerkung 3.1 Ein Teilraum U eines Vektorraumes V muss den Nullvektor enthalten, denn mit $\overrightarrow{u} \in U$ gilt nach (3.2): $(-1) \cdot \overrightarrow{u} = -\overrightarrow{u} \in U$ und mit (3.1) folgt:

$$\overrightarrow{u} + (-\overrightarrow{u}) = \overrightarrow{0} \in U.$$

Bemerkung 3.2 Ist V ein $\mathbb{K}$-Vektorraum und U ein Teilraum von V, dann ist U selbst ein $\mathbb{K}$-Vektorraum. Jeder Vektorraum V hat die beiden trivialen Teilräume: $\mathcal{O} \leq V$ und $V \leq V$.

Beispiel 3.1 Im Standard-Vektorraum $V = \mathbb{R}^n$, $n \geq 2$ betrachten wir die Teilmenge

$$U = \left\{ \overrightarrow{x} = \begin{pmatrix} x \\ 0 \\ \vdots \\ 0 \end{pmatrix} \mid x \in \mathbb{R} \right\} \subseteq \mathbb{R}^n.$$

Wegen $\begin{pmatrix} 1 \\ 0 \\ \vdots \\ 0 \end{pmatrix} \in U$ ist U nicht leer. Für $\overrightarrow{x} = \begin{pmatrix} x \\ 0 \\ \vdots \\ 0 \end{pmatrix}, \overrightarrow{y} = \begin{pmatrix} y \\ 0 \\ \vdots \\ 0 \end{pmatrix} \in U$, folgt

$$\overrightarrow{x} + \overrightarrow{y} = \begin{pmatrix} x + y \\ 0 \\ \vdots \\ 0 \end{pmatrix} \in U$$

sowie für $\alpha \in \mathbb{R}$

$$\alpha \overrightarrow{x} = \begin{pmatrix} \alpha x \\ 0 \\ \vdots \\ 0 \end{pmatrix} \in U$$

somit ist wegen $U \neq \mathbb{R}^n$, U ein echter Teilraum von V.

Lemma 3.1 *Die Menge $C\,[a, b]$ aller stetigen, reellwertigen Funktionen, definiert auf dem abgeschlossenen Intervall $[a, b]$, ist bezüglich punktweise erklärter Addition und skalarer Multiplikation ein reeller Vektorraum.*

Beweis: $C[a,b]$ ist eine nicht leere Teilmenge des Vektorraumes $F(\mathbb{R},\mathbb{R})$. Aus der Analysis (vgl. [8]) wissen wir, dass Summen und Vielfache stetiger Funktionen wiederum stetig sind, daher ist $C[a,b]$ ein Untervektorraum von $F(\mathbb{R},\mathbb{R})$ und damit selbst ein Vektorraum. ■

Folgerung 3.1 Die Menge aller reellen Polynome

$$\mathcal{P} = \left\{ p(x) = \sum_{k=0}^{n} a_k x^k,\ x, a_k \in \mathbb{R}, n \in \mathbb{N}_0 \right\}$$

ist mit der üblichen Polynomaddition und der folgendermaßen definierten skalaren Multiplikation ein reeller Vektorraum:

$$(\alpha \cdot p)(x) = \sum_{k=0}^{n} \alpha\ a_k x^k,\ \alpha \in \mathbb{R}.$$

Bemerkung 3.3 Die Teilraumrelation $\leq$ ist als Enthaltenseinsrelation reflexiv, transitiv und antisymmetrisch, d. h., in einem $\mathbb{K}$-Vektorraum V ist die Menge aller Teilräume $\mathcal{T}(V)$, genannt **Teilraumverband**

$$\mathcal{T}(V) = \{U \subseteq V \,|U \leq V\},$$

durch $\leq$ geordnet.

Beispiel 3.2 Wir bestimmen für den reellen Vektorraum $V = \mathbb{R}^3$ den Teilraumverband $\mathcal{T}(V)$. Mit der Basis aus (2.32) ist

$$\begin{aligned} U_0 &= \mathcal{O},\ \mathcal{U}_1 = \operatorname{span}\left(\overrightarrow{e_1}\right),\ U_2 = \operatorname{span}\left(\overrightarrow{e_2}\right),\ U_3 = \operatorname{span}\left(\overrightarrow{e_3}\right), \\ U_4 &= \operatorname{span}\left(\overrightarrow{e_1}, \overrightarrow{e_2}\right),\ U_5 = \operatorname{span}\left(\overrightarrow{e_1}, \overrightarrow{e_3}\right),\ U_6 = \operatorname{span}\left(\overrightarrow{e_2}, \overrightarrow{e_3}\right),\ U_7 = V. \end{aligned}$$

Wir erhalten

$$\mathcal{T}(V) = \{U_0, \mathcal{U}_1, U_2, U_3, U_4, U_5, U_6, U_7\}.$$

Es ergibt sich folgende Übersicht:

$$\mathcal{O} \left\{ \begin{array}{l} \leq \mathcal{U}_1 \left\{ \begin{array}{l} \leq U_4 \\ \leq U_5 \end{array} \right. \\ \\ \leq U_2 \left\{ \begin{array}{l} \leq U_4 \\ \leq U_6 \end{array} \right. \\ \\ \leq U_3 \left\{ \begin{array}{l} \leq U_5 \\ \leq U_6 \end{array} \right. \end{array} \right. \left. \begin{array}{l} \\ \\ \\ \\ \\ \\ \\ \end{array} \right\} \leq V$$

Satz 3.2 *Es sei V ein $\mathbb{K}$-Vektorraum und $M \neq \emptyset$ eine Teilmenge von V. Dann bildet die Menge aller Linearkombinationen $L[M]$*

$$L[M] = \left\{ \vec{w} \mid \vec{w} = \sum_{i=1}^{n} \alpha_i \vec{u_i}, \vec{u_i} \in M, \alpha_i \in \mathbb{K}, n \in \mathbb{N} \right\}$$

einen Teilraum U von V. Man sagt, M spannt den Raum U auf oder M ist ein Erzeugendensystem von U. Wir schreiben

$$L[M] = \operatorname{span}(M) = U \leq V$$

und bezeichnen $L[M]$ als die ***lineare Hülle*** *von M.*

Beweis: Folgt mit (3.1) und (3.2). ■

Folgerung 3.2 Es gilt stets $M \subseteq L[M]$. Im Falle $M = V$ spannt M den ganzen Raum auf.

Ein Spezialfall stellt die lineare Hülle endlicher Mengen $M = \left\{\vec{u_1}, \vec{u_2}, \ldots, \vec{u_p}\right\}$ dar.

$$L\left[\vec{u_1}, \vec{u_2}, \ldots, \vec{u_p}\right] = \left\{ \vec{w} \mid \vec{w} = \sum_{i=1}^{p} \alpha_i \vec{u_i}, \alpha_i \in \mathbb{K} \right\}.$$

Beispiel 3.3 Mit den Vektoren aus (2.16) erhalten wir

$$L\left[\vec{u_1}, \vec{u_2}, \vec{u_3}, \vec{u_4}\right] = \left\{ \vec{w} \mid \vec{w} = \alpha_1 \begin{pmatrix} 1 \\ 1 \\ 1 \end{pmatrix} + \alpha_2 \begin{pmatrix} 2 \\ 2 \\ 2 \end{pmatrix} + \alpha_3 \begin{pmatrix} 1 \\ 0 \\ 1 \end{pmatrix} + \alpha_4 \begin{pmatrix} 0 \\ 0 \\ 2 \end{pmatrix}, \alpha_i \in \mathbb{R} \right\}.$$

Jeder Vektor

$$\vec{w} = \begin{pmatrix} w_1 \\ w_2 \\ w_3 \end{pmatrix} \in \mathbb{R}^3$$

kann als Linearkombination der Vektoren $\vec{u_1}, \vec{u_2}, \vec{u_3}, \vec{u_4}$ geschrieben werden, z. B.

$$\vec{w} = w_2 \begin{pmatrix} 1 \\ 1 \\ 1 \end{pmatrix} + (w_1 - w_2) \begin{pmatrix} 1 \\ 0 \\ 1 \end{pmatrix} + \frac{w_3 - w_1}{2} \begin{pmatrix} 0 \\ 0 \\ 2 \end{pmatrix}$$

d. h. $L\left[\vec{u_1}, \vec{u_2}, \vec{u_3}, \vec{u_4}\right] = \mathbb{R}^3$.

Testfragen

1. Wie lauten die trivialen Teilräume, die in jedem Vektorraum V existieren?
2. V ist ein $\mathbb{K}$–Vektorraum sowie U und W Teilräume von V. Gilt entweder $U \leq W$ oder $W \leq U$?
3. Bestimmen Sie für den reellen Vektorraum $V = \mathbb{C}^2$ den Teilraumverband $\mathcal{T}(V)$!
4. Bestimmen Sie für den komplexen Vektorraum $V = \mathbb{C}^2$ den Teilraumverband $\mathcal{T}(V)$!
5. Kann es in einem Vektorraum V zwei verschiedene Teilräume $U_1 \neq U_2$ mit gleicher Dimension $\dim U_1 = \dim U_2$ geben?
6. Bestimmen Sie $L\left[1, x^2, x^4, x^6\right]$!
7. Wann gilt für eine Menge M die Beziehung $M = L[M]$?

3.2 Durchschnitt und Summe von Teilräumen

Als Nächstes interessiert uns die Frage, inwieweit mengentheoretische Operationen auf den Teilraumverband $\mathcal{T}(V)$ ausgeweitet werden können. Konkret wollen wir die Frage untersuchen, ob der Durchschnitt $U_1 \cap U_2$ und die Vereinigung $U_1 \cup U_2$ zweier Teilräume U_1, U_2 eines Vektorraumes V wieder einen Teilraum bilden. Dazu betrachten wir im Vektorraum $V = \mathbb{R}^2$ die Teilräume

$$U_1 = \left\{ \vec{x} = \begin{pmatrix} x_1 \\ 0 \end{pmatrix} \mid x_1 \in \mathbb{R} \right\}, \; U_2 = \left\{ \vec{x} = \begin{pmatrix} 0 \\ x_2 \end{pmatrix} \mid x_2 \in \mathbb{R} \right\}. \qquad (3.3)$$

Der Durchschnitt $U_1 \cap U_2 = \left\{ \vec{0} \right\}$ ist der Nullraum und damit ein Vektorraum, während die Vereinigung

$$U_1 \cup U_2 = \left\{ \vec{x} = \begin{pmatrix} a \\ b \end{pmatrix} \mid a = 0 \text{ oder } b = 0 \right\}$$

offenbar kein Vektorraum ist.

Satz 3.3 *Der Durchschnitt $U_1 \cap U_2$ von zwei Teilräumen U_1, U_2 eines Vektorraumes V ist selbst ein Teilraum von V.*

Beweis: Wir setzen $U = U_1 \cap U_2$ und zeigen, dass $U \leq V$ gilt. Für $\vec{u}, \vec{v} \in U$ gilt $\vec{u}, \vec{v} \in U_1$ und $\vec{u}, \vec{v} \in U_2$. Da U_1, U_2 Unterräume von V sind, folgt weiter $\vec{u} + \vec{v} \in U_1$ sowie $\vec{u} + \vec{v} \in U_2$ und deshalb $\vec{u} + \vec{v} \in U$. Ist $\alpha \in \mathbb{K}$, so ist wegen $U_1 \leq V$, $U_2 \leq V$ $\alpha \overrightarrow{u} \in U_1$ und $\alpha \overrightarrow{u} \in U_2$ und folglich $\alpha \overrightarrow{u} \in U$. Damit sind die Teilraumeigenschaften nachgewiesen. ■

Merke: Der Durchschnitt beliebig vieler Teilräume eines Vektorraumes ist selbst ein Teilraum. Die Vereinigung von Teilräumen eines Vektorraumes ist kein Teilraum.

Die Summe von Teilräumen stellt eine Übertragung des Vereinigungsbegriffs auf Vektorräume dar. Man kann folgendes Resultat zeigen:

Satz 3.4 *Zu jedem System von n Teilräumen U_i eines $\mathbb{K}$-Vektorraumes V gibt es einen eindeutig bestimmten Teilraum U_*, welcher folgende Eigenschaften besitzt:*

(S1)
$$\bigwedge_{i=1}^{n} U_i \leq U_*$$

(S2)
$$\bigwedge_{i=1}^{n} U_i \leq W \Rightarrow U_* \leq W.$$

U_* ist hierdurch eindeutig bestimmt. Der Teilraum U_* heißt ***Summe*** *oder* ***Verbindungsraum*** *der Teilräume U_i und wird mit $\sum_i U_i$ bezeichnet, es ist*

$$U_* = \sum_{i=1}^{n} U_i = \left\{\overrightarrow{u_*} = \overrightarrow{u_1} + \overrightarrow{u_2} + \ldots + \overrightarrow{u_n} \;\middle|\; \overrightarrow{u_i} \in U_i, i = 1, \ldots, n\right\}.$$

Definition 3.2 $U = U_1 \oplus U_2$ heißt **direkte Summe** der Teilräume U_1, U_2 eines Vektorraumes V, genau dann, wenn gilt:

(DS1)
$$U = U_1 + U_2 \tag{3.4}$$

(DS2)
$$U_1 \cap U_2 = \mathcal{O}. \tag{3.5}$$

Gilt $U_1 \oplus U_2 = V$, so heißen die Teilräume U_1, U_2 **komplementär**.

Bemerkung 3.4 Jeder Teilraum U eines $\mathbb{K}$-Vektorraumes V ist ein direkter Summand von V, d. h., es gibt zu U einen Teilraum $W \leq V$ mit

$$V = U \oplus W. \tag{3.6}$$

Der Teilraum W ist nicht eindeutig bestimmt. Diese Aussage gilt für Vektorräume endlicher und nicht endlicher Dimension. Während im Fall $\dim V = n < \infty$ die Aussage aus Satz 2.6 folgt, sind im Fall $\dim V = \infty$ transfinite Schlüsse erforderlich.

Beispiel 3.4 Die Teilräume U_1, U_2 aus (3.3) sind zueinander komplementär; es gilt $U_1 \oplus U_2 = \mathbb{R}^2$.

Folgerung 3.3 Die Bedingung $U_1 \cap U_2 = \mathcal{O}$ in Definition 3.2 ist äquivalent zu folgender Aussage: Jeder Vektor $\overrightarrow{u} \in U$ besitzt genau eine Zerlegung

$$\overrightarrow{u} = \overrightarrow{u_1} + \overrightarrow{u_2} \text{ mit } \overrightarrow{u_1} \in U_1, \ \overrightarrow{u_2} \in U_2. \tag{3.7}$$

Der Begriff der direkten Summe lässt sich auch auf ein System von n Teilräumen $U_i, i = 1, \ldots, n$ eines Vektorraumes V übertragen. Die Bedingungen (DS1) und (DS2) lauten dann:

$$U = \sum_{i=1}^{n} U_i$$

und

$$U_k \cap \left(\sum_{i=1, i \neq k}^{n} U_i \right) = \mathcal{O} \ , \ k = 1, 2, \ldots, n.$$

Wir schreiben

$$U = \bigoplus_{i=1}^{n} U_i = U_1 \oplus U_2 \oplus \ldots \oplus U_n.$$

Beispiel 3.5 Bezeichnet $C_g\,[-a, a]$ bzw. $C_u\,[-a, a]$ die Menge der auf dem Intervall $[-a, a]$ stetigen geraden bzw. ungeraden Funktionen, dann ist $C\,[-a, a] = C_g\,[-a, a] \oplus C_u\,[-a, a]$, denn jede stetige reelle Funktion f lässt sich in der Form

$$f(x) = \frac{1}{2}(f(x) + f(-x)) + \frac{1}{2}(f(x) - f(-x))\,, x \in [-a, a]$$

schreiben, wobei

$$g(x) = \frac{1}{2}(f(x) + f(-x))$$

eine gerade Funktion und

$$u(x) = \frac{1}{2}(f(x) - f(-x))$$

eine ungerade Funktion ist. Eine Funktion, welche gleichzeitig gerade und ungerade ist, muss die Nullfunktion sein, deshalb ist $C_g\,[-a, a] \cap C_u\,[-a, a] = \mathcal{O}$ und die Summe ist direkt.

Definition 3.3 Es sei V ein $\mathbb{K}$-Vektorraum, $U < V$ ein Teilraum von V sowie $\overrightarrow{x_0} \in V \backslash U$ ein beliebiger Vektor, dann nennt man die Menge

$$M = \overrightarrow{x_0} + U = \left\{ \overrightarrow{m} = \overrightarrow{x_0} + \overrightarrow{u} \mid \overrightarrow{u} \in U \right\}$$

eine **lineare Mannigfaltigkeit** in V.

Bemerkung 3.5 Für eine lineare Mannigfaltigkeit M in V ist stets: $M \neq \varnothing$. Eine lineare Mannigfaltigkeit ist für $\overrightarrow{x_0} \in V \backslash U$ kein Teilraum von V, denn es gilt $\overrightarrow{0} \notin M$.

Beispiel 3.6 Im komplexen Vektorraum $V = \mathbb{C}^3$ ist

$$M = \underbrace{\begin{pmatrix} 1+\mathrm{i} \\ \mathrm{i} \\ -1 \end{pmatrix}}_{\overrightarrow{x_0}} + \underbrace{\alpha \begin{pmatrix} 0 \\ \mathrm{i} \\ 0 \end{pmatrix}}_{U}, \alpha \in \mathbb{C}$$

eine lineare Mannigfaltigkeit.

Satz 3.5 *Es sei V ein $\mathbb{K}$-Vektorraum, und M_1, M_2 seien lineare Mannigfaltigkeiten in V. Dann ist entweder $M_1 \cap M_2$ eine lineare Mannigfaltigkeit in V oder $M_1 \cap M_2 = \varnothing$.*

Beweis: Da M_1 bzw. M_2 lineare Mannigfaltigkeiten in V sind, gelten die Darstellungen

$$M_1 = \overrightarrow{x_1} + U_1 \text{ mit } \overrightarrow{x_1} \in V \text{ und } U_1 \leq V$$

und

$$M_2 = \overrightarrow{x_2} + U_2 \text{ mit } \overrightarrow{x_2} \in V \text{ und } U_2 \leq V.$$

Gilt für den Durchschnitt $M_1 \cap M_2 \neq \varnothing$, so existiert ein $\overrightarrow{z} \in M_1 \cap M_2$, für welches mit $\overrightarrow{u_1} \in U_1$ bzw. $\overrightarrow{u_2} \in U_2$ die Darstellung

$$\overrightarrow{z} = \overrightarrow{u_1} + \overrightarrow{u_2} = \overrightarrow{u_2} + \overrightarrow{u_1}$$

möglich ist, somit haben wir

$$M_1 = \overrightarrow{z} + U_1 \text{ und } M_2 = \overrightarrow{z} + U_2.$$

Daraus folgt:

$$M_1 \cap M_2 = \overrightarrow{z} + U_1 \cap U_2,$$

und der Durchschnitt ist wegen $U_1 \cap U_2 \leq V$ eine lineare Mannigfaltigkeit. ■

Testfragen

1. Geben Sie zwei komplementäre Teilräume des Vektorraumes $V = \mathbb{C}^3$ an!
2. V ist ein Vektorraum der Dimension 1. Wie lautet das Komplement von V?
3. Ist das Komplement eines Vektorraumes eindeutig bestimmt?
4. Kann eine Teilmenge M eines Vektorraumes Teilraum und lineare Mannigfaltigkeit zugleich sein?
5. Ist die Vereinigung zweier linearer Mannigfaltigkeiten wieder eine lineare Mannigfaltigkeit?

3.3 Faktorräume

Für ganze Zahlen hatten wir die Kongruenzrechnung eingeführt; wir übertragen diese Situation auf Vektorräume.

Definition 3.4 Ist V ein $\mathbb{K}$-Vektorraum und $U \leq V$ ein Teilraum von V, dann heißen zwei Vektoren $\vec{u}, \vec{v} \in V$ **kongruent modulo** U, und man schreibt

$$\vec{u} \equiv \vec{v} \pmod{U} \text{ bzw. } \vec{u} \equiv \vec{v} \ (U),$$

wenn ihre Differenz im Teilraum U liegt:

$$\vec{u} \equiv \vec{v} \ (U) \Leftrightarrow \vec{u} - \vec{v} \in U.$$

Beispiel 3.7 Im Vektorraum $V = \mathbb{R}^3$ seien der Teilraum $U = \operatorname{span}(\vec{e_1})$ (vgl. (2.24)) sowie folgende Vektoren gegeben:

$$\vec{u} = \begin{pmatrix} 2 \\ 3 \\ 5 \end{pmatrix}, \vec{v} = \begin{pmatrix} 1 \\ 3 \\ 5 \end{pmatrix}, \vec{w} = \begin{pmatrix} 2 \\ 4 \\ 5 \end{pmatrix}.$$

Es ist $\vec{u} \equiv \vec{v}\,(U)$, da

$$\vec{u} - \vec{v} = \begin{pmatrix} 1 \\ 0 \\ 0 \end{pmatrix} \in U,$$

aber $\vec{v}$ ist nicht kongruent $\vec{w}$ modulo U, da

$$\vec{u} - \vec{w} = \begin{pmatrix} 0 \\ -1 \\ 0 \end{pmatrix} \notin U.$$

Beispiel 3.8 Es ist $\mathcal{P} \leq F(\mathbb{R}, \mathbb{R})$. Mit $p(x) = e^x + 1 - 3x^4$, $q(x) = e^x + x^2$ und $r(x) = 4e^x + x^4$ folgt:

$$p \equiv q(\mathcal{P}), \text{ da } p(x) - q(x) = 1 - x^2 - 3x^4 \in \mathcal{P},$$

während p und r nicht kongruent modulo $\mathcal{P}$ sind, weil

$$p(x) - r(x) = -3e^x + 1 - 4x^4 \notin \mathcal{P}.$$

Bemerkung 3.6 Die in einem $\mathbb{K}$-Vektorraum V erklärte Relation $\equiv$ ist eine Kongruenzrelation und hat somit folgende Eigenschaften:

$$\bigwedge_{\vec{u} \in V} \vec{u} \equiv \vec{u} \tag{3.8}$$

$$\vec{u} \equiv \vec{v} \wedge \vec{v} \equiv \vec{w} \Rightarrow \vec{u} \equiv \vec{w} \tag{3.9}$$

$$\vec{u} \equiv \vec{v} \Rightarrow \vec{v} \equiv \vec{u} \tag{3.10}$$

$$\vec{u} \equiv \vec{x} \wedge \vec{v} \equiv \vec{y} \Rightarrow \vec{u} + \vec{v} \equiv \vec{x} + \vec{y} \tag{3.11}$$

$$\vec{u} \equiv \vec{x} \Rightarrow \bigwedge_{\alpha \in \mathbb{K}} \alpha \vec{u} \equiv \alpha \vec{x} \tag{3.12}$$

Insbesondere ist wegen (3.8) – (3.10) $\equiv$ eine Äquivalenzrelation. Alle Vektoren, welche zueinander kongruent sind, haben ähnliche Eigenschaften und werden deshalb zu Äquivalenzklassen (Restklassen) zusammengefasst:

$$\overline{\vec{u}} = \left\{ \vec{v} \in V \,\middle|\, \vec{v} \equiv \vec{u} \; (U) \right\}.$$

$\overline{\vec{u}}$ heißt **Restklasse** von $\vec{u}$ modulo U. Anstelle von $\overline{\vec{u}}$ schreiben wir auch

$$\overline{\vec{u}} = \vec{u} + U.$$

Somit ist $\overline{\vec{u}}$ eine lineare Mannigfaltigkeit. Die Menge aller Restklassen $\overline{\vec{u}}$ der Vektoren $\vec{u} \in V$ wird mit $\overline{V}$ bezeichnet. Analog zur Kongruenzrechnug ganzer Zahlen können wir in $\overline{V}$ die Addition und skalare Multiplikation von Restklassen modulo eines Teilraumes U vertreterunabhängig nach folgender Vorschrift erklären:

$$\overline{\vec{u}} + \overline{\vec{v}} = \overline{\vec{u} + \vec{v}} \tag{3.13}$$

$$\alpha \cdot \overline{\vec{u}} = \overline{\alpha \cdot \vec{u}}. \tag{3.14}$$

Wie sind (3.13) und (3.14) zu interpretieren?

- Nimm aus jeder Restklasse einen Vertreter $\vec{u}$, $\vec{v}$: $\vec{u} \in \overline{\vec{u}}$, $\vec{v} \in \overline{\vec{v}}$.
- Bilde die Summe $\vec{u} + \vec{v}$ bzw. das skalare Vielfache $\alpha \cdot \vec{u}$.
- Bestimme dann die Restklasse, in welcher $\vec{u} + \vec{v}$ bzw. $\alpha \cdot \vec{u}$ liegen; dies ist das Ergebnis der Verknüpfung.

Satz 3.6 *Ist V ein $\mathbb{K}$-Vektorraum und $U \leq V$ ein Teilraum von V, dann ist die Menge $\overline{V}$ der Restklassen modulo U bezüglich der durch (3.13) und (3.14) erklärten Verknüpfungen ein Vektorraum über $\mathbb{K}$; dieser Vektorraum heißt* ***Faktorraum*** *von V nach U und wird mit $\overline{V} = V/U$ bezeichnet.*

Beweis: Da die Operationen in $\overline{V}$ mittels (3.13) und (3.14) mit den Vertretern in V erklärt werden, läuft die Gültigkeit der Vektorraumaxiome im Faktorraum $\overline{V}$ sofort zurück auf die Gültigkeit der Axiome im Vektorraum V, so erweist sich $\overline{\vec{0}}$ als Nullvektor in $\overline{V}$ und $\overline{-\vec{u}}$ als das zu $\overline{\vec{u}}$ additive inverse Element. ∎

Beispiel 3.9 Für den Vektorraum $V = \mathbb{R}^3$ und den Teilraum $U = \operatorname{span}(\vec{e_1})$ aus Beispiel 3.7 gilt:

$$\begin{aligned} \vec{v} &= \begin{pmatrix} v_1 \\ v_2 \\ v_3 \end{pmatrix} \equiv \vec{w} = \begin{pmatrix} w_1 \\ w_2 \\ w_3 \end{pmatrix} (U) \\ &\Leftrightarrow \; v_2 = w_2 \wedge v_3 = w_3; \;\; v_1, w_1, v_2, v_3 \in \mathbb{R}; \end{aligned}$$

der Faktorraum V/U besteht aus folgenden Restklassen

$$V/U = \left\{ \overline{\vec{v}} = \begin{pmatrix} v_1 + t \\ v_2 \\ v_3 \end{pmatrix} \in \mathbb{R}^3 \mid t, v_1, v_2, v_3 \in \mathbb{R} \right\}. \tag{3.15}$$

Für

$$\overline{\vec{v}} = \begin{pmatrix} 3 \\ 2 \\ 4 \end{pmatrix} + \operatorname{span}(\vec{e_1}), \; \overline{\vec{w}} = \begin{pmatrix} 1 \\ -2 \\ 2 \end{pmatrix} + \operatorname{span}(\vec{e_1})$$

ist

$$\overline{\vec{v}} + \overline{\vec{w}} = \overline{\vec{v} + \vec{w}} = \begin{pmatrix} 4 \\ 0 \\ 6 \end{pmatrix} + \operatorname{span}(\vec{e_1})$$

sowie

$$-7\overline{\vec{v}} = \overline{-7 \cdot \vec{v}} = \begin{pmatrix} -21 \\ -14 \\ -28 \end{pmatrix} + \operatorname{span}(\vec{e_1}).$$

Im Gegensatz zum Restklassenring $\mathbb{Z}_m$ gibt es in einem Faktorraum V/U unendlich viele Restklassen. Der folgende Satz gibt Auskunft darüber, wie die Restklassen bestimmt werden können.

Satz 3.7 *Ist V ein endlichdimensionaler $\mathbb{K}$-Vektorraum und $U \leq V$ ein Teilraum, dann ist ein Vertretersystem W für die Restklassen* mod U *gegeben durch*

$$V = U \oplus W.$$

Beweis: Jeder Vektor $\vec{v} \in V$ hat die Form $\vec{v} = \vec{u} + \vec{w}$, $\vec{u} \in U$, $\vec{w} \in W$. Somit enthält jede Restklasse einen Vektor $\vec{w} \in W$. Ist $\vec{w_1} \equiv \vec{w_2}\ (U)$, so folgt $\vec{w_1} - \vec{w_2} \in U$ und weiter $\vec{w_1} - \vec{w_2} \in U \cap W = \mathcal{O}$ und daher $\vec{w_1} = \vec{w_2}$. ∎

Testfragen

1. Bestimmen Sie die Faktorräume $V/\mathcal{O}$ und V/V!
2. Wir betrachten den Vektorraum $V = \mathbb{R}^2$ und den Teilraum $U = \operatorname{span}(\vec{e_2})$ (vgl. (2.24)). Welche der folgenden Vektoren sind kongruent modulo U?

$$\vec{u} = \begin{pmatrix} 1 \\ 1 \end{pmatrix}, \vec{v} = \begin{pmatrix} 0 \\ 1 \end{pmatrix}, \vec{w} = \begin{pmatrix} 1 \\ 0 \end{pmatrix}$$

3. Im Vektorraum $V = \mathbb{C}^3$ betrachten wir den Teilraum

$$U = \operatorname{span}\left(\begin{pmatrix} \mathrm{i} \\ 0 \\ 0 \end{pmatrix}\right).$$

Bestimmen Sie ein Vertretersystem für die Restklassen mod U!

4. Aus welchen Restklassen besteht der Faktorraum $M_{2\times 2}(\mathbb{R})/U$, wobei $U = \left\{D \in M_{2\times 2}(\mathbb{R}) \mid D = \operatorname{Diag}\left(d_{1,1}, d_{2,2}\right)\right\}$?

3.4 Dimensionssätze

In diesem Abschnitt untersuchen wir die Dimension von Teilräumen und zeigen beispielsweise, dass die Dimension des von den drei linear abhängigen Vektoren

$$\begin{pmatrix} 2 \\ 3 \\ 0 \end{pmatrix}, \begin{pmatrix} 4 \\ 6 \\ 0 \end{pmatrix}, \begin{pmatrix} 6 \\ 9 \\ 0 \end{pmatrix}$$

aufgespannten Teilraumes eine andere ist als die Dimension des von den drei Vektoren

$$\begin{pmatrix} 2 \\ 3 \\ 0 \end{pmatrix}, \begin{pmatrix} 4 \\ 6 \\ 0 \end{pmatrix}, \begin{pmatrix} 2 \\ 0 \\ 3 \end{pmatrix}$$

erzeugten Teilraumes.

Satz 3.8 *(Monotonie der Dimension) Ist V ein $\mathbb{K}$-Vektorraum und U ein Teilraum von V, dann gilt*

$$\dim U \leq \dim V.$$

Beweis: Im Fall $\dim V = \infty$ gilt die Aussage trivialerweise. Sei also $\dim V = n < \infty$. Entweder gibt es n linear unabhängige Elemente in U, dann haben wir $\dim U = n$, und die Aussage ist bewiesen, oder je n Elemente aus U sind linear abhängig, dann gibt es entweder $n - 1$ linear unabhängige Elemente in U, d. h. $\dim U = n - 1$ und die Aussage ist bewiesen, oder je $n - 1$ Vektoren aus U sind linear abhängig... Dieser Prozess ist nach endlich vielen Schritten zu Ende, spätestens dann, wenn jedes Element linear unabhängig und damit das Nullelement ist; in diesem Fall gilt $\dim U = 0$. ■

Bemerkung 3.7 Für eine aufsteigende Kette von Teilräumen

$$U_1 \leq U_2 \leq \ldots \leq U_k$$

gilt:

$$\dim U_1 \leq \dim U_2 \leq \ldots \leq \dim U_k. \tag{3.16}$$

Beispiel 3.10 Die Teilräume $U_k = \operatorname{span}\left(1, x, \ldots, x^k\right), k = 0, 1, \ldots, n$ bilden eine aufsteigende Kette, somit gilt nach (3.16):

$$\dim U_0 = 1 \leq \dim U_1 = 2 \leq \dim U_2 = 3 \leq \ldots \leq \dim U_k = k + 1.$$

Folgerung 3.4 Ist V ein endlichdimensionaler $\mathbb{K}$-Vektorraum und $U < V$ ein echter Teilraum von V, dann gilt:

$$\dim U < \dim V. \tag{3.17}$$

Merke: Die Beziehung (3.17) gilt nicht für unendlichdimensionale Räume, wie das Beispiel des Vektorraumes $V = F(\mathbb{R}, \mathbb{R})$ und des Teilraumes $U = \mathcal{P}$ zeigt. Obwohl U ein echter Teilraum von V ist, gilt: $\dim U = \dim V$.

Satz 3.9 *(Additivität der Dimension) Sind U_1, U_2 Teilräume des endlichdimensionalen Vektorraumes V, deren Summe direkt ist, dann folgt*

$$\dim (U_1 \oplus U_2) = \dim U_1 + \dim U_2. \tag{3.18}$$

Allgemeiner gilt für die direkte Summe von r Teilräumen:

$$\dim \left(\bigoplus_{i=1}^{r} U_i \right) = \sum_{i=1}^{r} \dim U_i.$$

Beweis: Wir führen den Beweis nur im Fall $r = 2$. Wegen $\dim V = n < \infty$ sind auch U_1, U_2 endlichdimensional, etwa $\dim U_1 = m_1$ und $\dim U_2 = m_2$. Ist $\mathcal{B}_1 = \left\{ \overrightarrow{b_1^1}, \overrightarrow{b_2^1}, \ldots, \overrightarrow{b_{m_1}^1} \right\}$ eine Basis von U_1 sowie $\mathcal{B}_2 = \left\{ \overrightarrow{b_1^2}, \overrightarrow{b_2^2}, \ldots, \overrightarrow{b_{m_2}^2} \right\}$ eine Basis von U_2, so folgt wegen $U_1 \cap U_2 = \mathcal{O}$ für die zugehörigen Basissysteme $\mathcal{B}_1 \cap \mathcal{B}_2 = \varnothing$. Das System $\mathcal{B} = \mathcal{B}_1 \cup \mathcal{B}_2$ enthält $m_1 + m_2$ Vektoren. Ein Element $\overrightarrow{v} \in V$ ist nach (3.7) eindeutig darstellbar in der Form

$$\overrightarrow{v} = \overrightarrow{u_1} + \overrightarrow{u_2}, \overrightarrow{u_1} \in U_1, \overrightarrow{u_2} \in U_2.$$

Aufgrund der Basiseigenschaft von $\mathcal{B}_1$ bzw. $\mathcal{B}_2$ folgt die Darstellung:

$$\overrightarrow{u_1} = \sum_{i=1}^{m_1} \beta_i^1 \overrightarrow{b_i^1} \text{ bzw. } \overrightarrow{u_2} = \sum_{i=1}^{m_2} \beta_i^2 \overrightarrow{b_i^2}$$

und weiter:

$$\overrightarrow{v} = \sum_{i=1}^{m_1} \beta_i^1 \overrightarrow{b_i^1} + \sum_{i=1}^{m_2} \beta_i^2 \overrightarrow{b_i^2},$$

d. h., $\mathcal{B}$ ist ein Erzeugendensystem von V. Für den Nullvektor ergibt sich:

$$\overrightarrow{0} = \underbrace{\sum_{i=1}^{m_1} \alpha_i^1 \overrightarrow{b_i^1}}_{\overrightarrow{u_1} \in U_1} + \underbrace{\sum_{i=1}^{m_2} \alpha_i^2 \overrightarrow{b_i^2}}_{\overrightarrow{u_2} \in U_2}.$$

Da die Summe direkt ist, gilt $\overrightarrow{u_1} = \overrightarrow{0}$ und $\overrightarrow{u_2} = \overrightarrow{0}$. Die Basiseigenschaft von $\mathcal{B}_1$ hat $\alpha_i^1 = 0, i = 1, 2, \ldots, m_1$ zur Folge; die Basiseigenschaft von $\mathcal{B}_2$ liefert $\alpha_i^2 = 0, i = 1, 2, \ldots, m_2$. Folglich ist $\mathcal{B} = \mathcal{B}_1 \cup \mathcal{B}_2$ eine Basis von V und es folgt (3.18). ■

Ist die Summe nicht direkt, dann ist die Dimensionsformel folgendermaßen zu modifizieren:

Satz 3.10 *Sind U_1, U_2 zwei Teilräume eines Vektorraumes V, dann gilt:*

$$\dim(U_1 + U_2) = \dim U_1 + \dim U_2 - \dim(U_1 \cap U_2). \tag{3.19}$$

Beweis: Ist einer der beiden Räume nicht endlichdimensional, dann gilt unter Beachtung des Rechnens mit dem Symbol ∞ die Formel trivialerweise. Wir gehen nun von zwei endlichdimensionalen Teilräumen U_1, U_2 mit $\dim U_1 = m_1$, $\dim U_2 = m_2$ aus. Der Durchschnitt $U_1 \cap U_2$ zweier Teilräume ist wieder ein Vektorraum, und für $k = \dim(U_1 \cap U_2)$ gilt:

$$k \le m_1 \text{ und } k \le m_2.$$

Wir wählen eine Basis $\mathcal{B}_{U_1 \cap U_2} = \left\{\overrightarrow{b_1}, \ldots, \overrightarrow{b_k}\right\}$ des Vektorraumes $U_1 \cap U_2$; im Falle $k = 0$ ist die Indexmenge leer. Wir ergänzen diese Basis durch Vektoren $\overrightarrow{b_{k+1}^1}, \overrightarrow{b_{k+2}^1}, \ldots, \overrightarrow{b_{m_1}^1} \in U_1$ zu einer Basis von U_1 und durch Vektoren $\overrightarrow{b_{k+1}^2}, \overrightarrow{b_{k+2}^2}, \ldots, \overrightarrow{b_{m_2}^2} \in U_2$ zu einer Basis von U_2. Das System

$$\mathcal{B} = \left\{\overrightarrow{b_1}, \overrightarrow{b_2}, \ldots, \overrightarrow{b_k}, \overrightarrow{b_{k+1}^1}, \overrightarrow{b_{k+2}^1}, \ldots, \overrightarrow{b_{m_1}^1}, \overrightarrow{b_{k+1}^2}, \overrightarrow{b_{k+2}^2}, \ldots, \overrightarrow{b_{m_2}^2}\right\}$$

ist ein Erzeugendensystem von $U_1 + U_2$. Aus dem Ansatz

$$\overrightarrow{0} = \underbrace{\sum_{i=1}^{k} \alpha_i \overrightarrow{b_i}}_{\in U_1 \cap U_2} + \underbrace{\sum_{i=k+1}^{m_1} \alpha_i^1 \overrightarrow{b_i^1}}_{\in U_1} + \underbrace{\sum_{i=k+1}^{m_2} \alpha_i^2 \overrightarrow{b_i^2}}_{\in U_2}, \alpha_i, \alpha_i^1, \alpha_i^2 \in \mathbb{K}$$

ergibt sich die Beziehung:

$$\sum_{i=1}^{k} \alpha_i \overrightarrow{b_i} + \sum_{i=k+1}^{m_1} \alpha_i^1 \overrightarrow{b_i^1} = - \sum_{i=k+1}^{m_2} \alpha_i^2 \overrightarrow{b_i^2} \in U_2$$

und, da $\overrightarrow{b^1_{k+1}}, \overrightarrow{b^1_{k+2}}, \ldots, \overrightarrow{b^1_{m_1}} \notin U_2$, folgt:

$$\alpha^1_1 = \alpha^1_2 = \ldots = \alpha^1_{m_1} = 0.$$

Die Vektoren $\overrightarrow{b_1}, \overrightarrow{b_2}, \ldots, \overrightarrow{b_k}, \overrightarrow{b^1_{k+1}}, \overrightarrow{b^1_{k+2}}, \ldots, \overrightarrow{b^1_{m_1}}$ sind linear unabhängig und daher der Nullvektor $\overrightarrow{0}$ durch diese Vektoren nur trivial darstellbar, deshalb ist $\alpha_1 = \alpha_2 = \ldots = \alpha_k = 0$, woraus

$$\alpha^2_1 = \alpha^2_2 = \ldots = \alpha^2_{m_2} = 0,$$

resultiert und damit gilt (3.19). ■

Satz 3.11 *(Dimension eines Faktorraumes) Ist U Teilraum eines endlich-dimensionalen Vektorraumes V, dann gilt für die Dimension des Faktorraumes V/U:*

$$\dim V/U = \dim V - \dim U. \tag{3.20}$$

Beweis: Zu U gibt es gemäß (3.6) einen Teilraum $W \leq V$ mit $V = U \oplus W$, und aus (3.18) schließen wir $\dim V = \dim U + \dim W$. Nach Satz 3.7 ist W ein Vertretersystem für die Restklassen modulo U, und es folgt (3.20). ■

Beispiel 3.11 Für den Faktorraum V/U in (3.15) gilt nach Satz 3.11:

$$\dim V/U = \dim V - \dim U = 3 - 1 = 2.$$

Eine Basis von V/U ist durch

$$\begin{pmatrix} 0 \\ 1 \\ 0 \end{pmatrix} + \operatorname{span}(\overrightarrow{e_1}) \ , \quad \begin{pmatrix} 0 \\ 0 \\ 1 \end{pmatrix} + \operatorname{span}(\overrightarrow{e_1})$$

gegeben.

Testfragen

1. In welchen Fällen gilt $\dim V/U = 0$?
2. Was bedeutet $\dim V/U = \dim V$?
3. Für zwei U_1, U_2 Teilräume eines Vektorraumes V ist

$$\dim (U_1 + U_2) = \dim V.$$

Was folgt daraus?

4. Gilt die Umkehrung von Satz 3.8, d. h. kann für zwei Teilräume U_1, U_2 eines Vektorraumes V von $\dim U_1 \leq \dim U_2$ auf $U_1 \leq U_2$ geschlossen werden?
5. Gilt Satz 3.9 auch für unendlichdimensionale Vektorräume?
6. U_1, U_2 sind Teilräume eines Vektorraumes V mit den folgenden Dimensionen $\dim V = 9$, $\dim U_1 = 5$, $\dim U_2 = 6$. Welche Dimension kann der Durchschnitt $U_1 \cap U_2$ haben?

3.5 Aufgaben

Aufgabe 3.1 Welche der folgenden Teilmengen des Vektorraumes $\mathcal{P}$ bildet einen Teilraum von $\mathcal{P}$?

a) $\mathcal{P}_{\leq n} = \left\{ p(x) = \sum\limits_{k=0}^{n} a_k x^k \mid x, a_k \in \mathbb{R} \right\}$ Menge aller Polynome vom Grad kleiner gleich n,

b) $\mathcal{P}_{=n} = \left\{ p(x) = \sum\limits_{k=0}^{n} a_k x^k \mid x, a_k \in \mathbb{R}, a_n \neq 0 \right\}$ Menge aller Polynome vom Grad gleich n.

Aufgabe 3.2 Bestimmen Sie im Vektorraum $V = \mathbb{R}^4$ die lineare Hülle $L[M]$ für

$$M = \left\{ \begin{pmatrix} 1 \\ 3 \\ 0 \\ 0 \end{pmatrix}, \begin{pmatrix} 0 \\ 0 \\ 1 \\ -2 \end{pmatrix}, \begin{pmatrix} 2 \\ 6 \\ 3 \\ -6 \end{pmatrix}, \begin{pmatrix} 2 \\ 0 \\ 1 \\ 0 \end{pmatrix}, \begin{pmatrix} 0 \\ 0 \\ 0 \\ 1 \end{pmatrix} \right\}!$$

Aufgabe 3.3 Im reellen Vektorraum $V = C(\mathbb{R})$ ist mit $m \in \mathbb{N}$ die Teilmenge $M = \left\{1, x, x^2, \ldots, x^m\right\}$ gegeben. Bestimmen Sie die lineare Hülle $L[M]$!

Aufgabe 3.4 Zeigen Sie, dass die Teilmenge

$$U = \left\{ \overrightarrow{x} = \begin{pmatrix} x_1 \\ 0 \\ x_3 \end{pmatrix} \mid x_1, x_3 \in \mathbb{R} \right\}$$

ein Teilraum des $\mathbb{R}^3$ ist! Geben Sie eine Basis von U an!

Aufgabe 3.5 Bestimmen Sie zu

$$U = \left\{ \overrightarrow{x} = \begin{pmatrix} x_1 \\ x_2 \\ x_3 \end{pmatrix} \mid 2x_1 - x_2 = 0 \right\} \leq \mathbb{R}^3$$

einen komplementären Teilraum!

Aufgabe 3.6 Ist die Teilmenge

$$U = \left\{ \overrightarrow{x} = \begin{pmatrix} x_1 \\ x_2 \\ x_3 \end{pmatrix} \middle| \frac{1}{\sqrt{3}} x_1 - \frac{1}{\sqrt{3}} x_2 + \frac{1}{\sqrt{3}} x_3 = 0 \right\}$$

ein Teilraum von $\mathbb{R}^3$?

Aufgabe 3.7 Zeigen Sie, dass die Menge $U = \{B \in M_{2\times 2}(\mathbb{R}) \mid AB = BA\}$ ein Teilraum von $V = M_{2\times 2}(\mathbb{R})$ ist! Bestimmen Sie $\dim V/U$!

Aufgabe 3.8 Bildet die Menge

$$W = \left\{ A \in M_{2\times 2}(\mathbb{R}) \middle| A \begin{pmatrix} 1 & 0 \\ 1 & 0 \end{pmatrix} = \begin{pmatrix} 0 & 0 \\ 1 & 1 \end{pmatrix} A \right\}$$

einen Teilraum des Vektorraumes $V = M_{2\times 2}(\mathbb{R})$? Bestimmen Sie ggf. die Dimension von W!

Aufgabe 3.9 Welches der folgenden Systeme bildet eine Basis des reellen Vektorraumes $V = \mathbb{R}^3$?

$$\mathcal{B}_1 = \left\{ \begin{pmatrix} 1 \\ 1 \\ 1 \end{pmatrix}, \begin{pmatrix} 1 \\ -1 \\ 5 \end{pmatrix} \right\},$$

$$\mathcal{B}_2 = \left\{ \begin{pmatrix} 1 \\ 2 \\ 3 \end{pmatrix}, \begin{pmatrix} 1 \\ 0 \\ -1 \end{pmatrix}, \begin{pmatrix} 3 \\ -1 \\ 0 \end{pmatrix}, \begin{pmatrix} 4 \\ 2 \\ -4 \end{pmatrix} \right\},$$

$$\mathcal{B}_3 = \left\{ \begin{pmatrix} 3 \\ 3 \\ 3 \end{pmatrix}, \begin{pmatrix} 1 \\ 2 \\ 3 \end{pmatrix}, \begin{pmatrix} -4 \\ 2 \\ 2 \end{pmatrix} \right\},$$

$$\mathcal{B}_4 = \left\{ \begin{pmatrix} -3 \\ -3 \\ -6 \end{pmatrix}, \begin{pmatrix} -1 \\ 1 \\ 4 \end{pmatrix}, \begin{pmatrix} 10 \\ 6 \\ 8 \end{pmatrix} \right\}.$$

4 Lineare Gleichungssysteme

Lineare Gleichungssysteme spielen eine große Rolle bei vielen Problemen in Technik und Wirtschaft, so z. B. bei der Berechnung elektrischer Netzwerke oder in der Produktionsplanung. Ist es gelungen, ein Problem auf ein lineares Gleichungssystem zu reduzieren, so ist es gewissermaßen bereits gelöst. Die Theorie zur Lösung von linearen Gleichungssystemen ist seit Langem bekannt (C. F. Gauß, 1777–1855). In diesem Kapitel werden die Lösungsverfahren Elimination der Unbekannten und beispielhaft LU-Zerlegung behandelt.

4.1 Begriffe und Bezeichnungen

Wir definieren zunächst, was wir unter einem linearen Gleichungssystem verstehen und erläutern die Begriffe Koeffizienten- oder Systemmatrix sowie homogenes bzw. inhomogenes System.

Definition 4.1 Unter einem **linearen Gleichungssystem** versteht man ein System von m Gleichungen mit n Unbekannten, wobei die Unbekannten nur in linearer Form, d. h. nur in der ersten Potenz und nicht miteinander multipliziert vorkommen. Die Standardform eines linearen Gleichungssystems lautet:

$$\begin{aligned} a_{11}x_1 + a_{12}x_2 + \ldots + a_{1n}x_n &= b_1 \\ a_{21}x_1 + a_{22}x_2 + \ldots + a_{2n}x_n &= b_2 \\ &\vdots \\ a_{m1}x_1 + a_{m2}x_2 + \ldots + a_{mn}x_n &= b_m \end{aligned} \tag{4.1}$$

Dabei sind $a_{11}, \ldots, a_{mn}, b_1, \ldots, b_m$ reelle oder komplexe Zahlen; $a_{11}, \ldots, a_{mn}$ heißen die Koeffizienten des linearen Gleichungssystems, $b_1, \ldots, b_m$ heißen die Konstanten der rechten Seite und $x_1, \ldots, x_n$ bezeichnen die Unbekannten.

Man kann ein lineares Gleichungssystem platzsparend in Matrixform schreiben:

$$A\vec{x} = \vec{b}\,. \tag{4.2}$$

Dabei ist

$$A = \left(a_{ij}\right)_{m,n} = \begin{pmatrix} a_{11} & a_{12} & \cdots & a_{1n} \\ a_{21} & a_{22} & \cdots & a_{2n} \\ \vdots & \vdots & & \vdots \\ a_{m1} & a_{m2} & \cdots & a_{mn} \end{pmatrix}$$

die **Koeffizienten-** oder **Systemmatrix** des Gleichungssystems,

$$\vec{x} = \begin{pmatrix} x_1 \\ x_2 \\ \vdots \\ x_n \end{pmatrix} \quad \text{der Vektor der Unbekannten}$$

und

$$\vec{b} = \begin{pmatrix} b_1 \\ b_2 \\ \vdots \\ b_m \end{pmatrix} \quad \text{der Konstantenvektor der rechten Seite.}$$

Oft verzichtet man auf die explizite Angabe der Unbekannten und beschreibt das lineare Gleichungssystem durch eine Matrix, welche ausschließlich die Koeffizienten der Systemmatrix und die Koeffizienten der rechten Seite aufführt.

Definition 4.2 Gegeben sei das lineare Gleichungssystem

$$\begin{aligned} a_{11}x_1 + a_{12}x_2 + \ldots + a_{1n}x_n &= b_1 \\ a_{21}x_1 + a_{22}x_2 + \ldots + a_{2n}x_n &= b_2 \\ &\vdots \\ a_{m1}x_1 + a_{m2}x_2 + \ldots + a_{mn}x_n &= b_m . \end{aligned}$$

Dann heißt die Matrix

$$\left(\begin{array}{cccc|c} a_{11} & a_{12} & \cdots & a_{1n} & b_1 \\ a_{21} & a_{22} & \cdots & a_{2n} & b_2 \\ \vdots & \vdots & \ddots & \vdots & \vdots \\ a_{m1} & a_{m2} & \cdots & a_{mn} & b_m \end{array}\right) \tag{4.3}$$

die **erweiterte Koeffizientenmatrix** oder **erweiterte Systemmatrix**, sie wird mit $\left(A \,\middle|\, \vec{b}\right)$ bezeichnet.

Beispiel 4.1 Die Gleichung $2x_1 + 3x_2 + 4x_3 = 1$ stellt ein lineares Gleichungssystem dar, und zwar mit einer Gleichung (es ist $m = 1$) und $n = 3$ Unbekannten. In Matrixform (4.2) lautet das System

$$\begin{pmatrix} 2 & 3 & 4 \end{pmatrix} \begin{pmatrix} x_1 \\ x_2 \\ x_3 \end{pmatrix} = (1) \,;$$

die erweiterte Koeffizientenmatrix hat die Form

$$\left(2 \ 3 \ 4 \mid 1 \right).$$

Dieses lineare Gleichungsystem kann man wie folgt lösen:
Man wählt x_2, x_3 als Parameter r, s und kann dann x_1 mihilfe dieser Parameter darstellen: $x_1 = \frac{1}{2} - \frac{3}{2}r - 2s$; $r, s \in \mathbb{R}$. In vektorieller Form ist die Lösung gegeben durch

$$\overrightarrow{x} = \begin{pmatrix} \frac{1}{2} \\ 0 \\ 0 \end{pmatrix} + r \begin{pmatrix} -\frac{3}{2} \\ 1 \\ 0 \end{pmatrix} + s \begin{pmatrix} -2 \\ 0 \\ 1 \end{pmatrix}; r, s \in \mathbb{R}.$$

Häufig lassen sich lineare Gleichungssysteme und ihre Lösung geometrisch deuten, wie folgendes Beispiel zeigt.

Beispiel 4.2 Das lineare Gleichungssystem

$$\begin{aligned} 2x + 3y &= 1 \\ 4x + 5y &= 0 \end{aligned}$$

ist ein System mit zwei Gleichungen und zwei Unbekannten ($m = n = 2$). Die erweiterte Koeffizientenmatrix ist

$$\left(\begin{array}{cc|c} 2 & 3 & 1 \\ 4 & 5 & 0 \end{array} \right).$$

Jede der Gleichungen kann als Gleichung einer Geraden in der x, y-Ebene interpretiert werden. Die Lösung dieses konkreten Systems stellt den Schnittpunkt dieser zwei Geraden dar:

$$\begin{pmatrix} x \\ y \end{pmatrix} = \begin{pmatrix} -\frac{5}{2} \\ 2 \end{pmatrix}.$$

Anhand von zwei Beispielen für lineare Gleichungssysteme haben wir gesehen, dass es einerseits genau eine Lösung geben und dass anderererseits eine Lösung von Parametern abhängen kann, d. h., es kann auch unendlich viele Lösungen geben. Das folgende Beispiel zeigt, dass lineare Gleichungssysteme auch unlösbar sein können.

Beispiel 4.3 Das lineare Gleichungssystem

$$\begin{aligned} 3x + 2y &= 1 \\ x + y &= -1 \\ 2x - y &= 5 \end{aligned}$$

hat drei Gleichungen und zwei Unbekannte ($m = 3, n = 2$); es ist

$$\left(A \middle| \overrightarrow{b}\right) = \left(\begin{array}{cc|c} 3 & 2 & 1 \\ 1 & 1 & -1 \\ 2 & -1 & 5 \end{array}\right)$$

die erweiterte Koeffizientenmatrix. Wenn es eine Lösung gibt, so ist sie insbesondere auch Lösung des Systems, das lediglich aus den beiden ersten Gleichungen besteht. Die Lösung der beiden ersten Gleichungen ist

$$\begin{pmatrix} x \\ y \end{pmatrix} = \begin{pmatrix} 3 \\ -4 \end{pmatrix}.$$

Einsetzen von $x = 3$ und $y = -4$ in die dritte Gleichung ergibt nun

$$2 \cdot 3 - (-4) = 1 \neq 5,$$

d. h., dieses lineare Gleichungssystem besitzt keine Lösung.
Geometrisch lassen sich die Gleichungen dieses Systems wieder deuten als die Gleichungen von drei Geraden in der x, y-Ebene. Beim Versuch, dieses System zu lösen, untersucht man, ob sich die drei Geraden in genau einem Punkt schneiden.

Zusammenfassend können wir festhalten:

Bemerkung 4.1 Bei der Lösung eines linearen Gleichungssystems $A\overrightarrow{x} = \overrightarrow{b}$ gibt es drei Möglichkeiten:

(0) Das System $A\overrightarrow{x} = \overrightarrow{b}$ ist unlösbar, d. h., es besitzt keine Lösung.
(1) Das System $A\overrightarrow{x} = \overrightarrow{b}$ besitzt genau eine Lösung.
(∞) Das System $A\overrightarrow{x} = \overrightarrow{b}$ besitzt unendlich viele Lösungen.

Gleichungssysteme, welche weniger bzw. mehr Gleichungen als Unbekannte haben, werden besonders bezeichnet.

Definition 4.3 Es sei $A\overrightarrow{x} = \overrightarrow{b}$ ein lineares Gleichungssystem mit m Gleichungen und n Unbekannten.
Ist $m < n$, so heißt das System **unterbestimmt**;
ist $m > n$, so heißt das System **überbestimmt**.

Eine wichtige Rolle bei der Lösung spielen Systeme, für die gilt

$$b_1 = b_2 = \ldots = b_m = 0.$$

Definition 4.4 Ein lineares Gleichungssystem $A\vec{x} = \vec{b}$ heißt **homogen**, falls der Konstantenvektor $\vec{b}$ der Nullvektor ist; das System lautet dann

$$A\vec{x} = \vec{0}\,.$$

Andernfalls heißt das System **inhomogen**.

Bemerkung 4.2 Ein homogenes lineares Gleichungssystem $A\vec{x} = \vec{0}$ ist stets lösbar, da $\vec{x} = \vec{0}$ stets Lösung ist; sie heißt **triviale Lösung**.

Testfragen

1. Wie lautet die erweiterte Koeffizientenmatrix des linearen Gleichungssystems $2x_1 + 3x_2 - x_3 - x_4 = 2$?
2. Wie lautet die Lösung von $x_1 + 2x_2 - x_3 = 4$ in vektorieller Form?
3. Geben Sie ein lineares Gleichungssystem mit zwei Unbekannten an, welches unendlich viele Lösungen besitzt!
4. Wie ist der reelle Parameter α zu wählen, damit das Gleichungssystem

   $$x_1 + 2x_2 = 1, \qquad -x_1 - 2x_2 = \alpha$$

   unlösbar ist?
5. Sind unterbestimmte lineare Gleichungssysteme stets lösbar?
6. Sind überbestimmte lineare Gleichungssysteme stets unlösbar?
7. Schreiben Sie das komplexe lineare Gleichungssystem mit zwei Unbekannten

   $$\begin{aligned} \mathrm{i}z_1 - \mathrm{i}z_2 &= 0 \\ (1-\mathrm{i})\,z_1 - (2+\mathrm{i})\,z_2 &= 2-\mathrm{i} \end{aligned}$$

   als reelles lineares Gleichungssystem mit vier Unbekannten!

4.2 Struktur der Lösung eines linearen Gleichungssystems

Wir untersuchen die Struktur der Lösungsmenge eines linearen Gleichungssystems und setzen zunächst voraus, dass es sich um ein homogenes System handelt.

Satz 4.1 *Die Menge $\mathbb{L}_0$ der Lösungen eines homogenen linearen Gleichungssystems $A\vec{x} = \vec{0}$ mit m Gleichungen und n Unbekannten ist ein Teilraum des Vektorraums $\mathbb{R}^n$, insbesondere bildet $\mathbb{L}_0$ einen Vektorraum der Dimension* $\dim \mathbb{L}_0 \leq n$.

Beweis: Es ist von vornherein klar, dass jede Lösung $\vec{x}$ von $A\vec{x} = \vec{0}$ ein Element von $\mathbb{R}^n$ ist. Somit gilt $\mathbb{L}_0 \subseteq \mathbb{R}^n$. Ferner ist $\mathbb{L}_0 \neq \emptyset$, da für den Nullvektor $\vec{0}$ gilt $A\vec{0} = \vec{0}$, d. h. $\vec{0} \in \mathbb{L}_0$.

Seien jetzt $\vec{x}_1, \vec{x_2} \in \mathbb{L}_0$. Dann ist nach dem Distributivgesetz der Matrizenmultiplikation

$$A\left(\vec{x_1} + \vec{x_2}\right) = A\vec{x_1} + A\vec{x_2} = \vec{0} + \vec{0} = \vec{0},$$

also ist

$$\vec{x_1} + \vec{x_2} \in \mathbb{L}_0.$$

Seien $\vec{x_1} \in \mathbb{L}_0$ und $c \in \mathbb{R}$. Dann gilt

$$A\left(c\vec{x}\right) = c\left(A\vec{x}\right) = c\vec{0} = \vec{0},$$

somit ist

$$c\vec{x} \in \mathbb{L}_0.$$

Zusammengefasst ist $\mathbb{L}_0$ eine nicht leere Teilmenge des Vektorraums $\mathbb{R}^n$, welche abgeschlossen bezüglich der Vektoraddition und der skalaren Multiplikation ist. Also ist $\mathbb{L}_0$ ein Teilraum von $\mathbb{R}^n$. Die Dimension von $\mathbb{L}_0$ ist höchstens n. ■

Im nächsten Abschnitt werden wir sehen, dass für die Dimension von $\mathbb{L}_0$ gilt

$$\dim \mathbb{L}_0 = n - \operatorname{rang}(A). \tag{4.4}$$

Beispiel 4.4 Die Lösungen des linearen Gleichungssystems

$$\begin{aligned} x_1 + 2x_2 + 3x_3 &= 0 \\ x_2 - 2x_3 &= 0 \end{aligned}$$

lauten

$$x_1 = -7\alpha, x_2 = 2\alpha; \alpha \in \mathbb{R},$$

in vektorieller Form

$$\overrightarrow{x} = \alpha \begin{pmatrix} -7 \\ 2 \\ 1 \end{pmatrix}; \alpha \in \mathbb{R}.$$

Also ist die Lösungsmenge

$$\mathbb{L}_0 = \left\{ \alpha \begin{pmatrix} -7 \\ 2 \\ 1 \end{pmatrix} | \alpha \in \mathbb{R} \right\},$$

wofür wir abgekürzt auch schreiben

$$\mathbb{L}_0 = \mathbb{R} \begin{pmatrix} -7 \\ 2 \\ 1 \end{pmatrix},$$

ein Teilraum von $\mathbb{R}^n$ mit der Dimension $\dim \mathbb{L}_0 = 1$.

Jetzt wenden wir uns den inhomogenen linearen Gleichungssystemen zu und untersuchen deren Struktur.

Satz 4.2 *Sei $A\overrightarrow{x} = \overrightarrow{b}$ ein inhomogenes lineares Gleichungssystem, welches mindestens eine Lösung besitzt. Dann gilt für die Menge $\mathbb{L}$ der Lösungen*

$$\mathbb{L} = \left\{ \overrightarrow{x_0} + \overrightarrow{x_s} \ | \overrightarrow{x_0} \in \mathbb{L}_0 \right\}, \tag{4.5}$$

wobei $\mathbb{L}_0$ den Lösungsraum des zugehörigen homogenen Systems $A\overrightarrow{x} = \overrightarrow{0}$ und $\overrightarrow{x_s}$ (irgendeine) Lösung von $A\overrightarrow{x} = \overrightarrow{b}$ bedeutet.

Beweis: Wir zeigen zunächst, dass $\mathbb{L} \subseteq \left\{ \overrightarrow{x_0} + \overrightarrow{x_s} \ | \overrightarrow{x_0} \in \mathbb{L}_0 \right\}$ gilt. Sei dazu $\overrightarrow{x}$ eine Lösung von $A\overrightarrow{x} = \overrightarrow{b}$. Dann folgt für die Differenz $\overrightarrow{x} - \overrightarrow{x_s}$

$$A\left(\overrightarrow{x} - \overrightarrow{x_s}\right) = A\overrightarrow{x} - A\overrightarrow{x_s} = \overrightarrow{b} - \overrightarrow{b} = \overrightarrow{0}.$$

Somit ist $\overrightarrow{x} - \overrightarrow{x_s} = \overrightarrow{x_0}$ mit einem $\overrightarrow{x_0} \in \mathbb{L}_0$, d. h., es ist $\overrightarrow{x} = \overrightarrow{x_0} + \overrightarrow{x_s}$ mit einem $\overrightarrow{x_0} \in \mathbb{L}_0$. Also gilt

$$\mathbb{L} \subseteq \left\{ \overrightarrow{x_0} + \overrightarrow{x_s} \ | \overrightarrow{x_0} \in \mathbb{L}_0 \right\}.$$

Es gilt aber auch $\mathbb{L} \supseteq \left\{ \overrightarrow{x_0} + \overrightarrow{x_s} \;\middle|\; \overrightarrow{x_0} \in \mathbb{L}_0 \right\}$. Denn für $\overrightarrow{x_0} + \overrightarrow{x_s}$ mit $\overrightarrow{x_0} \in \mathbb{L}_0$ folgt sofort

$$A\left(\overrightarrow{x_0} + \overrightarrow{x_s}\right) = A\overrightarrow{x_0} + A\overrightarrow{x_s} = \overrightarrow{0} + \overrightarrow{b} = \overrightarrow{b}.$$

Somit ist $\overrightarrow{x_0} + \overrightarrow{x_s} \in \mathbb{L}$ für jedes $\overrightarrow{x_0} \in \mathbb{L}_0$, d.h. es gilt

$$\mathbb{L} \supseteq \left\{ \overrightarrow{x_0} + \overrightarrow{x_s} \;\middle|\; \overrightarrow{x_0} \in \mathbb{L}_0 \right\}.$$

Zusammengenommen ist also

$$\mathbb{L} = \left\{ \overrightarrow{x_0} + \overrightarrow{x_s} \;\middle|\; \overrightarrow{x_0} \in \mathbb{L}_0 \right\}$$

wie behauptet. ■

Merke: Man schreibt $\mathbb{L}$ auch in der Form

$$\mathbb{L} = \overrightarrow{x_s} + \mathbb{L}_0, \tag{4.6}$$

somit ist $\mathbb{L}$ eine Restklasse des Faktorraumes $\mathbb{R}^n/\mathbb{L}_0$, und $\overrightarrow{x_s}$ ist ein Repräsentant davon.

Definition 4.5 Die Lösung $\overrightarrow{x} = \overrightarrow{x_0} + \overrightarrow{x_s}$; $\overrightarrow{x_0} \in \mathbb{L}_0$ eines linearen Gleichungssystems $A\overrightarrow{x} = \overrightarrow{b}$ wird als **allgemeine Lösung** bezeichnet; jede einzelne Lösung $\overrightarrow{x_s}$ heißt **spezielle** oder **partikuläre Lösung**.

Beispiel 4.5 Die Lösungen des linearen Gleichungssystems

$$\begin{aligned} x_1 + 2x_2 + 3x_3 &= 1 \\ x_2 - 2x_3 &= 2 \end{aligned}$$

lauten in Gleichungsform

$$x_1 = -3 - 7\alpha, x_2 = 2 + 2\alpha; \alpha \in \mathbb{R},$$

in vektorieller Form

$$\overrightarrow{x} = \begin{pmatrix} -3 \\ 2 \\ 0 \end{pmatrix} + \alpha \begin{pmatrix} -7 \\ 2 \\ 1 \end{pmatrix}; \alpha \in \mathbb{R}.$$

Also ist die Lösungsmenge nach (4.6) gegeben durch

$$\mathbb{L} = \left\{ \begin{pmatrix} -3 \\ 2 \\ 0 \end{pmatrix} + \alpha \begin{pmatrix} -7 \\ 2 \\ 1 \end{pmatrix} \middle| \alpha \in \mathbb{R} \right\} = \begin{pmatrix} -3 \\ 2 \\ 0 \end{pmatrix} + \mathbb{L}_0,$$

wobei

$$\mathbb{L}_0 = \mathbb{R}\begin{pmatrix} -7 \\ 2 \\ 1 \end{pmatrix}$$

der eindimensionale Lösungsraum des zugehörigen homogenen Systems ist.

Testfragen

1. Gegeben ist das lineare Gleichungssystem

$$\begin{aligned} x_1 + x_2 + x_3 &= 0 \\ x_2 + x_3 &= 0 \\ x_1 - x_2 - x_3 &= 0. \end{aligned}$$

   Welche Dimension hat der Lösungsraum $\mathbb{L}_0$?

2. Ist die Dimension des Lösungsraumes eines unterbestimmten homogenen linearen Gleichungssystems mit m Gleichungen und n Unbekannten stets $n - m$?

3. Es sei

$$\mathbb{L} = \left\{ \begin{pmatrix} 1 \\ 2 \\ 3 \end{pmatrix} + s \begin{pmatrix} 1 \\ -1 \\ 2 \end{pmatrix} \mid s \in \mathbb{R} \right\}$$

   die Lösungsmenge eines linearen Gleichungssystems. Ist $\begin{pmatrix} 0 \\ 3 \\ 1 \end{pmatrix} \in \mathbb{L}$?

4. Es sei

$$\mathbb{L} = \left\{ \begin{pmatrix} 1 \\ 2 \\ 3 \end{pmatrix} + s \begin{pmatrix} 1 \\ 0 \\ 2 \end{pmatrix} \mid s \in \mathbb{R} \right\}.$$

   Geben Sie ein lineares Gleichungssystem mit zwei Gleichungen und drei Unbekannten an, zu dem $\mathbb{L}$ die Lösungsmenge ist!

5. Bilden die Vektoren

$$\overrightarrow{a_1} = \begin{pmatrix} 1 \\ 2 \\ 3 \end{pmatrix}, \quad \overrightarrow{a_2} = \begin{pmatrix} 0 \\ 1 \\ -1 \end{pmatrix}$$

   eine Basis des Lösungsraumes von

$$5x_1 - x_2 - x_3 = 0?$$

6. Es seien

$$\mathbb{L}_1 \text{ und } \mathbb{L}_2$$

die Lösungsräume der homogenen linearen Gleichungssysteme

$$A_1\overrightarrow{x} = \overrightarrow{0} \text{ und } A_2\overrightarrow{x} = \overrightarrow{0}.$$

Ist dann

$$\mathbb{L}_1 + \mathbb{L}_2$$

der Lösungsraum von

$$(A_1 + A_2)\overrightarrow{x} = \overrightarrow{0}\,?$$

4.3 Gauß'scher Algorihmus

Bei der Lösung eines linearen Gleichungssystems nach dem **Gauß'schen Algorithmus** oder dem **Gauß'schen Eliminationsverfahren** wendet man auf die erweiterte Koeffizientenmatrix

$$\left(A \,\middle|\, \overrightarrow{b}\right)$$

eines linearen Gleichungssystems

$$A\overrightarrow{x} = \overrightarrow{b}$$

elementare Zeilenumformungen und Spaltentausch an, um eine gewisse Endform zu erreichen.

Anhand dieser Endform sieht man, ob das lineare Gleichungssystem lösbar ist, und man kann im Lösungsfalle die Lösungen direkt angeben.

Definition 4.6 Die folgenden Umformungen werden als **elementare Zeilenumformungen** eines linearen Gleichungssystems bzw. der erweiterten Koeffizientenmatrix bezeichnet:
(ZT) Vertauschen von zwei Gleichungen bzw. Zeilen.
(Z+) Addition des Vielfachen einer Gleichung bzw. Zeile zu einer anderen.
(Z·) Multiplikation einer Gleichung bzw. Zeile mit einer Zahl ungleich null.

Wendet man noch die Umformung,
(ST) Vertauschen von zwei Spalten, d. h. vertauschen von zwei Unbekannten,
auf den linken Teil der erweiterten Koeffizientenmatrix $\left(A \,\middle|\, \overrightarrow{b}\right)$ an, so bedeutet dies, dass die Unbekannten umnummeriert werden.

Merke: Elementare Zeilenumformungen (ZT), (Z+), (Z·) haben keinen Einfluss auf die Lösung des Systems.

Mithilfe dieser oben aufgeführten elementaren Umformungen (ZT), (Z+), (Z·), (ST) kann man nun jedes lineare Gleichungssystem lösen bzw. feststellen, ob es unlösbar ist.

Satz 4.3 *Durch die Umformungen (ZT), (Z+) und (ST) kann man jedes lineare Gleichungssystem*

$$A\overrightarrow{x} = \overrightarrow{b}$$

auf die folgende Endform bringen:

$$\begin{aligned}
a_{11}^* x_1^* + a_{12}^* x_2^* + \ldots + a_{1k}^* x_k^* + a_{1\,k+1}^* x_{k+1}^* + \ldots + a_{1n}^* x_n^* &= b_1^* \\
a_{22}^* x_2^* + \ldots + a_{2k}^* x_k^* + a_{2\,k+1}^* x_{k+1}^* + \ldots + a_{2n}^* x_n^* &= b_2^* \\
&\;\;\vdots \\
a_{kk}^* x_k^* + a_{k\,k+1}^* x_{k+1}^* + \ldots + a_{kn}^* x_n^* &= b_k^* \\
0 &= b_{k+1}^* \\
&\;\;\vdots \\
0 &= b_m^*
\end{aligned}$$

Hierbei gilt $0 \leq k \leq n$ und $a_{ii}^* \neq 0$ für $i = 1, \ldots, k$.

Der Stern bei den Unbekannten gibt an, dass möglicherweise eine Umnummerierung stattgefunden hat. Bei den Koeffizienten gibt der Stern an, dass sich die Werte gegenüber den ursprünglichen Werten geändert haben.

Beweis: Der Beweis dieses Satzes ergibt sich sofort aus dem nachfolgend dargestellten Gauß'schen Algorithmus, mit dem eine Matrix auf Endform gebracht werden kann. ■

Algorithmus:

1. Bilde die erweiterte Koeffizientenmatrix.

2. Setze den Index j auf 1: $j = 1$.

3. Falls der Koeffizient an der Position j, j ungleich 0 ist, mache durch Umformungen (Z+) die Koeffizienten an den Positionen i, j für $i = j + 1, ..., m$ zu null. Mache weiter bei **7.**

4. Falls der Koeffizient an der Position j, j gleich 0 ist, tausche die j-te Zeile mit einer darunterliegenden Zeile, so dass bei j, j ein Koeffizient ungleich 0 steht. Mache weiter bei **3.**

5. Falls **4.** nicht möglich ist, tausche die j-te Spalte mit einer der rechtsstehenden Spalten (außer der Spalte des Konstantenvektors), so dass bei j, j

ein Koeffizient ungleich 0 steht. Vermerke den Spaltentausch, der einer Vertauschung der Unbekannten entspricht. Mache weiter bei **3.**

6. Falls auch **5.** nicht möglich ist, ist mit $k = j$ die Endform erreicht, und der Algorithmus stoppt.

7. Falls $j = n$ ist, so ist mit $k = n$ die Endform erreicht, und der Algorithmus stoppt. Ansonsten erhöhe j um 1. Mache weiter bei **3.**

Folgerung 4.1 Durch die Umformungen (ZT), (Z+) und (ST) kann man jede erweiterte Koeffizientenmatrix $\left(A \,\middle|\, \overrightarrow{b}\right)$ eines linearen Gleichungssystems $A\overrightarrow{x} = \overrightarrow{b}$ auf die folgende Endform $\left(A^* \,\middle|\, \overrightarrow{b^*}\right)$ bringen, wobei die jeweils zugehörigen Unbekannten über den Spalten von A^* angegeben sind:

$$\begin{array}{c}
\begin{array}{cccccccc} x_1^* & x_2^* & x_3^* & \cdots & x_k^* & x_{k+1}^* & \cdots & x_n^* \end{array} \\
\left(\begin{array}{cccccccc|c}
a_{11}^* & a_{12}^* & a_{13}^* & \cdots & a_{1k}^* & a_{1\,k+1}^* & \cdots & a_{1n}^* & b_1^* \\
0 & a_{22}^* & a_{23}^* & \cdots & a_{2k}^* & a_{2\,k+1}^* & \cdots & a_{2n}^* & b_2^* \\
0 & 0 & a_{33}^* & \cdots & a_{3k}^* & a_{3\,k+1}^* & \cdots & a_{3n}^* & b_3^* \\
\vdots & \vdots & \ddots & \ddots & \vdots & \vdots & \cdots & \vdots & \vdots \\
0 & \cdots & \cdots & 0 & a_{kk}^* & a_{k\,k+1}^* & \cdots & a_{kn}^* & b_k^* \\
0 & \cdots & \cdots & \cdots & 0 & 0 & \cdots & 0 & b_{k+1}^* \\
\vdots & \cdots & \cdots & \cdots & \vdots & \vdots & \cdots & \vdots & \vdots \\
0 & \cdots & \cdots & \cdots & 0 & 0 & \cdots & 0 & b_m^*
\end{array}\right)
\end{array} \tag{4.7}$$

Hierbei gilt $0 \leq k \leq n$ und $a_{ii}^* \neq 0$ für $i = 1, \ldots, k$.

Der Stern bei den Unbekannten gibt an, dass möglicherweise eine Umnummerierung stattgefunden hat. Bei den Koeffizienten gibt der Stern an, dass sich die Werte gegenüber den ursprünglichen Werten geändert haben.

Anhand der Endform kann man sehr leicht feststellen, ob ein lineares Gleichungssystem überhaupt lösbar ist und von wie vielen Parametern die Lösung im Falle der Lösbarkeit abhängt. Man erhält aus der Endform das folgende Lösungskriterium.

Satz 4.4 *Es bezeichne* $\left(A^* \,\middle|\, \overrightarrow{b^*}\right)$ *die Endform des linearen Gleichungssystems* $A\overrightarrow{x} = \overrightarrow{b}$. *Dann gelten die folgenden Aussagen:*

a) $A\overrightarrow{x} = \overrightarrow{b}$ *ist genau dann lösbar, wenn* $b_{k+1}^* = \ldots = b_m^* = 0$.

b) $A\overrightarrow{x} = \overrightarrow{b}$ *ist genau dann eindeutig lösbar, d. h. besitzt genau dann genau eine Lösung, wenn gilt*

$$k = n \text{ und } b_{k+1}^* = \ldots = b_m^* = 0.$$

c) $A\overrightarrow{x} = \overrightarrow{b}$ *besitzt genau dann unendlich viele Lösungen, wenn gilt*

$$k < n \text{ und } b^*_{k+1} = \ldots = b^*_m = 0.$$

Die Lösung hängt dann von $n - k$ *freien Parametern ab; als Parameter wählt man zweckmäßigerweise* $x^*_{k+1}, \ldots, x^*_n$.

Mithilfe des Rangbegriffes lässt sich die Bedingung für die Lösbarkeit des Gleichungssystems $A\overrightarrow{x} = \overrightarrow{b}$ sehr elegant formulieren.

Satz 4.5 *Das lineare Gleichungssystems* $A\overrightarrow{x} = \overrightarrow{b}$ *ist genau dann lösbar, wenn gilt*

$$\operatorname{rang}(A) = \operatorname{rang}\left(A \middle| \overrightarrow{b}\right). \tag{4.8}$$

Im Lösungsfalle hängt die Lösung von $n - \operatorname{rang}\left(A \middle| \overrightarrow{b}\right)$ *freien Parametern ab;* n *ist die Anzahl der Unbekannten.*

Bemerkung 4.3 Aufgrund von

$$\operatorname{rang}(A) = \operatorname{rang}(A^*), \quad \operatorname{rang}\left(A \middle| \overrightarrow{b}\right) = \operatorname{rang}\left(A^* \middle| \overrightarrow{b^*}\right)$$

ist das Lösbarkeitskriterium (4.8) äquivalent zu

$$\operatorname{rang}(A^*) = \operatorname{rang}\left(A^* \middle| \overrightarrow{b^*}\right). \tag{4.9}$$

Das Lösen eines linearen Gleichungssystems $A\overrightarrow{x} = \overrightarrow{b}$ mit n Unbekannten vollzieht sich demnach in vier Schritten:

1. Erweiterte Koeffizientenmatrix $\left(A \middle| \overrightarrow{b}\right)$ mithilfe des Gauß'schen Algorithmus auf Endform $\left(A^* \middle| \overrightarrow{b^*}\right)$ bringen.
2. Lösbarkeitskriterium auf die Endform $\left(A^* \middle| \overrightarrow{b^*}\right)$ anwenden. Das lineare Gleichungssystem ist genau dann lösbar, wenn $b^*_{k+1} = \ldots = b^*_m = 0$ ist.
3. Freie Parameter bestimmen, von denen die Lösung abhängt. Es gibt $n - k$ freie Parameter; z. B. kann man $x^*_{k+1}, \ldots, x^*_n$ als freie Parameter wählen.
4. Angabe der Lösung in Gleichungs- oder Vektorform. Dabei löst man zunächst nach x^*_k auf und bestimmt dann die anderen Unbekannten x^*_j für $j = 1, \ldots, k-1$ sukzessive durch Rückwärtseinsetzen.

Beispiel 4.6 Um das lineare Gleichungssystem

$$\begin{array}{rrrrcl} x_1 & +x_2 & +3x_3 & -x_4 & = & 1 \\ 2x_1 & -x_2 & +x_3 & +x_4 & = & 0 \\ x_1 & -2x_2 & & +x_4 & = & 3 \end{array}$$

zu lösen, schreiben wir zunächst die erweiterte Koeffizientenmatrix $\left(A \,\middle|\, \vec{b}\right)$ als rechteckiges Schema hin, wobei wir über die Spalten der Koeffizientenmatrix A die Unbekannten schreiben, weil diese gegebenenfalls vertauscht werden müssen. Rechts neben die einzelnen Zeilen schreiben wir die jeweils durchzuführende elementare Umformung, das Ergebnis dieser Umformungen ergibt die darunter hingeschriebene, modifizierte erweiterte Koeffizientenmatrix. Dies wiederholen wir so lange, bis die Endform $\left(A^* \,\middle|\, \vec{b^*}\right)$ erreicht ist.

$$\begin{array}{rrrr|rl} x_1 & x_2 & x_3 & x_4 & & \\ 1 & 1 & 3 & -1 & 1 & \\ 2 & -1 & 1 & 1 & 0 & -2 \cdot \text{Zeile1} \\ 1 & -2 & 0 & 1 & 3 & -1 \cdot \text{Zeile1} \\ \hline 1 & 1 & 3 & -1 & 1 & \\ 0 & -3 & -5 & 3 & -2 & \\ 0 & -3 & -3 & 2 & 2 & -1 \cdot \text{Zeile2} \\ \hline 1 & 1 & 3 & -1 & 1 & \\ 0 & -3 & -5 & 3 & -2 & \text{Die Endform ist jetzt erreicht!} \\ 0 & 0 & 2 & -1 & 4 & \end{array}$$

Es ist

$$\operatorname{rang}\left(A^*\right) = \operatorname{rang}\left(A^* \,\middle|\, \vec{b^*}\right) = 3,$$

also ist nach dem Lösbarkeitskriterium dieses lineare Gleichungssystem lösbar, und die Lösung hängt wegen

$$n - \operatorname{rang}\left(A^* \,\middle|\, \vec{b^*}\right) = 4 - 3 = 1$$

von einem freien Parameter ab; als freien Parameter wählt man zweckmäßigerweise x_4.

Man löst zunächst nach x_3 auf und erhält

$$x_3 = \frac{1}{2}(4 + x_4) = 2 + \frac{1}{2}x_4; \;\; x_4 \in \mathbb{R}.$$

Durch Rückwärtseinsetzen bestimmt man sukzessive x_2 und x_1. Es ergibt sich:

$$x_2 = -\frac{8}{3} + \frac{1}{6}x_4; \; x_4 \in \mathbb{R}$$

und

$$x_1 = -\frac{7}{3} - \frac{2}{3}x_4 \text{ mit } x_4 \in \mathbb{R}.$$

Also lautet die Lösung in Gleichungsform, wobei s anstelle von x_4 geschrieben wird:

$$x_1 = -\frac{7}{3} - \frac{2}{3}s,\ x_2 = -\frac{8}{3} + \frac{1}{6}s, x_3 = 2 + \frac{1}{2}s;\ \ s \in \mathbb{R}.$$

Man kann die Lösung auch in Vektorform angeben:

$$\begin{pmatrix} x_1 \\ x_2 \\ x_3 \\ x_4 \end{pmatrix} = \begin{pmatrix} -\frac{7}{3} \\ -\frac{8}{3} \\ 2 \\ 0 \end{pmatrix} + s \begin{pmatrix} -\frac{2}{3} \\ \frac{1}{6} \\ \frac{1}{2} \\ 1 \end{pmatrix};\ \ s \in \mathbb{R}.$$

Durch die Hinzunahme der Umformung (Z·) und fortgesetzte Anwendung der elementaren Umformungen auf die Endform $\left(A^* \middle| \overrightarrow{b^*}\right)$ kann man man die erweiterte Endform $\left(A^{**} \middle| \overrightarrow{b^{**}}\right)$ erreichen, wie der folgende Satz ausführt.

Satz 4.6 *Durch die Umformungen (ZT), (Z+), (Z·) und (ST) kann man jede erweiterte Koeffizientenmatrix* $\left(A \middle| \overrightarrow{b}\right)$ *eines linearen Gleichungssystems* $A\overrightarrow{x} = \overrightarrow{b}$ *auf die folgende erweiterte Endform* $\left(A^{**} \middle| \overrightarrow{b^{**}}\right)$ *bringen, wobei die jeweils zugehörigen Unbekannten über den Spalten von* A^{**} *angegeben sind:*

$$\begin{array}{ccccccccc} x_1^{**} & x_2^{**} & x_3^{**} & \cdots & x_k^{**} & x_{k+1}^{**} & \cdots & x_n^{**} & \\ \end{array}$$

$$\left(\begin{array}{cccccccc|c} 1 & 0 & 0 & \cdots & 0 & a_{1\,k+1}^{**} & \cdots & a_{1n}^{**} & b_1^{**} \\ 0 & 1 & 0 & \cdots & 0 & a_{2\,k+1}^{**} & \cdots & a_{2n}^{**} & b_2^{**} \\ 0 & 0 & 1 & \cdots & 0 & a_{3\,k+1}^{**} & \cdots & a_{3n}^{**} & b_3^{**} \\ \vdots & \vdots & \ddots & \ddots & \vdots & \vdots & \cdots & \vdots & \vdots \\ 0 & \cdots & \cdots & 0 & 1 & a_{k\,k+1}^{**} & \cdots & a_{kn}^{**} & b_k^{**} \\ 0 & \cdots & \cdots & \cdots & 0 & 0 & \cdots & 0 & b_{k+1}^{**} \\ \vdots & \cdots & \cdots & \cdots & \vdots & \vdots & \cdots & \vdots & \vdots \\ 0 & \cdots & \cdots & \cdots & 0 & 0 & \cdots & 0 & b_m^{**} \end{array}\right)$$

Hierbei gilt $0 \leq k \leq n$.

Die Sterne bei den Unbekannten geben an, dass möglicherweise eine Umnummerierung stattgefunden hat. Bei den Koeffizienten geben die Sterne an, dass sich die Werte gegenüber den ursprünglichen Werten geändert haben.

Beweis: Der Beweis dieses Satzes ergibt sich sofort aus dem nachfolgend dargestellten erweiterten Gaußschen Algorithmus, mit dem eine Matrix auf die erweiterte Endform gebracht werden kann. ■

Algorithmus:

1. Bilde die erweiterte Koeffizientenmatrix.

2. Setze $j = 1$.

3. Falls der Koeffizient an der Position j, j ungleich 0 ist, mache durch die Umformung (Z·) den Koeffizienten an der Position j, j zunächst zu 1 und danach durch Umformungen (Z+) die Koeffizienten an den Positionen i, j für $i = 1, \ldots, j-1, j+1, ..., m$ zu null. Mache weiter bei **7.**

4. Falls der Koeffizient an der Position j, j gleich 0 ist, tausche die j-te Zeile mit einer darunterliegenden Zeile, so dass bei j, j ein Koeffizient ungleich 0 steht. Mache weiter bei **3.**

5. Falls **4.** nicht möglich ist, tausche die j-te Spalte mit einer der rechtsstehenden Spalten (außer der Spalte des Konstantenvektors), so dass bei j, j ein Koeffizient ungleich 0 steht. Vermerke den Spaltentausch, der einer Vertauschung der Unbekannten entspricht. Mache weiter bei **3.**

6. Falls auch **5.** nicht möglich ist, ist mit $k = j$ die Endform erreicht, und der Algorithmus stoppt.

7. Falls $j = n$ ist, so ist mit $k = n$ die Endform erreicht, und der Algorithmus stoppt. Ansonsten erhöhe j um 1. Mache weiter bei **3.**

Durch die Herstellung der erweiterten Endform wird das Rückwärtseinsetzen überflüssig; man kann die Lösung des linearen Gleichungssystems direkt aus der erweiterten Endform ablesen.

Beispiel 4.7 Um das lineare Gleichungssystem

$$\begin{array}{rrrrcl} x_1 & +x_2 & +3x_3 & -x_3 & = & 1 \\ 2x_1 & -x_2 & +x_3 & +x_4 & = & 1 \\ 3x_1 & -3x_2 & +x_3 & +x_4 & = & 7 \\ x_1 & -2x_2 & & +x_4 & = & 3 \end{array}$$

zu lösen, schreiben wir wieder wie im vorigen Beispiel die erweiterte Koeffizientenmatrix $\left(A \middle| \overrightarrow{b}\right)$ als rechteckiges Schema hin. Rechts neben die einzelnen Zeilen schreiben wir die jeweils durchzuführende elementare Umformung, das Ergebnis dieser Umformungen ergibt die darunter hingeschriebene, modifizierte erweiterte Koeffizientenmatrix. Dies wiederholen wir so lange, bis die erweiterte Endform $\left(A^{**} \middle| \overrightarrow{b^{**}}\right)$ erreicht ist.

$$\begin{array}{rrrr|rl}
x_1 & x_2 & x_3 & x_4 & & \\
1 & 1 & 3 & -1 & 1 & \\
2 & -1 & 1 & 1 & 1 & -2 \cdot \text{Zeile1} \\
3 & -3 & 1 & 1 & 7 & -3 \cdot \text{Zeile1} \\
1 & -2 & 0 & 1 & 3 & -1 \cdot \text{Zeile1}
\end{array}$$

$$\begin{array}{rrrr|rl}
1 & 1 & 3 & -1 & 1 & \\
0 & -3 & -5 & 3 & -1 & \cdot\left(-\frac{1}{3}\right) \\
0 & -6 & -8 & 4 & 4 & \\
0 & -3 & -3 & 2 & 2 &
\end{array}$$

$$\begin{array}{rrrr|rl}
1 & 1 & 3 & -1 & 1 & -1 \cdot \text{Zeile2} \\
0 & 1 & \frac{5}{3} & -1 & \frac{1}{3} & \\
0 & -6 & -8 & 4 & 4 & +6 \cdot \text{Zeile2} \\
0 & -3 & -3 & 2 & 2 & +3 \cdot \text{Zeile2}
\end{array}$$

$$\begin{array}{rrrr|rl}
1 & 0 & \frac{4}{3} & 0 & \frac{2}{3} & \\
0 & 1 & \frac{5}{3} & -1 & \frac{1}{3} & \\
0 & 0 & 2 & -2 & 6 & \cdot \frac{1}{2} \\
0 & 0 & 2 & -1 & 3 &
\end{array}$$

$$\begin{array}{rrrr|rl}
1 & 0 & \frac{4}{3} & 0 & \frac{2}{3} & -\frac{4}{3} \cdot \text{Zeile3} \\
0 & 1 & \frac{5}{3} & -1 & \frac{1}{3} & -\frac{5}{3} \cdot \text{Zeile3} \\
0 & 0 & 1 & -1 & 3 & \\
0 & 0 & 2 & -1 & 3 & -2 \cdot \text{Zeile3}
\end{array}$$

$$\begin{array}{rrrr|rl}
1 & 0 & 0 & \frac{4}{3} & -\frac{10}{3} & -\frac{4}{3} \cdot \text{Zeile4} \\
0 & 1 & 0 & \frac{2}{3} & -\frac{14}{3} & -\frac{2}{3} \cdot \text{Zeile4} \\
0 & 0 & 1 & -1 & 3 & +1 \cdot \text{Zeile4} \\
0 & 0 & 0 & 1 & -3 &
\end{array}$$

$$\left.\begin{array}{rrrr|r}
1 & 0 & 0 & 0 & \frac{2}{3} \\
0 & 1 & 0 & 0 & -\frac{8}{3} \\
0 & 0 & 1 & 0 & 0 \\
0 & 0 & 0 & 1 & -3
\end{array}\right\} \quad \text{Die Endform ist jetzt erreicht!}$$

Es ist

$$n = \operatorname{rang}\left(A^*\right) = \operatorname{rang}\left(A^* \,\middle|\, \overrightarrow{b^*}\right) = 4,$$

also ist nach dem Lösbarkeitskriterium dieses lineare Gleichungssystem eindeutig lösbar, und die Lösung lautet

$$x_1 = \frac{2}{3}, x_2 = -\frac{8}{3}, x_3 = 0, x_4 = -3.$$

Testfragen

1. Gibt es lineare Gleichungssysteme mit mehr Unbekannten als Gleichungen, die eindeutig lösbar sind?

2. Es sei $A\overrightarrow{x} = \overrightarrow{b}$ ein lineares Gleichungssystem mit n Unbekannten und einer oberen (oder unteren) Dreiecksmatrix als Systemmatrix. Unter welcher Bedingung ist dann $A\overrightarrow{x} = \overrightarrow{b}$ eindeutig lösbar?

3. Wie lautet die Endform von

$$\begin{aligned} x_1 + 2x_2 + 3x_3 &= 1 \\ 4x_1 + 5x_2 + 6x_3 &= 2 \\ 7x_1 + 8x_2 + 9x_3 &= 3? \end{aligned}$$

4. Wie ist der reelle Parameter α zu wählen, damit

$$\begin{aligned} x_1 + 2x_2 + 3x_3 &= 1 \\ 4x_1 + 5x_2 + 6x_3 &= 2 \\ 7x_1 + 8x_2 + \alpha x_3 &= 3 \end{aligned}$$

eindeutig lösbar ist?

5. Ist das komplexe lineare Gleichungssystem mit drei Unbekannten

$$\begin{aligned} \mathrm{i}z_1 - \mathrm{i}z_2 + z_3 &= 0 \\ (1-\mathrm{i})\,z_1 - (1-\mathrm{i})\,z_2 &= 2-\mathrm{i} \\ z_2 + \mathrm{i}z_3 &= \mathrm{i} \end{aligned}$$

lösbar? Wenn ja, von wievielen Parametern hängt die Lösung ab?

4.4 Berechnung der Inversen einer Matrix

Die Berechnung der Inversen einer **regulären**, d. h. invertierbaren Matrix A bedeutet, dass die Matrixgleichung $AX = E$ zu lösen ist. Im Detail heißt dies, dass n lineare Gleichungssysteme zu untersuchen sind:

$$\begin{aligned}
a_{11}x_{11} + a_{12}x_{21} + \ldots + a_{1n}x_{n1} &= 1\\
a_{21}x_{11} + a_{22}x_{21} + \ldots + a_{2n}x_{n1} &= 0\\
&\vdots\\
a_{n1}x_{11} + a_{n2}x_{21} + \ldots + a_{nn}x_{n1} &= 0\\[1ex]
a_{11}x_{12} + a_{12}x_{22} + \ldots + a_{1n}x_{n2} &= 0\\
a_{21}x_{12} + a_{22}x_{22} + \ldots + a_{2n}x_{n2} &= 1\\
&\vdots\\
a_{n1}x_{12} + a_{n2}x_{22} + \ldots + a_{nn}x_{n2} &= 0\\
\ldots\ldots\ldots\ldots\\
a_{11}x_{1n} + a_{12}x_{2n} + \ldots + a_{1n}x_{nn} &= 0\\
a_{21}x_{1n} + a_{22}x_{2n} + \ldots + a_{2n}x_{nn} &= 0\\
&\vdots\\
a_{n1}x_{1n} + a_{n2}x_{2n} + \ldots + a_{nn}x_{nn} &= 1
\end{aligned}$$

Das Besondere dabei ist, dass jeweils dieselbe Koeffizientenmatrix A vorliegt; diese n linearen Gleichungssysteme unterscheiden sich also nur durch die Konstantenvektoren der rechten Seite. Somit können diese n linearen Gleichungssysteme simultan gelöst werden. Man wendet dazu auf die folgende Matrix

$$(A\,|E\,) = \left(\begin{array}{cccc|cccc} a_{11} & a_{12} & \cdots & a_{1n} & 1 & 0 & \cdots & 0\\ a_{21} & a_{22} & \cdots & a_{2n} & 0 & 1 & \cdots & 0\\ \vdots & \vdots & \ddots & \vdots & \vdots & \vdots & \ddots & \vdots\\ a_{n1} & a_{n2} & \cdots & a_{nn} & 0 & 0 & \cdots & 1 \end{array}\right) \tag{4.10}$$

elementare Zeilenumformungen gemäß dem Gauß'schen Algorithmus so lange an, bis man die Form

$$(E\,|X\,) = \left(\begin{array}{cccc|cccc} 1 & 0 & \cdots & 0 & x_{11} & x_{12} & \cdots & x_{1n}\\ 0 & 1 & \cdots & 0 & x_{21} & x_{22} & \cdots & x_{2n}\\ \vdots & \vdots & \ddots & \vdots & \vdots & \vdots & \ddots & \vdots\\ 0 & 0 & \cdots & 1 & x_{n1} & x_{n2} & \cdots & x_{nn} \end{array}\right) \tag{4.11}$$

erreicht hat. Dann steht dort, wo ursprünglich die Einheitsmatrix E aufgeführt war, die zu A inverse Matrix, hier mit X bezeichnet.

Entsteht im Zuge der Umformungen zum Gauß'schen Algorithmus auf der Seite der Matrix A eine Nullzeile, so bedeutet dies, dass die Matrix A keine multiplikative Inverse besitzt, also nicht umkehrbar ist.

Beispiel 4.8 Um die Inverse der Matrix

$$A = \begin{pmatrix} 1 & 2 & 3 \\ 4 & 5 & 6 \\ 7 & 8 & 10 \end{pmatrix}$$

zu berechnen, schreiben wir wie in (4.10) die Matrix $(A\,|\,E)$ als rechteckiges Schema hin. Rechts neben die einzelnen Zeilen schreiben wir die jeweils durchzuführende elementare Umformung, das Ergebnis dieser Umformungen ergibt die darunter hingeschriebene, modifizierte erweiterte Koeffizientenmatrix. Dies wiederholen wir so lange, bis die Form $(E\,|\,A)$ von (4.11) erreicht ist oder auf der Seite, auf der A aufgeführt war, eine Nullzeile auftritt.

$$\begin{array}{rrr|rrrl}
1 & 2 & 3 & 1 & 0 & 0 & \\
4 & 5 & 6 & 0 & 1 & 0 & \quad -4\cdot\text{Zeile1} \\
7 & 8 & 10 & 0 & 0 & 1 & \quad -7\cdot\text{Zeile1}
\end{array}$$

$$\begin{array}{rrr|rrrl}
1 & 2 & 3 & 1 & 0 & 0 & \\
0 & -3 & -6 & -4 & 1 & 0 & \\
0 & -6 & -11 & -7 & 0 & 1 & \quad -2\cdot\text{Zeile2}
\end{array}$$

$$\begin{array}{rrr|rrrl}
1 & 2 & 3 & 1 & 0 & 0 & \quad -3\cdot\text{Zeile3} \\
0 & -3 & -6 & -4 & 1 & 0 & \quad +6\cdot\text{Zeile3} \\
0 & 0 & 1 & 1 & -2 & 1 &
\end{array}$$

$$\begin{array}{rrr|rrrl}
1 & 2 & 0 & -2 & 6 & -3 & \\
0 & -3 & 0 & 2 & -11 & 6 & \quad \cdot\left(-\frac{1}{3}\right) \\
0 & 0 & 1 & 1 & -2 & 1 &
\end{array}$$

$$\begin{array}{rrr|rrrl}
1 & 2 & 0 & -2 & 6 & -3 & \quad -2\cdot\text{Zeile2} \\
0 & 1 & 0 & -\frac{2}{3} & \frac{11}{3} & -2 & \\
0 & 0 & 1 & 1 & -2 & 1 &
\end{array}$$

$$\begin{array}{rrr|rrr}
1 & 0 & 0 & -\frac{2}{3} & -\frac{4}{3} & 1 \\
0 & 1 & 0 & -\frac{2}{3} & \frac{11}{3} & -2 \\
0 & 0 & 1 & 1 & -2 & 1
\end{array}$$

Somit ist A invertierbar, und es gilt

$$A^{-1} = \begin{pmatrix} -\frac{2}{3} & -\frac{4}{3} & 1 \\ -\frac{2}{3} & \frac{11}{3} & -2 \\ 1 & -2 & 1 \end{pmatrix}.$$

Das folgende Beispiel zeigt, welche Situation sich ergibt, wenn die Matrix A nicht invertierbar ist.

Beispiel 4.9 Wir versuchen, die Inverse der Matrix

$$A = \begin{pmatrix} 1 & 2 & 3 \\ 4 & 5 & 6 \\ 7 & 8 & 9 \end{pmatrix}$$

zu berechnen, indem wir das gleiche Schema $(A\,|E)$ wie im vorigen Beispiel verwenden.

$$\begin{array}{rrrcrrrl} 1 & 2 & 3 & | & 1 & 0 & 0 & \\ 4 & 5 & 6 & | & 0 & 1 & 0 & -4\cdot\text{Zeile1} \\ 7 & 8 & 9 & | & 0 & 0 & 1 & -7\cdot\text{Zeile1} \\ \\ 1 & 2 & 3 & | & 1 & 0 & 0 & \\ 0 & -3 & -6 & | & -4 & 1 & 0 & \\ 0 & -6 & -12 & | & -7 & 0 & 1 & -2\cdot\text{Zeile2} \\ \\ 1 & 2 & 3 & | & 1 & 0 & 0 & -3\cdot\text{Zeile3} \\ 0 & -3 & -6 & | & -4 & 1 & 0 & +6\cdot\text{Zeile3} \\ 0 & 0 & 0 & | & 1 & -2 & 1 & \end{array}$$

Aufgrund der Nullzeile auf der Seite von A folgt, dass A nicht invertierbar ist.

Testfragen

1. Warum ist die Matrix
$$\begin{pmatrix} 1 & 2 & 3 \\ 8 & 10 & 12 \\ 7 & 8 & 9 \end{pmatrix}$$
nicht invertierbar?

2. Wie stellt man mithilfe des Gauß'schen Algorithmus fest, dass eine quadratische Matrix nicht invertierbar ist?

3. Nach Anwendung des Gauß'schen Algorithmus auf die Matrix $(A\,|E\,)$ erhält man

$$\left(\begin{array}{ccc|ccc} 1 & 0 & 0 & 1 & 0 & 1 \\ 0 & 1 & 0 & 1 & 2 & 0 \\ 0 & 0 & 1 & 0 & 1 & 3 \end{array}\right).$$

Wie lautet die Matrix A?

4.5 Andere Lösungsverfahren

Sei $A\overrightarrow{x} = \overrightarrow{b}$ ein lineares Gleichungssystem mit quadratischer, regulärer, d. h. invertierbarer Matrix. Bei der LU**-Zerlegung** oder LR**-Zerlegung** wird die Matrix A in eindeutiger Weise als Produkt $A = LU$ zweier Dreiecksmatrizen L, U geschrieben, wobei L eine untere (*lower* oder linke) Dreiecksmatrix mit Einsen in der Hauptdiagonalen und U bzw. R eine obere (*upper* oder rechte) Dreiecksmatrix ist. Um das Gleichungssystem $A\overrightarrow{x} = LU\overrightarrow{x} = \overrightarrow{b}$ zu lösen, berechnet man durch Vorwärtseinsetzen zunächst die Hilfslösung $\overrightarrow{z}$ des Systems $L\overrightarrow{z} = \overrightarrow{b}$; anschließend hat man dann noch durch Rückwärtseinsetzen $U\overrightarrow{x} = \overrightarrow{z}$ zu lösen. Siehe dazu [23].

Beispiel 4.10 Um die LU-Zerlegung der Matrix

$$A = \begin{pmatrix} 1 & 2 & 3 \\ 4 & 5 & 6 \\ 7 & 8 & 10 \end{pmatrix}$$

zu erhalten, machen wir den Ansatz

$$\begin{aligned} A &= \begin{pmatrix} 1 & 2 & 3 \\ 4 & 5 & 6 \\ 7 & 8 & 10 \end{pmatrix} = \begin{pmatrix} a_{11} & a_{12} & a_{13} \\ a_{21} & a_{22} & a_{23} \\ a_{31} & a_{32} & a_{33} \end{pmatrix} \\ &= \begin{pmatrix} 1 & 0 & 0 \\ l_{21} & 1 & 0 \\ l_{31} & l_{32} & 1 \end{pmatrix} \begin{pmatrix} u_{11} & u_{12} & u_{13} \\ 0 & u_{22} & u_{23} \\ 0 & 0 & u_{33} \end{pmatrix}. \end{aligned}$$

Durch Multiplikation ergibt sich

$$\begin{aligned} \begin{pmatrix} 1 & 2 & 3 \\ 4 & 5 & 6 \\ 7 & 8 & 10 \end{pmatrix} &= \begin{pmatrix} a_{11} & a_{12} & a_{13} \\ a_{21} & a_{22} & a_{23} \\ a_{31} & a_{32} & a_{33} \end{pmatrix} \\ &= \begin{pmatrix} u_{11} & u_{12} & u_{13} \\ l_{21}u_{11} & l_{21}u_{12} + u_{22} & l_{21}u_{13} + u_{23} \\ l_{31}u_{11} & l_{31}u_{12} + l_{32}u_{22} & l_{31}u_{13} + l_{32}u_{23} + u_{33} \end{pmatrix}. \end{aligned}$$

Daraus folgt sofort

$$u_{11} = a_{11} = 1, u_{12} = a_{12} = 2$$

und

$$u_{13} = a_{13} = 3.$$

Weiter ergibt sich

$$l_{21} = \frac{a_{21}}{u_{11}} = 4 \text{ und } l_{31} = \frac{a_{31}}{u_{11}} = 7.$$

Die restlichen Koeffizienten lassen sich nun sukzessive berechnen:

$$u_{22} = a_{22} - l_{21}u_{12} = 5 - 4 \cdot 2 = -3,$$

$$l_{32} = \frac{1}{u_{22}}(a_{32} - l_{31}u_{12}) = \frac{8 - 7 \cdot 2}{-3} = 2,$$

$$u_{23} = a_{23} - l_{21}u_{13} = 6 - 4 \cdot 3 = -6,$$

$$u_{33} = a_{33} - l_{31}u_{13} - l_{32}u_{23} = 10 - 7 \cdot 3 - 2 \cdot (-6) = 1.$$

Also haben wir erhalten

$$A = \begin{pmatrix} 1 & 2 & 3 \\ 4 & 5 & 6 \\ 7 & 8 & 10 \end{pmatrix} = LU = \begin{pmatrix} 1 & 0 & 0 \\ 4 & 1 & 0 \\ 7 & 2 & 1 \end{pmatrix} \begin{pmatrix} 1 & 2 & 3 \\ 0 & -3 & -6 \\ 0 & 0 & 1 \end{pmatrix}.$$

Bemerkung 4.4 Anhand des obigen Beispiels ist leicht die Vorgehensweise bei der LU-Zerlegung einer Matrix A erkennbar. Insbesondere sieht man, dass U mit der Dreiecksmatrix A^* übereinstimmt, die beim Gauß'schen Eliminationsverfahren in der Endform $\left(A^* \middle| \overrightarrow{b^*}\right)$ vorkommt. Die untere Dreiecksmatrix L enthält die Faktoren, die bei den Umformungen (Z+) des Gauß'schen Algorithmus verwendet werden.

Die LU-Zerlegung ist vor allem dann sehr hilfreich, falls verschiedene lineare Gleichungssysteme zu lösen sind, welche alle dieselbe Koeffizientenmatrix A besitzen.

Neben den Eliminationsverfahren (z. B. Gauß-Algorithmus) gibt es zahlreiche Iterationsverfahren, welche ausgehend von einem Startvektor $\overrightarrow{x_0}$ nacheinander eine Folge $\overrightarrow{x_1}, \overrightarrow{x_2}, \ldots$ von Vektoren berechnen, die gegen die Lösung von $A\overrightarrow{x} = \overrightarrow{b}$ konvergieren. Auch hier wird für Details auf die einschlägige Literatur zur Numerischen Mathematik verwiesen.

Testfragen

1. Was ist ein Iterationsverfahren?
2. Was bedeutet die LU-Zerlegung einer Matrix?
3. Besitzt die Matrix
$$\begin{pmatrix} 1 & 2 & 0 \\ 2 & 3 & 1 \\ 1 & 1 & 1 \end{pmatrix}$$
eine LU-Zerlegung?
4. Wie lautet die LU-Zerlegung von
$$\begin{pmatrix} 1 & 2 \\ 3 & 4 \end{pmatrix}?$$

4.6 Aufgaben

Aufgabe 4.1 Geben Sie ein lineares Gleichungssystem an, welches die Lösung

$$\vec{x} = \begin{pmatrix} 1-2t \\ 2+t \\ t \end{pmatrix}, t \in \mathbb{R}$$

besitzt.

Aufgabe 4.2 $\mathbb{Z}_m$ ist der Restklassenring von $\mathbb{Z}$ modulo m.
a) Bestimmen Sie in $\mathbb{Z}_3$ alle Lösungen des linearen Gleichungssystems

$$2x + y \equiv 0.$$

b) Bestimmen Sie in $\mathbb{Z}_5$ alle Lösungen des linearen Gleichungssystems

$$\begin{aligned} 2x + y &\equiv 0 \\ x + 2y &\equiv 3. \end{aligned}$$

Aufgabe 4.3 Für welche reellen Zahlen γ ist das folgende lineare Gleichungssystem lösbar (eindeutig, mehrdeutig) und für welche unlösbar? Geben Sie im Falle der Lösbarkeit alle Lösungen an.

$$\begin{aligned} x_1 + 2x_2 - x_3 &= 0 \\ -x_1 - x_2 + 2x_3 + 2x_4 &= 0 \\ 2x_2 + 3x_3 + \gamma x_4 &= 1 \\ x_2 + 4x_3 + \gamma x_4 &= \gamma \end{aligned}$$

Aufgabe 4.4 Berechnen Sie alle reellen Parameter α, so dass die drei Geraden $4x + 3y = 2$, $y = 4$, $\alpha x + 2y = -2$ sich in einem Punkt schneiden. Berechnen Sie ferner diesen gemeinsamen Schnittpunkt!

Aufgabe 4.5 Stellen Sie den Vektor $\overrightarrow{c} = \begin{pmatrix} 1 \\ 1 \\ 1 \end{pmatrix}$ als Linearkombination der Vektoren $\overrightarrow{b_1} = \begin{pmatrix} 2 \\ 0 \\ 1 \end{pmatrix}$, $\overrightarrow{b_2} = \begin{pmatrix} 2 \\ 3 \\ 1 \end{pmatrix}$, $\overrightarrow{b_3} = \begin{pmatrix} -1 \\ 1 \\ 0 \end{pmatrix}$ dar.

Aufgabe 4.6 Berechnen Sie die Lösung des folgenden linearen Gleichungssystems.

$$\begin{array}{rrrrrcl} & x_2 & -3x_3 & - \ x_4 & + \ x_5 & = & 0 \\ 2x_1 & + \ x_2 & - \ x_3 & & - \ x_5 & = & 0 \\ 6x_1 & +4x_2 & +3x_3 & -4x_4 & -2x_5 & = & 0 \\ -2x_1 & +2x_2 & +4x_3 & -7x_4 & +4x_5 & = & 0 \end{array}$$

Aufgabe 4.7 Bestimmen Sie alle $a, b \in \mathbb{R}$, für welche das lineare Gleichungssystem

$$\begin{array}{rrrcl} (a+2)\,bx_1 & +x_2 & & = & 3b+2 \\ bx_1 & & + \ x_3 & = & 1 \\ -bx_1 & -2x_2 & +3x_3 & = & a-4b+1 \\ & x_2 & -2x_3 & = & b \end{array}$$

mehr als eine Lösung hat. Geben Sie auch jeweils die Lösungsmenge an!

Aufgabe 4.8 Berechnen Sie die Inverse von

$$\begin{pmatrix} 1 & -1 & 1 & -1 & 1 \\ -1 & 2 & -1 & -1 & 2 \\ -1 & -1 & 3 & -1 & -1 \\ -1 & -1 & -1 & 4 & -1 \\ -1 & -1 & -1 & -1 & 5 \end{pmatrix}.$$

Aufgabe 4.9 Für welche Werte von τ besitzt die Matrix

$$A = \begin{pmatrix} 1 & 2 & 3 \\ 4 & 10 & 6 \\ 3 & 0 & \tau \end{pmatrix}$$

eine Inverse? Geben Sie im Falle der Invertierbarkeit von A die Inverse A^{-1} an!

Aufgabe 4.10 a) Bestimmen Sie die LU-Zerlegung der Matrix

$$A = \begin{pmatrix} 1 & 2 & 0 & 0 \\ 4 & 1 & 2 & 0 \\ 0 & 7 & 1 & 2 \\ 0 & 0 & 6 & 1 \end{pmatrix}.$$

b) Lösen Sie das lineare Gleichungssystem

$$\begin{pmatrix} 1 & 0 & 0 \\ -2 & 1 & 0 \\ 4 & -2 & 1 \end{pmatrix} \begin{pmatrix} 2 & 2 & 3 \\ 0 & 1 & 6 \\ 0 & 0 & 4 \end{pmatrix} \begin{pmatrix} x_1 \\ x_2 \\ x_3 \end{pmatrix} = \begin{pmatrix} 10 \\ 0 \\ 8 \end{pmatrix}.$$

Aufgabe 4.11 Die folgende Abbildung zeigt den Ausschnitt eines Rohrleitungssystems.

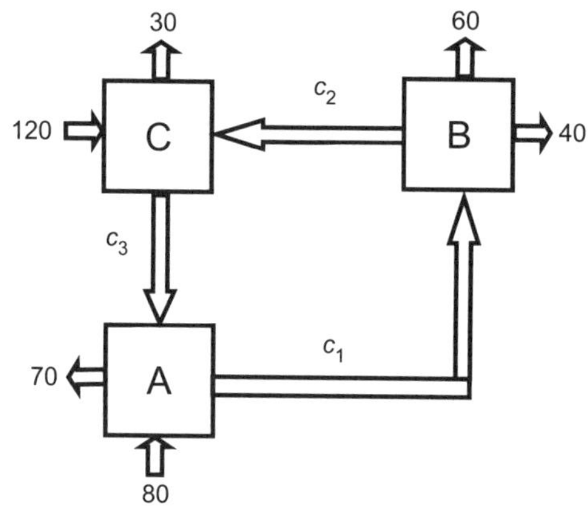

Abb. 4.1: Ausschnitt eines Rohrleitungssystems

Die Zahlenangaben sind die Durchflussmengen in m/s^3. An den Knoten A, B und C muss jeweils die Summe aus Zu- und Abflüssen null sein. Gesucht sind die Kapazitäten c_1, c_2, c_3. Wie groß müssen die Kapazitäten c_1, c_2 , c_3 mindestens sein?

5 Lineare Abbildungen

Unter den Abbildungen spielen die linearen Abbildungen eine besonders wichtige Rolle. Oft reduziert man Probleme, die Abbildungen betreffen, auf Probleme, denen lineare Abbildungen zugrunde liegen. So ist es eine gängige Technik, eine beliebige Abbildung durch eine lineare Abbildung zu approximieren, deren Handhabung sehr viel einfacher ist; diese Vorgehensweise wird als Linearisierung bezeichnet und findet vielfach Anwendung bei der Behandlung von Funktionen mehrerer Variablen. In diesem Kapitel wird zunächst der Begriff der linearen Abbildung erläutert. Von zentraler Bedeutung ist der Homomorphiesatz, der Kern und Bild einer linearen Abbildung verknüpft. Darstellungsmatrizen von linearen Abbildungen runden dieses Kapitel ab.

5.1 Begriff der linearen Abbildung

Der Begriff der Abbildung oder Funktion wurde bereits in Kapitel 1 behandelt. In diesem Kapitel werden jetzt nicht unstrukturierte Mengen, sondern Vektorräume ineinander abgebildet. Dabei verlangen wir, dass bei den hier betrachteten Abbildungen die Vektorraumstruktur erhalten bleibt. Dies bedeutet, dass lineare Beziehungen in entsprechende lineare Beziehungen im Bildraum überführt werden.

Definition 5.1 Es seien V und W zwei Vektorräume mit demselben Skalarenkörper $\mathbb{K}$. Eine Abbildung $F : V \to W$ heißt **lineare Abbildung**, auch **Vektorraum-Homomorphismus** oder kurz **Homomorphismus** genannt, wenn folgende Eigenschaften erfüllt sind:

$$\text{Für alle } \vec{u}\,, \vec{v} \in V \text{ gilt } F\left(\vec{u} + \vec{v}\right) = F\left(\vec{u}\right) + F\left(\vec{v}\right). \tag{5.1}$$

$$\text{Für alle } \vec{v} \in V \text{ und alle } \alpha \in \mathbb{K} \text{ gilt } F\left(\alpha \vec{v}\right) = \alpha F\left(\vec{v}\right). \tag{5.2}$$

Die Menge der linearen Abbildungen von V in W wird mit $\mathrm{Hom}(V, W)$ bezeichnet.

Bemerkung 5.1 a) Die zwei Eigenschaften aus Definition 5.1 lassen sich zu einer einzigen zusammenfassen:

Eine Abbildung F eines Vektoraums V in einen Vektorraum W heißt lineare Abbildung, wenn für alle $\vec{u}, \vec{v} \in V$ und alle $\alpha, \beta \in \mathbb{K}$ gilt

$$F\left(\alpha \vec{u} + \beta \vec{v}\right) = \alpha F\left(\vec{u}\right) + \beta F\left(\vec{v}\right). \tag{5.3}$$

b) Es gilt $F\left(\vec{0}\right) = \vec{0}$ für jede lineare Abbildung wegen

$$F\left(\vec{0}\right) = F\left(\vec{u} - \vec{u}\right) = F\left(\vec{u}\right) - F\left(\vec{u}\right) = \vec{0}.$$

Bemerkung 5.2 a) Soll der Skalarenkörper besonders hervorgehoben werden, so spricht man von einer $\mathbb{K}$-linearen Abbildung. Oft ist der Skalarenkörper $\mathbb{R}$ oder $\mathbb{C}$.
b) Die Bezeichnung Homomorphismus ist in der Algebra die gebräuchliche Bezeichnung für eine strukturerhaltende Abbildung.
c) Durch vollständige Induktion kann man leicht zeigen, dass für eine lineare Abbildung für alle $\vec{v_1}, \vec{v_2}, \ldots, \vec{v_n} \in V, a_1, a_2, \ldots, a_n \in \mathbb{K}, n \in \mathbb{N}$ gilt:

$$F\left(a_1 \vec{v_1} + a_2 \vec{v_2} + \ldots + a_n \vec{v_n}\right) = a_1 F\left(\vec{v_1}\right) + a_2 F\left(\vec{v_2}\right) + \ldots + a_n F\left(\vec{v_n}\right).$$

Beispiel 5.1 Es sei $V = \mathbb{R}^2$ und $W = \mathbb{R}^3$ der zwei- bzw. dreidimensionale reelle Standardvektorraum.
Für $\vec{v} = \begin{pmatrix} v_1 \\ v_2 \end{pmatrix}$ definieren wir eine Abbildung $F : V \to W$ durch

$$F\left(\vec{v}\right) = \begin{pmatrix} v_1 + v_2 \\ v_2 \\ v_1 - v_2 \end{pmatrix}.$$

F ist eine lineare Abbildung, denn es gilt für alle $\vec{u}, \vec{v} \in V$:

$$\begin{aligned}
F\left(\vec{u} + \vec{v}\right) &= F\left(\begin{pmatrix} u_1 \\ u_2 \end{pmatrix} + \begin{pmatrix} v_1 \\ v_2 \end{pmatrix}\right) = F\begin{pmatrix} u_1 + v_1 \\ u_2 + v_2 \end{pmatrix} \\
&= \begin{pmatrix} u_1 + v_1 + u_2 + v_2 \\ u_2 + v_2 \\ u_1 + v_1 - u_2 - v_2 \end{pmatrix} \\
&= \begin{pmatrix} u_1 + u_2 \\ u_2 \\ u_1 - u_2 \end{pmatrix} + \begin{pmatrix} v_1 + v_2 \\ v_2 \\ v_1 - v_2 \end{pmatrix} \\
&= F\left(\vec{u}\right) + F\left(\vec{v}\right)
\end{aligned}$$

Weiter gilt für alle $\overrightarrow{v} \in V$ und alle $\alpha \in \mathbb{K}$:

$$\begin{aligned}
F\left(\alpha \overrightarrow{v}\right) &= F\left(\alpha \begin{pmatrix} v_1 \\ v_2 \end{pmatrix}\right) = F\begin{pmatrix} \alpha v_1 \\ \alpha v_2 \end{pmatrix} \\
&= \begin{pmatrix} \alpha v_1 + \alpha v_2 \\ \alpha v_2 \\ \alpha v_1 - \alpha v_2 \end{pmatrix} \\
&= \alpha \begin{pmatrix} v_1 + v_2 \\ v_2 \\ v_1 - v_2 \end{pmatrix} \\
&= \alpha F\left(\overrightarrow{v}\right).
\end{aligned}$$

Bei einer linearen Abbildung ist also das Bild einer Summe von Vektoren gleich der Summe der Bildvektoren, das Bild eines skalaren Vielfachen eines Vektors ist gleich dem skalaren Vielfachen des Bildvektors.

Bemerkung 5.3 Aus Übersichtlichkeitsgründen schreiben wir künftig bei einer linearen Abbildung F oft

$$F \begin{pmatrix} v_1 \\ v_2 \\ \vdots \\ v_n \end{pmatrix}$$

anstelle von

$$F\left(\begin{pmatrix} v_1 \\ v_2 \\ \vdots \\ v_n \end{pmatrix}\right) \text{ oder } F\left[\begin{pmatrix} v_1 \\ v_2 \\ \vdots \\ v_n \end{pmatrix}\right].$$

Das folgende Beispiel stellt eine lineare Abbildung vor, welche auf einem Funktionenraum definiert ist.

Beispiel 5.2 Es sei V der reelle Vektorraum der in einem Intervall (a, b) stetig differenzierbaren Funktionen; W sei der reelle Vektorraum der in einem Intervall (a, b) stetigen Funktionen. Dann ist die Abbildung $D : V \to W$, die jeder Funktion f aus V ihre Ableitungsfunktion f' zuordnet, eine lineare Abbildung, denn es gilt für alle $f, g \in V$ und alle $\alpha, \beta \in \mathbb{R}$:

$$D\left(\alpha f + \beta g\right) = \left(\alpha f + \beta g\right)' = \alpha f' + \beta g' = \alpha D\left(f\right) + \beta D\left(g\right).$$

Die Linearitätseigenschaft einer Abbildung ist etwas Besonderes, die nicht jeder Abbildung zukommt, wie folgendes Beispiel zeigt.

Beispiel 5.3 Es sei sowohl $V = \mathbb{R}^2$ als auch $W = \mathbb{R}^2$ der zweidimensionale reelle Standardvektorraum.

Die Abbildung $F : V \to W$ sei definiert durch

$$F\left(\vec{v}\right) = F\begin{pmatrix} v_1 \\ v_2 \end{pmatrix} = \begin{pmatrix} v_1 \cdot v_2 \\ v_1 + v_2 \end{pmatrix}.$$

F ist nicht linear, denn es gilt zum Beispiel für $\vec{v} = \begin{pmatrix} v_1 \\ v_2 \end{pmatrix}$ mit $v_1, v_2 \neq 0$:

$$\begin{aligned} F\left(\vec{v} + \vec{v}\right) &= F\left(2\vec{v}\right) = \begin{pmatrix} 2v_1 \cdot 2v_2 \\ 2v_1 + 2v_2 \end{pmatrix} = \begin{pmatrix} 4v_1 v_2 \\ 2\left(v_1 + v_2\right) \end{pmatrix} \\ &\neq 2F\left(\vec{v}\right) = F\left(\vec{v}\right) + F\left(\vec{v}\right) \\ &= \begin{pmatrix} 2v_1 v_2 \\ 2\left(v_1 + v_2\right) \end{pmatrix} = \begin{pmatrix} v_1 \cdot v_2 \\ v_1 + v_2 \end{pmatrix} + \begin{pmatrix} v_1 \cdot v_2 \\ v_1 + v_2 \end{pmatrix}. \end{aligned}$$

Spezielle lineare Abbildungen sind solche, die einen Vektorraum V in den zugrunde liegenden Skalarenkörper $\mathbb{K}$ abbilden.

Definition 5.2 Es sei V ein Vektorraum mit Skalarenkörper $\mathbb{K}$. Eine lineare Abbildung $L : V \to \mathbb{K}$ von V in $\mathbb{K}$ heißt **Linearform** oder **lineares Funktional**.

Beispiel 5.4 Aus Kapitel 3 ist bekannt, dass die in einem Intervall $[a, b]$ stetigen Funktionen einen reellen Vektorraum $V = C\,[a, b]$ bilden. Die Abbildung $A : V \to \mathbb{K}$, die jeder Funktion f aus V den Wert

$$A\left(f\right) = \int_a^b f\left(x\right) dx$$

des bestimmten Integrals zuordnet, ist ein lineares Funktional, denn es gilt für alle $f, g \in V$ und alle $\alpha, \beta \in \mathbb{R}$:

$$\begin{aligned} A\left(\alpha f + \beta g\right) &= \int_a^b \left(\alpha f\left(x\right) + \beta g\left(x\right)\right) dx \\ &= \alpha \int_a^b f\left(x\right) dx + \beta \int_a^b g\left(x\right) dx = \alpha A\left(f\right) + \beta A\left(g\right). \end{aligned}$$

Homomorphismen, d. h. lineare Abbildungen, die injektiv, surjektiv oder bijektiv sind, erhalten spezielle Bezeichnungen.

Definition 5.3 Sei $F : V \to W$ ein Homomorphismus des Vektorraums V in den Vektorraum W.
F heißt **Monomorphismus**, wenn F injektiv ist.
F heißt **Epimorphismus**, wenn F surjektiv ist.
F heißt **Isomorphismus**, wenn F bijektiv ist, also injektiv und surjektiv zugleich ist. Die Vektorräume V, W heißen dann **isomorph**; in Zeichen: $V \cong W$.

Beispiel 5.5 Es sei $V = W = \mathbb{R}^3$ der reelle dreidimensionale Standardvektorraum. Dann ist $F : V \to W$ mit

$$F\left(\overrightarrow{v}\right) = F\begin{pmatrix} v_1 \\ v_2 \\ v_3 \end{pmatrix} = \begin{pmatrix} v_3 \\ v_1 \\ v_2 \end{pmatrix}$$

offensichtlich ein Isomorphismus.

Wie wir im nächsten Satz sehen, ist eine lineare Abbildung durch die Wirkung auf einer Basis vollständig bestimmt.

Satz 5.1 *Es seien V, W zwei $\mathbb{K}$-Vektorräume. Weiter sei $\left\{\overrightarrow{v_1}, \overrightarrow{v_2}, \ldots, \overrightarrow{v_n}\right\}$ eine Basis von V. $\left\{\overrightarrow{w_1}, \overrightarrow{w_2}, \ldots, \overrightarrow{w_n}\right\}$ sei ein beliebiges System von Vektoren aus W. Dann gibt es genau eine lineare Abbildung $F : V \to W$ mit*

$$F\left(\overrightarrow{v_k}\right) = \overrightarrow{w_k} \quad \textit{für } k = 1, \ldots, n. \tag{5.4}$$

Beweis: Wir zeigen zunächst die Existenz einer solchen linearen Abbildung F, indem wir definieren

$$F\left(\alpha_1 \overrightarrow{v_1} + \alpha_2 \overrightarrow{v_2} + \ldots + \alpha_n \overrightarrow{v_n}\right) = \alpha_1 \overrightarrow{w_1} + \alpha_2 \overrightarrow{w_2} + \ldots + \alpha_n \overrightarrow{w_n}.$$

Die so definierte Abbildung F ist linear, denn es gilt für $\overrightarrow{x} = \alpha_1 \overrightarrow{v_1} + \ldots + \alpha_n \overrightarrow{v_n}$ und $\overrightarrow{y} = \beta_1 \overrightarrow{v_1} + \ldots + \beta_n \overrightarrow{v_n}$ die Beziehung

$$\begin{aligned} F\left(\overrightarrow{x} + \overrightarrow{y}\right) &= (\alpha_1 + \beta_1)\overrightarrow{w_1} + \ldots + (\alpha_n + \beta_n)\overrightarrow{w_n} \\ &= \left(\alpha_1 \overrightarrow{w_1} + \ldots + \alpha_n \overrightarrow{w_n}\right) + \left(\beta_1 \overrightarrow{w_1} + \ldots + \beta_n \overrightarrow{w_n}\right) \\ &= F\left(\overrightarrow{x}\right) + F\left(\overrightarrow{y}\right). \end{aligned}$$

Sei $\gamma \in \mathbb{K}$. Dann gilt auch

$$\begin{aligned} F\left(\gamma \overrightarrow{x}\right) &= (\gamma\alpha_1)\overrightarrow{w_1} + \ldots + (\gamma\alpha_n)\overrightarrow{w_n} \\ &= \gamma\left(\alpha_1 \overrightarrow{v_1} + \alpha_2 \overrightarrow{v_2} + \ldots + \alpha_n \overrightarrow{v_n}\right) = \gamma F\left(\overrightarrow{x}\right). \end{aligned}$$

Somit ist F linear und hat die Eigenschaft

$$F\left(\overrightarrow{v_k}\right) = \overrightarrow{w_k} \text{ für } k = 1, \ldots, n.$$

F ist aber auch durch obige Festlegung eindeutig bestimmt. Denn ist G eine weitere lineare Abbildung mit $G\left(\overrightarrow{v_k}\right) = \overrightarrow{w_k}$ für $k = 1, \ldots, n$, so muss für $\overrightarrow{v} = \alpha_1 \overrightarrow{v_1} + \alpha_2 \overrightarrow{v_2} + \ldots + \alpha_n \overrightarrow{v_n}$ wegen der Linearität von G zwangsläufig gelten

$$\begin{aligned} G\left(\overrightarrow{v}\right) &= G\left(\alpha_1 \overrightarrow{v_1} + \alpha_2 \overrightarrow{v_2} + \ldots + \alpha_n \overrightarrow{v_n}\right) \\ &= \alpha_1 \overrightarrow{w_1} + \alpha_2 \overrightarrow{w_2} + \ldots + \alpha_n \overrightarrow{w_n} = F\left(\overrightarrow{v}\right). \end{aligned}$$

Also gilt

$$G\left(\overrightarrow{v}\right) = F\left(\overrightarrow{v}\right) \text{ für alle } \overrightarrow{v} \in V,$$

d. h., es ist $G = F$. Damit ist der Satz bewiesen. ■

Beispiel 5.6 Es sei $V = \mathbb{R}^3$ und $W = \mathbb{R}^4$ der drei- bzw. vierdimensionale reelle Standardvektorraum. Durch die lineare Abbildung $E : V \to W$ mit

$$E\begin{pmatrix}1\\0\\0\end{pmatrix} = \begin{pmatrix}1\\0\\0\\0\end{pmatrix}, E\begin{pmatrix}0\\1\\0\end{pmatrix} = \begin{pmatrix}0\\1\\0\\0\end{pmatrix}, E\begin{pmatrix}0\\0\\1\end{pmatrix} = \begin{pmatrix}0\\0\\1\\0\end{pmatrix}$$

wird $V = \mathbb{R}^3$ in den Vektorraum $W = \mathbb{R}^4$ abgebildet. Bezeichnet W_3 den durch die Vektoren

$$\begin{pmatrix}1\\0\\0\\0\end{pmatrix}, \begin{pmatrix}0\\1\\0\\0\end{pmatrix}, \begin{pmatrix}0\\0\\1\\0\end{pmatrix}$$

erzeugten Untervektorraum von $W = \mathbb{R}^4$, so gilt offenbar $V = \mathbb{R}^3 \cong W_3$.

Testfragen

1. Welche der folgenden Abbildungen sind linear?

a) $F : \mathbb{R}^3 \to \mathbb{R}^2, \begin{pmatrix}v_1\\v_2\\v_3\end{pmatrix} \mapsto \begin{pmatrix}v_1\\v_3\end{pmatrix}$

b) $F : \mathbb{R}^3 \to \mathbb{R}^3, \begin{pmatrix}v_1\\v_2\\v_3\end{pmatrix} \mapsto 2\begin{pmatrix}v_1\\v_2\\v_3\end{pmatrix} + \begin{pmatrix}1\\2\\3\end{pmatrix}$

c) $F : \mathbb{R}^2 \to \mathbb{R}, \begin{pmatrix} v_1 \\ v_2 \end{pmatrix} \mapsto v_1 \cdot v_2$

d) $F : \mathbb{R}^3 \to \mathbb{R}^4, \begin{pmatrix} v_1 \\ v_2 \\ v_3 \end{pmatrix} \mapsto \begin{pmatrix} v_1 + v_2 \\ v_2 + v_3 \\ v_1 + v_3 \\ v_1 + v_2 + v_3 \end{pmatrix}$

e) $F : \mathbb{R}^3 \to \mathbb{R}^2, \begin{pmatrix} v_1 \\ v_2 \\ v_3 \end{pmatrix} \mapsto \begin{pmatrix} v_1 + 2 \\ v_2^2 + v_3 \end{pmatrix}$

2. Welche der folgenden Abbildungen sind Linearformen?

a) $L : \mathbb{R}^2 \to \mathbb{R}, \begin{pmatrix} v_1 \\ v_2 \end{pmatrix} \mapsto v_1^2 + v_2^2$

b) $L : \mathbb{R}^3 \to \mathbb{R}^2, \begin{pmatrix} v_1 \\ v_2 \\ v_3 \end{pmatrix} \mapsto \begin{pmatrix} v_1 + v_2 \\ v_2 + v_3 \end{pmatrix}$

c) $L : \mathbb{R}^2 \to \mathbb{R}, \begin{pmatrix} v_1 \\ v_2 \end{pmatrix} \mapsto 2v_1 + 3v_2$

d) $L : M_{n\times n}(\mathbb{R}) \to \mathbb{R}, (a_{ij})_{n,n} \mapsto \sum_{i=1}^{n} a_{ii}$

e) $L : \mathcal{P}(\mathbb{R}) \to \mathbb{R}, \sum^{n} a_i x^i \mapsto a_0$

3. Es seien V, W zwei $\mathbb{K}$-Vektorräume.mit $\dim V = 3, \dim W = 2$.
a) Gibt es eine lineare Abbildung $F : V \to W$, welche injektiv ist?
b) Gibt es eine lineare Abbildung $F : W \to V$, welche surjektiv ist?

4. Es sei $F : \mathbb{R}^2 \to \mathbb{R}^2$ diejenige lineare Abbildung mit

$$F\begin{pmatrix} 1 \\ 1 \end{pmatrix} = \begin{pmatrix} 3 \\ 1 \end{pmatrix}, \quad F\begin{pmatrix} 2 \\ 1 \end{pmatrix} = \begin{pmatrix} 7 \\ 8 \end{pmatrix}.$$

Berechnen Sie $F\begin{pmatrix} 1 \\ 0 \end{pmatrix}$ und $F\begin{pmatrix} 0 \\ 1 \end{pmatrix}$!

5. Es sei die lineare Abbildung $F : \mathbb{R}^3 \to \mathbb{R}^3$ definiert durch

$$F\begin{pmatrix} x_1 \\ x_2 \\ x_3 \end{pmatrix} = \begin{pmatrix} x_2 \\ x_3 \\ 0 \end{pmatrix}.$$

Ist F ein Monomorphismus?

6. Sind die Vektorräume $M_{2\times 2}(\mathbb{R})$ und $\mathbb{R}^4$ isomorph?

7. Ist die lineare Abbildung $F : \mathcal{P}(\mathbb{R}) \to \mathcal{P}(\mathbb{R})$, $\sum_{i=0}^{n} a_i x^i \mapsto \sum_{i=0}^{n} a_{n-i} x^i$ ein Isomorphismus?

5.2 Kern und Bild einer linearen Abbildung

Von besonderer Bedeutung bei einer linearen Abbildung sind diejenigen Vektoren, die auf den Nullvektor abgebildet werden.

Definition 5.4 Es seien V, W zwei $\mathbb{K}$-Vektorräume und $F : V \to W$ eine lineare Abbildung. Das Urbild $F^{-1}\left(\overrightarrow{0_W}\right)$ des Nullvektors $\overrightarrow{0_W}$ von W, d. h., die Menge aller Vektoren $\vec{u} \in V$, für die gilt $F\left(\vec{u}\right) = \overrightarrow{0_W}$, heißt der **Kern** der linearen Abbildung F. Er wird mit $\text{Kern}(F)$ bezeichnet:

$$\text{Kern}(F) = \left\{ \vec{u} \in V \;\middle|\; F\left(\vec{u}\right) = \overrightarrow{0_W} \right\}.$$

Die Dimension des Kerns heißt **Defekt** von F und wird mit $\text{def}(F)$ bezeichnet.

Von Bedeutung, wie wir vor allem in Unterkapitel 5.3 sehen werden, sind auch die Vektoren, die bei einer linearen Abbildung tatsächlich als Bildvektoren vorkommen.

Definition 5.5 Es seien V, W zwei $\mathbb{K}$-Vektorräume und $F : V \to W$ eine lineare Abbildung. Die Menge derjenigen Vektoren $\vec{w} \in W$, für die es einen Vektor $\vec{v} \in V$ mit $F\left(\vec{v}\right) = \vec{w}$ gibt, heißt **Bild** der linearen Abbildung F. Es wird mit $\text{Bild}(F)$ oder mit $F(V)$ bezeichnet:

$$\text{Bild}(F) = \left\{ \vec{w} \in W \;\middle|\; \text{es gibt ein } \vec{u} \in V \text{ mit } F\left(\vec{u}\right) = \vec{w} \right\}.$$

Die Dimension von $\text{Bild}(F)$ heißt **Rang** von F und wird mit $\text{rang}(F)$ bezeichnet.

Es ist nach Definition klar, dass $\text{Kern}(F)$ Teilmenge von V und $\text{Bild}(F)$ Teilmenge von W ist. Aber es handelt sich dabei nicht nur um unstrukturierte Teilmengen, wie der folgende Satz zeigt.

Satz 5.2 *Es seien V, W zwei $\mathbb{K}$-Vektorräume und $F : V \to W$ sei eine lineare Abbildung. Dann gilt:*
a) $\text{Kern}(F)$ *ist ein Teilraum von V.*
b) $\text{Bild}(F)$ *ist ein Teilraum von W.*

Beweis: a) Zunächst ist Kern (F) nicht leer, weil nach Bemerkung 5.1 $\overrightarrow{0} \in V$ in Kern (F) ist.
Es seien $\overrightarrow{u}, \overrightarrow{v} \in$ Kern (F). Dann gilt wegen (5.1)

$$F\left(\overrightarrow{u} + \overrightarrow{v}\right) = F\left(\overrightarrow{u}\right) + F\left(\overrightarrow{v}\right) = \overrightarrow{0_W} + \overrightarrow{0_W} = \overrightarrow{0_W}.$$

Also ist $\overrightarrow{u} + \overrightarrow{v} \in$ Kern (F). Weiter gilt für $\gamma \in \mathbb{K}$ und $\overrightarrow{u} \in$ Kern (F) nach (5.2) die Beziehung

$$F\left(\gamma\overrightarrow{u}\right) = \gamma F\left(\overrightarrow{u}\right) = \gamma\overrightarrow{0_W} = \overrightarrow{0_W}.$$

Also ist auch $\gamma\overrightarrow{u} \in$ Kern (F). Somit ist Kern (F) ein Teilraum von V.
b) Zunächst ist Bild (F) nicht leer, weil wegen $F\left(\overrightarrow{0}\right) = \overrightarrow{0_W}$ der Nullvektor $\overrightarrow{0_W}$ von W in Bild (F) enthalten ist. Es seien $\overrightarrow{w}, \overrightarrow{y} \in$ Bild (F). Dann gibt es Vektoren $\overrightarrow{u}, \overrightarrow{v} \in V$ mit $F\left(\overrightarrow{u}\right) = \overrightarrow{w}$, $F\left(\overrightarrow{v}\right) = \overrightarrow{y}$. Es gilt nun nach (5.1)

$$F\left(\overrightarrow{u} + \overrightarrow{v}\right) = F\left(\overrightarrow{u}\right) + F\left(\overrightarrow{v}\right) = \overrightarrow{w} + \overrightarrow{y},$$

d. h.

$$\overrightarrow{w} + \overrightarrow{y} \in \text{Bild}\,(F)\,.$$

Weiter gilt für $\gamma \in \mathbb{K}$ und $\overrightarrow{w} \in$ Bild (F) mit $F\left(\overrightarrow{u}\right) = \overrightarrow{w}$ nach (5.2) die Beziehung

$$F\left(\gamma\overrightarrow{u}\right) = \gamma F\left(\overrightarrow{u}\right) = \gamma\overrightarrow{w}.$$

Also ist auch

$$\gamma\overrightarrow{w} \in \text{Bild}\,(F)\,.$$

Somit ist Bild (F) ein Teilraum von W. ■

Beispiel 5.7 Es sei $V = \mathbb{R}^3$ und $W = \mathbb{R}^2$ der drei- bzw. zweidimensionale reelle Standardvektorraum mit der linearen Abbildung $F : V \to W$, die definiert ist durch:

$$F\left(\overrightarrow{u}\right) = F\begin{pmatrix} u_1 \\ u_2 \\ u_3 \end{pmatrix} = \begin{pmatrix} 2u_1 - u_2 \\ u_2 - 2u_3 \end{pmatrix}.$$

Um Kern (F) zu bestimmen, ist die Gleichung

$$F\begin{pmatrix} u_1 \\ u_2 \\ u_3 \end{pmatrix} = \begin{pmatrix} 0 \\ 0 \end{pmatrix}$$

zu lösen. Dies führt auf das lineare Gleichungssystem

$$\begin{aligned} 2u_1 - u_2 &= 0 \\ u_2 - 2u_3 &= 0. \end{aligned}$$

Die Lösung lautet

$$\vec{u} = \lambda \begin{pmatrix} 1 \\ 2 \\ 1 \end{pmatrix} \text{ mit } \lambda \in \mathbb{R}.$$

Somit ist

$$\text{Kern}\,(F) = \left\{ \lambda \begin{pmatrix} 1 \\ 2 \\ 1 \end{pmatrix} | \lambda \in \mathbb{R} \right\}.$$

Weiter gilt

$$F \begin{pmatrix} 1 \\ 0 \\ 0 \end{pmatrix} = \begin{pmatrix} 2 \\ 0 \end{pmatrix} \text{ und } F \begin{pmatrix} 0 \\ 0 \\ 1 \end{pmatrix} = \begin{pmatrix} 0 \\ -2 \end{pmatrix},$$

also bilden die Vektoren

$$F \begin{pmatrix} 1 \\ 0 \\ 0 \end{pmatrix} \text{ und } F \begin{pmatrix} 0 \\ 0 \\ 1 \end{pmatrix}$$

eine Basis von Bild (F), d. h., es gilt

$$\text{Bild}\,(F) = W = \mathbb{R}^2.$$

Injektivität und Surjektivität einer linearen Abbildung F lassen sich mithilfe von Kern (F) und Bild (F) feststellen.

Satz 5.3 *Es sei $F : V \to W$ eine lineare Abbildung des $\mathbb{K}$-Vektorraums V in den $\mathbb{K}$-Vektorraum W. Dann gilt:*
a) F ist genau dann injektiv, d. h. ***monomorph****, wenn* Kern $(F) = \mathcal{O}$ *ist.*
b) F ist genau dann surjektiv, d. h. ***epimorph****, wenn* Bild $(F) = W$ *ist.*

Beweis: a) Sei F injektiv, d. h., aus $F(\vec{u}) = F(\vec{v})$ folgt $\vec{u} = \vec{v}$.
Sei nun $\vec{u} \in$ Kern (F); dann ist

$$F(\vec{u}) = F\left(\vec{0}\right) = \overrightarrow{0_W}.$$

Aufgrund der Injektivität ist somit $\vec{u} = \vec{0}$, d. h., es ist

$$\text{Kern}\,(F) = \mathcal{O}.$$

Sei umgekehrt Kern $(F) = \mathcal{O}$ und sei weiter $F\left(\overrightarrow{u}\right) = F\left(\overrightarrow{v}\right)$. Daraus folgt wegen der Linearität von F die Beziehung

$$\overrightarrow{0_W} = F\left(\overrightarrow{0}\right) = F\left(\overrightarrow{u}\right) - F\left(\overrightarrow{u}\right) = F\left(\overrightarrow{u}\right) - F\left(\overrightarrow{v}\right) = F\left(\overrightarrow{u} - \overrightarrow{v}\right).$$

Also ist

$$\overrightarrow{u} - \overrightarrow{v} \in \text{Kern}\,(F)\,.$$

Nun ist Kern $(F) = \mathcal{O}$, also folgt $\overrightarrow{u} - \overrightarrow{v} = \overrightarrow{0}$, d. h.,

$$\overrightarrow{u} = \overrightarrow{v}\,.$$

Somit ist F injektiv.
b) Dies ist bereits aus Kapitel 1 bekannt und gilt insbesondere auch für lineare Abbildungen. ∎

Beispiel 5.8 Es sei $V = \mathcal{P}_{\leq 3}(\mathbb{R})$ der Vektorraum aller reellen Polynome von höchstens drittem Grade. Weiter sei $W = \mathbb{R}^4$. Die Abbildung $F : V \to W$ mit

$$F\left(a_0 + a_1 x + a_2 x^2 + a_3 x^3\right) = \begin{pmatrix} a_0 \\ a_1 \\ a_2 \\ a_3 \end{pmatrix}$$

ist offensichtlich eine lineare Abbildung.
Weiter gilt

$$F\left(a_0 + a_1 x + a_2 x^2 + a_3 x^3\right) = \overrightarrow{0}$$

genau dann, wenn

$$a_0 = a_1 = a_2 = a_3 = 0$$

ist. Folglich ist

$$\text{Kern}\,(F) = \mathcal{O},$$

d. h., Kern (F) besteht genau aus dem Nullpolynom. Also ist F monomorph. F ist aber auch epimorph, denn zu jedem

$$\overrightarrow{a} = \begin{pmatrix} a_0 \\ a_1 \\ a_2 \\ a_3 \end{pmatrix} \in W$$

gibt es ein Polynom $p(x)$ mit

$$F\left(p\left(x\right)\right)=\overrightarrow{a},$$

nämlich

$$p\left(x\right)=a_0+a_1x+a_2x^2+a_3x^3.$$

Zusammengefasst bedeutet dies, dass F isomorph, also ein Isomorphismus ist. Also gilt $V\cong W$, d.h.

$$\mathcal{P}_{\leq 3}\left(\mathbb{R}\right)\cong\mathbb{R}^4.$$

Bemerkung 5.4 Allgemein gilt die Isomorphie: $\mathcal{P}_{\leq n}\left(\mathbb{R}\right)\cong\mathbb{R}^{n+1}$.

Homomorphismen bilden eine Linearkombination von Vektoren auf die entsprechende Linearkombination der Bildvektoren ab. Insbesondere bleibt bei einem Monomorphismus die Eigenschaft der linearen Unabhängigkeit erhalten.

Satz 5.4 *Es seien V, W zwei $\mathbb{K}$-Vektorräume, und $F:V\to W$ sei eine lineare Abbildung mit* Kern $(F)=\mathcal{O}$, *d. h. ein Monomorphismus. Dann gilt: Sind $\overrightarrow{v_1},\overrightarrow{v_2},\ldots,\overrightarrow{v_n}$ linear unabhängige Vektoren, so sind auch die Bildvektoren $F\left(\overrightarrow{v_1}\right),F\left(\overrightarrow{v_2}\right),\ldots,F\left(\overrightarrow{v_n}\right)$ linear unabhängig.*

Beweis: Es sei

$$\alpha\ \left(\overrightarrow{v_1}\right)+\alpha_2F\left(\overrightarrow{v_2}\right)+\ldots+\alpha_nF\left(\overrightarrow{v_n}\right)=\overrightarrow{0_W}$$

eine lineare Darstellung des Nullvektors $\overrightarrow{0_W}$ von W. Aufgrund der Linearität von F folgt:

$$\begin{aligned}\alpha_1F\left(\overrightarrow{v_1}\right)+\alpha_2F\left(\overrightarrow{v_2}\right)+\ldots+\alpha_nF\left(\overrightarrow{v_n}\right)&=F\left(\alpha_1\overrightarrow{v_1}+\ldots+\alpha_n\overrightarrow{v_n}\right)\\&=\overrightarrow{0_W},\end{aligned}$$

also ist

$$\alpha_1\overrightarrow{v_1}+\alpha_2\overrightarrow{v_2}+\ldots+\alpha_n\overrightarrow{v_n}\in\text{Kern}\left(F\right)$$

und somit

$$\alpha_1\overrightarrow{v_1}+\alpha_2\overrightarrow{v_2}+\ldots+\alpha_n\overrightarrow{v_n}=\overrightarrow{0}.$$

Wegen der linearen Unabhängigkeit des Vektorensystems $\overrightarrow{v_1},\overrightarrow{v_2},\ldots,\overrightarrow{v_n}$ und wegen Kern $(F)=\mathcal{O}$ gilt

$$\alpha_1=\alpha_2=\ldots=\alpha_n=0.$$

Also ist das System der Bildvektoren $F\left(\overrightarrow{v_1}\right),\ldots,F\left(\overrightarrow{v_n}\right)$ linear unabhängig.

■

Speziell ergibt sich aus diesem Satz für endlichdimensionale Vektorräume:

Folgerung 5.1 Es seien V, W zwei $\mathbb{K}$-Vektorräume endlicher Dimension n, und $F : V \to W$ sei ein Monomorphismus. Dann gilt:
Bilden $\overrightarrow{v_1}, \overrightarrow{v_2}, \ldots, \overrightarrow{v_n}$ eine Basis von V, so bildet auch das System der Bildvektoren $F\left(\overrightarrow{v_1}\right), F\left(\overrightarrow{v_2}\right), \ldots, F\left(\overrightarrow{v_n}\right)$ eine Basis von W.

Beweis: Mit $\overrightarrow{v_1}, \overrightarrow{v_2}, \ldots, \overrightarrow{v_n}$ sind auch $F\left(\overrightarrow{v_1}\right), F\left(\overrightarrow{v_2}\right), \ldots, F\left(\overrightarrow{v_n}\right)$ linear unabhängig. Da n linear unabhängige Vektoren eines Vektorraumes der Dimension n eine Basis bilden, sind somit die Vektoren $F\left(\overrightarrow{v_1}\right), F\left(\overrightarrow{v_2}\right), \ldots, F\left(\overrightarrow{v_n}\right)$ eine Basis von W. ■

Merke: Für eine lineare Abbildung F zwischen zwei n-dimensionalen Vektorräumen gilt:

$$F \text{ ist bijektiv} \Leftrightarrow F \text{ ist injektiv} \Leftrightarrow F \text{ ist surjektiv}$$

oder anders ausgedrückt:

$$F \text{ ist Isomorphismus} \Leftrightarrow F \text{ ist Monomorphismus} \Leftrightarrow F \text{ ist Epimorhismus.}$$

Testfragen

1. Gibt es eine lineare Abbildung $F : V \to W$ mit $\text{Kern}(F) = V$?
2. Bestimmen Sie $\text{Kern}(F)$ und $\text{Bild}(F)$ für die lineare Abbildung
$$F : \mathbb{R}^3 \to \mathbb{R}^3, \begin{pmatrix} v_1 \\ v_2 \\ v_3 \end{pmatrix} \mapsto \begin{pmatrix} v_1 \\ v_1 + v_2 + v_3 \\ v_3 \end{pmatrix}.$$
3. Bestimmen Sie für lineare Abbildung
$$D : \mathcal{P}(\mathbb{R}) \to \mathcal{P}(\mathbb{R}), \sum_{i=0}^{n} \alpha_i x^i \mapsto \sum_{i=1}^{n} i\alpha_i x^{i-1}$$
sowohl $\text{Kern}(F)$ als auch $\text{Bild}(F)$!
4. Bei einer linearen Abbildung $F : V \to W$ seien die Bildvektoren
$$F\left(\overrightarrow{v_1}\right), F\left(\overrightarrow{v_2}\right), \ldots, F\left(\overrightarrow{v_n}\right)$$
linear unabhängig. Sind dann auch
$$\overrightarrow{v_1}, \overrightarrow{v_2}, \ldots, \overrightarrow{v_n}$$
linear unabhängig?

5. Bei einer linearen Abbildung $F : V \to W$ seien die Bildvektoren

$$F\left(\overrightarrow{v_1}\right), F\left(\overrightarrow{v_2}\right), \ldots, F\left(\overrightarrow{v_n}\right)$$

linear abhängig. Sind dann auch

$$\overrightarrow{v_1}, \overrightarrow{v_2}, \ldots, \overrightarrow{v_n}$$

linear abhängig?

6. Unter welcher Bedingung an $\dim V$ und $\dim W$ ist ein Monomorphismus $F : V \to W$ auch ein Epimorphismus und umgekehrt?

5.3 Homomorphiesatz

In diesem Unterkapitel werden wir uns mit den Zusammenhängen beschäftigen, die zwischen Urbildraum, Kern und Bild einer linearen Abbildung bestehen. Zunächst formulieren wir eine wichtige Dimensionsaussage.

Satz 5.5 *Es sei V ein endlichdimensionaler $\mathbb{K}$-Vektorraum, und $F : V \to W$ sei eine lineare Abbildung von V in einen $\mathbb{K}$-Vektorraum W. Dann gilt*

$$\dim V = \dim \operatorname{Kern}(F) + \dim \operatorname{Bild}(F). \tag{5.5}$$

Beweis: Es sei $n = \dim(V)$, $p = \dim(\operatorname{Kern}(F))$ und $q = \dim(\operatorname{Bild}(F))$. Ist $q = 0$, so ist $\operatorname{Kern}(F) = V$, und die Behauptung ist trivialerweise richtig. Ist $p = 0$, so ist $\operatorname{Kern}(F) = \mathcal{O}$, d. h., F ist ein Monomorphismus, und es gilt in diesem Fall:

$$n = p + q = 0 + q = q.$$

Wir nehmen deshalb an, dass $p, q \geqslant 1$ ist. Es sei $\left\{\overrightarrow{u_1}, \ldots, \overrightarrow{u_p}\right\}$ eine Basis von $\operatorname{Kern}(F)$. Weiter sei $\left\{\overrightarrow{w_1}, \ldots, \overrightarrow{w_q}\right\}$ eine Basis von $\operatorname{Bild}(F)$. Dann gibt es Vektoren $\overrightarrow{v_1}, \ldots, \overrightarrow{v_q}$ aus V mit

$$F\left(\overrightarrow{v_k}\right) = \overrightarrow{w_k} \text{ für } k = 1, \ldots, q.$$

Wir zeigen, dass die Vektoren $\overrightarrow{u_1}, \ldots, \overrightarrow{u_p}, \overrightarrow{v_1}, \ldots, \overrightarrow{v_q}$ eine Basis von V bilden. Dazu sei $\overrightarrow{v} \in V$ ein beliebiger Vektor. Dann lässt sich $F\left(\overrightarrow{v}\right)$ als eindeutige Linearkombination der Basis $\left\{\overrightarrow{w_1}, \ldots, \overrightarrow{w_q}\right\}$ von $\operatorname{Bild}(F)$ darstellen

$$F\left(\overrightarrow{v}\right) = \beta_1 \overrightarrow{w_1} + \ldots + \beta_q \overrightarrow{w_q}.$$

Aufgrund der Linearität von F gilt

$$F\left(\overrightarrow{v}\right) = \beta_1 F\left(\overrightarrow{v_1}\right) + \ldots + \beta_q F\left(\overrightarrow{v_q}\right)$$

sowie

$$\begin{aligned} & F\left(\overrightarrow{v}\right) - \left(\beta_1 F\left(\overrightarrow{v_1}\right) + \ldots + \beta_q F\left(\overrightarrow{v_q}\right)\right) \\ = \; & F\left(\overrightarrow{v} - \left(\beta_1 \overrightarrow{v_1} + \ldots + \beta_q \overrightarrow{v_q}\right)\right) = \overrightarrow{0_W}. \end{aligned}$$

Also liegt $\overrightarrow{v} - \left(\beta_1 \overrightarrow{v_1} + \ldots + \beta_q \overrightarrow{v_q}\right)$ im Kern der linearen Abbildung F. Da die Vektoren $\overrightarrow{u_1}, \ldots, \overrightarrow{u_p}$ eine Basis von Kern (F) bilden, gibt es eindeutig bestimmte Skalare $\alpha_1, \ldots, \alpha_p \in \mathbb{K}$ mit der Eigenschaft:

$$\overrightarrow{v} - \left(\beta_1 \overrightarrow{v_1} + \ldots + \beta_q \overrightarrow{v_q}\right) = \alpha_1 \overrightarrow{u_1} + \ldots + \alpha_p \overrightarrow{u_p},$$

woraus sofort folgt:

$$\overrightarrow{v} = \alpha_1 \overrightarrow{u_1} + \ldots + \alpha_p \overrightarrow{u_p} + \beta_1 \overrightarrow{v_1} + \ldots + \beta_q \overrightarrow{v_q}$$

mit eindeutig bestimmten Skalaren $\alpha_1, \ldots, \alpha_p, \beta_1, \ldots, \beta_q \in \mathbb{K}$.
Somit ist $\left\{\overrightarrow{u_1}, \ldots, \overrightarrow{u_p}, \overrightarrow{v_1}, \ldots, \overrightarrow{v_q}\right\}$ eine Basis von V, und es gilt dabei folgender Zusammenhang:

$$\dim V = n = p + q = \dim \operatorname{Kern}(F) + \dim \operatorname{Bild}(F). \qquad \blacksquare$$

Aus Satz 5.5 ergibt sich unter Berücksichtigung von Satz 5.1 unmittelbar:

Folgerung 5.2 Es sei V ein endlichdimensionaler $\mathbb{K}$-Vektorraum, und F sei eine lineare Abbildung von V in einen $\mathbb{K}$-Vektorraum W. Ist $\left\{\overrightarrow{v_1}, \ldots, \overrightarrow{v_n}\right\}$ eine Basis von V, dann gilt:

$$\operatorname{Bild}(F) = \operatorname{span}\left(F\left(\overrightarrow{v_1}\right), \ldots, F\left(\overrightarrow{v_n}\right)\right).$$

Insbesondere bildet ein maximales linear unabhängiges System von $\left\{F\left(\overrightarrow{v_1}\right), \ldots, F\left(\overrightarrow{v_n}\right)\right\}$ eine Basis von Bild (F).

Beweis: Nach Satz 5.1 ist F eindeutig bestimmt durch die n Bildvektoren $F\left(\overrightarrow{v_1}\right), \ldots, F\left(\overrightarrow{v_n}\right)$. Nun wird aber Bild (F) erzeugt von $F\left(\overrightarrow{v_1}\right), \ldots, F\left(\overrightarrow{v_n}\right)$, woraus sich sofort die Behauptung ergibt. ■

Beispiel 5.9 Es sei $V = \mathbb{R}^3$ und $W = \mathbb{R}^4$ der drei- bzw. vierdimensionale reelle Standardvektorraum. Die lineare Abbildung $F : V \to W$ ist definiert durch:

$$F\left(\overrightarrow{v}\right) = F\begin{pmatrix} v_1 \\ v_2 \\ v_3 \end{pmatrix} = \begin{pmatrix} v_1 & -v_2 & +2v_3 \\ & v_2 & -v_3 \\ 2v_1 & +v_2 & +v_3 \\ v_1 & +v_2 & \end{pmatrix}.$$

Dann wird Bild (F) erzeugt von den Bildvektoren

$$F\left(\overrightarrow{e_1}\right) = F\begin{pmatrix}1\\0\\0\end{pmatrix} = \begin{pmatrix}1\\0\\2\\1\end{pmatrix},$$

$$F\left(\overrightarrow{e_2}\right) = F\begin{pmatrix}0\\1\\0\end{pmatrix} = \begin{pmatrix}-1\\1\\1\\1\end{pmatrix},$$

$$F\left(\overrightarrow{e_3}\right) = F\begin{pmatrix}0\\0\\1\end{pmatrix} = \begin{pmatrix}2\\-1\\1\\0\end{pmatrix},$$

wobei $\overrightarrow{e_1}$, $\overrightarrow{e_2}$, $\overrightarrow{e_3}$ die kanonischen Basisvektoren des $\mathbb{R}^3$ bedeuten.
Wir bestimmen nun die Dimension von $\operatorname{span}\left(F\left(\overrightarrow{e_1}\right), F\left(\overrightarrow{e_2}\right), F\left(\overrightarrow{e_3}\right)\right)$, indem wir die lineare Relation

$$v_1F\left(\overrightarrow{e_1}\right) + v_2F\left(\overrightarrow{e_2}\right) + v_3F\left(\overrightarrow{e_3}\right) = \overrightarrow{0_W},$$

d. h.

$$v_1\begin{pmatrix}1\\0\\2\\1\end{pmatrix} + v_2\begin{pmatrix}-1\\1\\1\\1\end{pmatrix} + v_3\begin{pmatrix}2\\-1\\1\\0\end{pmatrix} = \begin{pmatrix}0\\0\\0\\0\end{pmatrix}$$

untersuchen, d. h. Kern (F) bestimmen. Diese Beziehung führt auf das lineare Gleichungssystem:

$$\begin{array}{rrrcl} v_1 & -v_2 & +2v_3 & = & 0\\ & v_2 & -v_3 & = & 0\\ 2v_1 & +v_2 & +v_3 & = & 0\\ v_1 & +v_2 & & = & 0 \end{array}$$

Wir wenden darauf elementare Umformungen des Gauß'schen Algorithmus an und erhalten so die Endform:

$$\begin{array}{rrrcl} v_1 & -v_2 & +2v_3 & = & 0\\ & v_2 & -v_3 & = & 0 \end{array}$$

Die Lösung des Gleichungssystems hängt von genau einem Parameter λ ab, wir wählen z. B. v_3 als Parameter λ. Es ist dann $v_1 = -\lambda$, $v_2 = \lambda$, $v_3 = \lambda$ mit $\lambda \in \mathbb{R}$ die Lösung des Systems.

Damit haben wir erstens Kern (F) bestimmt, denn es gilt:

$$\vec{v} \in \text{Kern}\,(F) \text{ genau dann, wenn } \vec{v} = \lambda \begin{pmatrix} -1 \\ 1 \\ 1 \end{pmatrix}, \lambda \in \mathbb{R}.$$

Zweitens haben wir auch eine Basis von Bild (F) berechnet, denn die Bildvektoren $F\left(\vec{e_k}\right)$, deren Koeffizienten v_k bei der Lösungsfindung nicht als freie Parameter gewählt wurden, bilden ein maximales linear unabhängiges System von $\left\{F\left(\vec{e_1}\right), F\left(\vec{e_2}\right), F\left(\vec{e_3}\right)\right\}$ und damit eine Basis von Bild (F). Somit ist $\left\{F\left(\vec{e_1}\right), F\left(\vec{e_2}\right)\right\}$ eine Basis von Bild (F); es ist also

$$\begin{aligned}
\text{Bild}\,(F) &= \left\{\alpha F\left(\vec{e_1}\right) + \beta F\left(\vec{e_2}\right) \mid \alpha, \beta \in \mathbb{R}\right\} \\
&= \left\{\alpha \begin{pmatrix} 1 \\ 0 \\ 2 \\ 1 \end{pmatrix} + \beta \begin{pmatrix} -1 \\ 1 \\ 1 \\ 1 \end{pmatrix} \mid \alpha, \beta \in \mathbb{R}\right\}.
\end{aligned}$$

Über die quantitative Dimensionsaussage von Satz 5.5 hinausgehend, gestattet eine lineare Abbildung auch eine tiefgründige Strukturaussage.

Satz 5.6 *(Homomorphiesatz) Es seien V, W zwei $\mathbb{K}$-Vektorräume und $F: V \to W$ eine lineare Abbildung von V in W. Dann ist der Faktorraum von V nach* Kern (F) *isomorph zu* Bild (F):

$$V/\,\text{Kern}\,(F) \cong \text{Bild}\,(F)\,, \tag{5.6}$$

wobei der zugrunde liegende Isomorphismus gegeben ist durch

$$\overline{F}\left(\vec{v} + \text{Kern}\,(F)\right) = F\left(\vec{v}\right). \tag{5.7}$$

Beweis: Zunächst ist $\overline{F}$ wohldefiniert, d. h., gleichen Restklassen wird derselbe Vektor aus W zugeordnet. Denn gilt

$$\vec{u} + \text{Kern}\,(F) = \vec{v} + \text{Kern}\,(F)\,,$$

so folgt $\vec{u} = \vec{v} + \vec{x}$ mit einem Vektor $\vec{x} \in$ Kern (F). Also ergibt sich

$$\begin{aligned}
\overline{F}\left(\vec{u} + \text{Kern}\,(F)\right) &= F\left(\vec{u}\right) \\
&= F\left(\vec{v} + \vec{x}\right) = F\left(\vec{v}\right) + F\left(\vec{x}\right) \\
&= F\left(\vec{v}\right) = \overline{F}\left(\vec{v} + \text{Kern}\,(F)\right).
\end{aligned}$$

Weiter ist $\overline{F}$ linear, denn es gilt für $\overrightarrow{u}, \overrightarrow{v} \in V$ und $\alpha, \beta \in \mathbb{K}$ wegen der Linearität von F die Beziehung:

$$\begin{aligned} & \overline{F}\left(\alpha\left(\overrightarrow{u} + \text{Kern}\,(F)\right) + \beta\left(\overrightarrow{v} + \text{Kern}\,(F)\right)\right) \\ = \; & \overline{F}\left(\left(\alpha\overrightarrow{u} + \text{Kern}\,(F)\right) + \left(\beta\overrightarrow{v} + \text{Kern}\,(F)\right)\right) \\ = \; & \overline{F}\left(\left(\alpha\overrightarrow{u} + \beta\overrightarrow{v}\right) + \text{Kern}\,(F)\right) \\ = \; & F\left(\alpha\overrightarrow{u} + \beta\overrightarrow{v}\right) = F\left(\alpha\overrightarrow{u}\right) + F\left(\beta\overrightarrow{v}\right) \\ = \; & \alpha F\left(\overrightarrow{u}\right) + \beta F\left(\overrightarrow{v}\right) \\ = \; & \alpha\overline{F}\left(\overrightarrow{u} + \text{Kern}\,(F)\right) + \beta\overline{F}\left(\overrightarrow{v} + \text{Kern}\,(F)\right). \end{aligned}$$

Wir zeigen nun, dass $\overline{F}$ epimorph ist. Sei $\overrightarrow{w} \in \text{Bild}\,(F)$. Dann existiert ein Vektor $\overrightarrow{v} \in V$ mit $F\left(\overrightarrow{v}\right) = \overrightarrow{w}$. Somit gilt auch:

$$\overline{F}\left(\overrightarrow{v} + \text{Kern}\,(F)\right) = \overrightarrow{w},$$

d. h., $\overline{F}$ ist ein Epimorphismus. $\overline{F}$ ist aber auch ein Monomorphismus. Dazu sei

$$\overline{F}\left(\overrightarrow{u} + \text{Kern}\,(F)\right) = \overline{F}\left(\overrightarrow{v} + \text{Kern}\,(F)\right).$$

Somit gilt:

$$F\left(\overrightarrow{u}\right) = F\left(\overrightarrow{v}\right),$$

woraus wegen der Linearität von F die Beziehung

$$F\left(\overrightarrow{u} - \overrightarrow{v}\right) = \overrightarrow{0_W}$$

folgt, was gleichbedeutend ist mit

$$\overrightarrow{u} - \overrightarrow{v} \in \text{Kern}\,(F).$$

Bezogen auf den Faktorraum $V/\,\text{Kern}\,(F)$ bedeutet dies:

$$\begin{aligned} \left(\overrightarrow{u} + \text{Kern}\,(F)\right) - \left(\overrightarrow{v} + \text{Kern}\,(F)\right) &= \left(\overrightarrow{u} - \overrightarrow{v}\right) + \text{Kern}\,(F) \\ &= \overrightarrow{0} + \text{Kern}\,(F) \\ &= \text{Kern}\,(F), \end{aligned}$$

woraus sich ergibt

$$\overrightarrow{u} + \text{Kern}\,(F) = \overrightarrow{v} + \text{Kern}\,(F).$$

Also ist $\overline{F}$ ein Monomorhismus. Zusammengefasst heißt dies, dass

$$\overline{F} : \overrightarrow{v} + \text{Kern}\,(F) \mapsto F\left(\overrightarrow{v}\right)$$

ein Isomorphismus von $V/\,\text{Kern}\,(F)$ nach $\text{Bild}\,(F)$ ist. ∎

Bemerkung 5.5 Die Aussage von Satz 5.6 ist auch insofern bemerkenswert, dass keinerlei Voraussetzungen über die Dimension der Vektorräume V, W gemacht werden; Satz 5.6 gilt also auch für Vektorräume mit unendlicher Dimension.

Beispiel 5.10 Es sei $V = W = \mathcal{P}(\mathbb{R})$ der Vektorraum der reellen Polynome. Die lineare Abbildung $D : V \to W$ sei definiert durch

$$D\left(a_0 + a_1 x + \ldots + a_n x^n\right) = a_1 + 2a_2 x \ldots + n a_n x^{n-1}.$$

Es ist sofort ersichtlich, dass D epimorph ist, denn es gilt für jedes Polynom $b_0 + \ldots + b_n x^n$ aus W die Beziehung

$$D\left(b_0 x + \frac{b_1}{2} x^2 + \ldots + \frac{b_n}{n+1} x^{n+1}\right) = b_0 + b_1 x \ldots + b_n x^n.$$

Der Kern von D besteht genau aus den konstanten Polynomen

$$\text{Kern}\,(D) = \mathcal{P}_0(\mathbb{R}) \cong \mathbb{R}.$$

Somit gilt nach Satz 5.6

$$\mathcal{P}(\mathbb{R}) \,/\, \text{Kern}\,(D) = \mathcal{P}(\mathbb{R}) / \mathcal{P}_0(\mathbb{R}) \cong \mathcal{P}(\mathbb{R}) = \text{Bild}\,(D)\,.$$

Vektorräume, die unendliche Dimension haben, können also durchaus isomorph zu einem ihrer nicht trivialen Faktorräume sein.

Testfragen

1. Es sei $F : V \to W$ eine lineare Abbildung, weiter sei $\dim V = 5$, $\dim W = 5$.
   Welche Möglichkeiten für $\dim \text{Kern}\,(F)$ und $\dim \text{Bild}\,(F)$ gibt es?
2. Bestimmen Sie die Dimension von $\text{Bild}\,(F)$ für die lineare Abbildung

$$F : \mathbb{R}^3 \to \mathbb{R}^4, \begin{pmatrix} v_1 \\ v_2 \\ v_3 \end{pmatrix} \mapsto \begin{pmatrix} v_1 \\ v_1 \\ v_2 \\ v_1 - v_2 \end{pmatrix}.$$

3. Welche der folgenden Aussagen über eine lineare Abbildung $F : V \to W$ sind richtig?
   a) $\dim W \geq \dim \text{Bild}\,(F)$.
   b) $\dim \text{Bild}\,(F) \geq \dim \text{Kern}\,(F)$.
   c) $\dim \text{Kern}\,(F) = 0 \Leftrightarrow F$ ist Monomorphismus.

4. Es seien V, W zwei endlichdimensionale $\mathbb{K}$-Vektorräume mit unterschiedlichen Dimensionen. Warum kann es keinen Isomorphismus von V nach W geben?
5. Bestimmen Sie für die lineare Abbildung

$$F : \mathbb{C}^3 \to \mathbb{C}^2, \begin{pmatrix} z_1 \\ z_2 \\ z_3 \end{pmatrix} \mapsto \begin{pmatrix} \mathrm{i}z_1 \\ z_2 + z_3 \end{pmatrix}$$

den Faktorraum $\mathbb{C}^3 / \operatorname{Kern}(F)$!

5.4 Produkte und Inverse von linearen Abbildungen

Die Eigenschaft der Linearität bleibt beim Abbildungsprodukt und der Inversenbildung erhalten, wie der folgende Satz zeigt.

Satz 5.7 *Es seien U, V, W drei $\mathbb{K}$-Vektorräume.*
a) $F : U \to V$, $G : V \to W$ seien zwei lineare Abbildungen. Dann ist das Produkt (oder die Komposition) $G \circ F$ von F und G auch eine lineare Abbildung.
b) Ist $F : U \to V$ eine invertierbare lineare Abbildung, d. h. ein Isomorphismus, so ist auch die Umkehrabbildung $F^{-1} : V \to U$ eine lineare Abbildung und damit ein Isomorphismus.

Beweis: a) Es gilt wegen der Linearität von F und G für alle $\overrightarrow{u_1}, \overrightarrow{u_2} \in U$:

$$\begin{aligned}(G \circ F)\left(\overrightarrow{u_1} + \overrightarrow{u_2}\right) &= G\left(F\left(\overrightarrow{u_1} + \overrightarrow{u_2}\right)\right) = G\left(F\left(\overrightarrow{u_1}\right) + F\left(\overrightarrow{u_2}\right)\right) \\ &= G\left(F\left(\overrightarrow{u_1}\right)\right) + G\left(F\left(\overrightarrow{u_2}\right)\right) \\ &= (G \circ F)\left(\overrightarrow{u_1}\right) + (G \circ F)\left(\overrightarrow{u_2}\right).\end{aligned}$$

Weiter gilt für $\overrightarrow{u} \in U$ und $\alpha \in \mathbb{K}$:

$$\begin{aligned}(G \circ F)\left(\alpha \overrightarrow{u}\right) &= G\left(F\left(\alpha \overrightarrow{u}\right)\right) \\ &= G\left(\alpha F\left(\overrightarrow{u}\right)\right) = \alpha G\left(F\left(\overrightarrow{u}\right)\right) \\ &= \alpha\,(G \circ F)\left(\overrightarrow{u}\right).\end{aligned}$$

Damit ist bewiesen, dass mit F, G auch $G \circ F$ eine lineare Abbildung ist.

b) Es seien jetzt $\vec{v}, \vec{y} \in V$. Da F invertierbar ist, existieren dazu eindeutig bestimmte Vektoren $\vec{u}, \vec{x} \in U$ mit

$$F(\vec{u}) = \vec{v}, F(\vec{x}) = \vec{y},$$

d. h.

$$F^{-1}(\vec{v}) = \vec{u} \text{ und } F^{-1}(\vec{y}) = \vec{x}.$$

Wegen der Linearität von F folgt

$$F(\vec{u} + \vec{x}) = F(\vec{u}) + F(\vec{x}) = \vec{v} + \vec{y}$$

und

$$F(\alpha\vec{u}) = \alpha F(\vec{u}) = \alpha\vec{v} \text{ für } \alpha \in \mathbb{K}.$$

Wendet man auf beide Gleichungen die inverse Abbildung F^{-1} an, so erhält man einmal

$$F^{-1}(\vec{v} + \vec{y}) = F^{-1}(F(\vec{u} + \vec{x})) = \vec{u} + \vec{x} = F^{-1}(\vec{v}) + F^{-1}(\vec{y})$$

und auch

$$F^{-1}(\alpha\vec{v}) = F^{-1}(\alpha F(\vec{u})) = F^{-1}(F(\alpha\vec{u})) = \alpha\vec{u} = \alpha F^{-1}(\vec{v}).$$

Somit ist mit F auch F^{-1} eine lineare Abbildung. ■

Bemerkung 5.6 Für die Komposition $G \circ F$ zweier linearer Abbildungen F, G reicht es aus, wenn G auf Bild (F) definiert ist.

Beispiel 5.11 Es seien $U = \mathbb{R}^3$, $V = \mathbb{R}^2$ und $W = \mathbb{R}^4$ die reellen Standardvektorräume der Dimensionen 3, 2 und 4. Die linearen Abbildungen $F : U \to V$ und $G : V \to W$ seien definiert als:

$$\begin{aligned} F(\vec{u}) &= F\begin{pmatrix} u_1 \\ u_2 \\ u_3 \end{pmatrix} = \begin{pmatrix} u_1 + 2u_2 \\ 2u_2 + 3u_3 \end{pmatrix}, \\ G(\vec{v}) &= G\begin{pmatrix} v_1 \\ v_2 \end{pmatrix} = \begin{pmatrix} v_1 \\ v_1 + v_2 \\ v_1 - v_2 \\ v_2 \end{pmatrix}. \end{aligned}$$

Dann ist auch $G \circ F$ linear, und es gilt:

$$
\begin{aligned}
(G \circ F)(\vec{u}) &= G(F(\vec{u})) = G\begin{pmatrix} u_1 + 2u_2 \\ 2u_2 + 3u_3 \end{pmatrix} \\
&= \begin{pmatrix} u_1 + 2u_2 \\ (u_1 + 2u_2) + (2u_2 + 3u_3) \\ (u_1 + 2u_2) - (2u_2 + 3u_3) \\ 2u_2 + 3u_3 \end{pmatrix} \\
&= \begin{pmatrix} u_1 + 2u_2 \\ u_1 + 4u_2 + 3u_3 \\ u_1 + 3u_3 \\ 2u_2 + 3u_3 \end{pmatrix}.
\end{aligned}
$$

Testfragen

1. Berechnen Sie für die linearen Abbildungen

$$F : \mathbb{R}^2 \to \mathbb{R}^4, \begin{pmatrix} v_1 \\ v_2 \end{pmatrix} \mapsto \begin{pmatrix} v_1 \\ v_1 - v_2 \\ v_2 \\ v_1 + v_2 \end{pmatrix}$$

und

$$G : \mathbb{R}^4 \to \mathbb{R}^2, \begin{pmatrix} w_1 \\ w_2 \\ w_3 \\ w_4 \end{pmatrix} \mapsto \begin{pmatrix} w_1 + w_2 \\ w_3 - w_4 \end{pmatrix}$$

die Abbildungsprodukte $G \circ F$ und $F \circ G$!

2. Wie lautet die inverse Abbildung F^{-1} zur linearen Abbildung

$$F : \mathbb{R}^3 \to \mathbb{R}^3, \begin{pmatrix} v_1 \\ v_2 \\ v_3 \end{pmatrix} \mapsto \begin{pmatrix} v_1 \\ v_2 \\ v_3 \end{pmatrix} - \begin{pmatrix} v_2 \\ v_3 \\ v_1 \end{pmatrix}?$$

3. Es seien $F : U \to V$, $G : V \to W$ lineare Abbildungen endlichdimensionaler Vektorräume. Unter welcher Bedingung gilt dann

$$\dim \text{Bild}\,(F) = \dim \text{Kern}\,(G) + \dim \text{Bild}\,(G)\ ?$$

4. Es sei $F : V \to W$ eine lineare Abbildung endlichdimensionaler Vektorräume. Unter welcher Bedingung gilt dann

$$\dim V = \dim \text{Kern}\,(F) + \dim W\ ?$$

5.5 Vektorraum der linearen Abbildungen

Wir betrachten jetzt die Menge der linearen Abbildungen eines Vektorraums V in einen Vektorraum W. Uns interessiert nun, ob diese linearen Abbildungen selbst einen Vektorraum bilden.

Definition 5.6 Es seien V, W zwei $\mathbb{K}$-Vektorräume. In der Menge $\mathrm{Hom}(V, W)$ der linearen Abbildungen von V in W definiert man für alle $F, G \in \mathrm{Hom}(V, W)$ eine punktweise Addition $F + G$ und skalare Multiplikation αF wie folgt

$$(F + G)\left(\vec{v}\right) = F\left(\vec{v}\right) + G\left(\vec{v}\right) \text{ für } \vec{v} \in V \tag{5.8}$$

$$(\alpha F)\left(\vec{v}\right) = \alpha F\left(\vec{v}\right) \text{ für } \vec{v} \in V, \alpha \in \mathbb{K}. \tag{5.9}$$

Mit dieser Addition und skalaren Multiplikation erhält $\mathrm{Hom}(V, W)$ eine algebraische Struktur, wie der folgende Satz zeigt.

Satz 5.8 *Es seien V, W zwei $\mathbb{K}$-Vektorräume. Dann ist die Menge* $\mathrm{Hom}(V, W)$ *der linearen Abbildungen von V in W mit der in obiger Definition punktweise erklärten Addition und skalaren Multiplikation ein $\mathbb{K}$-Vektorraum.*

Beweis: Wir zeigen zunächst, dass mit $F, G \in \mathrm{Hom}(V, W)$ auch die Summe $F + G$ aus $\mathrm{Hom}(V, W)$ ist. Dazu seien $\vec{u}, \vec{v} \in V$ und $\gamma \in K$. Dann gilt nach Definition der Addition von F, G und der linearen Abbildungseigenschaft von F und G:

$$\begin{aligned}
(F + G)\left(\vec{u} + \vec{v}\right) &= F\left(\vec{u} + \vec{v}\right) + G\left(\vec{u} + \vec{v}\right) \\
&= F\left(\vec{u}\right) + F\left(\vec{v}\right) + G\left(\vec{u}\right) + G\left(\vec{v}\right) \\
&= F\left(\vec{u}\right) + G\left(\vec{u}\right) + F\left(\vec{v}\right) + G\left(\vec{v}\right) \\
&= (F + G)\left(\vec{u}\right) + (F + G)\left(\vec{v}\right),
\end{aligned}$$

und es gilt weiter:

$$\begin{aligned}
(F + G)\left(\gamma\vec{u}\right) &= F\left(\gamma\vec{u}\right) + G\left(\gamma\vec{u}\right) = \gamma F\left(\vec{u}\right) + \gamma G\left(\vec{u}\right) \\
&= \gamma\left(F\left(\vec{u}\right) + G\left(\vec{u}\right)\right) = \gamma\,(F + G)\left(\vec{u}\right).
\end{aligned}$$

Somit ist mit F, G auch $F + G$ eine lineare Abbildung.
Als Nächstes beweisen wir, dass mit F auch αF aus $\mathrm{Hom}(V, W)$ ist für alle $\alpha \in K$. Dazu seien wieder $\vec{u}, \vec{v} \in V$ und $\gamma \in K$. Nach Definition der skalaren Multiplikation von F mit α gilt nun

$$\begin{aligned}
(\alpha F)\left(\vec{u} + \vec{v}\right) &= (\alpha F)\left(\vec{u}\right) + (\alpha F)\left(\vec{v}\right) = \alpha F\left(\vec{u}\right) + \alpha F\left(\vec{v}\right) \\
&= (\alpha F)\left(\vec{u}\right) + (\alpha F)\left(\vec{v}\right),
\end{aligned}$$

und man erhält auch:

$$(\alpha F)\left(\gamma \overrightarrow{u}\right) = \alpha F\left(\gamma \overrightarrow{u}\right) = \alpha\gamma F\left(\overrightarrow{u}\right) = \gamma\alpha F\left(\overrightarrow{u}\right) = \gamma\,(\alpha F)\left(\overrightarrow{u}\right).$$

Somit ist auch αF eine lineare Abbildung. Damit ist $\mathrm{Hom}\,(V, W)$ abgeschlossen bezüglich der punktweisen Addition und skalaren Multiplikation.

Das neutrale Element in $\mathrm{Hom}\,(V, W)$ bezüglich der Addition ist die Nullabbildung, welche jedem $\overrightarrow{v} \in V$ den Nullvektor $\overrightarrow{0_W} \in W$ zuordnet. Die zu einer linearen Abbildung F inverse Abbildung bezüglich der Addition ist $(-1)\,F$, die man auch mit $-F$ bezeichnet.

Aufgrund der punktweisen Definition der Addition und skalaren Multiplikation in $\mathrm{Hom}\,(V, W)$ stellt man leicht fest, dass die übrigen Vektorraumaxiome auch erfüllt sind und somit $\mathrm{Hom}\,(V, W)$ einen $\mathbb{K}$-Vektorraum bildet. ■

Beispiel 5.12 Es sei V der reelle Vektorraum, der aus den reellwertigen, beliebig oft differenzierbaren Funktionen einer reellen Variablen x besteht. D^n bezeichne die lineare Abbildung, welche jeder Funktion $f \in V$ ihre n-te Ableitung zuordnet; dabei ist $n = 0, 1, 2\ldots$ Dann ist auch

$$\alpha_n D^n + \alpha_{n-1} D^{n-1} + \ldots + \alpha_1 D + \alpha_0 I,$$

wobei I die Identität D^0 bedeutet, für alle $\alpha_0, \ldots, \alpha_n \in \mathbb{R}$ eine lineare Abbildung. Die Bestimmung des Kerns von $\alpha_n D^n + \alpha_{n-1} D^{n-1} + \ldots + \alpha_1 D + \alpha_0 I$ ist dann gleichbedeutend mit dem Lösen der Differenzialgleichung $\alpha_n y^{(n)} + \alpha_{n-1} y^{(n-1)} + \ldots + \alpha_1 y' + \alpha_0 y = 0$.

Definition 5.7 Eine lineare Abbildung F eines $\mathbb{K}$-Vektorraum V in sich selbst heißt **lineare Selbstabbildung** oder **Endomorphismus** von V. Der Vektorraum $\mathrm{Hom}\,(V, V)$ wird auch mit $\mathrm{End}\,(V)$ bezeichnet. Ist der Endomorphismus F bijektiv, so spricht man auch von einem **Automorphismus**.

Über die Vektorraumstruktur hinaus ist $\mathrm{End}\,(V)$ eine sogenannte **$\mathbb{K}$-Algebra**, wenn man zusätzlich zur Vektorraumaddition und skalaren Multiplikation unter dem Produkt zweier Endomorphismen F, G das Abbildungsprodukt $G \circ F$ versteht, das assoziativ, aber nicht kommutativ ist.

Lässt man die skalare Multiplikation unberücksichtigt und betrachtet nur Addition und Multiplikation, so bildet $\mathrm{End}\,(V)$ einen nicht kommutativen Ring mit der identischen Abbildung I als Einselement.

Ein weiterer wichtiger Spezialfall von $\mathrm{Hom}\,(V, W)$ ergibt sich, wenn $W = \mathbb{K}$ ist, also der Skalarenkörper $\mathbb{K}$ selbst als (eindimensionaler) Vektorraum aufgefasst wird.

Definition 5.8 Der Vektorraum $\mathrm{Hom}\,(V, \mathbb{K})$ aller Linearformen eines Vektorraums V in den zugrunde liegenden Skalarenkörper $\mathbb{K}$ wird als **Dualraum** V^* bezeichnet.

Ist $\dim V = n$ und $\overrightarrow{b_1}, \ldots, \overrightarrow{b_n}$ eine Basis von V, so ist nach Satz 5.1 jede Linearform L aus V^* eindeutig durch die Wirkung auf die Basisvektoren bestimmt. Bezeichnen $L_1, \ldots, L_n$ nun die Linearformen mit

$$L_i\left(\overrightarrow{b_j}\right) = \begin{cases} 1 \text{ für } i = j \\ 0 \text{ für } i \neq j \end{cases},$$

so lässt sich L eindeutig als Linearkombination von $L_1, \ldots, L_n$ darstellen. Also bilden $L_1, \ldots, L_n$ eine Basis von V^*. Demnach ist die lineare Abbildung F von V in V^* mit

$$F\left(\alpha_1 \overrightarrow{b_1} + \ldots + \alpha_n \overrightarrow{b_n}\right) = \alpha_1 L_1 + \ldots + \alpha_n L_n$$

ein Isomorphismus.

Somit haben wir den folgenden Satz hergeleitet:

Satz 5.9 *Es sei V ein $\mathbb{K}$-Vektorraum mit* $\dim V = n$. *Dann gelten die Aussagen:*

a) Für jede Basis $\overrightarrow{b_1}, \ldots, \overrightarrow{b_n}$ von V bilden die Linearformen $L_1, \ldots, L_n$ mit

$$L_i\left(\overrightarrow{b_j}\right) = \begin{cases} 1 \textit{ für } i = j \\ 0 \textit{ für } i \neq j \end{cases}$$

eine Basis von $V^* = \mathrm{Hom}\,(V, \mathbb{K})$.

b) $V \cong V^* = \mathrm{Hom}\,(V, \mathbb{K})$.

Beispiel 5.13 In Kapitel 4 haben wir lineare Gleichungssysteme behandelt. Mithilfe von Linearformen können wir die Theorie der linearen Gleichungssysteme sehr elegant formulieren.

Es bezeichne $\overrightarrow{e_1}, \ldots, \overrightarrow{e_n}$ die Standardbasis von $V = \mathbb{K}^n$; $L_1, \ldots, L_n$ seien die der Standardbasis zugeordneten Linearformen gemäß Satz 5.9. Dann lässt sich das lineare Gleichungssystem

$$\begin{aligned} a_{11}x_1 + a_{12}x_2 + \ldots + a_{1n}x_n &= b_1 \\ a_{21}x_1 + a_{22}x_2 + \ldots + a_{2n}x_n &= b_2 \\ &\vdots \\ a_{m1}x_1 + a_{m2}x_2 + \ldots + a_{mn}x_n &= b_m \end{aligned}$$

schreiben als

$$\begin{aligned}(a_{11}L_1 + a_{12}L_2 + \ldots + a_{1n}L_n)\left(\overrightarrow{x}\right) &= b_1\\ (a_{21}L_1 + a_{22}L_2 + \ldots + a_{2n}L_n)\left(\overrightarrow{x}\right) &= b_2\\ &\vdots\\ (a_{m1}L_1 + a_{m2}L_2 + \ldots + a_{mn}L_n)\left(\overrightarrow{x}\right) &= b_m.\end{aligned}$$

d. h.

$$F_i\left(\overrightarrow{x}\right) = b_i;\, i = 1, \ldots, n \text{ mit } F_i = a_{i1}L_1 + a_{i2}L_2 + \ldots + a_{in}L_n.$$

Es sei nun vorausgesetzt, dass alle Linearformen F_i von der Nullform verschieden sind. Dann existiert ein Vektor $\overrightarrow{x_i} \in \mathbb{K}^n$ so, dass $F_i\left(\overrightarrow{x}_i\right) = b_i;\, i = 1, \ldots, m$ gilt.

Das System $F_i\left(\overrightarrow{x}\right) = b_i;\, i = 1, \ldots, m$ ist nun genau dann lösbar, wenn gilt:

$$\bigcap_{i=1}^{m}\left(\overrightarrow{x_i} + \text{Kern } F_i\right) \neq \emptyset.$$

Und weiter kann man sagen, dass das System $F_i\left(\overrightarrow{x}\right) = b_i;\, i = 1, \ldots, m$ genau dann lösbar ist, wenn für alle $a_1, \ldots, a_m \in \mathbb{K}$ gilt:

$$\sum_{i=1}^{m} a_i F_i = 0 \Leftrightarrow \sum_{i=1}^{m} a_i b_i = 0.$$

Dies ist gleichbedeutend mit

$$\text{rang}\,(A) = \text{rang}\left(A \,\middle|\, \overrightarrow{b}\right),$$

wobei A bzw. $\left(A \,\middle|\, \overrightarrow{b}\right)$ die Koeffizientenmatrix bzw. die erweiterte Koeffizientenmatrix des linearen Gleichungssystems bezeichnet.

Testfragen

1. Geben Sie eine Basis des Dualraum V^* von $V = \mathbb{R}^2$ an.

2. Ist Hom (V, W) endlichdimensional, wenn V, W endlichdimensionale Vektorräume sind?

3. Es sei $V = \mathbb{R}^2$. Geben Sie eine Basis von End (V) an!

4. Sind Hom $\left(\mathbb{R}^3, \mathbb{R}^2\right)$ und $M_{2\times 3}(\mathbb{R})$ isomorph?

5.6 Lineare Abbildungen und Matrizen

Es seien V und W zwei $\mathbb{K}$-Vektorräume der Dimension n bzw. m; weiter seien $\mathcal{A} = \{\overrightarrow{a_1}, \ldots, \overrightarrow{a_n}\}$ und $\mathcal{B} = \left\{\overrightarrow{b_1}, \ldots, \overrightarrow{b_m}\right\}$ Basen von V und W. Ist $F : V \to W$ eine lineare Abbildung, so gilt:

$$F\left(\overrightarrow{a_j}\right) = \sum_{i=1}^{m} \alpha_{ij} \overrightarrow{b_i}; \quad j = 1, \ldots, n \tag{5.10}$$

mit eindeutig bestimmten Koeffizienten α_{ij}; $i = 1, \ldots, m$; $j = 1, \ldots, n$.

Somit kann jeder linearen Abbildung $F \in \mathrm{Hom}(V, W)$ genau eine Matrix $M_{\mathcal{B},\mathcal{A}}(F)$ zugeordnet werden, die natürlich von den gewählten Basen $\mathcal{A}, \mathcal{B}$ abhängig ist. Dies gibt Anlass zur folgenden Definition.

Definition 5.9 Die einer linearen Abbildung $F \in \mathrm{Hom}(V, W)$ gemäß (5.10) zugeordnete Matrix

$$M_{\mathcal{B},\mathcal{A}}(F) = \left(\alpha_{ij}\right)_{m,n} \tag{5.11}$$

heißt **Darstellungsmatrix** von F bezüglich der Basen $\mathcal{A}, \mathcal{B}$ von V und W.

Bemerkung 5.7 a) Die j-te Spalte von $M_{\mathcal{B},\mathcal{A}}(F)$ ist der Koordinatenvektor von $F\left(\overrightarrow{a_j}\right)$ bezüglich der Basis $\mathcal{B}$.
b) Jede $m \times n$ Matrix $M = \left(\alpha_{ij}\right)_{m,n}$ definiert nach Satz 5.1 genau eine lineare Abbildung $F \in \mathrm{Hom}(V, W)$ mit $M_{\mathcal{B},\mathcal{A}}(F) = M$, wobei $\dim V = n$ und $\dim W = m$ gilt.

Beispiel 5.14 Es sei $V = \mathbb{R}^3$ und $W = \mathbb{R}^4$ der drei- bzw. vierdimensionale reelle Standardvektorraum. $\mathcal{A} = \{\overrightarrow{a_1}, \overrightarrow{a_2}, \overrightarrow{a_3}\}$ und $\mathcal{B} = \left\{\overrightarrow{b_1}, \overrightarrow{b_2}, \overrightarrow{b_3}, \overrightarrow{b_4},\right\}$ seien die Standardbasen von V und W. $F \in \mathrm{Hom}(V, W)$ sei wie folgt definiert:

$$\begin{aligned} F(\vec{x}) &= F\begin{pmatrix} x_1 \\ x_2 \\ x_3 \end{pmatrix} = \begin{pmatrix} x_1 - x_2 \\ x_2 - x_3 \\ x_3 - x_1 \\ x_1 + x_2 + x_3 \end{pmatrix} \\ &= \begin{pmatrix} 1 & -1 & 0 \\ 0 & 1 & -1 \\ -1 & 0 & 1 \\ 1 & 1 & 1 \end{pmatrix} \begin{pmatrix} x_1 \\ x_2 \\ x_3 \end{pmatrix}. \end{aligned}$$

Folglich gilt:

$$M_{\mathcal{B},\mathcal{A}}(F) = \begin{pmatrix} 1 & -1 & 0 \\ 0 & 1 & -1 \\ -1 & 0 & 1 \\ 1 & 1 & 1 \end{pmatrix}.$$

Mithilfe der Darstellungsmatrix $M_{\mathcal{B},\mathcal{A}}(F)$ kann man die lineare Abbildung F durch die Wirkung auf Koordinatenvektoren beschreiben.

Satz 5.10 *Es seien V, W zwei endlichdimensionale $\mathbb{K}$-Vektorräume mit den Basen $\mathcal{A} = \{\overrightarrow{a_1}, \ldots, \overrightarrow{a_n}\}$ und $\mathcal{B} = \{\overrightarrow{b_1}, \ldots, \overrightarrow{b_m}\}$; weiter sei $F \in \mathrm{Hom}(V, W)$. $\overrightarrow{x}_{\mathcal{A}}$ bzw. $F(\overrightarrow{x})_{\mathcal{B}}$ bezeichne den Koordinatenvektor von $\overrightarrow{x} \in V$ bzw. von $F(\overrightarrow{x})$ bezüglich der Basen $\mathcal{A}$ bzw. $\mathcal{B}$. Dann gilt:*

$$F(\overrightarrow{x})_{\mathcal{B}} = M_{\mathcal{B},\mathcal{A}}(F)\,\overrightarrow{x}_{\mathcal{A}} = (\alpha_{ij})_{m,n}\,\overrightarrow{x}_{\mathcal{A}}. \tag{5.12}$$

Beweis: Es sei $\overrightarrow{x} = x_1\overrightarrow{a_1} + \ldots + x_n\overrightarrow{a_n}$. Daraus folgt wegen der Linearität von der Abbildung F, wobei $M_{\mathcal{B},\mathcal{A}}(F) = (\alpha_{ij})_{m,n}$ ist:

$$\begin{aligned} F(\overrightarrow{x}) &= x_1 F(\overrightarrow{a_1}) + \ldots + x_n F(\overrightarrow{a_n}) \\ &= x_1 \sum_{i=1}^{m} \alpha_{i1}\overrightarrow{b_i} + x_2 \sum_{i=1}^{m} \alpha_{i2}\overrightarrow{b_i} + \ldots + x_n \sum_{i=1}^{m} \alpha_{in}\overrightarrow{b_i} \\ &= \sum_{j=1}^{n} x_j \sum_{i=1}^{m} \alpha_{ij}\overrightarrow{b_i} = \sum_{i=1}^{m} \underbrace{\left(\sum_{j=1}^{n} \alpha_{ij} x_j\right)}_{\text{Koordinate von } F(\overrightarrow{x}) \text{ bezüglich } \overrightarrow{b_i}} \overrightarrow{b_i}. \end{aligned}$$

Somit erhält man die Behauptung (5.12):

$$F(\overrightarrow{x})_{\mathcal{B}} = (\alpha_{ij})_{m,n}\,\overrightarrow{x}_{\mathcal{A}} = M_{\mathcal{B},\mathcal{A}}(F)\,\overrightarrow{x}_{\mathcal{A}}.$$

■

Beispiel 5.15 Es seien $V = \mathcal{P}_{\leq n}(\mathbb{R})$ und $W = \mathcal{P}_{\leq n-1}(\mathbb{R})$ der Vektorraum der reellen Polynome von höchstens n-tem bzw. $(n-1)$-temGrade; dabei sei $n \in \mathbb{N}$.

Dann ist die Differenziation D nach der Variablen x eine lineare Abbildung mit der $n \times (n+1)$ Darstellungsmatrix

$$M_{\mathcal{B},\mathcal{A}}(D) = \begin{pmatrix} 0 & 1 & 0 & \cdots & 0 \\ 0 & 0 & 2 & \cdots & 0 \\ \vdots & \vdots & \vdots & \ddots & \vdots \\ 0 & 0 & 0 & \cdots & n \end{pmatrix},$$

wobei $\mathcal{A} = \{1, x \ldots, x^n\}$ und $\mathcal{B} = \left\{1, x \ldots, x^{n-1}\right\}$ als Basen von $V = \mathcal{P}_{\leq n}(\mathbb{R})$ und $W = \mathcal{P}_{\leq n-1}(\mathbb{R})$ gewählt wurden. Ist $\overrightarrow{a} = \begin{pmatrix} a_0 \\ \vdots \\ a_n \end{pmatrix}_{\mathcal{A}}$ der Koordinatenvektor eines Polynoms $p(x)$ bezüglich $\mathcal{A}$, so gilt:

$$D(p(x))_{\mathcal{B}} = \begin{pmatrix} 0 & 1 & 0 & \cdots & 0 \\ 0 & 0 & 2 & \cdots & 0 \\ \vdots & \vdots & \vdots & \ddots & \vdots \\ 0 & 0 & 0 & \cdots & n \end{pmatrix} \begin{pmatrix} a_0 \\ a_1 \\ a_2 \\ \vdots \\ a_n \end{pmatrix}_{\mathcal{A}} = \begin{pmatrix} a_1 \\ 2a_2 \\ \vdots \\ na_n \end{pmatrix}_{\mathcal{B}}.$$

Für endlichdimensionale Vektorräume sind wir jetzt auch in der Lage, leicht die Dimension von $\mathrm{Hom}(V, W)$ bestimmen zu können.

Satz 5.11 *Es seien V, W zwei $\mathbb{K}$-Vektorräume mit* $\dim(V) = n$ *und* $\dim(W) = m$; *$\mathcal{A}$ bzw. $\mathcal{B}$ seien Basen von V bzw. W. Dann ist*

$$\Phi : \mathrm{Hom}(V, W) \to M_{m\times n}(\mathbb{K}), \quad F \mapsto M_{\mathcal{B},\mathcal{A}}(F) \tag{5.13}$$

ein Isomorphismus, d. h.

$$\mathrm{Hom}(V, W) \cong M_{m\times n}(\mathbb{K}). \tag{5.14}$$

Speziell gilt:

$$\dim \mathrm{Hom}(V, W) = \dim M_{m\times n}(\mathbb{K}) = m \cdot n = \dim V \cdot \dim W. \tag{5.15}$$

Beweis: Jeder linearen Abbildung $F \in \mathrm{Hom}(V, W)$ entspricht genau eine Darstellungsmatrix $M_{\mathcal{B},\mathcal{A}}(F)$. Umgekehrt gibt es zu jeder Matrix $M \in M_{m\times n}(\mathbb{K})$ genau eine lineare Abbildung $G \in \mathrm{Hom}(V, W)$ mit $M_{\mathcal{B},\mathcal{A}}(G) = M$. Somit ist die Zuordnung

$$\Phi : \mathrm{Hom}(V, W) \to M_{m\times n}(\mathbb{K}), \quad F \mapsto M_{\mathcal{B},\mathcal{A}}(F)$$

eine bijektive Abbildung.

Wegen

$$\Phi(F + G) = M_{\mathcal{B},\mathcal{A}}(F + G) = M_{\mathcal{B},\mathcal{A}}(F) + M_{\mathcal{B},\mathcal{A}}(G)$$

und

$$\Phi(\gamma F) = M_{\mathcal{B},\mathcal{A}}(\gamma F) = \gamma M_{\mathcal{B},\mathcal{A}}(F)$$

ist Φ eine lineare Abbildung, d. h., Φ ist ein Isomorphismus.

Wegen

$$\dim M_{m\times n}(\mathbb{K}) = m \cdot n$$

ergibt sich aus der Isomorphie

$$\operatorname{Hom}(V, W) \cong M_{m\times n}(\mathbb{K})$$

unmittelbar die Dimensionsaussage. ∎

Bemerkung 5.8 Es seien U, V, W endlichdimensionale $\mathbb{K}$-Vektorräume mit den Basen $\mathcal{A}, \mathcal{B}, \mathcal{C}$.

a) Das Abbildungsprodukt von linearen Abbildungen und das Produkt von Matrizen entsprechen einander. Für $F \in \operatorname{Hom}(U, V)$, $G \in \operatorname{Hom}(V, W)$ gilt:

$$M_{\mathcal{C},\mathcal{A}}(G \circ F) = M_{\mathcal{C},\mathcal{B}}(G) \cdot M_{\mathcal{B},\mathcal{A}}(F)\,. \tag{5.16}$$

b) Ist $F \in \operatorname{Hom}(U, V)$ ein Isomorphismus, so erhält man:

$$M_{\mathcal{A},\mathcal{B}}\left(F^{-1}\right) = \left(M_{\mathcal{B},\mathcal{A}}(F)\right)^{-1}. \tag{5.17}$$

Der Beweis wird als Übungsaufgabe empfohlen!

Als Nächstes untersuchen wir, wie sich die Darstellungsmatrix ändert, wenn ein Basiswechsel vorgenommen wird.

Satz 5.12 *Es seien V, W endlichdimensionale $\mathbb{K}$-Vektorräume mit den Basen*

$$\mathcal{A} = \{\vec{a_1}, \ldots, \vec{a_n}\},\ \mathcal{A}' = \left\{\vec{a_1'}, \ldots, \vec{a_n'}\right\} \text{ von } V$$

und

$$\mathcal{B} = \left\{\vec{b_1}, \ldots, \vec{b_m}\right\},\ \mathcal{B}' = \left\{\vec{b_1'}, \ldots, \vec{b_m'}\right\} \text{ von } W.$$

Dann gilt für $F \in \operatorname{Hom}(V, W)$ die Formel

$$M_{\mathcal{B}',\mathcal{A}'}(F) = M_{\mathcal{B}'\to\mathcal{B}} \cdot M_{\mathcal{B},\mathcal{A}}(F) \cdot M_{\mathcal{A}\to\mathcal{A}'}, \tag{5.18}$$

wobei $M_{\mathcal{B}'\to\mathcal{B}}, M_{\mathcal{A}\to\mathcal{A}'}$ die Basisübergangsmatrizen (siehe (2.33)) bedeuten.

Beweis: Es sei $M_{\mathcal{B}'\to\mathcal{B}} = \left(\beta_{ij}\right)_{m,m}$, $M_{\mathcal{B},\mathcal{A}} = \left(\gamma_{jk}\right)_{m,n}$, $M_{\mathcal{A}\to\mathcal{A}'} = (\alpha_{kl})_{n,n}$. Dann gilt:

$$\begin{aligned}
\overrightarrow{a_l'} &= \sum_{k=1}^{n} \alpha_{kl} \overrightarrow{a_k},\ l = 1, \ldots, n \\
F\left(\overrightarrow{a_k}\right) &= \sum_{j=1}^{m} \gamma_{jk} \overrightarrow{b_j},\ k = 1, \ldots, n \\
\overrightarrow{b_j} &= \sum_{i=1}^{m} \beta_{ij} \overrightarrow{b_i'},\ j = 1, \ldots, m.
\end{aligned}$$

Daraus folgt durch Einsetzen aufgrund der Linearität von F:

$$\begin{aligned}
F\left(\overrightarrow{a_l'}\right) &= \sum_{k=1}^{n} \alpha_{kl} F\left(\overrightarrow{a_k}\right) \\
&= \sum_{k=1}^{n} \alpha_{kl} \left(\sum_{j=1}^{m} \gamma_{jk} \overrightarrow{b_j}\right) = \sum_{j=1}^{m}\sum_{k=1}^{n} \gamma_{jk}\alpha_{kl} \overrightarrow{b_j} \\
&= \sum_{j=1}^{m}\sum_{k=1}^{n} \gamma_{jk}\alpha_{kl} \left(\sum_{i=1}^{m} \beta_{ij} \overrightarrow{b_i'}\right) \\
&= \sum_{i=1}^{m} \left(\sum_{j=1}^{m}\sum_{k=1}^{n} \beta_{ij}\gamma_{jk}\alpha_{kl}\right) \overrightarrow{b_i'} \\
&= \sum_{i=1}^{m} \gamma_{il}^{*} \overrightarrow{b_i'},\ l = 1, \ldots, n.
\end{aligned}$$

Also gilt:

$$\begin{aligned}
M_{\mathcal{B}',\mathcal{A}'}(F) &= \left(\gamma_{il}^{*}\right)_{m,n} = \left(\sum_{j=1}^{m}\sum_{k=1}^{n} \beta_{ij}\gamma_{jk}\alpha_{kl}\right)_{m,n} \\
&= \left(\beta_{ij}\right)_{m,m} \cdot \left(\gamma_{jk}\right)_{m,n} \cdot (\alpha_{kl})_{n,n} \\
&= M_{\mathcal{B}'\to\mathcal{B}} \cdot M_{\mathcal{B},\mathcal{A}}(F) \cdot M_{\mathcal{A}\to\mathcal{A}'}.
\end{aligned}$$

■

Folgerung 5.3 Ist V ein endlichdimensionaler Vektorraum mit den Basen $\mathcal{A}$, $\mathcal{B}$, so gilt für $F \in \mathrm{End}(V)$ die Beziehung:

$$\begin{aligned} M_{\mathcal{B},\mathcal{B}}(F) &= M_{\mathcal{B}\to\mathcal{A}} \cdot M_{\mathcal{A},\mathcal{A}}(F) \cdot M_{\mathcal{A}\to\mathcal{B}} \\ &= (M_{\mathcal{A}\to\mathcal{B}})^{-1} \cdot M_{\mathcal{A},\mathcal{A}}(F) \cdot M_{\mathcal{A}\to\mathcal{B}}. \end{aligned} \tag{5.19}$$

Beispiel 5.16 Es sei $V = \mathbb{R}^2$ und $W = \mathbb{R}^3$ der zwei- bzw. dreidimensionale reelle Standardvektorraum mit den V-Basen

$$\mathcal{A} = \left\{ \begin{pmatrix} 1 \\ 0 \end{pmatrix}, \begin{pmatrix} 0 \\ 1 \end{pmatrix} \right\}, \quad \mathcal{A}' = \left\{ \begin{pmatrix} 1 \\ 1 \end{pmatrix}, \begin{pmatrix} 1 \\ 2 \end{pmatrix} \right\}$$

und den W-Basen

$$\mathcal{B} = \left\{ \begin{pmatrix} 1 \\ 0 \\ 0 \end{pmatrix}, \begin{pmatrix} 0 \\ 1 \\ 0 \end{pmatrix}, \begin{pmatrix} 0 \\ 0 \\ 1 \end{pmatrix} \right\}, \quad \mathcal{B}' = \left\{ \begin{pmatrix} 1 \\ 0 \\ 2 \end{pmatrix}, \begin{pmatrix} 1 \\ 1 \\ 0 \end{pmatrix}, \begin{pmatrix} 0 \\ 1 \\ 1 \end{pmatrix} \right\}.$$

Die lineare Abbildung $F : \mathbb{R}^2 \to \mathbb{R}^3$ sei definiert wie folgt:

$$\begin{aligned} F(\vec{v}) &= F\begin{pmatrix} v_1 \\ v_2 \end{pmatrix} = \begin{pmatrix} 3v_1 - 2v_2 \\ v_1 + v_2 \\ -2v_1 \end{pmatrix} \\ &= \begin{pmatrix} 3v_1 \\ v_1 \\ -2v_1 \end{pmatrix} + \begin{pmatrix} -2v_2 \\ v_2 \\ -2v_2 \end{pmatrix} = v_1 \begin{pmatrix} 3 \\ 1 \\ -2 \end{pmatrix} + v_2 \begin{pmatrix} -2 \\ 1 \\ 0 \end{pmatrix}. \end{aligned}$$

Es ist also:

$$M_{\mathcal{B},\mathcal{A}}(F) = \begin{pmatrix} 3 & -2 \\ 1 & 1 \\ -2 & 0 \end{pmatrix}.$$

Weiter gilt:

$$\begin{pmatrix} 1 \\ 1 \end{pmatrix} = 1 \begin{pmatrix} 1 \\ 0 \end{pmatrix} + 1 \begin{pmatrix} 0 \\ 1 \end{pmatrix}, \quad \begin{pmatrix} 1 \\ 2 \end{pmatrix} = 1 \begin{pmatrix} 1 \\ 0 \end{pmatrix} + 2 \begin{pmatrix} 0 \\ 1 \end{pmatrix},$$

d. h., es gilt:

$$M_{\mathcal{A}\to\mathcal{A}'} = \begin{pmatrix} 1 & 1 \\ 1 & 2 \end{pmatrix};$$

entsprechend erhält man:

$$M_{\mathcal{B}\to\mathcal{B}'} = \begin{pmatrix} 1 & 1 & 0 \\ 0 & 1 & 1 \\ 2 & 0 & 1 \end{pmatrix}$$

und daraus schließlich

$$M_{\mathcal{B}'\to\mathcal{B}} = (M_{\mathcal{B}\to\mathcal{B}'})^{-1} = \begin{pmatrix} \frac{1}{3} & -\frac{1}{3} & \frac{1}{3} \\ \frac{2}{3} & \frac{1}{3} & -\frac{1}{3} \\ -\frac{2}{3} & \frac{2}{3} & \frac{1}{3} \end{pmatrix}.$$

Somit ergibt sich:

$$\begin{aligned} M_{\mathcal{B}',\mathcal{A}'}(F) &= M_{\mathcal{B}'\to\mathcal{B}} \cdot M_{\mathcal{B},\mathcal{A}}(F) \cdot M_{\mathcal{A}\to\mathcal{A}'} \\ &= \begin{pmatrix} \frac{1}{3} & -\frac{1}{3} & \frac{1}{3} \\ \frac{2}{3} & \frac{1}{3} & -\frac{1}{3} \\ -\frac{2}{3} & \frac{2}{3} & \frac{1}{3} \end{pmatrix} \cdot \begin{pmatrix} 3 & -2 \\ 1 & 1 \\ -2 & 0 \end{pmatrix} \cdot \begin{pmatrix} 1 & 1 \\ 1 & 2 \end{pmatrix} \\ &= \begin{pmatrix} -1 & -2 \\ 2 & 1 \\ 0 & 2 \end{pmatrix}. \end{aligned}$$

D. h., es gilt:

$$\begin{aligned} F\begin{pmatrix} 1 \\ 1 \end{pmatrix} &= -1\begin{pmatrix} 1 \\ 0 \\ 2 \end{pmatrix} + 2\begin{pmatrix} 1 \\ 1 \\ 0 \end{pmatrix} + 0\begin{pmatrix} 0 \\ 1 \\ 1 \end{pmatrix}, \\ F\begin{pmatrix} 1 \\ 2 \end{pmatrix} &= -2\begin{pmatrix} 1 \\ 0 \\ 2 \end{pmatrix} + 1\begin{pmatrix} 1 \\ 1 \\ 0 \end{pmatrix} + 2\begin{pmatrix} 0 \\ 1 \\ 1 \end{pmatrix}. \end{aligned}$$

Testfragen

1. Es sei $L : \mathbb{R}^3 \to \mathbb{R}$ die durch

$$L\begin{pmatrix} x_1 \\ x_2 \\ x_3 \end{pmatrix} = x_1 + 2x_2 + 3x_3$$

definierte Linearform. Wie lautet die Darstellungsmatrix von L bezüglich der Standardbasen von $\mathbb{R}^3$ und $\mathbb{R}$?

2. Es sei $M_{\mathcal{B},\mathcal{A}}(F) = \begin{pmatrix} 1 & 2 \\ 3 & 4 \end{pmatrix}$ die Darstellungsmatrix einer linearen Abbildung $F : V \to W$ zweier reeller Vektorräume.
   a) Berechnen Sie $F\left(3\overrightarrow{a_1} + 2\overrightarrow{a_2}\right)$!
   b) Ist F invertierbar?

3. Berechnen Sie für die linearen Abbildungen

$$F : \mathbb{R}^2 \to \mathbb{R}^3, \begin{pmatrix} v_1 \\ v_2 \end{pmatrix} \mapsto \begin{pmatrix} v_1 \\ v_1 + v_2 \\ 2v_1 \end{pmatrix}$$

und

$$G : \mathbb{R}^3 \to \mathbb{R}^3, \begin{pmatrix} w_1 \\ w_2 \\ w_3 \end{pmatrix} \mapsto \begin{pmatrix} w_1 + w_2 \\ w_2 + w_3 \\ w_1 + w_3 \end{pmatrix}$$

die Darstellungsmatrix von $G \circ F$ bezüglich der Standardbasen von $\mathbb{R}^3$ und $\mathbb{R}^2$!

4. Es sei $\dim \operatorname{Hom}(V, W) = 6$. Welche Dimensionen können dann V und W haben?

5. a) Es sei $\dim \operatorname{Hom}(V, W) = 10$. Können dann V und W isomorph sein?
   b) Es sei $\dim \operatorname{Hom}(V, W) = 9$. Können jetzt V und W isomorph sein?

6. Ist folgende Aussage richtig:
   Sind zwei endlichdimensionale Vektorräume V, W isomorph, so ist die Dimension von $\operatorname{Hom}(V, W)$ eine Quadratzahl?

7. Es seien V, W reelle Vektorräume mit den Basen $\mathcal{A}\mathcal{B}$. Für die Abbildungen $F, G \in \operatorname{Hom}(V, W)$ gelte:

$$M_{\mathcal{B},\mathcal{A}}(F + G) = \begin{pmatrix} 1 & 2 & 3 \\ 4 & 5 & 6 \\ 7 & 8 & 9 \end{pmatrix}, \ M_{\mathcal{B},\mathcal{A}}(F) = \begin{pmatrix} 1 & 0 & 1 \\ 0 & 1 & 0 \\ 1 & 0 & 1 \end{pmatrix}.$$

   Wie lautet $M_{\mathcal{B},\mathcal{A}}(G)$?

5.7 Beschreibung von linearen Abbildungen

In den bisher aufgeführten Beispielen haben wir verschiedene Möglichkeiten kennengelernt, eine lineare Abbildung F zwischen endlichdimensionalen Vektorräumen V und W mit den Basen $\mathcal{A} = \left\{\overrightarrow{a_1}, \ldots, \overrightarrow{a_n}\right\}$ und $\mathcal{B} = \left\{\overrightarrow{b_1}, \ldots, \overrightarrow{b_m}\right\}$ zu definieren.

Im Einzelnen gibt es die folgenden Vorgehensweisen für die Definition einer linearen Abbildung $F \in \text{Hom}(V, W)$:

- Explizite Angabe der Bilder $F\left(\overrightarrow{a_j}\right)$; $j = 1, \ldots, n$ als Linearkombination der Basisvektoren $\overrightarrow{b_1}, \ldots, \overrightarrow{b_m}$ von W.
- Angabe der Zuordnungsvorschrift $F : \overrightarrow{v}_{\mathcal{A}} \mapsto \overrightarrow{w}_{\mathcal{B}}$, durch die der Koordinatenvektor $\overrightarrow{v}_{\mathcal{A}}$ von $\overrightarrow{v}$ bezüglich der Basis $\mathcal{A}$ auf den Koordinatenvektor $\overrightarrow{w}_{\mathcal{B}}$ abgebildet wird.
- Angabe der Darstellungsmatrix $M_{\mathcal{B},\mathcal{A}}(F)$.

Beispiel 5.17 Es sei $V = \mathbb{C}^3$ und $W = \mathbb{C}^2$ der drei- bzw. zweidimensionale komplexe Standardvektorraum mit den Basen

$$\mathcal{A} = \left\{\overrightarrow{a_1}, \overrightarrow{a_2}, \overrightarrow{a_3}\right\} = \left\{\begin{pmatrix} \mathrm{i} \\ 0 \\ 0 \end{pmatrix}, \begin{pmatrix} 0 \\ \mathrm{i} \\ 0 \end{pmatrix}, \begin{pmatrix} 0 \\ 0 \\ \mathrm{i} \end{pmatrix}\right\}$$

und

$$\mathcal{B} = \left\{\overrightarrow{b_1}, \overrightarrow{b_2}\right\} = \left\{\begin{pmatrix} 1 \\ \mathrm{i} \end{pmatrix}, \begin{pmatrix} 1 \\ -\mathrm{i} \end{pmatrix}\right\}.$$

Die lineare Abbildung $F : \mathbb{C}^3 \to \mathbb{C}^2$ sei definiert durch die Zuordnungsvorschrift

$$F\begin{pmatrix} z_1 \\ z_2 \\ z_3 \end{pmatrix}_{\mathcal{A}} = \begin{pmatrix} \mathrm{i}z_1 - z_2 \\ (1+\mathrm{i})\, z_3 \end{pmatrix}_{\mathcal{B}}.$$

Man kann F aber auch dadurch definieren, indem man die Wirkung von F auf die Basis $\mathcal{A}$ beschreibt:

$$F\left(\overrightarrow{a_1}\right) = \mathrm{i}\overrightarrow{b_1}, \quad F\left(\overrightarrow{a_2}\right) = -\overrightarrow{b_1}, \quad F\left(\overrightarrow{a_3}\right) = (1+\mathrm{i})\,\overrightarrow{b_2};$$

also gilt:

$$F\left(z_1\overrightarrow{a_1} + z_2\overrightarrow{a_2} + z_3\overrightarrow{a_3}\right) = (\mathrm{i}z_1 - z_2)\,\overrightarrow{b_1} + (1+\mathrm{i})\, z_3\overrightarrow{b_2}.$$

Und schließlich kann man F durch Angabe der Darstellungsmatrix bezüglich der Basen $\mathcal{A}$ und $\mathcal{B}$ charakterisieren:

$$M_{\mathcal{B},\mathcal{A}}(F) = \begin{pmatrix} \mathrm{i} & -1 & 0 \\ 0 & 0 & 1+\mathrm{i} \end{pmatrix}.$$

Wie man anhand dieses Beispiels gesehen hat, sind alle drei Möglichkeiten zur Definition einer linearen Abbildung gleichwertig, und man kann ohne großen Aufwand die eine in die andere überführen.

Testfragen

1. Es sei die lineare Abbildung $F : \mathbb{R}^2 \to \mathbb{R}^2$ definiert durch

$$F\begin{pmatrix}1\\0\end{pmatrix}=\begin{pmatrix}3\\4\end{pmatrix},\quad F\begin{pmatrix}0\\1\end{pmatrix}=\begin{pmatrix}1\\2\end{pmatrix}.$$

   Welche Möglichkeiten zur Beschreibung von F gibt es noch?
2. Welche Möglichkeiten gibt es, eine Linearform eines endlichdimensionalen Vektorraums zu beschreiben?
3. Ist eine lineare Abbildung $F : V \to W$ durch die Angabe von $\text{Kern}\,(F)$ und $\text{Bild}\,(F)$ vollständig beschrieben?

5.8 Aufgaben

Aufgabe 5.1 Die lineare Abbildung $F : \mathbb{R}^4 \longrightarrow \mathbb{R}^3$ sei definiert durch

$$F\begin{pmatrix}x_1\\x_2\\x_3\\x_4\end{pmatrix}=\begin{pmatrix}x_1-x_2\\x_2+x_4\\x_3+2x_1\end{pmatrix}.$$

a) Bestimmen Sie die Darstellungsmatrix von F bezüglich der Basen

$$\mathcal{A}=\left\{\begin{pmatrix}1\\0\\0\\0\end{pmatrix},\begin{pmatrix}0\\1\\0\\0\end{pmatrix},\begin{pmatrix}0\\0\\1\\0\end{pmatrix},\begin{pmatrix}0\\0\\0\\1\end{pmatrix}\right\}\subseteq\mathbb{R}^4$$

und

$$\mathcal{B}=\left\{\begin{pmatrix}1\\0\\0\end{pmatrix},\begin{pmatrix}0\\1\\0\end{pmatrix},\begin{pmatrix}0\\0\\1\end{pmatrix}\right\}\subseteq\mathbb{R}^3!$$

b) Bestimmen Sie die Darstellungsmatrix von F bei Wechsel der Basis $\mathcal{A}$ zur Basis

$$\mathcal{A}'=\left\{\begin{pmatrix}0\\1\\0\\0\end{pmatrix},\begin{pmatrix}1\\0\\0\\0\end{pmatrix},\begin{pmatrix}0\\1\\1\\0\end{pmatrix},\begin{pmatrix}0\\0\\1\\1\end{pmatrix}\right\}\subseteq\mathbb{R}^4$$

und bei Wechsel der Basis $\mathcal{B}$ zur Basis

$$\mathcal{B}' = \left\{ \begin{pmatrix} -1 \\ 0 \\ 0 \end{pmatrix}, \begin{pmatrix} 0 \\ \frac{1}{2} \\ 0 \end{pmatrix}, \begin{pmatrix} 0 \\ 0 \\ \frac{1}{4} \end{pmatrix} \right\} \subseteq \mathbb{R}^3.$$

c) Bestimmen Sie Kern (F)!

d) Ist $\begin{pmatrix} 1 \\ 1 \\ 1 \end{pmatrix} \in \text{Bild}\,(F)$?

Aufgabe 5.2 Die lineare Abbildung $F : \mathbb{R}^3 \longrightarrow \mathbb{R}^4$ sei definiert durch

$$F \begin{pmatrix} x_1 \\ x_2 \\ x_3 \end{pmatrix} = \begin{pmatrix} x_1 - x_2 \\ x_2 - x_3 \\ x_3 - x_4 \\ x_4 - x_1 \end{pmatrix}.$$

a) Bestimmen Sie die Darstellungsmatrix von F bezüglich der Basen

$$\mathcal{A} = \left\{ \begin{pmatrix} 1 \\ 0 \\ 0 \end{pmatrix}, \begin{pmatrix} 0 \\ 1 \\ 0 \end{pmatrix}, \begin{pmatrix} 0 \\ 0 \\ 1 \end{pmatrix} \right\} \subseteq \mathbb{R}^3$$

und

$$\mathcal{B} = \left\{ \begin{pmatrix} 1 \\ 0 \\ 0 \\ 0 \end{pmatrix}, \begin{pmatrix} 0 \\ 1 \\ 0 \\ 0 \end{pmatrix}, \begin{pmatrix} 0 \\ 0 \\ 1 \\ 0 \end{pmatrix}, \begin{pmatrix} 0 \\ 0 \\ 0 \\ 1 \end{pmatrix} \right\} \subseteq \mathbb{R}^4!$$

b) Bestimmen Sie die Darstellungsmatrix von F bei Wechsel der Basis $\mathcal{A}$ zur Basis

$$\mathcal{A}' = \left\{ \begin{pmatrix} 0 \\ 1 \\ 0 \\ 0 \end{pmatrix}, \begin{pmatrix} 1 \\ 0 \\ 0 \\ 0 \end{pmatrix}, \begin{pmatrix} 0 \\ 1 \\ 1 \\ 0 \end{pmatrix}, \begin{pmatrix} 0 \\ 0 \\ 1 \\ 1 \end{pmatrix} \right\} \subseteq \mathbb{R}^4$$

und bei Wechsel der Basis $\mathcal{B}$ zur Basis

$$\mathcal{B}' = \left\{ \begin{pmatrix} -1 \\ 0 \\ 0 \end{pmatrix}, \begin{pmatrix} 0 \\ \frac{1}{2} \\ 0 \end{pmatrix}, \begin{pmatrix} 0 \\ 0 \\ \frac{1}{4} \end{pmatrix} \right\} \subseteq \mathbb{R}^3!$$

c) Bestimmen Sie Kern (F) und Bild (F)!

Aufgabe 5.3 a) Ist der reelle Vektorraum $V = \mathbb{C}^2$ isomorph zum rellen Vektorraum $W = \mathbb{R}^4$? (Antwort mit Begründung!)

b) V und W seien $\mathbb{K}$-Vektorräume mit $\dim V = 5, \dim W = 4$, $F : V \to W$ sei eine lineare Abbildung, für welche gilt

$$\dim \text{Bild}\,(F) = 3.$$

Ist F injektiv? (Antwort mit Begründung!)

Aufgabe 5.4 Es sei $V = \mathbb{R}^3$ der dreidimensionale reelle Standardvektorraum. Die Linearformen L_1, L_2, L_3 seien wie folgt definiert:

$$L_1 \begin{pmatrix} x_1 \\ x_2 \\ x_3 \end{pmatrix} = x_1 + x_2 + x_3, \quad L_2 \begin{pmatrix} x_1 \\ x_2 \\ x_3 \end{pmatrix} = -x_2 + 2x_3$$

und

$$L_3 \begin{pmatrix} x_1 \\ x_2 \\ x_3 \end{pmatrix} = 2x_1 + x_3.$$

a) Zeigen Sie, dass

$$F \begin{pmatrix} x_1 \\ x_2 \\ x_3 \end{pmatrix} = \begin{pmatrix} L_1\,(x_1) \\ L_2\,(x_2) \\ L_3\,(x_3) \end{pmatrix}$$

ein Endomorphismus von V ist!
b) Bestimmen Sie $\text{Kern}\,(F)$ und $\text{Bild}\,(F)$!

Aufgabe 5.5 Sei V ein $\mathbb{R}$-Vektorraum mit der Basis $\mathcal{A} = \{\vec{a_1}, \ldots, \vec{a_n}\}; n > 1$. Die lineare Abbildung F sei definiert durch

$$\begin{aligned} F\left(\vec{a_i}\right) &= \overrightarrow{a_{i+1}} \text{ für } i = 1, \ldots, n-1; \\ F\left(\vec{a_n}\right) &= \vec{0}\,. \end{aligned}$$

a) Bestimmen Sie $\text{Kern}\,(F \circ F)$ und $\text{Bild}\,(F \circ F)$.

b) Zeigen Sie, dass $F^n = \underbrace{F \circ F \circ \ldots \circ F}_{n\text{-mal}}$ die Nullabbildung ist.

c) Zeigen Sie, dass $F - I$ invertierbar ist. (I ist die identische Abbildung.)

Aufgabe 5.6 Sei $V = \mathbb{R}^3$ der dreidimensionale reelle Standardvektorraum. Der Endomorphismus F von V sei definiert durch

$$F\begin{pmatrix} x_1 \\ x_2 \\ x_3 \end{pmatrix} = \begin{pmatrix} x_1 - x_2 \\ x_1 + x_2 \\ x_1 + x_2 + 2x_3 \end{pmatrix}.$$

a) Zeigen Sie, dass F ein Automorphismus ist.
b) Wie lautet $F^{-1}\left(\overrightarrow{x}\right)$?

Aufgabe 5.7 Für jede reelle Zahl α sei $F_\alpha \in \operatorname{Hom}\left(\mathbb{R}^2, \mathbb{R}^2\right)$ gegeben durch die Darstellungsmatrix

$$M_{\mathcal{E},\mathcal{E}}\left(F_\alpha\right) = \begin{pmatrix} \cos(\alpha) & -\sin(\alpha) \\ \sin(\alpha) & \cos(\alpha) \end{pmatrix}.$$

Zeigen Sie, dass gilt

$$\bigwedge_{\alpha,\beta\in\mathbb{R}} F_\alpha \circ F_\beta = F_{\alpha+\beta}$$

und

$$\bigwedge_{\alpha\in\mathbb{R}} F_\alpha^{-1} = F_{-\alpha}.$$

Aufgabe 5.8 Es sei der Endomorphismus F von $V = \mathbb{R}^3$ definiert durch

$$F\begin{pmatrix} x_1 \\ x_2 \\ x_3 \end{pmatrix} = \begin{pmatrix} x_1 + 2x_2 \\ 2x_1 + x_2 \\ x_1 + 2x_2 + 3x_3 \end{pmatrix}.$$

Berechnen Sie eine Basis $\mathcal{B}$ von $V = \mathbb{R}^3$, so dass $M_{\mathcal{B},\mathcal{B}}(F)$ Diagonalmatrix ist.

Aufgabe 5.9 Es seien V, W zwei $\mathbb{K}$-Vektorräume mit den Basen

$$\mathcal{A} = \left\{\overrightarrow{a_1}, \ldots, \overrightarrow{a_n}\right\} \text{ und } \mathcal{B} = \left\{\overrightarrow{b_1}, \ldots, \overrightarrow{b_m}\right\}.$$

$F : V \to W$ sei eine lineare Abbildung mit

$$F\left(\overrightarrow{a_j}\right) = \sum_{i=1}^{m} \alpha_{ij}\overrightarrow{b_i}; \quad j = 1, \ldots, n.$$

a) Zeigen Sie, dass für die lineare Abbildung $G : W \to V$ mit

$$G\left(\overrightarrow{b_i}\right) = \sum_{j=1}^{n} \alpha_{ij} \overrightarrow{a_j}; \quad i = 1, \ldots, m$$

gilt:

$$M_{\mathcal{A},\mathcal{B}}(G) = M_{\mathcal{B},\mathcal{A}}(F)^T .$$

G heißt die zu F **transponierte Abbildung** und wird mit F^T bezeichnet.
b) Beweisen Sie, dass für $F, G \in \mathrm{Hom}(V, W)$ gilt:

1) $(F + G)^T = F^T + G^T$,
2) $(\gamma F)^T = \gamma F^T; \ \gamma \in \mathbb{K}$,
3) $\left(F^T \circ F\right)^T = F^T \circ F$,
4) $\left(F^{-1}\right)^T = \left(F^T\right)^{-1}$, falls F isomorph ist,
5) $\left(F^T\right)^T = F$.

6 Determinanten

Wir beschäftigen uns in diesem Kapitel nochmals mit Matrizen mit dem Ziel, diese mittels einer Kenngröße zu charakterisieren. Dies gelingt mit der Einführung der Determinante.

6.1 Vorzeichen einer Permutation

Als Vorbereitung benötigen wir einige Eigenschaften über Permutationen. Permutationen spielen in der Kombinatorik eine wichtige Rolle. Unter einer n-stelligen **Permutation** (mit Berücksichtigung der Reihenfolge ohne Wiederholung) versteht man die Anordnung von n verschiedenen Elementen auf n Plätzen (geordnetes n-Tupel); die Anzahl aller n-stelligen Permutationen ist $n!$ Die Menge aller n-stelligen Permutationen wird mit $P(n)$ bezeichnet.

Wir betrachten n-stellige Permutationen der Zahlen $1, 2, 3, \ldots, n$ und beschäftigen uns mit den Vertauschungen in einer Permutation. Eine Vertauschung liegt vor, wenn zwei Zahlen anders als in der ursprünglichen Reihenfolge angeordnet sind.

Definition 6.1 Es sei π eine – der $n!$ möglichen – Permutationen der Zahlen $1, 2, 3, \ldots, n$. Dann ist das Vorzeichen $\operatorname{sgn}(\pi)$ der **Permutation** wie folgt erklärt

$$\operatorname{sgn}(\pi) = \begin{cases} +1, & \text{wenn Anzahl der Vertauschungen gerade ist} \\ -1, & \text{wenn Anzahl der Vertauschungen ungerade ist} \end{cases}$$

Man spricht auch von einer **geraden** bzw. **ungeraden Permutation**.

Ist π^{-1} die zu π inverse Permutation, so gilt

$$\operatorname{sgn}(\pi) = \operatorname{sgn}\left(\pi^{-1}\right). \tag{6.1}$$

Sind π_1 und π_2 Permutationen, so gilt

$$\operatorname{sgn}(\pi_1 \circ \pi_2) = \operatorname{sgn}(\pi_1) \cdot \operatorname{sgn}(\pi_2). \tag{6.2}$$

Beispiel 6.1 Die Permutationen der Zahlen $1, 2$ sind $\{\pi_1, \pi_2\}$, wobei

$$\pi_1 = \begin{pmatrix} 1 & 2 \\ 1 & 2 \end{pmatrix}, \pi_2 = \begin{pmatrix} 1 & 2 \\ 2 & 1 \end{pmatrix}$$

und es ist $\operatorname{sgn}(\pi_1) = +1$ (0 Vertauschungen) und $\operatorname{sgn}(\pi_2) = -1$ (1 Vertauschung).

Beispiel 6.2 Die Permutationen der Zahlen $1, 2, 3$ lauten

$$\pi_1 = \begin{pmatrix} 1 & 2 & 3 \\ 1 & 2 & 3 \end{pmatrix}, \pi_2 = \begin{pmatrix} 1 & 2 & 3 \\ 3 & 1 & 2 \end{pmatrix}, \pi_3 = \begin{pmatrix} 1 & 2 & 3 \\ 2 & 3 & 1 \end{pmatrix}$$

$$\pi_4 = \begin{pmatrix} 1 & 2 & 3 \\ 2 & 1 & 3 \end{pmatrix}, \pi_5 = \begin{pmatrix} 1 & 2 & 3 \\ 1 & 3 & 2 \end{pmatrix}, \pi_6 = \begin{pmatrix} 1 & 2 & 3 \\ 3 & 2 & 1 \end{pmatrix}.$$

Die Permutationen π_1 bzw. π_2, π_3 haben 0 bzw. je 2 Vertauschungen und die restlichen Permutationen je 1 Vertauschung, damit ist

$$\operatorname{sgn}(\pi_1) = \operatorname{sgn}(\pi_2) = \operatorname{sgn}(\pi_3) = +1,$$

$$\operatorname{sgn}(\pi_4) = \operatorname{sgn}(\pi_5) = \operatorname{sgn}(\pi_6) = -1.$$

Bemerkung 6.1 Es gibt genau so viele gerade wie ungerade Permutationen; genauer gibt es jeweils $\frac{1}{2}n!$ gerade und $\frac{1}{2}n!$ ungerade Permutationen der Elemente $1, 2, 3, \ldots, n$.

Testfragen

1. Geben Sie alle Permutationen der Zahlen $1, 2, 3, 4$ an.
2. Welches Vorzeichen hat die Permutation
$$\begin{pmatrix} 1 & 2 & 3 & 4 & 5 \\ 5 & 2 & 3 & 1 & 4 \end{pmatrix}?$$
3. Bestimmen Sie das Vorzeichen der Permutation
$$\begin{pmatrix} 1 & 2 & 3 & 4 & 5 \\ 3 & 4 & 2 & 5 & 1 \end{pmatrix}.$$
4. Bestimmen Sie die zu
$$\pi = \begin{pmatrix} 1 & 2 & 3 & 4 \\ 4 & 3 & 2 & 1 \end{pmatrix}$$
inverse Permutation π^{-1}.

6.2 Definition der Determinante

Die Determinante ist nur für quadratische Matrizen definiert und erlaubt eine Charakterisierung einer Matrix mithilfe einer einzigen Zahl. Um Missverständnissen vorzubeugen, schreiben wir ab jetzt Matrixkoeffizienten in der Form $a_{i,j}$ anstelle von a_{ij}.

Definition 6.2 Unter der **Determinante** $\det(A) = |A|$ der $n \times n$ Matrix A versteht man die Zahl

$$\det(A) = |A| = \begin{vmatrix} a_{1,1} & a_{1,2} & a_{1,3} & \dots & a_{1,n} \\ a_{2,1} & a_{2,2} & & & \vdots \\ \vdots & & \ddots & & \vdots \\ \vdots & & & \ddots & a_{n-1,n} \\ a_{n,1} & a_{n,2} & \dots & a_{n,n-1} & a_{n,n} \end{vmatrix} \tag{6.3}$$

$$= \sum_{\pi \in P(n)} \operatorname{sgn}(\pi) \cdot a_{1,\pi(1)} \cdot a_{2,\pi(2)} \cdot \ldots \cdot a_{n,\pi(n)}.$$

(6.3) ist die **Leibniz'sche Determinantenformel**. Eine Determinante besteht aus einer Summe mit $n!$ Summanden; jeder Summand besteht, inklusive $\operatorname{sgn}(\pi)$, aus $n + 1$ Faktoren.

Beispiel 6.3 Wir berechnen mithilfe der Definition 6.2 die Determinante von ein- sowie zwei- und dreireihigen Matrizen.

$$\det(A) = |A| = \begin{vmatrix} a_{1,1} \end{vmatrix} = a_{1,1}.$$

Mit den Bezeichnungen aus Beispiel 6.1, 6.2 ist

$$\begin{aligned} \det(A) &= |A| = \begin{vmatrix} a_{1,1} & a_{1,2} \\ a_{2,1} & a_{2,2} \end{vmatrix} \qquad (6.4) \\ &= \operatorname{sgn}(\pi_1) \cdot a_{1,\pi_1(1)} \cdot a_{2,\pi_1(2)} + \operatorname{sgn}(\pi_2) \cdot a_{1,\pi_2(1)} \cdot a_{2,\pi_2(2)} \\ &= a_{1,1} \cdot a_{2,2} - a_{1,2} \cdot a_{2,1}. \end{aligned}$$

$$\begin{aligned} \det(A) &= |A| = \begin{vmatrix} a_{1,1} & a_{1,2} & a_{1,3} \\ a_{2,1} & a_{2,2} & a_{2,3} \\ a_{3,1} & a_{3,2} & a_{3,3} \end{vmatrix} \\ &= \operatorname{sgn}(\pi_1) \cdot a_{1,\pi_1(1)} \cdot a_{2,\pi_1(2)} \cdot a_{3,\pi_1(3)} \\ &\quad + \operatorname{sgn}(\pi_2) \cdot a_{1,\pi_2(1)} \cdot a_{2,\pi_2(2)} \cdot a_{3,\pi_2(3)} \\ &\quad + \operatorname{sgn}(\pi_3) \cdot a_{1,\pi_3(1)} \cdot a_{2,\pi_3(2)} \cdot a_{3,\pi_3(3)} \\ &\quad + \operatorname{sgn}(\pi_4) \cdot a_{1,\pi_4(1)} \cdot a_{2,\pi_4(2)} \cdot a_{3,\pi_4(3)} \\ &\quad + \operatorname{sgn}(\pi_5) \cdot a_{1,\pi_5(1)} \cdot a_{2,\pi_5(2)} \cdot a_{3,\pi_5(3)} \\ &\quad + \operatorname{sgn}(\pi_6) \cdot a_{1,\pi_6(1)} \cdot a_{2,\pi_6(2)} \cdot a_{3,\pi_6(3)} \\ &= a_{1,1} \cdot a_{2,2} \cdot a_{3,3} + a_{1,3} \cdot a_{2,1} \cdot a_{3,2} + a_{1,2} \cdot a_{2,3} \cdot a_{3,1} \\ &\quad - a_{1,2} \cdot a_{2,1} \cdot a_{3,3} - a_{1,1} \cdot a_{2,3} \cdot a_{3,2} - a_{1,3} \cdot a_{2,2} \cdot a_{3,1}. \end{aligned}$$

Beispiel 6.4 Unter Verwendung der Definition erhalten wir

$$\begin{vmatrix} 1 & 2 & 3 \\ 4 & 5 & 6 \\ 7 & 8 & 9 \end{vmatrix} = 1 \cdot 5 \cdot 9 + 3 \cdot 4 \cdot 8 + 2 \cdot 6 \cdot 7 - 2 \cdot 4 \cdot 9 - 1 \cdot 6 \cdot 8 - 3 \cdot 5 \cdot 7$$

$$= 45 + 96 + 84 - 72 - 48 - 105 = 0.$$

Wie wir gesehen haben, ist die Verwendung der Definition zur Berechnung von Determinanten – wegen der hohen Anzahl von $n!$ Summanden – nur für kleine n praktikabel. Daher versucht man durch geeignete Umformungen möglichst viele Nullen zu erzeugen, um so die Berechnung zu vereinfachen. Besonders einfach ist die Determinante von Dreiecksmatrizen zu bestimmen.

Satz 6.1 *Für obere und untere Dreiecksmatrizen berechnen sich die Determinanten folgendermaßen*

$$\det(U) = \begin{vmatrix} a_{1,1} & a_{1,2} & a_{1,3} & \dots & a_{1,n} \\ 0 & a_{2,2} & & & \vdots \\ \vdots & 0 & \ddots & & \vdots \\ \vdots & & \ddots & \ddots & a_{n-1,n} \\ 0 & 0 & \dots & 0 & a_{n,n} \end{vmatrix} = a_{1,1} \cdot a_{2,1} \cdot \ldots \cdot a_{n,n}.$$

$$\det(L) = \begin{vmatrix} a_{1,1} & 0 & 0 & \dots & 0 \\ a_{2,1} & a_{2,2} & 0 & & \vdots \\ \vdots & & \ddots & \ddots & \vdots \\ \vdots & & & \ddots & 0 \\ a_{n,1} & a_{n,2} & \dots & a_{n,n-1} & a_{n,n} \end{vmatrix} = a_{1,1} \cdot a_{2,1} \cdot \ldots \cdot a_{n,n}.$$

Für die n-reihige Einheitsmatrix E gilt $\det(E) = 1$.

Beweis: Ist π nicht die identische Permutation, so enthält jeder Summand

$$\operatorname{sgn}(\pi) \cdot a_{1,\pi(1)} \cdot a_{2,\pi(2)} \cdot \ldots \cdot a_{n,\pi(n)}$$

den Faktor 0, woraus nach (6.3) die Behauptung folgt. ■

Bemerkung 6.2 Satz 6.1 kann auf Blockdreiecksmatrizen verallgemeinert werden. Hat die quadratische Matrix A folgende Blockstruktur

$$A = \begin{pmatrix} A_{1,1} & A_{1,2} & A_{1,3} & \dots & A_{1,N} \\ 0 & A_{2,2} & & & \vdots \\ \vdots & 0 & \ddots & & \vdots \\ \vdots & & \ddots & \ddots & A_{N-1,N} \\ 0 & 0 & \dots & 0 & A_{N,N} \end{pmatrix},$$

wobei $A_{i,i}$ quadratische Matrizen und $A_{i,j}$ beliebige (nicht notwendigerweise quadratische) Matrizen sind, dann gilt

$$\det(A) = \det(A_{1,1}) \cdot \det(A_{2,2}) \cdot \ldots \cdot \det(A_{N,N}).$$

Bei der Definition der Determinante hätte man sich ebenso auf die Spalten beziehen können, denn es gilt

Satz 6.2 *Die Determinante einer Matrix A ändert sich nicht bei Übergang zur transponierten Matrix:*

(D1)
$$\det(A) = \det\left(A^T\right). \tag{6.5}$$

Beweis: Für die Elemente $a^*_{i,j}$ der transponierten Matrix A^T gilt $a^*_{i,j} = a_{j,i}$, daraus folgt

$$\det\left(A^T\right) = \sum_{\pi \in P(n)} \operatorname{sgn}(\pi) \cdot a_{\pi(1),1} \cdot a_{\pi(2),2} \cdot \ldots \cdot a_{\pi(n),n}.$$

Wir führen die Substitution

$$k = \pi^{-1}(k)$$

ein und erhalten nach 6.1:

$$\begin{aligned} \det\left(A^T\right) &= \sum_{\pi \in P(n)} \operatorname{sgn}(\pi) \cdot a_{1,\pi^{-1}(1)} \cdot a_{2,\pi^{-1}(2)} \cdot \ldots \cdot a_{n,\pi^{-1}(n)} \\ &= \sum_{\pi^{-1} \in P(n)} \operatorname{sgn}\left(\pi^{-1}\right) \cdot a_{1,\pi^{-1}(1)} \cdot a_{2,\pi^{-1}(2)} \cdot \ldots \cdot a_{n,\pi^{-1}(n)} \\ &= \det(A). \end{aligned}$$

■

Weitere Rechenregeln für Determinanten sind nachfolgend zusammengestellt.

Satz 6.3 *(D2) Die Determinante einer $n \times n$ Matrix A ändert sich nicht, wenn man ein α-faches, $\alpha \in \mathbb{K}$, einer Zeile (Spalte) zu einer anderen Zeile (Spalte) addiert.*
(D3) Die Determinante einer $n \times n$ Matrix A ändert ihr Vorzeichen, wenn man zwei Zeilen (zwei Spalten) miteinander vertauscht.
(D4) Die Determinante einer $n \times n$ Matrix A ändert ihren Wert, wenn eine Zeile (eine Spalte) mit einem Faktor α, $\alpha \in \mathbb{K}$, multipliziert wird; der Wert der zeilenweise (spaltenweise) mit α multiplizierten Determinante ist dann der mit α multiplizierte Wert der ursprünglichen Determinante:

$$\det \begin{pmatrix} a_{1,1} & a_{1,2} & \cdots & \cdots & a_{1,n} \\ \cdots & \cdots & & & \vdots \\ \alpha a_{i,1} & \alpha a_{i,2} & \ddots & & \alpha a_{i,n} \\ \vdots & & & \ddots & a_{n-1,n} \\ a_{n,1} & a_{n,2} & \cdots & a_{n,n-1} & a_{n,n} \end{pmatrix}$$

$$= \alpha \det \begin{pmatrix} a_{1,1} & a_{1,2} & \cdots & \cdots & a_{1,n} \\ \cdots & \cdots & & & \vdots \\ a_{i,1} & a_{i,2} & \ddots & & a_{i,n} \\ \vdots & & & \ddots & a_{n-1,n} \\ a_{n,1} & a_{n,2} & \cdots & a_{n,n-1} & a_{n,n} \end{pmatrix}.$$

(D5) Unterscheiden sich zwei Determinanten nur in einer Zeile (Spalte), so kann man die Determinanten addieren, indem man nur die unterschiedlichen Zeilen (Spalten) addiert und alle anderen Zeilen (Spalte) ungeändert lässt:

$$\begin{vmatrix} a_{1,1} & a_{1,2} & \cdots & a_{1,n} \\ \vdots & \vdots & & \vdots \\ y_{i,1} & y_{i,2} & \cdots & y_{i,n} \\ \vdots & \vdots & & \vdots \\ a_{n,1} & a_{n,2} & \cdots & a_{n,n} \end{vmatrix} + \begin{vmatrix} a_{1,1} & a_{1,2} & \cdots & a_{1,n} \\ \vdots & \vdots & & \vdots \\ z_{i,1} & z_{i,2} & \cdots & z_{i,n} \\ \vdots & \vdots & & \vdots \\ a_{n,1} & a_{n,2} & \cdots & a_{n,n} \end{vmatrix}$$

$$= \begin{vmatrix} a_{1,1} & a_{1,2} & \cdots & a_{1,n} \\ \vdots & \vdots & & \vdots \\ y_{i,1} + z_{i,1} & y_{i,2} + z_{i,2} & \cdots & y_{i,n} + z_{i,n} \\ \vdots & \vdots & & \vdots \\ a_{n,1} & a_{n,2} & \cdots & a_{n,n} \end{vmatrix} \tag{6.6}$$

Beweis: Nach Satz 6.2 genügt es, den Beweis für die Zeilen durchzuführen.

(D2) Addition des α-fachen, $\alpha \in \mathbb{K}$, der i-ten Zeile zur k-ten Zeile ergibt:

$$\sum_{\pi \in P(n)} \operatorname{sgn}(\pi) \cdot a_{1,\pi(1)} \cdot \ldots \cdot \underbrace{\left(a_{k,\pi(k)} + \alpha a_{i,\pi(i)}\right)}_{\text{Element der } k\text{-ten Zeile}} \cdot \ldots \cdot a_{n,\pi(n)}$$

$$= \sum_{\pi \in P(n)} \operatorname{sgn}(\pi) \cdot a_{1,\pi(1)} \cdot \ldots \cdot a_{k,\pi(k)} \cdot \ldots \cdot a_{n,\pi(n)}$$

$$+ \sum_{\pi \in P(n)} \operatorname{sgn}(\pi) \cdot a_{1,\pi(1)} \cdot \ldots \quad \underbrace{\cdot \alpha a_{i,\pi(i)} \cdot}_{\text{Element der } k\text{-ten Zeile}} \quad \ldots \cdot a_{n,\pi(n)} \cdot$$

Mit den Abkürzungen

$$X = \sum_{\pi \in P(n)} \operatorname{sgn}(\pi) \cdot a_{1,\pi(1)} \cdot \ldots \cdot \left(a_{k,\pi(k)} + \alpha a_{i,\pi(i)}\right) \ldots \cdot a_{n,\pi(n)},$$

$$Y = \sum_{\pi \in P(n)} \operatorname{sgn}(\pi) \cdot a_{1,\pi(1)} \cdot \ldots \cdot a_{k,\pi(k)} \cdot \ldots \cdot a_{n,\pi(n)},$$

$$Z = \sum_{\pi \in P(n)} \operatorname{sgn}(\pi) \cdot a_{1,\pi(1)} \cdot \ldots \cdot a_{i,\pi(i)} \cdots \cdot \underbrace{a_{i,\pi(i)}}_{k\text{-te Zeile}} \ldots \cdot a_{n,\pi(n)},$$

gilt für beliebige $\alpha \in \mathbb{K}$ die Identität

$$X = Y + \alpha Z, \tag{6.7}$$

für $\alpha = 0$ folgt insbesondere $X = Y$, so dass (6.7) für $\alpha \neq 0$ zu $Z = 0$ führt, womit (D2) bewiesen ist.

(D3) Ist $\pi_{i,k}$ diejenige Permutation, welche nur die Zahlen i und k vertauscht und alle übrigen Zahlen festlässt, so gilt

$$\operatorname{sgn}\left(\pi_{i,k}\right) = -1.$$

Weiter ist

$$\begin{aligned}
\det(A) &= \sum_{\pi \in P(n)} \operatorname{sgn}(\pi) \cdot a_{1,\pi(1)} \cdot \ldots a_{i,\pi(i)} \cdot \ldots \cdot a_{k,\pi(k)} \cdots a_{n,\pi(n)} \\
&= \sum_{\pi \in P(n)} \operatorname{sgn}\left(\pi \circ \pi_{i,k}\right) \cdot a_{1,\pi\circ\pi_{i,k}(1)} \cdot \ldots \\
&\qquad \cdot a_{i,\pi\circ\pi_{i,k}(k)} \cdot \ldots \cdot a_{k,\pi\circ\pi_{i,k}(i)} \cdot \ldots \cdot a_{n,\pi\circ\pi_{i,k}(n)} \\
&= \sum_{\pi \in P(n)} (-1) \cdot \operatorname{sgn}(\pi) \cdot a_{1,\pi(1)} \cdot \ldots \\
&\qquad \cdot a_{k,\pi(k)} \cdot \ldots \cdot a_{i,\pi(i)} \cdot \ldots \cdot a_{n,\pi(n)} \\
&= -\det(A)\,.
\end{aligned}$$

(D4) Multiplikation des α-fachen, $\alpha \in \mathbb{K}$, der i-ten Zeile ergibt:

$$\begin{aligned}\det(A) &= \sum_{\pi \in P(n)} \operatorname{sgn}(\pi) \cdot a_{1,\pi(1)} \cdot \ldots \cdot \alpha a_{i,\pi(i)} \cdot \ldots \cdot a_{n,\pi(n)} \\ &= \alpha \sum_{\pi \in P(n)} \operatorname{sgn}(\pi) \cdot a_{1,\pi(1)} \cdot \ldots \cdot a_{i,\pi(i)} \cdot \ldots \cdot a_{n,\pi(n)} \\ &= \alpha \det(A)\,.\end{aligned}$$

(D5) Unterscheiden sich zwei Matrizen nur in der i-ten Zeile, so ist

$$\begin{aligned}&\sum_{\pi \in P(n)} \operatorname{sgn}(\pi) \cdot a_{1,\pi(1)} \cdot \ldots \cdot y_{i,\pi(i)} \cdot \ldots \cdot a_{n,\pi(n)} \\ &+ \sum_{\pi \in P(n)} \operatorname{sgn}(\pi) \cdot a_{1,\pi(1)} \cdot \ldots \cdot z_{i,\pi(i)} \cdot \ldots \cdot a_{n,\pi(n)} \\ = &\sum_{\pi \in P(n)} \operatorname{sgn}(\pi) \cdot \big\{a_{1,\pi(1)} \cdot \ldots \cdot y_{i,\pi(i)} \cdot \ldots \cdot a_{n,\pi(n)} \\ &\qquad\qquad + a_{1,\pi(1)} \cdot \ldots \cdot z_{i,\pi(i)} \cdot \ldots \cdot a_{n,\pi(n)}\big\} \\ = &\sum_{\pi \in P(n)} \operatorname{sgn}(\pi) \cdot a_{1,\pi(1)} \cdot \ldots \cdot \big(y_{i,\pi(i)} + z_{i,\pi(i)}\big) \cdot \ldots \cdot a_{n,\pi(n)}.\end{aligned}$$ ■

Wir verdeutlichen die Determinantenregeln (D1) – (D5) anhand von Beispielen.

Beispiel 6.5

$$\begin{vmatrix} 1 & 2 & 1 \\ 4 & 5 & 6 \\ 7 & 8 & 9 \end{vmatrix} \underset{(D1)}{=} \begin{vmatrix} 1 & 4 & 7 \\ 2 & 5 & 8 \\ 1 & 6 & 9 \end{vmatrix} = 6$$

$$\begin{vmatrix} 1 & 2 & 1 \\ 4 & 5 & 6 \\ 7 & 8 & 9 \end{vmatrix} \underset{(D2)}{=} \begin{vmatrix} 1 & 2 & 1 \\ 6 & 9 & 8 \\ 7 & 8 & 9 \end{vmatrix} = 6$$

$$\begin{vmatrix} 1 & 2 & 1 \\ 4 & 5 & 6 \\ 7 & 8 & 9 \end{vmatrix} \underset{(D3)}{=} - \begin{vmatrix} 4 & 5 & 6 \\ 1 & 2 & 1 \\ 7 & 8 & 9 \end{vmatrix} = -(-6)$$

$$\begin{vmatrix} 1 & 2 & 1 \\ 8 & 10 & 12 \\ 7 & 8 & 9 \end{vmatrix} \underset{(D4)}{=} 2 \begin{vmatrix} 1 & 2 & 1 \\ 4 & 5 & 6 \\ 7 & 8 & 9 \end{vmatrix} = 12$$

$$\begin{vmatrix} 1 & 2 & 1 \\ 4 & 5 & 6 \\ 7 & 8 & 9 \end{vmatrix} + \begin{vmatrix} 1 & 2 & 1 \\ 5 & 6 & 7 \\ 7 & 8 & 9 \end{vmatrix} \underset{(D5)}{=} \begin{vmatrix} 1 & 2 & 1 \\ 9 & 11 & 13 \\ 7 & 8 & 9 \end{vmatrix} = 6 + 4 = 10.$$

Beispiel 6.6 Wir berechnen die Determinante der Matrix

$$A = \begin{pmatrix} 1 & 3 & 4 & 0 \\ 2 & 5 & 7 & 1 \\ -1 & 2 & -3 & 0 \\ 0 & 0 & 1 & 4 \end{pmatrix},$$

indem wir durch Verwendung der Umformungen (D1) – (D5) die Determinante der Matrix in Dreiecksform überführen

$$|A| = \begin{vmatrix} 1 & 3 & 4 & 0 \\ 2 & 5 & 7 & 1 \\ -1 & 2 & -3 & 0 \\ 0 & 0 & 1 & 4 \end{vmatrix} \underset{-2\times 1.\text{ Zeile zur 2. Zeile}}{=} \begin{vmatrix} 1 & 3 & 4 & 0 \\ 0 & -1 & -1 & 1 \\ -1 & 2 & -3 & 0 \\ 0 & 0 & 1 & 4 \end{vmatrix}$$

$$\underset{1.\text{ Zeile zur 3. Zeile}}{=} \begin{vmatrix} 1 & 3 & 4 & 0 \\ 0 & -1 & -1 & 1 \\ 0 & 5 & 1 & 0 \\ 0 & 0 & 1 & 4 \end{vmatrix}$$

$$\underset{5\times 2.\text{ Zeile zur 3. Zeile}}{=} \begin{vmatrix} 1 & 3 & 4 & 0 \\ 0 & -1 & -1 & 1 \\ 0 & 0 & -4 & 5 \\ 0 & 0 & 1 & 4 \end{vmatrix}$$

$$\underset{\frac{1}{4}\times 3.\text{ Zeile zur 4. Zeile}}{=} \begin{vmatrix} 1 & 3 & 4 & 0 \\ 0 & -1 & -1 & 1 \\ 0 & 0 & -4 & 5 \\ 0 & 0 & 0 & \frac{21}{4} \end{vmatrix} = 21.$$

Lemma 6.1 *Besteht eine Zeile (Spalte) einer $n \times n$ Matrix A nur aus Nullen, so gilt* $\det(A) = 0$.

Beweis: Besteht etwa die i-te Zeile der Matrix A nur aus Nullen, d. h.

$$\bigwedge_{j=1}^{n} a_{i,j} = 0,$$

dann gilt für alle Permutationen $\pi \in P(n) : a_{i,\pi(i)} = 0$ und daher

$$a_{1,\pi(1)} \cdot \ldots \cdot a_{i,\pi(i)} \cdot \ldots \cdot a_{n,\pi(n)} = a_{1,\pi(1)} \cdot \ldots \cdot 0 \cdot \ldots \cdot a_{n,\pi(n)} = 0;$$

die Behauptung folgt dann unmittelbar aus der Definition. Wegen

$$\det(A) = \det\left(A^T\right)$$

gilt die Aussage auch für Spalten. ■

Unmittelbar aus (D2) folgt:

Bemerkung 6.3 (D6) Eine Determinante hat den Wert null, wenn sie linear abhängige Zeilen (Spalten) besitzt.

Testfragen

1. Welchen Wert hat $\det(-E)$?
2. Welche Matrizenumformungen ändern der Wert einer Determinante nicht?
3. Die 5×5 Matrix A hat die Determinante $\det(A) = -3$. Bestimmen Sie $\det(-2A)$ und $\det\left(A^T\right)$.
4. Bestimmen Sie die Determinante der folgenden Matrizen

$$A = \begin{pmatrix} 2 & 5 \\ 6 & 8 \end{pmatrix}, B = \begin{pmatrix} 0 & 2 & 1 \\ 1 & 0 & 1 \\ 0 & 1 & 2 \end{pmatrix}.$$

5. c ist eine beliebige reelle Zahl. Geben Sie eine 2×2 Matrix A mit $\det(A) = c$ an.
6. Für zwei quadratische Matrizen A, B gilt $\det(A) = \det(B)$. Folgt daraus $A = B$?
7. Für zwei quadratische Matrizen A, B gilt $A = -3B$. Welcher Zusammenhang besteht zwischen den Determinanten der beiden Matrizen?

6.3 Der Entwicklungssatz von Laplace

Wir beschäftigen uns weiterhin mit dem Problem, wie man Determinanten effizient und geschickt berechnen kann. Dazu werden wir die Berechnung einer n-reihigen Determinante auf die Berechnung von n je $n-1$- reihigen Determinanten zurückführen.

Definition 6.3 Es sei $A \in M_{n \times n}(\mathbb{K})$, dann bezeichnet $\left|A_{i,j}\right|$ die $(n-1)$-reihige **Unterdeterminante** von $|A|$, die durch Streichen der i-ten Zeile und j-ten Spalte von A entsteht; $A_{i,j}$ ist dementsprechend die Matrix, welche aus

A durch Streichen der i-ten Zeile und j-ten Spalte entsteht.

$$\left|A_{i,j}\right| = \begin{vmatrix} a_{1,1} & \dots & a_{1,j-1} & a_{1,j+1} & \dots & a_{1,n} \\ \dots & \dots & & & & \vdots \\ a_{i-1,1} & \dots & a_{i-1,j-1} & & \dots & a_{i-1,n} \\ a_{i+1,1} & & a_{i+1,j-1} & & & a_{i+1,n} \\ \vdots & & & & \ddots & \vdots \\ a_{n,1} & \dots & a_{n,j-1} & a_{n,j+1} & \dots & a_{n,n} \end{vmatrix}$$

Insgesamt gibt es n^2 mögliche $(n-1)$-reihige Unterdeterminanten.

Satz 6.4 *(Entwicklungssatz von Laplace) Es sei $A \in M_{n\times n}(\mathbb{K})$. Für $n = 1$ ist*

$$\det(A) = |A| = \left|a_{1,1}\right| = a_{1,1}.$$

Für $n \geq 2$ gilt:
Entwicklung nach der i-ten Zeile, $1 \leq i \leq n$

$$\text{(D7)} \quad |A| = \sum_{k=1}^{n} (-1)^{i+k} a_{i,k} \left|A_{i,k}\right|. \tag{6.8}$$

Entwicklung nach der j-ten Spalte, $1 \leq j \leq n$

$$\text{(D8)} \quad |A| = \sum_{l=1}^{n} (-1)^{l+j} a_{l,j} \left|A_{l,j}\right|. \tag{6.9}$$

Beweis: Es genügt, den Beweis für die Entwicklung nach Zeilen durchzuführen. Wir spalten zunächst $a_{1,1}$ als Faktor ab. Dazu zerlegen wir $\det(A)$ in eine Summe mit einem Summanden, der $a_{1,1}$ als Faktor enthält und einen Summanden, welcher $a_{1,1}$ nicht als Faktor enthält

$$\det(A) = \underbrace{a_{1,1} S_{1,1}}_{\text{enthält } a_{1,1}} + \underbrace{\widehat{S_{1,1}}}_{\text{enthält } a_{1,1} \text{ nicht}}. \tag{6.10}$$

Der Ausdruck $S_{1,1}$ hat folgende Gestalt

$$S_{1,1} = \sum_{\pi \in P(\{2,3,\dots,n\}\to\{2,3,\dots,n\})} \operatorname{sgn}(\pi) \cdot a_{2,\pi(2)} \cdot \dots \cdot a_{n,\pi(n)}$$

und es ist

$$\sum_{\pi \in P(\{2,3,\ldots,n\} \to \{2,3,\ldots,n\})} \operatorname{sgn}(\pi) \cdot a_{2,\pi(2)} \cdot \ldots \cdot a_{n,\pi(n)}$$

$$= \begin{vmatrix} a_{2,2} & \cdots & \cdots & a_{2,n} \\ a_{3,2} & \ddots & \cdots & \vdots \\ \vdots & & \ddots & a_{n-1,n} \\ a_{n,2} & \cdots & \cdots & a_{n,n} \end{vmatrix} = \left|A_{1,1}\right|$$

Ein beliebiges Matrixelement $a_{i,j}$ kann durch $i-1$ Zeilenvertauschungen und $j-1$ Spaltenvertauschungen A in eine Matrix $\widetilde{A}$ überführen, bei welcher $a_{i,j}$ in der erste Zeile und erste Spalte steht und alle übrigen Elemente ihre Position beibehalten. Gemäß (D2) gilt

$$\det\left(\widetilde{A}\right) = (-1)^{(i-1)+(j-1)} \det(A) = (-1)^{i+j} \det(A)\,.$$

Jetzt können wir analog zu (6.10) vorgehen und erhalten

$$\det(A) = (-1)^{i+j} \left(a_{i,j} S_{i,j} + \widehat{S_{i,j}}\right),$$

dabei ist $\widehat{S_{i,j}}$ der Anteil, in welchem das Matrixelement $a_{i,j}$ nicht mehr als Faktor vorkommt. Für den Summanden $S_{i,j}$ gilt

$$\begin{aligned} S_{i,j} &= \sum_{\pi \in \widetilde{P}} \operatorname{sgn}(\pi) \cdot a_{1,\pi(1)} \cdot \ldots \cdot a_{i-1,\pi(i-1)} \cdot a_{i+1,\pi(i+1)} \cdot \ldots \cdot a_{n,\pi(n)} \\ \text{mit } \widetilde{P} &= P(\{1,\ldots,i-1,i+1,\ldots,n\} \to \{1,\ldots,j-1,j+1,\ldots,n\}) \end{aligned}$$

d. h.

$$S_{i,j} = (-1)^{i+j} a_{i,j} \left|A_{i,j}\right|.$$

Auf diese Weise lassen sich die Ausdrücke $S_{i,1}, S_{i,2}, \ldots, S_{i,n}$ für jede Zeile berechnen, und wir erhalten die Darstellung (6.8). ■

Definition 6.4 Die Zahl $\widetilde{a}_{i,j} = (-1)^{i+j} \left|A_{i,j}\right|$ heißt das **algebraische Komplement** des Elementes $a_{i,j}$ der Matrix A.

Beispiel 6.7 Für die Matrix

$$A = \begin{pmatrix} 2 & 0 & 7 \\ 1 & 10 & -4 \\ -2 & 8 & 9 \end{pmatrix}$$

lauten die algebraischen Komplemente

$$\begin{aligned}
\widetilde{a}_{1,1} &= 122, & \widetilde{a}_{1,2} &= -1, & \widetilde{a}_{1,3} &= 28,\\
\widetilde{a}_{2,1} &= 56, & \widetilde{a}_{2,2} &= 32, & \widetilde{a}_{2,3} &= -16,\\
\widetilde{a}_{3,1} &= -70, & \widetilde{a}_{3,2} &= 15, & \widetilde{a}_{3,3} &= 20.
\end{aligned}$$

Beispiel 6.8 Wir berechnen die Determinante der Matrix

$$A = \begin{pmatrix} 1 & 2 & 0 & 3\\ -1 & 0 & 2 & 1\\ 3 & 2 & 0 & 7\\ 0 & 1 & 4 & 8 \end{pmatrix}$$

durch Entwickeln nach der 3. Spalte.

$$|A| = 0\begin{vmatrix} -1 & 0 & 1\\ 3 & 2 & 7\\ 0 & 1 & 8 \end{vmatrix} - 2\begin{vmatrix} 1 & 2 & 3\\ 3 & 2 & 7\\ 0 & 1 & 8 \end{vmatrix} + 0\begin{vmatrix} 1 & 2 & 3\\ -1 & 0 & 1\\ 0 & 1 & 8 \end{vmatrix} - 4\begin{vmatrix} 1 & 2 & 3\\ -1 & 0 & 1\\ 3 & 2 & 7 \end{vmatrix}$$

Weiter erhalten wir durch Entwickeln nach der 1. Spalte

$$\begin{aligned}
\begin{vmatrix} 1 & 2 & 3\\ 3 & 2 & 7\\ 0 & 1 & 8 \end{vmatrix} &= 1\begin{vmatrix} 2 & 7\\ 1 & 8 \end{vmatrix} - 3\begin{vmatrix} 2 & 3\\ 1 & 8 \end{vmatrix}\\
&= (2\cdot 8 - 1\cdot 7) - 3\cdot(2\cdot 8 - 3\cdot 1) = -30.
\end{aligned}$$

sowie durch Entwicklung nach der 2. Zeile

$$\begin{aligned}
\begin{vmatrix} 1 & 2 & 3\\ -1 & 0 & 1\\ 3 & 2 & 7 \end{vmatrix} &= (-1)\cdot(-1)\begin{vmatrix} 2 & 3\\ 2 & 7 \end{vmatrix} + (-1)\,(1)\begin{vmatrix} 1 & 2\\ 3 & 2 \end{vmatrix}\\
&= (2\cdot 7 - 3\cdot 2) - (1\cdot 2 - 2\cdot 3) = 12.
\end{aligned}$$

Damit ist

$$|A| = -2\cdot(-30) + (-4)\cdot 12 = 12.$$

Merke: Bei der praktischen Berechnung von Determinanten versucht man zunächst mithilfe der elementaren Umformungen (D1) – (D5) in einer Zeile bzw. Spalte möglichst viele Nullen zu erzeugen und dann nach dieser Zeile (Spalte) zu entwickeln.

Beispiel 6.9 Es sei $n \in \mathbb{N}$ und $n \geq 2$. Für n reelle Zahlen $a_1, a_2, \ldots, a_n$ lautet die **Vandermonde'sche Determinante**

$$V_n = \begin{vmatrix} 1 & a_1 & a_1^2 & \cdots & a_1^{n-1} \\ 1 & a_2 & a_2^2 & \cdots & a_2^{n-1} \\ \vdots & \vdots & \vdots & & \vdots \\ \vdots & \vdots & \vdots & \ddots & \vdots \\ 1 & a_n & a_n^2 & \cdots & a_n^{n-1} \end{vmatrix} = \prod_{1 \leq k < i \leq n} (a_i - a_k) \qquad (6.11)$$

Wir berechnen V_n durch vollständige Induktion nach n. Im Fall $n = 2$ erhalten wir

$$V_2 = \begin{vmatrix} 1 & a_1 \\ 1 & a_2 \end{vmatrix} = a_2 - a_1 .$$

Wir nehmen an, dass für beliebiges aber festes $n, n \geq 2$ die Formel (6.11) richtig ist.

$$V_{n+1} = \begin{vmatrix} 1 & a_1 & a_1^2 & \cdots & a_1^{n-1} & a_1^n \\ 1 & a_2 & a_2^2 & \cdots & a_2^{n-1} & a_2^n \\ \vdots & \vdots & \vdots & & \vdots & \vdots \\ \vdots & \vdots & \vdots & \ddots & \vdots & \vdots \\ 1 & a_n & a_n^2 & \cdots & a_n^{n-1} & a_n^n \\ 1 & a_{n+1} & a_{n+1}^2 & \cdots & a_{n+1}^{n-1} & a_{n+1}^n \end{vmatrix}$$

Zu jeder Spalte wird – beginnend mit der letzten Spalte – nacheinander jeweils die mit $-a_1$ multiplizierte vorhergehende Spalte addiert, das ergibt

$$V_{n+1} = \begin{vmatrix} 1 & 0 & \cdots & 0 & 0 \\ 1 & a_2 - a_1 & \cdots & a_2^{n-1} - a_2^{n-2} a_1 & a_2^n - a_2^{n-1} a_1 \\ \vdots & \vdots & & \vdots & \vdots \\ \vdots & \vdots & \ddots & \vdots & \vdots \\ 1 & a_n - a_1 & \cdots & a_n^{n-1} - a_n^{n-2} a_1 & a_n^n - a_n^{n-1} a_1 \\ 1 & a_{n+1} - a_1 & \cdots & a_{n+1}^{n-1} - a_{n+1}^{n-2} a_1 & a_{n+1}^n - a_{n+1}^{n-1} a_1 \end{vmatrix}$$

Addition der mit (-1) multiplizierten 1-ten Zeile zu der $2., \ldots, (n+1)$-ten Zeile liefert

$$V_{n+1} = \begin{vmatrix} 1 & 0 & 0 & \cdots & 0 \\ 0 & a_2 - a_1 & a_2^2 - a_2 a_1 & \cdots & a_2^n - a_2^{n-1} a_1 \\ \vdots & \vdots & \ddots & & \vdots \\ \vdots & \vdots & & & \vdots \\ 0 & a_n - a_1 & a_n^2 - a_n a_1 & \cdots & a_n^n - a_n^{n-1} a_1 \\ 0 & a_{n+1} - a_1 & a_{n+1}^2 - a_{n+1} a_1 & \cdots & a_{n+1}^n - a_{n+1}^{n-1} a_1 \end{vmatrix}$$

$$= \begin{vmatrix} 1 & 0 & 0 & \cdots & 0 \\ 0 & a_2 - a_1 & a_2 (a_2 - a_1) & \cdots & a_2^{n-1} (a_2 - a_1) \\ \vdots & \vdots & \ddots & & \vdots \\ \vdots & \vdots & & & \vdots \\ 0 & a_n - a_1 & a_n (a_n - a_1) & \cdots & a_n^{n-1} (a_n - a_1) \\ 0 & a_{n+1} - a_1 & a_{n+1} (a_{n+1} - a_1) & \cdots & a_{n+1}^{n-1} (a_{n+1} - a_1) \end{vmatrix}$$

Weiter ist nach (D2)

$$V_{n+1} = (a_2 - a_1)(a_3 - a_1) \ldots (a_{n+1} - a_1) \begin{vmatrix} 1 & 0 & 0 & \ldots & 0 \\ 0 & 1 & a_2 & \ldots & a_2^{n-1} \\ \vdots & \vdots & \vdots & & \vdots \\ \vdots & \vdots & \vdots & \ddots & \vdots \\ 0 & 1 & a_n & \ldots & a_n^{n-1} \\ 0 & 1 & a_{n+1} & \ldots & a_{n+1}^{n-1} \end{vmatrix}.$$

Entwickeln nach der ersten Zeile ergibt

$$V_{n+1} = (a_2 - a_1)(a_3 - a_1) \ldots (a_{n+1} - a_1) \underbrace{\begin{vmatrix} 1 & a_2 & \cdots & a_2^{n-1} \\ \vdots & \vdots & & \vdots \\ \vdots & \vdots & \ddots & \vdots \\ 1 & a_n & \cdots & a_n^{n-1} \\ 1 & a_{n+1} & \cdots & a_{n+1}^{n-1} \end{vmatrix}}_{n\text{-reihige Determinante}}.$$

Nach Induktionsvoraussetzung ist

$$\begin{vmatrix} 1 & a_2 & \cdots & a_2^{n-2} & a_2^{n-1} \\ \vdots & \vdots & & \vdots & \\ & \vdots & \ddots & \vdots & \\ 1 & a_n & \cdots & a_n^{n-2} & a_n^{n-1} \\ 1 & a_{n+1} & \cdots & a_{n+1}^{n-2} & a_{n+1}^{n-1} \end{vmatrix} = \prod_{2 \le k < i \le n+1} (a_i - a_k)$$

so dass ingesamt folgt

$$\begin{aligned} V_{n+1} &= (a_2 - a_1)(a_3 - a_1)\dots(a_{n+1} - a_1) \prod_{2 \le k < i \le n+1} (a_i - a_k) \\ &= \prod_{1 \le k < i \le n+1} (a_i - a_k) , \end{aligned}$$

damit gilt die Behauptung (6.11) für alle $n \in \mathbb{N}$.

Beispiel 6.10 Wir berechnen die Determinante der Matrix

$$A = \begin{pmatrix} 1 & 0 & 0 & 0 \\ 2 & -2 & 1 & -4 \\ 1 & 2 & 1 & -1 \\ -3 & 3 & -2 & 11 \end{pmatrix}$$

wie folgt:

$$\begin{aligned} \begin{vmatrix} 1 & 0 & 0 & 0 \\ 2 & -2 & 1 & -4 \\ 1 & 2 & 1 & -1 \\ -3 & 3 & -2 & 11 \end{vmatrix} &\underset{\substack{\text{Entwicklung} \\ \text{nach der 1. Zeile}}}{=} \begin{vmatrix} -2 & 1 & -4 \\ 2 & 1 & -1 \\ 3 & -2 & 11 \end{vmatrix} \\ &\underset{\substack{\text{Subtr. der 1. Zeile} \\ \text{von der 2. Zeile}}}{=} \begin{vmatrix} -2 & 1 & -4 \\ 4 & 0 & 3 \\ 3 & -2 & 11 \end{vmatrix} \\ &\underset{\substack{\text{Add. der mit 2. mult.} \\ \text{1. Zeile zur 3. Zeile}}}{=} \begin{vmatrix} -2 & 1 & -4 \\ 4 & 0 & 3 \\ -1 & 0 & 3 \end{vmatrix} \end{aligned}$$

Entwicklung nach der 2. Spalte liefert

$$\begin{vmatrix} -2 & 1 & -4 \\ 4 & 0 & 3 \\ -1 & 0 & 3 \end{vmatrix} = -1 \begin{vmatrix} 4 & 3 \\ -1 & 3 \end{vmatrix} = -(12-(-3)) = -15.$$

Damit haben wir erhalten:

$$\det(A) = -15.$$

Testfragen

1. Formulieren Sie den Entwicklungssatz von Laplace für eine 3×3 Matrix durch Entwickeln nach der zweiten Spalte.
2. Berechnen Sie die dreireihige Determinante

$$\begin{vmatrix} 1 & 0 & -1 \\ 4 & 3 & 2 \\ 9 & -2 & 0 \end{vmatrix}$$

   durch Entwickeln nach der 2. Spalte.
3. Berechnen Sie die vierreihige Determinante

$$\begin{vmatrix} 0 & 5 & 0 & 3 \\ 0 & 2 & 0 & -1 \\ 2 & 0 & 7 & 0 \\ 0 & 2 & 1 & 0 \end{vmatrix}$$

   durch Entwickeln nach der 3. Zeile.
4. Berechnen Sie

$$\begin{vmatrix} 1 & 2 & 4 & 8 & 16 \\ 1 & 3 & 9 & 27 & 81 \\ 1 & 5 & 25 & 125 & 625 \\ 1 & 7 & 49 & 343 & 2401 \\ 1 & -1 & 1 & -1 & 1 \end{vmatrix}.$$

5. Bestimmen Sie alle algebraischen Komplemente der Matrix

$$A = \begin{pmatrix} 2 & -1 & 5 \\ 4 & 6 & -2 \\ 9 & 0 & -21 \end{pmatrix}.$$

6.4 Eigenschaften von Determinanten

Nach der praktischen Berechnung der Determinante einer Matrix sind die Eigenschaften von Determinanten von Interesse, da u. a. ein enger Zusammenhang mit der Invertierbarkeit quadratischer Matrizen besteht.

Satz 6.5 *Eine quadratische Matrix A ist genau dann invertierbar, wenn gilt* $\det(A) \neq 0$. *In diesem Fall heißt die Matrix A* ***regulär****; A heißt* ***singulär****, wenn* $\det A = 0$ *gilt.*

Beweis: Mithilfe der Umformungen (D1) – (D5) lässt sich eine quadratische Matrix stets auf Diagonalform transformieren, die Behauptung folgt dann unmittelbar. ∎

Satz 6.6 *(Determinantenmultiplikationssatz) Für zwei $n \times n$ Matrizen A, B gilt*

$$\det(AB) = \det(A)\det(B) = \det(B)\det(A) = \det(BA)\,.$$

Beweis: Wir führen den Beweis unter Bezugnahme auf die Spalten. Um die Idee des Beweises deutlich zu machen, betrachten wir zunächst 2×2 Matrizen und übertragen diese Gedanken anschließend auf $n \times n$ Matrizen. Mit

$$A = \begin{pmatrix} a_{1,1} & a_{1,2} \\ a_{2,1} & a_{2,2} \end{pmatrix},\ B = \begin{pmatrix} b_{1,1} & b_{1,2} \\ b_{2,1} & b_{2,2} \end{pmatrix}$$

ist

$$C = AB = \begin{pmatrix} a_{1,1}b_{1,1} + a_{1,2}b_{2,1} & a_{1,1}b_{1,2} + a_{1,2}b_{2,2} \\ a_{2,1}b_{1,1} + a_{2,2}b_{2,1} & a_{2,1}b_{1,2} + a_{2,2}b_{2,2} \end{pmatrix}$$

Bezeichnen wir die Spaltenvektoren der Matrizen A bzw. C mit $\vec{a_1}$, $\vec{a_2}$ bzw. $\vec{c_1}$, $\vec{c_2}$, dann lassen sich die Spaltenvektoren von C in der Form

$$\vec{c_1} = b_{1,1}\vec{a_1} + b_{2,1}\vec{a_2}\ ,\quad \vec{c_2} = b_{1,2}\vec{a_1} + b_{2,2}\vec{a_2}$$

darstellen, und es folgt

$$\det(C) = \det\left(b_{1,1}\vec{a_1} + b_{2,1}\vec{a_2}, b_{1,2}\vec{a_1} + b_{2,2}\vec{a_2}\right).$$

Mehrfache Anwendung der Determinantenregel (D5) ergibt unter Beachtung von (D6)

$$\det(C) = b_{1,1}\det\left(\overrightarrow{a_1}, b_{1,2}\overrightarrow{a_1} + b_{2,2}\overrightarrow{a_2}\right) + b_{2,1}\det\left(\overrightarrow{a_2}, b_{1,2}\overrightarrow{a_1} + b_{2,2}\overrightarrow{a_2}\right)$$

$$= b_{1,1}\left\{ b_{1,2}\underbrace{\det\left(\overrightarrow{a_1}, \overrightarrow{a_1}\right)}_{=0} + b_{2,2}\det\left(\overrightarrow{a_1}, \overrightarrow{a_2}\right)\right\}$$

$$+ b_{2,1}\left\{ b_{1,2}\det\left(\overrightarrow{a_2}, \overrightarrow{a_1}\right) + b_{2,2}\underbrace{\det\left(\overrightarrow{a_2}, \overrightarrow{a_2}\right)}_{=0}\right\}.$$

Wegen $\det\left(\overrightarrow{a_2}, \overrightarrow{a_1}\right) = -\det\left(\overrightarrow{a_1}, \overrightarrow{a_2}\right)$ ergibt sich

$$\begin{aligned}\det(C) &= b_{1,1}b_{2,2}\det(A) - b_{1,2}b_{2,1}\det(A)\\ &= \det(A)\left(b_{1,1}b_{2,2} - b_{1,2}b_{2,1}\right) = \det(A)\det(B).\end{aligned}$$

Betrachten wir nun das Produkt zweier n-reihiger Matrizen $A = \left(a_{i,j}\right)_{i,j=1,\ldots n}$ und $B = \left(b_{i,j}\right)_{i,j=1,\ldots n}$. Für die Elemente $\left(c_{i,j}\right)_{i,j=1,\ldots n}$ des Produkts $C = AB$ gilt

$$c_{i,j} = \sum_{\nu=1}^{n} a_{i,\nu} \cdot b_{\nu,j},\, i, j = 1, \ldots, n.$$

Bezeichnen wir den j-ten Spaltenvektor von A bzw. C mit $\overrightarrow{a_j}$ bzw. $\overrightarrow{c_j}$, dann ist

$$\overrightarrow{c_j} = \sum_{l=1}^{n} b_{l,j}\overrightarrow{a_l}$$

und somit

$$\det(C) = \det\left(\sum_{l_1=1}^{n} b_{l_1,1}\overrightarrow{a_{l_1}}, \sum_{l_2=1}^{n} b_{l_2,2}\overrightarrow{a_{l_2}}, \ldots, \sum_{l_n=1}^{n} b_{l_n,2}\overrightarrow{a_{l_n}}\right). \tag{6.12}$$

Wiederholte Anwendung von (6.6) liefert

$$\det(C) = \sum_{l_1=1}^{n}\sum_{l_2=1}^{n}\cdots\sum_{l_n=1}^{n} b_{l_1,1}\cdot b_{l_2,2}\cdot\ldots\cdot b_{l_n,n}\det\left(\overrightarrow{a_{l_1}}, \overrightarrow{a_{l_2}}, \ldots, \overrightarrow{a_{l_n}}\right). \tag{6.13}$$

Da $\det\left(\overrightarrow{a_{l_1}}, \overrightarrow{a_{l_2}}, \ldots, \overrightarrow{a_{l_n}}\right) = 0$ ist, wenn zwei Spaltenvektoren identisch sind, genügt es, wenn wir in (6.13) nur über $(l_1, l_2, \ldots, l_n) \in P(n)$ summieren:

$$\det(C) = \sum_{\pi\in P(n)} b_{\pi(1),1}\cdot b_{\pi(2),2}\cdot\ldots\cdot b_{\pi(n),n}\det\left(\overrightarrow{a_{\pi(1)}}, \overrightarrow{a_{\pi(2)}}, \ldots, \overrightarrow{a_{\pi(n)}}\right).$$

Da

$$\det\left(\overrightarrow{a_{\pi(1)}}, \overrightarrow{a_{\pi(2)}}, \dots, \overrightarrow{a_{\pi(n)}}\right) = \operatorname{sgn}(\pi) \det\left(\overrightarrow{a_1}, \dots, \overrightarrow{a_n}\right) = \operatorname{sgn}(\pi) \det(A),$$

folgt mit

$$\begin{aligned} \det(C) &= \sum_{\pi \in P(n)} \operatorname{sgn}(\pi)\, b_{\pi(1),1} \cdot b_{\pi(2),2} \cdot \ldots \cdot b_{\pi(n),n} \det(A) \\ &= \det(A) \sum_{\pi \in P(n)} \operatorname{sgn}(\pi)\, b_{\pi(1),1} \cdot \ldots \cdot b_{\pi(n),n} = \det(A) \det(B) \end{aligned}$$

die Behauptung. ■

Bemerkung 6.4 Der Determinantenmultiplikationssatz lässt sich auf das Produkt endlicher vieler $n \times n$ Matrizen ausweiten

$$\det(A_1 A_2 \dots A_k) = \det(A_1) \det(A_2) \dots \det(A_k).$$

Satz 6.7 *(Determinante einer inversen Matrix) Für eine reguläre $n \times n$-Matrix gilt*

$$\det\left(A^{-1}\right) = \frac{1}{\det(A)}.$$

Beweis: Nach dem Determinantenmultiplikationssatz gilt

$$1 = \det(E) = \det\left(A^{-1}A\right) = \det\left(A^{-1}\right) \det(A),$$

woraus wegen $\det(A) \neq 0$ sofort die Behauptung folgt. ■

Definition 6.5 Zwei Matrizen $A, B \in M_{n\times n}(\mathbb{K})$ heißen **ähnlich** genau dann, wenn eine reguläre, d. h. invertierbare $n \times n$ Matrix $S \in M_{n\times n}(\mathbb{K})$ mit der Eigenschaft

$$B = S^{-1}AS \tag{6.14}$$

existiert.

Bemerkung 6.5 Ähnliche Matrizen A, B haben die gleiche Determinante, denn aufgrund des Determinantenmultiplikationssatzes und seiner Verallgemeinerung gilt

$$\det(B) = \det\left(S^{-1}AS\right) = \det\left(S^{-1}\right) \det(A) \det(S);$$

wegen der Kommutativät der Multiplikation in $\mathbb{K}$ und Satz 6.7 folgt die Behauptung.

Beispiel 6.11 Die Matrizen

$$A = \begin{pmatrix} 6 & 2 \\ 5 & 4 \end{pmatrix}, B = \begin{pmatrix} 7 & \frac{7}{2} \\ 2 & 3 \end{pmatrix}$$

sind ähnlich, da gilt

$$B = \underbrace{\begin{pmatrix} \frac{1}{14} & \frac{3}{14} \\ \frac{2}{7} & \frac{-1}{7} \end{pmatrix}}_{S^{-1}} \underbrace{\begin{pmatrix} 6 & 2 \\ 5 & 4 \end{pmatrix}}_{A} \underbrace{\begin{pmatrix} 2 & 3 \\ 4 & -1 \end{pmatrix}}_{S}$$

Somit folgt:

$$\begin{aligned} \det(B) &= \underbrace{\begin{vmatrix} 7 & \frac{7}{2} \\ 2 & 3 \end{vmatrix}}_{=14} = \underbrace{\begin{vmatrix} \frac{1}{14} & \frac{3}{14} \\ \frac{2}{7} & \frac{-1}{7} \end{vmatrix}}_{\det(S^{-1})} \underbrace{\begin{vmatrix} 6 & 2 \\ 5 & 4 \end{vmatrix}}_{\det(A)} \underbrace{\begin{vmatrix} 2 & 3 \\ 4 & -1 \end{vmatrix}}_{\det(S)} \\ &= \det\left(S^{-1}AS\right) = \det(A) = 14 \end{aligned}$$

Wir wollen nun die Determinante einer linearen Abbildung erklären.

Definition 6.6 V ist ein n-dimensionaler $\mathbb{K}$-Vektorraum; $\mathcal{B}$ eine beliebige Basis von V und $F : V \to V$ eine lineare Selbstabbildung. Die **Determinante der linearen Abbildung** F ist erklärt als

$$\det(F) = \det\left(M_{\mathcal{B},\mathcal{B}}(F)\right)$$

wobei $M_{\mathcal{B},\mathcal{B}}(F)$ die Darstellungsmatrix der linearen Abbildung F bezüglich der Basis $\mathcal{B}$ ist.

Bemerkung 6.6 In Definition 6.6 muss F ein Endomorphismus sein. Für lineare Abbildungen $F : V \to W$ zwischen zwei verschiedenen Vektorräumen gleicher endlicher Dimension ist $\det(F)$ nicht erklärt.

Macht diese Definition überhaupt Sinn? Was geschieht, wenn wir das Basissystem wechseln und von $\mathcal{B}$ zu einer anderen Basis $\mathcal{C}$ übergehen? Es gilt dann nach (5.19)

$$M_{\mathcal{C},\mathcal{C}}(F) = M_{\mathcal{C}\to\mathcal{B}} M_{\mathcal{B},\mathcal{B}}(F) \, M_{\mathcal{B}\to\mathcal{C}}.$$

Da $M_{\mathcal{C}\to\mathcal{B}} = (M_{\mathcal{B}\to\mathcal{C}})^{-1}$ gilt, folgt durch Anwendung des Determinantenmultiplikationssatzes, dass die Definition der Determinante einer linearen Abbildung unabhängig von der verwendeten Basis ist. Daher versucht man die Basis so zu wählen, dass die Determinante der Darstellungsmatrix von einfacher Bauart ist. Die Determinante hängt auch nicht von der Reihenfolge ab, in welcher die Basiselemente angeordnet sind!

Beispiel 6.12 Wir bestimmen die Determinante der linearen Abbildung

$$F : \mathbb{R}^3 \to \mathbb{R}^3, \begin{pmatrix} x_1 \\ x_2 \\ x_3 \end{pmatrix} \mapsto \begin{pmatrix} 5x_1 - x_2 + 3x_3 \\ x_1 + 4x_2 - x_3 \\ -x_1 + x_2 + 7x_3 \end{pmatrix}.$$

Die Determinante einer linearen Abbildung ist unabhängig von der gewählten Basis, daher können wir jede beliebige Basis verwenden. Im Falle der kanonischen Standardbasis

$$\mathcal{E} : \overrightarrow{e_1} = \begin{pmatrix} 1 \\ 0 \\ 0 \end{pmatrix}, \overrightarrow{e_2} = \begin{pmatrix} 0 \\ 1 \\ 0 \end{pmatrix}, \overrightarrow{e_3} = \begin{pmatrix} 0 \\ 0 \\ 1 \end{pmatrix}$$

erhalten wir

$$M_{\mathcal{E},\mathcal{E}}(F) = \begin{pmatrix} 5 & -1 & 3 \\ 1 & 4 & -1 \\ -1 & 1 & 7 \end{pmatrix}$$

und weiter als Determinante der linearen Abbildung $\det\left(M_{\mathcal{E},\mathcal{E}}(F)\right) = 166$. Bei Umordnung der Basiselemente, etwa bei Übergang zur Basis

$$\mathcal{B} = \overrightarrow{b_1} = \begin{pmatrix} 0 \\ 1 \\ 0 \end{pmatrix}, \overrightarrow{b_2} = \begin{pmatrix} 0 \\ 0 \\ 1 \end{pmatrix}, \overrightarrow{b_3} = \begin{pmatrix} 1 \\ 0 \\ 0 \end{pmatrix},$$

ändert sich zwar die Darstellungsmatrix der linearen Abbildung

$$M_{\mathcal{E},\mathcal{E}}(F) = \begin{pmatrix} -1 & 3 & 5 \\ 4 & -1 & 1 \\ 1 & 7 & -1 \end{pmatrix},$$

aber die Determinante der linearen Abbildung bleibt invariant

$$\det\left(M_{\mathcal{E},\mathcal{E}}(F)\right) = \det\left(M_{\mathcal{B},\mathcal{B}}(F)\right) = 166.$$

Beispiel 6.13 $\mathcal{P}_{\leq n}$ ist der reelle Vektorraum aller Polynome höchstens n-ten Grades. Zur Bestimmung der Determinante der linearen Abbildung

$$F : \mathcal{P}_{\leq 2} \to \mathcal{P}_{\leq 2}, \; p(x) \mapsto F(p(x)) = p(-x)$$

wählen wir das Basissystem $\mathcal{B} = \left\{1, x, x^2\right\}$; dann ist

$$M_{\mathcal{B},\mathcal{B}}(F) = \begin{pmatrix} 1 & 0 & 0 \\ 0 & -1 & 0 \\ 0 & 0 & 1 \end{pmatrix}$$

und somit $\det\left(M_{\mathcal{B},\mathcal{B}}(F)\right) = -1$.

Die Determinante der linearen Abbildung

$$F : \mathcal{P}_{\leq n} \to \mathcal{P}_{\leq n},\ p(x) \mapsto F(p(x)) = p(-x)\,,\ n \in \mathbb{N}$$

ist $(-1)^{n+1}$, denn wählen wir $\mathcal{B} = \{1, x, \ldots, x^n\}$ als Basis von $\mathcal{P}_{\leq n}$, dann ist die Darstellungsmatrix $M_{\mathcal{B},\mathcal{B}}(F)$ eine Diagonalmatrix mit dem Eintrag $(-1)^{i+1}$ in der i-ten Zeile und Spalte, somit gilt

$$\det(F) = \det\left(M_{\mathcal{B},\mathcal{B}}(F)\right) = (-1)^{n+1}\,.$$

Beispiel 6.14 Wir bestimmen die Determinante der linearen Abbildung

$$F : \mathcal{P}_{\leq 2} \to \mathcal{P}_{\leq 2},\ \ p(x) \mapsto F(p(x)) = 2p(x) + 3p'(x)\,.$$

Für die Basis $\mathcal{B} = \left\{\overrightarrow{b_1}, \overrightarrow{b_2}, \overrightarrow{b_3}\right\}$ mit $\overrightarrow{b_1} = 1, \overrightarrow{b_2} = x, \overrightarrow{b_3} = x^2$ folgt die eindeutige Darstellung

$$p(x) = \beta_1\overrightarrow{b_1} + \beta_2\overrightarrow{b_2} + \beta_3\overrightarrow{b_3} = \beta_1 + \beta_2 x + \beta_3 x^2,\ p \in \mathcal{P}_{\leq 2}$$

und somit

$$\begin{aligned} F(p(x)) &= 2p(x) + 3p'(x) \\ &= 2\left(\beta_1 + \beta_2 x + \beta_3 x^2\right) + 3(\beta_2 + 2\beta_3 x) \\ &= 2\beta_1 + 3\beta_2 + (2\beta_2 + 6\beta_3)\,x + 2\beta_3 x^2 \\ &= (2\beta_1 + 3\beta_2)\,\overrightarrow{b_1} + (2\beta_2 + 6\beta_3)\,\overrightarrow{b_2} + 2\beta_3\overrightarrow{b_3}\,. \end{aligned}$$

Weiter ist

$$\begin{aligned} F\left(\overrightarrow{b_1}\right) &= 2\overrightarrow{b_1} + 0\overrightarrow{b_2} + 0\overrightarrow{b_3} \\ F\left(\overrightarrow{b_2}\right) &= 3\overrightarrow{b_1} + 2\overrightarrow{b_2} + 0\overrightarrow{b_3} \\ F\left(\overrightarrow{b_3}\right) &= 0\overrightarrow{b_1} + 6\overrightarrow{b_2} + 2\overrightarrow{b_3} \end{aligned}$$

damit lautet die Darstellungsmatrix der linearen Abbildung

$$M_{\mathcal{B},\mathcal{B}}(F) = \begin{pmatrix} 2 & 3 & 0 \\ 0 & 2 & 6 \\ 0 & 0 & 2 \end{pmatrix},$$

d. h.

$$\det(F) = \det\left(M_{\mathcal{B},\mathcal{B}}(F)\right) = 8.$$

Beispiel 6.15 Im Vektorraum $V = \operatorname{span}(\sin(x), \cos(x), \sin(2x), \cos(2x))$ bestimmen wir die Determinante der linearen Abbildung

$$F : V \to V, \;\; f \mapsto F(f) = f'.$$

Die Funktionen $\mathcal{B} = \{\sin(x), \cos(x), \sin(2x), \cos(2x)\}$ bilden eine Basis von V; bezüglich dieser Basis lautet die Darstellungsmatrix

$$M_{\mathcal{B},\mathcal{B}}(F) = \begin{pmatrix} 0 & -1 & 0 & 0 \\ 1 & 0 & 0 & 0 \\ 0 & 0 & 0 & -2 \\ 0 & 0 & 2 & 0 \end{pmatrix},$$

und daher ist die Determinante der vorliegenden linearen Abbildung

$$\det(F) = \det\left(M_{\mathcal{B},\mathcal{B}}(F)\right) = 4.$$

Beispiel 6.16 Gegeben sind die drei Punkte $P_1 = (3, -5)$, $P_2 = (6, 2)$ und $P_3 = (1, -2)$. Wir wollen untersuchen, ob diese Punkte auf einem Kreis liegen. Die Gleichung eines Kreises mit Radius r und dem Mittelpunkt $M = (x_0, y_0)$ lautet

$$(x - x_0)^2 + (y - y_0)^2 = r^2$$

bzw. ausmultipliziert, wobei $a_1, a_2, a_3, a_4 \in \mathbb{R}$ unbekannte, noch zu bestimmende Koeffizienten sind

$$a_1\left(x^2 + y^2\right) + a_2 x + a_3 y + a_4 = 0. \tag{6.15}$$

Da der Kreis durch die Punkte P_1, P_2, P_3 gehen soll, muss gelten

$$a_1 \cdot \left(3^2 + (-5)^2\right) + a_2 \cdot 3 + a_3 \cdot (-5) + a_4 = 0 \tag{6.16}$$

$$a_1 \cdot \left(6^2 + 2^2\right) + a_2 \cdot 6 + a_3 \cdot 2 + a_4 = 0 \tag{6.17}$$

$$a_1 \cdot \left(1^2 + (-2)^2\right) + a_2 \cdot 1 + a_3 \cdot (-2) + a_4 = 0. \tag{6.18}$$

(6.15) – (6.18) führt zu folgendem linearen Gleichungssystem für die Koeffizienten a_1, a_2, a_3, a_4 :

$$\begin{pmatrix} x^2+y^2 & x & y & 1 \\ 3^2+(-5)^2 & 3 & -5 & 1 \\ 6^2+2^2 & 6 & 2 & 1 \\ 1^2+(-2)^2 & 1 & -2 & 1 \end{pmatrix} \begin{pmatrix} a_1 \\ a_2 \\ a_3 \\ a_4 \end{pmatrix} = \begin{pmatrix} 0 \\ 0 \\ 0 \\ 0 \end{pmatrix}.$$

Da wir an nicht trivialen Lösungen interessiert sind, muss die Determinante der Koeffizientenmatrix des linearen Gleichungssystems null werden. Wir entwickeln nach der ersten Zeile und erhalten

$$\begin{aligned} &\begin{vmatrix} x^2+y^2 & x & y & 1 \\ 34 & 3 & -5 & 1 \\ 40 & 6 & 2 & 1 \\ 5 & 1 & -2 & 1 \end{vmatrix} \\ &= \left(x^2+y^2\right) \cdot \begin{vmatrix} 3 & -5 & 1 \\ 6 & 2 & 1 \\ 1 & -2 & 1 \end{vmatrix} - x \cdot \begin{vmatrix} 34 & -5 & 1 \\ 40 & 2 & 1 \\ 5 & -2 & 1 \end{vmatrix} \\ &\quad + y \cdot \begin{vmatrix} 34 & 3 & 1 \\ 40 & 6 & 1 \\ 5 & 1 & 1 \end{vmatrix} - \begin{vmatrix} 34 & 3 & -5 \\ 40 & 6 & 2 \\ 5 & 1 & -2 \end{vmatrix} = 0 \end{aligned} \tag{6.19}$$

Die Koeffizienten in (6.15) sind die Unterdeterminanten in (6.19). Der Koeffizient bei $x^2 + y^2$ ist

$$\begin{vmatrix} 3 & -5 & 1 \\ 6 & 2 & 1 \\ 1 & -2 & 1 \end{vmatrix} = 23 \neq 0,$$

daher liegen die drei Punkte P_1, P_2, P_3 auf einem Kreis, welcher die Gleichung

$$23\left(x^2+y^2\right) - 221x + 75y + 256 = 0$$

hat.

Testfragen

1. Gilt $\det(A+B) = \det(A) + \det(B)$?

2. Beschreiben Sie alle 2×2 Matrizen A, für welche gilt

$$\det(A) = \det\left(A^{-1}\right).$$

3. Richtig oder falsch? Ist A eine Matrix, mit der Eigenschaft $AA^T = E$, so gilt $\det(A) = \pm 1$?

4. Ist die Matrix S in (6.14) eindeutig bestimmt?
5. Geben Sie je zwei 2×2 Matrizen A, B an, die ähnlich bzw. nicht ähnlich sind.
6. Was bedeutet es, wenn die Determinante einer linearen Abbildung null ist?
7. Kann eine $n \times n$ Matrix $A \neq O$ ähnlich zu $-A$ sein?
8. Folgt aus $\det(A) = \det(B)$, dass A und B ähnlich sind?
9. Wenn die Matrizen A, B und A, C ähnlich sind, sind dann auch die Matrizen B, C ähnlich?
10. Für die Determinante einer linearen Abbildung $F : V \to V$ gelte

$$\det(F) = 1.$$

Ist dann F die identische Abbildung?

11. Für die lineare Abbildung $F : V \to V$ gelte $\det(F) \neq 0$. Ist F injektiv?
12. Kann man bei einer linearen Abbildung $F : V \to V$ aus $\det(F) = 0$ schließen, dass $\operatorname{Kern}(F) \neq \left\{\overrightarrow{0}\right\}$ ist?

6.5 Die Cramer'sche Regel

Determinanten liefern eine explizite Darstellung der Lösung eines linearen Gleichungssystems von n Gleichungen in n Unbekannten, wenn diese eindeutig bestimmt ist. Dieses Resultat ist als Cramer'sche Regel bekannt.

Satz 6.8 *(Cramer'sche Regel) Es sei* $A = \left(a_{i,j}\right)_{i,j=1,\ldots,n} \in M_{n\times n}(\mathbb{K})$ *und* $\overrightarrow{b} = (b_i)_{i=1,\ldots,n} \in M_{n\times 1}(\mathbb{K})$. *Für* $j = 1, 2, \ldots, n$ *bezeichne* $A^{(j)}$ *diejenige* n*-reihige Matrix, welche aus* A *dadurch entsteht, dass die* j*-te Spalte* $\overrightarrow{a_j} = \left(a_{i,j}\right)_{i=1,\ldots,n} \in M_{n\times 1}(\mathbb{K})$ *durch* $\overrightarrow{b}$ *ersetzt wird. Ist* A *regulär, so hat das lineare Gleichungssystem*

$$A\overrightarrow{x} = \overrightarrow{b}$$

genau eine Lösung $\overrightarrow{x} = \left(x_j\right)_{j=1,\ldots,n} \in M_{n\times 1}(\mathbb{K})$*; sie ist durch*

$$x_j = \frac{\det\left(A^{(j)}\right)}{\det(A)}$$

gegeben.

Beweis: Da A regulär, also $\det(A) \neq 0$ ist, hat das lineare Gleichungssystem $A\overrightarrow{x} = \overrightarrow{b}$ genau eine Lösung $\overrightarrow{x} = (x_i)_{i=1,\ldots,n}$. Für diese Lösung gilt.

$$\sum_{l=1}^{n} a_{i,l} x_l = b_i, \, i = 1, \ldots, n \, ,$$

damit folgt für $j = 1, 2, \ldots, n$

$$\det\left(A^{(j)}\right) = \begin{vmatrix} a_{1,1} & \cdots & b_1 & \cdots & a_{1,n} \\ \vdots & \vdots & \vdots & \vdots & \vdots \\ a_{n,1} & \cdots & b_n & \cdots & a_{n,n} \end{vmatrix}$$
$$\qquad\qquad\qquad\uparrow \; j\text{-te Spalte}$$

$$= \begin{vmatrix} a_{1,1} & \cdots & \sum_{k=1}^{n} a_{1,k} x_k & \cdots & a_{1,n} \\ \vdots & \vdots & \vdots & \vdots & \vdots \\ & & \vdots & & \\ a_{n,1} & \cdots & \sum_{k=1}^{n} a_{n,k} x_k & \cdots & a_{n,n} \end{vmatrix} .$$

Zur j-ten Spalte addieren wir nacheinander das $-x_1$-fache der 1-ten Spalte, $-x_2$-fache der 2-ten Spalte,..., $-x_{j-1}$-fache der $j-1$-ten Spalte, $-x_{j+1}$-fache der $(j+1)$-ten Spalte,..., $-x_n$-fache der n-ten Spalte. Durch diese elementaren Umformungen ändert sich der Wert der Determinante nicht, und wir erhalten

$$\det\left(A^{(j)}\right) = \begin{vmatrix} a_{1,1} & \cdots & a_{1,j} x_j & \cdots & a_{1,n} \\ \vdots & \vdots & \vdots & \vdots & \vdots \\ & & \vdots & & \\ a_{n,1} & \cdots & a_{n,j} x_j & \cdots & a_{n,n} \end{vmatrix}$$
$$\qquad\qquad\qquad\uparrow \; j\text{-te Spalte}$$

$$\underset{(D4)}{=} x_j \begin{vmatrix} a_{1,1} & \cdots & a_{1,j} & \cdots & a_{1,n} \\ \vdots & \vdots & \vdots & \vdots & \vdots \\ & & \vdots & & \\ a_{n,1} & \cdots & a_{n,j} & \cdots & a_{n,n} \end{vmatrix}$$

$$= x_j \det(A) \, ,$$

und somit die Behauptung nach Division durch $\det(A)$. ■

Bemerkung 6.7 Falls $\det(A) = 0$ ist, dann kann das zugehörige lineare Gleichungssystem mehrdeutig lösbar bzw. unlösbar sein. Welcher Fall vorliegt, kann mithilfe der Cramer'schen Regel nicht entschieden werden.

Für praktische Zwecke eignet sich die Cramer'sche Regel nur für Systeme kleinerer Dimension, etwa $n \leq 3$. Im Fall $n = 2$

$$\begin{pmatrix} a_{1,1} & a_{1,2} \\ a_{2,1} & a_{2,2} \end{pmatrix} \begin{pmatrix} x_1 \\ x_2 \end{pmatrix} = \begin{pmatrix} b_1 \\ b_2 \end{pmatrix}$$

erhalten wir unter der Voraussetzung $\det(A) = a_{1,1}a_{2,2} - a_{2,1}a_{1,2} \neq 0$ die folgende explizite Darstellung der Lösung

$$\vec{x} = \frac{1}{a_{1,1}a_{2,2} - a_{2,1}a_{1,2}} \begin{pmatrix} b_1a_{2,2} & -b_2a_{1,2} \\ b_2a_{1,1} & -b_1a_{2,1} \end{pmatrix}.$$

Beispiel 6.17 Wir lösen das lineare Gleichungssystem

$$\underbrace{\begin{pmatrix} 1 & 2 & 0 \\ 4 & 9 & -1 \\ 6 & 3 & 5 \end{pmatrix}}_{A} \underbrace{\begin{pmatrix} x_1 \\ x_2 \\ x_3 \end{pmatrix}}_{\vec{x}} = \underbrace{\begin{pmatrix} 7 \\ 8 \\ 0 \end{pmatrix}}_{\vec{b}}$$

mit der Cramer'schen Regel. Es ist $\det(A) = -4 \neq 0$, daher ist das System eindeutig lösbar, und die Cramer'sche Regel liefert nacheinander

$$x_1 = \tfrac{1}{-4} \begin{vmatrix} 7 & 2 & 0 \\ 8 & 9 & -1 \\ 0 & 3 & 5 \end{vmatrix} = \tfrac{256}{-4} = -64$$

$$x_2 = \tfrac{1}{-4} \begin{vmatrix} 1 & 7 & 0 \\ 4 & 8 & -1 \\ 6 & 0 & 5 \end{vmatrix} = \tfrac{-142}{-4} = 35.5$$

$$x_3 = \tfrac{1}{-4} \begin{vmatrix} 1 & 2 & 7 \\ 4 & 9 & 8 \\ 6 & 3 & 0 \end{vmatrix} = \tfrac{-222}{-4} = 55.5.$$

Beispiel 6.18 Für das lineare Gleichungssystem

$$\begin{aligned} -2x_1 + x_2 + x_3 &= 1 \\ x_1 - 2x_2 + x_3 &= 0 \\ x_1 + x_2 - 2x_3 &= 1 \end{aligned} \tag{6.20}$$

lautet die Koeffizientenmatrix

$$A = \begin{pmatrix} -2 & 1 & 1 \\ 1 & -2 & 1 \\ 1 & 1 & -2 \end{pmatrix}.$$

Es ist

$$|A| = \begin{vmatrix} -2 & 1 & 1 \\ 1 & -2 & 1 \\ 1 & 1 & -2 \end{vmatrix} \underset{-3.\ \text{Zeile}+2.\ \text{Zeile}}{=} \begin{vmatrix} -2 & 1 & 1 \\ 0 & -3 & 3 \\ 1 & 1 & -2 \end{vmatrix}$$

$$\underset{2\times 3.\ \text{Zeile}+1.\ \text{Zeile}}{=} \begin{vmatrix} 0 & 3 & -3 \\ 0 & -3 & 3 \\ 1 & 1 & -2 \end{vmatrix} = 0$$

in diesem Fall liefert die Cramer'sche Regel keine Aussage über die Lösbarkeit des Systems (6.20). Dazu muss der Rang der erweiterten Koeffizientenmatrix bestimmt werden, dieser hat im vorliegenden Beispiel den Wert 3, während die Koeffizientenmatrix den Rang 2 hat. (6.20) ist also unlösbar.

Die Cramer'sche Regel kann auch zur Bestimmung der Inversen quadratischer Matrizen verwendet werden.

Definition 6.7 Es sei $A = (a_{i,j}) \in M_{n\times n}(\mathbb{K})$. Die **Adjungierte** $\operatorname{adj}(A)$ von A ist die $n \times n$ Matrix $\operatorname{adj}(A) = \widetilde{A}$, wobei $\widetilde{A}$ die Matrix der algebraischen Komplemente ist:

$$\widetilde{A} = (\widetilde{a}_{i,j})_{n,n} = \left((-1)^{i+j}\,|A_{i,j}|\right)_{n,n}$$

$$= \begin{pmatrix} |A_{1,1}| & \cdots & (-1)^{1+j}\,|A_{1,j}| & \cdots & (-1)^{1+n}\,|A_{1,n}| \\ \vdots & & & & \vdots \\ \vdots & & & & \vdots \\ (-1)^{i+1}\,|A_{i,1}| & \cdots & (-1)^{i+j}\,|A_{i,j}| & \cdots & (-1)^{i+n}\,|A_{i,n}| \\ \vdots & & & & \vdots \\ (-1)^{n+1}\,|A_{n,1}| & \cdots & (-1)^{n+j}\,|A_{n,j}| & \cdots & |A_{n,n}| \end{pmatrix}.$$

Satz 6.9 *(Inversenformel) Im Falle* $\det(A) \neq 0$ *gestattet die inverse Matrix* A^{-1} *die Darstellung*

$$A^{-1} = \frac{(\operatorname{adj}(A))^T}{\det(A)} = \frac{\widetilde{A}^T}{\det(A)}. \tag{6.21}$$

Beweis: Wir berechnen

$$\frac{1}{\det(A)} A\ \widetilde{A}^T = \left(a_{i,j}\right)_{i=1,\ldots,n,\,j=1,\ldots,n} \cdot \left((-1)^{k+j}\left|A_{k,j}\right|\right)_{j=1,\ldots,n,\,k=1,\ldots,n}.$$

Man erhält

$$\frac{1}{|A|}\begin{pmatrix} a_{1,1} & \cdots & a_{1,n} \\ \vdots & \ddots & \vdots \\ a_{n,1} & \cdots & a_{n,n} \end{pmatrix}\begin{pmatrix} \left|A_{1,1}\right| & \cdots & (-1)^{1+n}\left|A_{n,1}\right| \\ \vdots & \ddots & \vdots \\ (-1)^{n+1}\left|A_{1,n}\right| & \cdots & \left|A_{n,n}\right| \end{pmatrix}.$$

Mit (6.9) und (D6) folgt für den Koeffizienten in der i-ten Zeile und k-ten Spalte des Matrizenproduktes

$$\sum_{i=1}^{n} (-1)^{k+j}\, a_{i,j}\left|A_{k,j}\right| = \begin{cases} |A|\ , & \text{falls } i = k \\ 0\ , & \text{falls } i \neq k \end{cases}$$

und somit

$$\frac{1}{\det(A)} A\ \widetilde{A}^T = \frac{1}{|A|}\begin{pmatrix} |A| & 0 & & 0 \\ 0 & |A| & & \\ \vdots & & \ddots & \vdots \\ & & \ddots & 0 \\ 0 & \cdots & 0 & |A| \end{pmatrix}$$

$$= \begin{pmatrix} 1 & 0 & & 0 \\ 0 & 1 & & \\ \vdots & & \ddots & \vdots \\ & & \ddots & 0 \\ 0 & \cdots & 0 & 1 \end{pmatrix} = E.$$

■

Beispiel 6.19 Die Inverse einer regulären 2×2 Matrix

$$A = \begin{pmatrix} a_{1,1} & a_{1,2} \\ a_{2,1} & a_{2,2} \end{pmatrix}$$

lautet

$$A^{-1} = \frac{1}{a_{1,1}a_{2,2} - a_{2,1}a_{1,2}}\begin{pmatrix} a_{2,2} & -a_{1,2} \\ -a_{2,1} & a_{1,1} \end{pmatrix}.$$

Beispiel 6.20 Mithilfe der Inversenformel berechnen wir die Inverse der Matrix

$$A = \begin{pmatrix} 3 & 2 & 0 \\ 6 & 2 & 1 \\ 7 & 0 & 1 \end{pmatrix}.$$

Die Vorzeichen in der Inversen sind schachbrettartig verteilt

$$\begin{pmatrix} + & - & + \\ - & + & - \\ + & - & + \end{pmatrix}.$$

Mit der Inversenformel folgt

$$\begin{aligned} A^{-1} &= \frac{1}{\det(A)} \begin{pmatrix} |A_{1,1}| & -|A_{2,1}| & |A_{3,1}| \\ -|A_{1,2}| & |A_{2,2}| & -|A_{3,2}| \\ |A_{1,3}| & -|A_{2,3}| & |A_{3,3}| \end{pmatrix} \\ &= \frac{1}{8} \begin{pmatrix} \begin{vmatrix} 2 & 1 \\ 0 & 1 \end{vmatrix} & -\begin{vmatrix} 2 & 0 \\ 0 & 1 \end{vmatrix} & \begin{vmatrix} 2 & 0 \\ 2 & 1 \end{vmatrix} \\ -\begin{vmatrix} 6 & 1 \\ 7 & 1 \end{vmatrix} & \begin{vmatrix} 3 & 0 \\ 7 & 1 \end{vmatrix} & -\begin{vmatrix} 3 & 0 \\ 6 & 1 \end{vmatrix} \\ \begin{vmatrix} 6 & 2 \\ 7 & 0 \end{vmatrix} & -\begin{vmatrix} 3 & 2 \\ 7 & 0 \end{vmatrix} & \begin{vmatrix} 3 & 2 \\ 6 & 2 \end{vmatrix} \end{pmatrix} \\ &= \frac{1}{8} \begin{pmatrix} 2 & -2 & 2 \\ 1 & 3 & -3 \\ -14 & 14 & -6 \end{pmatrix} = \begin{pmatrix} \frac{1}{4} & -\frac{1}{4} & \frac{1}{4} \\ \frac{1}{8} & \frac{3}{8} & -\frac{3}{8} \\ -\frac{7}{4} & \frac{7}{4} & -\frac{3}{4} \end{pmatrix}. \end{aligned}$$

Merke: Ist A eine $n \times n$ Matrix, so gelten die folgenden Aussagen:

$$\begin{aligned} & A \text{ regulär} \\ \Leftrightarrow\ & \det(A) \neq 0 \\ \Leftrightarrow\ & A^{-1} \text{ existiert} \\ \Leftrightarrow\ & \operatorname{rang}(A) = n \\ \Leftrightarrow\ & \text{LGS } A\vec{x} = \vec{b} \text{ eindeutig lösbar} \end{aligned}$$

bzw.

$$\begin{aligned} & A \text{ singulär} \\ \Leftrightarrow\ & \det(A) = 0 \\ \Leftrightarrow\ & A^{-1} \text{ existiert nicht} \\ \Leftrightarrow\ & \operatorname{rang}(A) < n \end{aligned}$$

Testfragen

1. Wann existiert die Inverse der Matrix

$$A = \begin{pmatrix} a & b \\ 1 & 1 \end{pmatrix}?$$

Bestimmen Sie mit der Inversenformel A^{-1}.

2. Kann man mittels Determinanten entscheiden, ob n Vektoren $\overrightarrow{b_1}, \overrightarrow{b_2}, \ldots, \overrightarrow{b_n}$ linear unabhängig sind?
3. Wie lautet im Falle der Invertierbarkeit die Inverse der Matrix $\widetilde{A}^T$?
4. Gibt es Matrizen A mit der Eigenschaft $A = \operatorname{adj}(A)$?
5. Kann ein lineares Gleichungssystem, dessen Koeffizientenmatrix die Determinante null hat, lösbar sein?

6.6 Aufgaben

Aufgabe 6.1 Berechnen Sie die vierreihige Determinante

$$\begin{vmatrix} 2 & 2 & 0 & 0 \\ 4 & 1 & -3 & 2 \\ 0 & -1 & 2 & 1 \\ 1 & -1 & 0 & 0 \end{vmatrix}.$$

Aufgabe 6.2 Berechnen Sie die vierreihige Determinante

$$\begin{vmatrix} 1 & 2 & 3 & 8 \\ 2 & 4 & -1 & -2 \\ 1 & -3 & 3 & 5 \\ 3 & 2 & 1 & 1 \end{vmatrix}$$

a) durch Erzeugen von mindestens drei Nullen und anschließender Entwicklung nach einer geeigneten Zeile oder Spalte
b) durch Entwickeln nach der 2. Zeile.

Aufgabe 6.3 Mit den quadratische Matrizen A, B, C, D wird die folgende Matrix M gebildet

$$M = \begin{pmatrix} A & B \\ C & D \end{pmatrix}.$$

Gilt dann

$$\det(M) = \det(A)\det(D) - \det(B)\det(C)\,? \tag{6.22}$$

Aufgabe 6.4 Bestimmen Sie die Determinante der Matrix

$$\begin{pmatrix} 1 & 1 & 1 & 1 \\ 1 & a+1 & 1 & 1 \\ 1 & 1 & b+1 & 1 \\ 1 & 1 & 1 & c+1 \end{pmatrix},$$

wobei a, b, c reelle Zahlen sind.

Aufgabe 6.5 Bestimmen Sie die Determinante der linearen Abbildung

$$F : \mathbb{R}^3 \to \mathbb{R}^3, \begin{pmatrix} x_1 \\ x_2 \\ x_3 \end{pmatrix} \mapsto \begin{pmatrix} 7x_1 + 2x_2 - 3x_3 \\ -11x_1 + x_2 + 5x_3 \\ -6x_1 + 4x_2 + 7x_3 \end{pmatrix}.$$

Aufgabe 6.6 Ist durch die Punkte $(1, 1)$, $(2, -3)$, $(5, 7)$ ein Kreis definiert? Bestimmen Sie gegebenenfalls Mittelpunkt und Radius.

Aufgabe 6.7 Berechnen Sie die Determinante der $n \times n$ Matrix A

$$A = \begin{pmatrix} 2 & -1 & 0 & 0 & \cdots & 0 & 0 \\ -1 & 2 & -1 & 0 & & & 0 \\ 0 & -1 & 2 & -1 & \ddots & & \vdots \\ 0 & 0 & -1 & 2 & \ddots & \ddots & \\ \vdots & \vdots & \ddots & \ddots & \ddots & \ddots & 0 \\ 0 & & & \ddots & \ddots & 2 & -1 \\ 0 & 0 & \cdots & & 0 & -1 & 2 \end{pmatrix}.$$

Aufgabe 6.8 Bestimmen Sie mithilfe der Cramer'schen Regel die Lösung des linearen Gleichungssystems

$$\begin{aligned} 3x_1 - x_2 + 2x_3 &= 8 \\ 4x_1 + 2x_2 + 7x_3 &= 8 \\ x_1 + x_2 + x_3 &= 4. \end{aligned}$$

Aufgabe 6.9 Bestimmen Sie mit der Inversenformel die Inverse der Matrix

$$A = \begin{pmatrix} 1 & 0 & 0 & 2 \\ 2 & 0 & 0 & -2 \\ 0 & 2 & 0 & -3 \\ 2 & 0 & -1 & 1 \end{pmatrix}.$$

7 Euklidische und unitäre Vektorräume

Will man geometrische Probleme in Vektorräumen bearbeiten, so spielen Längen und Winkel eine Rolle. Daher müssen Vektorräume um diese Strukturen ergänzt werden. Diese Strukturen liefert die Norm sowie das Skalar- oder Innenprodukt. Das Skalarprodukt darf nicht mit der skalaren Multiplikation verwechselt werden. Ohne auf geometrische Gesichtspunkte Bezug zu nehmen, führen wir diese Begriffe zunächst in einem abstrakten Kontext ein. Geometrische Aspekte werden im folgenden Kapitel behandelt. Es ist stets $\mathbb{K} = \mathbb{R}$ oder $\mathbb{K} = \mathbb{C}$.

7.1 Normierte Räume

Mit der Norm kann die Länge von Vektoren ermittelt werden.

Definition 7.1 V ist ein $\mathbb{K}$-Vektorraum. Eine **Norm** (Länge) auf V ist eine Abbildung

$$\|.\| : V \to [0, \infty), \overrightarrow{x} \mapsto \|\overrightarrow{x}\|$$

mit folgenden Eigenschaften:

(N1) Definitheit: $\bigwedge_{\overrightarrow{x} \in V} \quad \|\overrightarrow{x}\| \geqslant 0 \text{ und } \|\overrightarrow{x}\| = 0 \Leftrightarrow \overrightarrow{x} = \overrightarrow{0}$

(N2) Homogenität: $\bigwedge_{\alpha \in \mathbb{K}} \bigwedge_{\overrightarrow{x} \in V} \quad \|\alpha \cdot \overrightarrow{x}\| = |\alpha| \cdot \|\overrightarrow{x}\|$

(N3) Dreiecksungleichung: $\bigwedge_{\overrightarrow{x}, \overrightarrow{y} \in V} \quad \|\overrightarrow{x} + \overrightarrow{y}\| \leq \|\overrightarrow{x}\| + \|\overrightarrow{y}\|$

$(V, \|.\|)$ heißt normierter Vektorraum oder **normierter Raum**.

Bemerkung 7.1 Durch vollständige Induktion erhält man die **verallgemeinerte Dreiecksungleichung**

$$\left\| \sum_{k=1}^{n} \overrightarrow{x_k} \right\| \leq \sum_{k=1}^{n} \|\overrightarrow{x_k}\| . \tag{7.1}$$

Bemerkung 7.2 In endlichdimensionalen Vektorräumen V sind alle auf V definierten Normen äquivalent. Dabei heißt die Norm $\|.\|_{\mathrm{I}}$ äquivalent zur Norm $\|.\|_{\mathrm{II}}$, wenn es positive Konstanten c, d gibt, so dass gilt:

$$\bigwedge_{\overrightarrow{x} \in V} c \|\overrightarrow{x}\|_{\mathrm{II}} \leq \|\overrightarrow{x}\|_{\mathrm{I}} \leq d \|\overrightarrow{x}\|_{\mathrm{II}} . \tag{7.2}$$

Zur genauen Angabe eines normierten Raumes gehört neben dem Vektorraum auch die Angabe der Norm. Wir stellen einige der wichtigsten Normen vor.

Sofern nicht anders vermerkt, bedeuten $\vec{x}$, $\vec{y}$, ... die Vektoren der Räume $\mathbb{R}^n$ bzw. $\mathbb{C}^n$ in der üblichen Spaltenvektorschreibweise:

$$\vec{x} = \begin{pmatrix} x_1 \\ x_2 \\ \vdots \\ x_n \end{pmatrix}, \vec{y} = \begin{pmatrix} y_1 \\ y_2 \\ \vdots \\ y_n \end{pmatrix}, \ldots$$

Beispiel 7.1 Im Vektorraum $V = \mathbb{R}^n$ können wir verschiedene Normen $\|.\|$ betrachten und erhalten jeweils unterschiedliche normierte Räume $(\mathbb{R}^n, \|.\|)$.

Euklidische Norm: $$\|\vec{x}\|_2 = \sqrt{\sum_{k=1}^{n} x_k^2} \qquad (7.3)$$

Maximum Norm: $$\|\vec{x}\|_\infty = \max_{1 \leq k \leq n} |x_k| \qquad (7.4)$$

p-**Norm**, $1 \leq p < \infty$: $$\|\vec{x}\|_p = \sqrt[p]{\sum_{k=1}^{n} |x_k|^p} \qquad (7.5)$$

Beispiel 7.2 Die p-Norm enthält die euklidische Norm als Sonderfall $p = 2$.

Beispiel 7.3 Ebenso können wir im Vektorraum $V = \mathbb{C}^n$ die p-Norm

$$\|\vec{x}\|_p = \sqrt[p]{\sum_{k=1}^{n} |x_k|^p}, \ 1 \leq p < \infty$$

erklären und erhalten einen normierten Raum. Zu beachten ist, dass nun der komplexe Betrag zu verwenden ist. So ist

$$\begin{aligned} \|\vec{x}\|_1 &= \left\| \begin{pmatrix} 1+2\mathrm{i} \\ -\mathrm{i} \\ 2-\mathrm{i} \end{pmatrix} \right\|_1 \\ &= |1+2\mathrm{i}| + |-\mathrm{i}| + |2-\mathrm{i}| = 2\sqrt{5} + 1. \end{aligned}$$

Wie wir gesehen haben, können in einem Vektorraum mehrere Normen erklärt sein. Die Norm eines Vektors ist für unterschiedliche Normen i. A. verschieden, so ist $\|\vec{x}\|_2 = \sqrt{11}$.

Beispiel 7.4 Der Vektorraum $V = C[a,b]$, versehen mit der **Maximum Norm** oder **Tschebyscheff-Norm**

$$\|f\|_\infty = \max_{a\le x\le b} |f(x)|,$$

ist ein normierter Raum. Im Raum $V = C[-1,2]$ ist

$$\|\sin\|_\infty = \max_{-1\le x\le 2} |\sin(x)| = 1.$$

Für $p(x) = 2x^2 - 12x + 18$ ist

$$\|p\|_\infty = \max_{-1\le x\le 2} |p(x)| = \max_{-1\le x\le 2} \left|2(x-3)^2\right| = 32.$$

Beispiel 7.5 In dem Vektorraum $V = M_{n\times m}(\mathbb{K})$ aller Matrizen $A = \left(a_{ij}\right)_{n,m}$ vom Format $n \times m$ (vgl. Beispiel 2.5) können wir die folgenden Matrixnormen betrachten:

$$\textbf{Spaltensummennorm} \quad \|A\|_1 = \max_{j=1,\dots,m} \sum_{i=1}^{n} \left|a_{i,j}\right|$$

$$\textbf{Zeilensummennorm} \quad \|A\|_\infty = \max_{i=1,\dots,n} \sum_{j=1}^{m} \left|a_{i,j}\right|,$$

welche für die Matrix

$$A = \begin{pmatrix} 0 & -2 & 4 & 1 \\ -2 & 1 & 0 & 3 \\ 2 & -5 & 3 & 8 \end{pmatrix}$$

folgende Werte ergeben:

$$\|A\|_1 = 12 \quad \text{und} \quad \|A\|_\infty = 18.$$

Definition 7.2 Sind $\|.\|_{\mathbb{K}^n}$ und $\|.\|_{\mathbb{K}^m}$ gegebene Vektornormen in den Standardvektorräumen $\mathbb{K}^n$ bzw. $\mathbb{K}^m$, dann heißt

$$\|A\| = \sup_{\vec{x}\neq\vec{0}} \frac{\|A\vec{x}\|_{\mathbb{K}^m}}{\|\vec{x}\|_{\mathbb{K}^n}} = \sup_{\|\vec{x}\|_{\mathbb{K}^n}=1} \|A\vec{x}\|_{\mathbb{K}^m} \tag{7.6}$$

die durch die zwei Vektornormen $\|.\|_{\mathbb{K}^n}$ und $\|.\|_{\mathbb{K}^m}$ **induzierte Matrixnorm** der $m \times n$ Matrix A.

Bemerkung 7.3 Die Betragsummennorm $\|\vec{x}\|_1$ im $\mathbb{R}^n$ induziert die Spaltensummennorm $\|A\|_1$. Die Maximumnorm $\|\vec{x}\|_\infty$ im $\mathbb{R}^n$ induziert die Zeilensummennorm $\|A\|_\infty$.

Bemerkung 7.4 Zwischen Vektornorm und induzierter Matrixnorm folgt aus (7.6) die Beziehung

$$\left\| A\overrightarrow{x} \right\| \leq \|A\| \left\| \overrightarrow{x} \right\| \text{ für } \overrightarrow{x} \in \mathbb{K}^n,\ A \in M_{m\times n}(\mathbb{K})\,. \tag{7.7}$$

Bemerkung 7.5 In einem normierten Raum $(V, \|.\|)$ ist durch

$$d\left(\overrightarrow{x}, \overrightarrow{y}\right) = \left\| \overrightarrow{x} - \overrightarrow{y} \right\| \tag{7.8}$$

ein Abstand (Metrik) erklärt, d. h., wir können auch den Abstand messen, den zwei Vektoren voneinander haben. Die Metrik (7.8) hat folgende Eigenschaften:

(M1) $$\bigwedge_{\overrightarrow{x}, \overrightarrow{y} \in V} d\left(\overrightarrow{x}, \overrightarrow{y}\right) \geqslant 0 \text{ und } d\left(\overrightarrow{x}, \overrightarrow{x}\right) = 0 \Leftrightarrow \overrightarrow{x} = \overrightarrow{0} \tag{7.9}$$

(M2) $$\bigwedge_{\overrightarrow{x}, \overrightarrow{y} \in V} d\left(\overrightarrow{x}, \overrightarrow{y}\right) = d\left(\overrightarrow{y}, \overrightarrow{x}\right) \tag{7.10}$$

(M3) $$\bigwedge_{\overrightarrow{x}, \overrightarrow{y}, \overrightarrow{z} \in V} d\left(\overrightarrow{x}, \overrightarrow{z}\right) \leq d\left(\overrightarrow{x}, \overrightarrow{y}\right) + d\left(\overrightarrow{y}, \overrightarrow{z}\right). \tag{7.11}$$

Man spricht von einem **metrischen Raum** (V, d).

Testfragen

1. Wodurch unterscheiden sich metrische von normierten Räumen?
2. Gibt es Vektoren $\overrightarrow{x}$, für welche $\left\| \overrightarrow{x} \right\|$ unabhängig von der speziellen gewählten Norm $\|.\|$ immer gleich ist?
3. Im $\mathbb{K}$-Vektorraum V erklären wir folgende Abbildung

$$n : V \to [0, \infty),\ \overrightarrow{x} \mapsto n\left(\overrightarrow{x}\right) = \begin{cases} 0 & \text{für } \overrightarrow{x} = \overrightarrow{0} \\ 1 & \text{für } \overrightarrow{x} \neq \overrightarrow{0} \end{cases}.$$

   Ist dadurch eine Norm auf V erklärt?
4. Sei $A = \left(a_{i,j}\right)_{i=1,\ldots,n,\, j=1,\ldots,m}$, ist durch $\|A\| = \max\limits_{i=1,\ldots,n,\, j=1,\ldots,m} \left|a_{i,j}\right|$ eine Matrixnorm erklärt?
5. Skizzieren Sie für $r = 1, 2, 4, \infty$ im Vektorraum $V = \mathbb{R}^2$ die Mengen $K = \left\{\overrightarrow{x} \in \mathbb{R}^2 \,\middle|\, \left\|\overrightarrow{x}\right\|_r = 1\right\}$!

7.2 Innenprodukträume

Als Nächstes führen wir in einem Vektorraum ein Innenprodukt ein. Dieses gestattet uns, Winkel zwischen Vektoren zu erklären.

Definition 7.3 V ist ein $\mathbb{K}$-Vektorraum. Ein **Innenprodukt** oder **Skalarprodukt** auf V ist eine Abbildung

$$\langle .,. \rangle : V \times V \to \mathbb{K}, \left(\vec{x}, \vec{y}\right) \mapsto \left\langle \vec{x}, \vec{y} \right\rangle$$

mit folgenden Eigenschaften:

(S1) $$\bigwedge_{\vec{x}, \vec{y}, \vec{z} \in V} \left\langle \vec{x} + \vec{y}, \vec{z} \right\rangle = \left\langle \vec{x}, \vec{z} \right\rangle + \left\langle \vec{y}, \vec{z} \right\rangle \tag{7.12}$$

(S2) $$\bigwedge_{\alpha \in \mathbb{K}} \bigwedge_{\vec{x}, \vec{y} \in V} \left\langle \alpha \vec{x}, \vec{y} \right\rangle = \alpha \left\langle \vec{x}, \vec{y} \right\rangle \tag{7.13}$$

(S3) $$\bigwedge_{\vec{x}, \vec{y} \in V} \overline{\left\langle \vec{x}, \vec{y} \right\rangle} = \left\langle \vec{y}, \vec{x} \right\rangle \tag{7.14}$$

(S4) $$\bigwedge_{\vec{x} \in V} \left\langle \vec{x}, \vec{x} \right\rangle \geqslant 0 \text{ und } \left\langle \vec{x}, \vec{x} \right\rangle = 0 \Leftrightarrow \vec{x} = \vec{0}. \tag{7.15}$$

$(V, \langle .,. \rangle)$ heißt **Innenproduktraum** oder **Prä-Hilbertraum**. Im Fall $\mathbb{K} = \mathbb{R}$ heißt V auch **euklidischer Raum**, und wenn $\mathbb{K} = \mathbb{C}$ ist, heißt V **unitärer Raum**. Andere Bezeichnungsweisen für das Skalarprodukt sind $\left(\vec{x}, \vec{y}\right)$ oder $\vec{x} \bullet \vec{y}$.

Bemerkung 7.6 Aus den Skalarprodukteigenschaften (S1)–(S4) folgt für Skalare $\alpha, \beta \in \mathbb{K}$ und Vektoren $\vec{x}, \vec{y}, \vec{z} \in V$:

$$\left\langle \vec{x}, \alpha \vec{y} + \beta \vec{z} \right\rangle = \overline{\alpha} \left\langle \vec{x}, \vec{y} \right\rangle + \overline{\beta} \left\langle \vec{x}, \vec{z} \right\rangle, \tag{7.16}$$

denn es ist

$$\begin{aligned} \left\langle \vec{x}, \alpha \vec{y} + \beta \vec{z} \right\rangle &\underset{(S3)}{=} \overline{\left\langle \alpha \vec{y} + \beta \vec{z}, \vec{x} \right\rangle} \underset{(S1),(S2)}{=} \overline{\alpha} \overline{\left\langle \vec{y}, \vec{x} \right\rangle} + \overline{\beta} \overline{\left\langle \vec{z}, \vec{x} \right\rangle} \\ &\underset{(S3)}{=} \overline{\alpha} \left\langle \vec{x}, \vec{y} \right\rangle + \overline{\beta} \left\langle \vec{x}, \vec{z} \right\rangle. \end{aligned}$$

Zur genauen Beschreibung eines Innenproduktraumes gehört neben dem Vektorraum auch die Angabe des Skalarproduktes.

Beispiel 7.6 Der Vektorraum $V = \mathbb{R}^n$ ist mit

$$\langle \vec{x}, \vec{y} \rangle = \vec{x} \bullet \vec{y} = \sum_{k=1}^{n} x_k y_k = \vec{x}^T \vec{y} \tag{7.17}$$

ein euklidischer Raum, wie man leicht nachrechnet. Für dieses spezielle Innenprodukt wird häufig das Symbol • verwendet und heißt deshalb auch **dot product**.

Beispiel 7.7 Im Vektorraum $V = \mathbb{C}^n$ definiert

$$\langle \vec{x}, \vec{y} \rangle = \vec{x} \bullet \vec{y} = \sum_{k=1}^{n} x_k \overline{y_k} = \vec{x}^T \overline{\vec{y}} \tag{7.18}$$

ein Innenprodukt und ist somit ein unitärer Raum. Für

$$\vec{x} = \begin{pmatrix} 3 \\ \mathrm{i} \\ 1+\mathrm{i} \end{pmatrix}, \vec{y} = \begin{pmatrix} -\mathrm{i} \\ 1+\mathrm{i} \\ 2 \end{pmatrix}$$

ist $\langle \vec{x}, \vec{y} \rangle = 3\mathrm{i} + \mathrm{i} + 1 + 2 + 2\mathrm{i} = 3 + 6\mathrm{i}$.

Beispiel 7.8 Der Vektorraum $V = C[a, b]$ wird mit

$$\langle f, g \rangle = \int_a^b f(t)\, g(t)\, dt \ , \quad f, g \in C[a, b] \tag{7.19}$$

zum euklidischen Raum. Der Nachweis der drei Skalarprodukteigenschaften (S1) – (S3) folgt aus der Additivität und Homogenität des bestimmten Integrals. Lediglich die Eigenschaft (S4) der Nichtnegativität erfordert besondere Aufmerksamkeit. Es gilt

$$\langle f, f \rangle = \int_a^b f(t)\, f(t)\, dt = \int_a^b [f(t)]^2\, dt \geqslant 0.$$

Bleibt noch zu zeigen, dass gilt:

$$\langle f, f \rangle = 0 \Leftrightarrow f = 0.$$

Der Nullvektor im Vektorraum $C[a, b]$ ist die Nullfunktion. Ist f die Nullfunktion, so gilt trivialerweise

$$\langle f, f \rangle = \int_a^b 0 dt = 0.$$

Ist f nicht die Nullfunktion, so folgt die Existenz einer Stelle x_0 mit $f(x_0) \neq 0$, wegen der Stetigkeit von f muss es ein nicht entartetes Intervall $[a_0, b_0] \subseteq [a, b]$ um x_0 geben mit $f(x) \neq 0, x \in [a_0, b_0]$, d. h. $|f(x)| > c > 0$ für $x \in [a_0, b_0]$. Damit können wir schließen

$$\langle f, f \rangle = \int_a^b [f(t)]^2 \, dt \geqslant \int_{a_0}^{b_0} [f(t)]^2 \, dt \geqslant \int_{a_0}^{b_0} c^2 dt = c^2 (b_0 - a_0) > 0.$$

Bemerkung 7.7 In jedem Innenproduktraum $(V, \langle .,. \rangle)$ ist durch das Skalarprodukt $\langle .,. \rangle$ auch eine Norm – die **kanonische Norm** – erklärt:

$$\|\vec{x}\| = \sqrt{\langle \vec{x}, \vec{x} \rangle}. \tag{7.20}$$

Jeder Innenproduktraum ist also durch die kanonische Norm gleichzeitig ein normierter Raum.

Liegt keine spezielle Angabe vor, betrachten wir in einem Innenproduktraum grundsätzlich die kanonische Norm (7.20).

Satz 7.1 *Es sei $(V, \langle .,. \rangle)$ ein Innenproduktraum. Dann gelten sowohl die* ***Cauchy-Schwarz'sche Ungleichung***

$$\bigwedge_{\vec{x}, \vec{y} \in V} |\langle \vec{x}, \vec{y} \rangle| \leq \|\vec{x}\| \, \|\vec{y}\|$$

als auch die ***Parallelogramm-Gleichung***

$$\bigwedge_{\vec{x}, \vec{y} \in V} \|\vec{x} + \vec{y}\|^2 + \|\vec{x} - \vec{y}\|^2 = 2\left(\|\vec{x}\|^2 + \|\vec{y}\|^2\right).$$

Beweis: Die Cauchy-Schwarz'sche Ungleichung ist trivialerweise für $\vec{y} = \vec{0}$ erfüllt, also nehmen wir nun $\vec{y} \neq \vec{0}$ an. Für beliebige Skalare α folgt mithilfe der Rechenregeln für das Skalarprodukt:

$$0 \leq \langle \vec{x} + \alpha \vec{y}, \vec{x} + \alpha \vec{y} \rangle = \langle \vec{x}, \vec{x} \rangle + \alpha \langle \vec{y}, \vec{x} \rangle + \overline{\alpha} \langle \vec{x}, \vec{y} \rangle + \alpha\overline{\alpha} \langle \vec{y}, \vec{y} \rangle.$$

Daraus ergibt sich die Cauchy-Schwarz'sche Ungleichung, indem wir speziell $\alpha = -\frac{\langle \vec{x}, \vec{y} \rangle}{\langle \vec{y}, \vec{y} \rangle}$ setzen.

Zum Beweis der Parallelogramm-Gleichung betrachten wir

$$\begin{aligned} \|\vec{x} + \vec{y}\|^2 &= \langle \vec{x} + \vec{y}, \vec{x} + \vec{y} \rangle \\ &= \langle \vec{x}, \vec{x} \rangle + \langle \vec{x}, \vec{y} \rangle + \langle \vec{y}, \vec{x} \rangle + \langle \vec{y}, \vec{y} \rangle \end{aligned} \tag{7.21}$$

sowie

$$\begin{aligned}\|\vec{x} - \vec{y}\|^2 &= \langle \vec{x} - \vec{y}, \vec{x} - \vec{y} \rangle \\ &= \langle \vec{x}, \vec{x} \rangle - \langle \vec{x}, \vec{y} \rangle - \langle \vec{y}, \vec{x} \rangle + \langle \vec{y}, \vec{y} \rangle .\end{aligned}$$

Durch Addition dieser beiden Identitäten folgt die Parallelogramm-Gleichung. ■

Bemerkung 7.8 Die Bezeichnung Parallelogramm-Gleichung kommt daher, dass in einem Parallelogramm mit den Seiten a, b und den Diagonalen e, f gilt: $e^2 + f^2 = 2\left(a^2 + b^2\right)$. Die Parallelogramm-Gleichung gilt in allen Innenprodukträumen, aber nicht in jedem normierten Raum, wie das folgende Beispiel $\left(V = \mathbb{R}^2, \|.\|_\infty\right)$ zeigt, denn für $\vec{x} = \begin{pmatrix} 1 \\ 2 \end{pmatrix}, \vec{y} = \begin{pmatrix} 2 \\ 0 \end{pmatrix}$ ist die Parallelogramm-Gleichung verletzt.

Bemerkung 7.9 Aus der Cauchy-Schwarz'schen Ungleichung folgt für Vektoren $\vec{x}, \vec{y} \neq \vec{0}$ die Beziehung $\frac{|\langle \vec{x}, \vec{y} \rangle|}{\|\vec{x}\| \|\vec{y}\|} \in [0, 1]$ bzw. die Ungleichung

$$-1 \leq \frac{\langle \vec{x}, \vec{y} \rangle}{\|\vec{x}\| \, \|\vec{y}\|} \leq 1 \tag{7.22}$$

Bemerkung 7.10 In einem euklidischen Raum gelten die **binomischen Vektorformeln**

$$\|\vec{x} \pm \vec{y}\|^2 = \|\vec{x}\|^2 \pm 2\langle \vec{x}, \vec{y} \rangle + \|\vec{y}\|^2 . \tag{7.23}$$

Ist ein normierter Raum $(V, \|.\|)$ gegeben, so interessiert die Frage, ob es möglich ist, ein Skalarprodukt $\langle ., . \rangle$ anzugeben, welches die vorhandene Norm induziert. Die Beantwortung dieser Frage hängt damit zusammen, in welchen normierten Räumen die Parallelogramm-Gleichung gilt.

Satz 7.2 *In einem Innenproduktraum $(V, \langle ., . \rangle)$ kann das Skalarprodukt $\langle ., . \rangle$ wie folgt mit der kanonischen Norm $\|.\| = \sqrt{\langle ., . \rangle}$ ausgedrückt werden.*

$$\langle \vec{x}, \vec{y} \rangle = \begin{cases} \left\| \frac{\vec{x} + \vec{y}}{2} \right\|^2 - \left\| \frac{\vec{x} - \vec{y}}{2} \right\|^2 & \textit{für } \mathbb{K} = \mathbb{R} \\ \left\| \frac{\vec{x} + \vec{y}}{2} \right\|^2 - \left\| \frac{\vec{x} - \vec{y}}{2} \right\|^2 + \mathrm{i} \left\| \frac{\vec{x} + i\vec{y}}{2} \right\|^2 - \mathrm{i} \left\| \frac{\vec{x} - i\vec{y}}{2} \right\|^2 & \textit{für } \mathbb{K} = \mathbb{C}. \end{cases} \tag{7.24}$$

Beweis: Wir beweisen nur den Fall des unitären Raumes, der den euklidischen Fall als Spezialfall enthält. Es ist

$$\left\| \frac{\vec{x} + \vec{y}}{2} \right\|^2 = \frac{1}{4} \left\{ \langle \vec{x}, \vec{x} \rangle + \langle \vec{x}, \vec{y} \rangle + \langle \vec{y}, \vec{x} \rangle + \langle \vec{y}, \vec{y} \rangle \right\}$$

$$\left\| \frac{\vec{x} - \vec{y}}{2} \right\|^2 = \frac{1}{4} \left\{ \langle \vec{x}, \vec{x} \rangle - \langle \vec{x}, \vec{y} \rangle - \langle \vec{y}, \vec{x} \rangle + \langle \vec{y}, \vec{y} \rangle \right\};$$

Subtraktion ergibt:

$$\left\| \frac{\vec{x} + \vec{y}}{2} \right\|^2 - \left\| \frac{\vec{x} - \vec{y}}{2} \right\|^2 = \frac{1}{2} \langle \vec{x}, \vec{y} \rangle + \frac{1}{2} \langle \vec{y}, \vec{x} \rangle .$$

Unter Beachtung von $\mathrm{i} \cdot \bar{\mathrm{i}} = 1$ und $\mathrm{i} \cdot \left(\overline{-\mathrm{i}} \right) = -1$ folgt weiter

$$\mathrm{i} \left\| \frac{\vec{x} + \mathrm{i}\,\vec{y}}{2} \right\|^2 = \frac{\mathrm{i}}{4} \left\{ \langle \vec{x}, \vec{x} \rangle + \langle \vec{x}, \mathrm{i}\,\vec{y} \rangle + \langle \mathrm{i}\,\vec{y}, \vec{x} \rangle + \langle \mathrm{i}\,\vec{y}, \mathrm{i}\,\vec{y} \rangle \right\}$$

$$\mathrm{i} \left\| \frac{\vec{x} - \mathrm{i}\,\vec{y}}{2} \right\|^2 = \frac{\mathrm{i}}{4} \left\{ \langle \vec{x}, \vec{x} \rangle + \langle \vec{x}, -\mathrm{i}\,\vec{y} \rangle + \langle -\mathrm{i}\,\vec{y}, \vec{x} \rangle + \langle -\mathrm{i}\,\vec{y}, -\mathrm{i}\,\vec{y} \rangle \right\}.$$

Subtraktion liefert:

$$\begin{aligned} & \mathrm{i} \left\| \frac{\vec{x} + \mathrm{i}\,\vec{y}}{2} \right\|^2 - \mathrm{i} \left\| \frac{\vec{x} - \mathrm{i}\,\vec{y}}{2} \right\|^2 \\ = {} & \frac{\mathrm{i}}{4} \left\{ (\bar{\mathrm{i}}) \langle \vec{x}, \vec{y} \rangle + \mathrm{i} \langle \vec{y}, \vec{x} \rangle \right\} - \frac{\mathrm{i}}{4} \left\{ (\overline{-\mathrm{i}}) \langle \vec{x}, \vec{y} \rangle + (-\mathrm{i}) \langle \vec{y}, \vec{x} \rangle \right\} \\ = {} & \frac{1}{2} \langle \vec{x}, \vec{y} \rangle - \frac{1}{2} \langle \vec{y}, \vec{x} \rangle , \end{aligned}$$

insgesamt ergibt sich die Beziehung

$$\begin{aligned} & \left\| \frac{\vec{x} + \vec{y}}{2} \right\|^2 - \left\| \frac{\vec{x} - \vec{y}}{2} \right\|^2 + \mathrm{i} \left\| \frac{\vec{x} + \mathrm{i}\,\vec{y}}{2} \right\|^2 - \mathrm{i} \left\| \frac{\vec{x} - \mathrm{i}\,\vec{y}}{2} \right\|^2 \\ = {} & \frac{1}{2} \langle \vec{x}, \vec{y} \rangle + \frac{1}{2} \langle \vec{y}, \vec{x} \rangle + \frac{1}{2} \langle \vec{x}, \vec{y} \rangle - \frac{1}{2} \langle \vec{y}, \vec{x} \rangle \\ = {} & \langle \vec{x}, \vec{y} \rangle . \end{aligned}$$

■

Merke: Gilt in einem normierten Raum $(V, \|.\|)$ die Parallelogramm-Gleichung, so kann immer ein Innenprodukt definiert werden, welches die vorhandene Norm erzeugt. Wie dieses Innenprodukt definiert werden muss, ist in (7.24) angegeben.

Testfragen

1. Gilt in jedem normierten Raum die Parallelogramm-Gleichung?
2. In welchen Räumen gilt die Cauchy-Schwarz'sche Ungleichung?
3. Drücken Sie im Innenproduktraum

$$\left(C\left[a,b\right], \langle f,g\rangle = \int_a^b f(t)\,g(t)\,dt \right)$$

das Innenprodukt mit der kanonischen Norm aus.

4. Folgt aus $\left\langle \vec{x}, \vec{y} \right\rangle = 0$ die Beziehung $\vec{x} = \vec{0} \vee \vec{y} = \vec{0}$?
5. Folgt aus $\left\langle \vec{x}, \vec{y} \right\rangle \neq 0$ die Beziehung $\vec{x} \neq \vec{0} \wedge \vec{y} \neq \vec{0}$?

7.3 Orthogonalität

Im Folgenden betrachten wir zunächst euklidische Räume. Wir werden den bekannten Satz des Pythagoras in einer allgemeinen Fassung angeben. Dazu müssen wir zuerst den Winkel zwischen zwei Vektoren einführen.

Definition 7.4 $(V, \langle .,. \rangle)$ sei ein euklidischer Raum. Für zwei Vektoren $\vec{x}$ und $\vec{y}$ aus V mit $\vec{x}, \vec{y} \neq \vec{0}$ definiert man den **Winkel** $\varphi, 0 \leq \varphi \leq \pi$ zwischen $\vec{x}$ und $\vec{y}$ wie folgt:

$$\cos\left(\varphi\left(\vec{x}, \vec{y}\right)\right) = \cos(\varphi) = \frac{\left\langle \vec{x}, \vec{y} \right\rangle}{\left\| \vec{x} \right\| \left\| \vec{y} \right\|}. \tag{7.25}$$

Bemerkung 7.11 Aufgrund der Cauchy-Schwarz'schen Ungleichung gilt in euklidischen Räumen (7.22). Da $\cos : [0, \pi] \to [-1, 1]$ eine bijektive Abbildung ist, ist somit der Winkel φ eindeutig festgelegt. Aus der Definition des Winkels folgt:

$$\left\langle \vec{x}, \vec{y} \right\rangle = \left\| \vec{x} \right\| \left\| \vec{y} \right\| \cos(\varphi).$$

Beispiel 7.9 Für die Vektoren

$$\vec{x} = \begin{pmatrix} 1 \\ 1 \\ 1 \\ 1 \end{pmatrix}, \vec{y} = \begin{pmatrix} 2 \\ 1 \\ 4 \\ -2 \end{pmatrix} \in \mathbb{R}^4$$

liefert das Standardinnenprodukt (7.17)

$$\|\vec{x}\| = 2, \|\vec{y}\| = 5, \langle\vec{x}, \vec{y}\rangle = 5,$$

und damit ist:

$$\cos(\varphi) = \frac{5}{2 \cdot 5} = \frac{1}{2} \text{ d. h. } \varphi = \frac{\pi}{3}.$$

Bemerkung 7.12 Für positive reelle Skalare α, β und Vektoren $\vec{x} \neq \vec{0}$ und $\vec{y} \neq \vec{0}$ gilt:

$$\begin{aligned} \cos\left(\varphi\left(\vec{x}, \vec{y}\right)\right) &= \frac{\langle\vec{x}, \vec{y}\rangle}{\|\vec{x}\|\|\vec{y}\|} \underset{(N2)}{=} \frac{\langle\alpha\vec{x}, \beta\vec{y}\rangle}{\|\alpha\vec{x}\|\|\beta\vec{y}\|} \\ &\underset{(S2),(7.16)}{=} \cos\left(\varphi\left(\alpha\vec{x}, \beta\vec{y}\right)\right). \end{aligned} \tag{7.26}$$

Satz 7.3 *Zwei Vektoren* $\vec{x} \neq \vec{0}$, $\vec{y} \neq \vec{0}$ *eines euklidischen Raumes* $(V, \langle., .\rangle)$ *sind genau dann gleich gerichtet bzw. entgegengesetzt gerichtet, wenn sie den Winkel* 0 *bzw.* π *einschließen.*

Beweis: Wir betrachten die Einheitsvektoren $\vec{e} = \frac{\vec{x}}{\|\vec{x}\|}$, $\vec{f} = \frac{\vec{y}}{\|\vec{y}\|}$, dann gilt nach (7.26):

$$\cos(\varphi) = \cos\left(\varphi\left(\vec{x}, \vec{y}\right)\right) = \cos\left(\varphi\left(\vec{e}, \vec{f}\right)\right).$$

Daraus folgt wegen

$$\left\langle\vec{e}, \vec{f}\right\rangle = \|\vec{e}\| \left\|\vec{f}\right\| \cos(\varphi) \text{ und } \|\vec{e}\| = \left\|\vec{f}\right\| = 1$$

die Gleichung:

$$\left\|\vec{e} + \vec{f}\right\|^2 = \langle\vec{e}, \vec{e}\rangle + 2\left\langle\vec{e}, \vec{f}\right\rangle + \left\langle\vec{f}, \vec{f}\right\rangle = 2 + 2\cos(\varphi)$$

bzw.

$$\left\|\vec{e} - \vec{f}\right\|^2 = \langle\vec{e}, \vec{e}\rangle - 2\left\langle\vec{e}, \vec{f}\right\rangle + \left\langle\vec{f}, \vec{f}\right\rangle = 2 - 2\cos(\varphi).$$

Ist $\vec{e} = \vec{f}$, so sind die Vektoren $\vec{x}$, $\vec{y}$ gleich gerichtet, was genau dann erfüllt ist, wenn $\varphi = 0$ gilt. Ist $\vec{e} = -\vec{f}$, so sind die Vektoren $\vec{x}$, $\vec{y}$ entgegengesetzt gerichtet; das ist genau dann der Fall, wenn $\varphi = \pi$ ist. ■

Definition 7.5 $(V, \langle .,. \rangle)$ sei ein Innenproduktraum. Zwei Vektoren $\vec{x}, \vec{y} \in V$ heißen **orthogonal** oder **senkrecht** zueinander, in Zeichen $\vec{x} \perp \vec{y}$, genau dann, wenn gilt: $\langle \vec{x}, \vec{y} \rangle = 0$; $\vec{x}$ heißt orthogonal zu einer Teilmenge $M \subseteq V$, wenn Folgendes erfüllt ist:

$$\vec{x} \perp M \Leftrightarrow \bigwedge_{\vec{u} \in M} \vec{x} \perp \vec{u} \Leftrightarrow \bigwedge_{\vec{u} \in M} \langle \vec{x}, \vec{u} \rangle = 0.$$

Folgerung 7.1 Zwei Vektoren $\vec{x}, \vec{y}$ eines euklidischen Raumes $(V, \langle .,. \rangle)$ sind genau dann orthogonal, wenn entweder $\vec{x} = \vec{0}$ oder $\vec{y} = \vec{0}$ oder im Falle $\vec{x} \neq \vec{0}, \vec{y} \neq \vec{0}$ die Vektoren den Winkel $\frac{\pi}{2}$ einschließen.

Definition 7.6 $(V, \langle .,. \rangle)$ sei ein Innenproduktraum und $M \subseteq V$. Das **orthogonale Komplement** $M^{\perp}$ (sprich: „M senkrecht") zu M ist wie folgt erklärt:

$$M^{\perp} = \left\{ \vec{x} \in V \mid \bigwedge_{\vec{u} \in M} \vec{x} \perp \vec{u} \right\}.$$

Satz 7.4 *Das orthogonale Komplement $M^{\perp}$ ist ein Teilraum von V.*

Beweis: Es ist $M^{\perp} \neq \emptyset$, da $\vec{0} \in M^{\perp}$. Für $\vec{x}, \vec{y} \in M^{\perp}$ und $\vec{u} \in M$ folgt nach (7.12)

$$\langle \vec{x} + \vec{y}, \vec{u} \rangle = \langle \vec{x}, \vec{u} \rangle + \langle \vec{y}, \vec{u} \rangle = 0,$$

sowie für $\alpha \in \mathbb{K}$ nach (7.13)

$$\langle \alpha \vec{x}, \vec{u} \rangle = \alpha \langle \vec{x}, \vec{u} \rangle = 0,$$

damit ist nach (3.1), (3.2) die Teilraumeigenschaft von $M^{\perp}$ nachgewiesen. ■

Beispiel 7.10 Im euklidischen Raum $V = \mathbb{R}^4$ mit dem Standardinnenprodukt (7.17) ist die Menge

$$M = \left\{ \vec{u}_1 = \begin{pmatrix} 1 \\ 2 \\ 3 \\ 4 \end{pmatrix}, \vec{u}_2 = \begin{pmatrix} 2 \\ 3 \\ 4 \\ 5 \end{pmatrix}, \vec{u}_3 = \begin{pmatrix} 3 \\ 4 \\ 5 \\ 6 \end{pmatrix}, \vec{u}_4 = \begin{pmatrix} 12 \\ 18 \\ 24 \\ 30 \end{pmatrix} \right\}$$

gegeben. Wir bestimmen eine Basis des orthogonalen Komplements $M^{\perp}$. Gesucht sind also alle Vektoren $\vec{x} \in \mathbb{R}^4$, für welche gilt:

$$\begin{array}{lcrcrcrcrl} \langle \vec{x}, \vec{u}_1 \rangle = 0 & \Rightarrow & x_1 & + & 2x_2 & + & 3x_3 & + & 4x_4 & = 0 \\ \langle \vec{x}, \vec{u}_2 \rangle = 0 & \Rightarrow & 2x_1 & + & 3x_2 & + & 4x_3 & + & 5x_4 & = 0 \\ \langle \vec{x}, \vec{u}_3 \rangle = 0 & \Rightarrow & 3x_1 & + & 4x_2 & + & 5x_3 & + & 6x_4 & = 0 \\ \langle \vec{x}, \vec{u}_4 \rangle = 0 & \Rightarrow & 12x_1 & + & 18x_2 & + & 24x_3 & + & 30x_4 & = 0 \end{array}$$

Das führt auf ein lineares Gleichungssystem mit der Systemmatrix

$$\begin{pmatrix} 1 & 2 & 3 & 4 \\ 2 & 3 & 4 & 5 \\ 3 & 4 & 5 & 6 \\ 12 & 18 & 24 & 30 \end{pmatrix}.$$

Addition der mit -1 multiplizierten 2. Zeile zur 3. Zeile und der mit -1 multiplizierten 1. Zeile zur 2. Zeile ergibt

$$\begin{pmatrix} 1 & 2 & 3 & 4 \\ 1 & 1 & 1 & 1 \\ 1 & 1 & 1 & 1 \\ 12 & 18 & 24 & 30 \end{pmatrix}.$$

Die 2. und 3. Zeile sind linear abhängig, daher kann die 3. Gleichung entfallen. Die letzte Zeile, welche die Summe des 6-fachen der 1. und 2. Zeile ist, kann also auch entfallen. Es bleibt somit

$$\begin{pmatrix} 1 & 2 & 3 & 4 \\ 1 & 1 & 1 & 1 \end{pmatrix}.$$

Vertauschen der 1. mit der 2. Zeile und anschließende Subtraktion der 1. von der 2. Zeile ergibt:

$$\begin{pmatrix} 1 & 1 & 1 & 1 \\ 1 & 2 & 3 & 4 \end{pmatrix} \text{ sowie } \begin{pmatrix} 1 & 1 & 1 & 1 \\ 0 & 1 & 2 & 3 \end{pmatrix}.$$

Mit reellen Parametern s und t lautet die allgemeine Lösung dieses Systems:

$$\vec{x} = \begin{pmatrix} s + 2t \\ -2s - 3t \\ s \\ t \end{pmatrix}.$$

Eine Basis des orthogonalen Komplements $M^{\perp}$ ist mithin

$$\begin{pmatrix} 1 \\ -2 \\ 1 \\ 0 \end{pmatrix}, \begin{pmatrix} 2 \\ -3 \\ 0 \\ 1 \end{pmatrix}.$$

Definition 7.7 Ein System von Vektoren $\overrightarrow{x_1}, \overrightarrow{x_2}, \overrightarrow{x_3}, \ldots$ eines Innenproduktraumes $(V, \langle ., . \rangle)$ heißt **Orthogonalsystem**, abgekürzt OGS, wenn gilt:

$$\overrightarrow{x_i} \perp \overrightarrow{x_j} \quad \text{für} \quad i \neq j.$$

Ein Orthogonalsystem $\overrightarrow{x_1}, \overrightarrow{x_2}, \overrightarrow{x_3}, \ldots \in V$ ist ein **Orthonormalsystem**, abgekürzt ONS, wenn zusätzlich gilt:

$$\left\langle \overrightarrow{x_i}, \overrightarrow{x_j} \right\rangle = \delta_{ij}.$$

Definition 7.8 $(V, \langle ., . \rangle)$ sei ein endlichdimensionaler Innenproduktraum und $U = \operatorname{span}\left(\overrightarrow{e_1}, \overrightarrow{e_2}, \ldots, \overrightarrow{e_m}\right) \leq V$ ein m-dimensionaler Teilraum von V mit der Orthonormalbasis $\overrightarrow{e_1}, \overrightarrow{e_2}, \ldots, \overrightarrow{e_m}$. Für einen Vektor $\overrightarrow{x} \in V$ heißt

$$\overrightarrow{w} = \sum_{k=1}^{m} \left\langle \overrightarrow{x}, \overrightarrow{e_k} \right\rangle \overrightarrow{e_k}$$

die **Projektion** von $\overrightarrow{x}$ bezüglich U und

$$\overrightarrow{v} = \overrightarrow{x} - \overrightarrow{w}$$

das **Lot** von $\overrightarrow{x}$ in V.

Bemerkung 7.13 Für das Lot $\overrightarrow{v}$ eines Vektors $\overrightarrow{x}$ gilt $\overrightarrow{v} \perp U$.

Für endlichdimensionale Teilräume eines Innenproduktraumes $(V, \langle ., . \rangle)$ gilt der sogenannte **Projektionssatz**.

Satz 7.5 *Es sei $(V, \langle ., . \rangle)$ ein Innenproduktraum, W sei ein Teilraum von V mit* $\dim W < \infty$. *Dann gilt:*

$$V = W \oplus W^{\perp}.$$

Beweis: Es sei $\overrightarrow{e_1}, \overrightarrow{e_2}, \ldots, \overrightarrow{e_m}$ eine Orthonormalbasis von W. Wir betrachten die Abbildung P, die jedem Vektor $\overrightarrow{x} \in V$ die Projektion bezüglich W zuordnet:

$$P : V \to W, \quad \overrightarrow{x} \mapsto P\left(\overrightarrow{x}\right) = \sum_{k=1}^{m} \left\langle \overrightarrow{x}, \overrightarrow{e_k} \right\rangle \overrightarrow{e_k}.$$

Offensichtlich ist P linear. Weiter gilt für $j = 1, \ldots, m$:

$$\begin{aligned}
\left\langle \vec{x} - P\left(\vec{x}\right), \vec{e_j} \right\rangle &= \left\langle \vec{x}, \vec{e_j} \right\rangle - \left\langle P\left(\vec{x}\right), \vec{e_j} \right\rangle \\
&= \left\langle \vec{x}, \vec{e_j} \right\rangle - \left\langle \sum_{k=1}^{m} \left\langle \vec{x}, \vec{e_k} \right\rangle \vec{e_k}, \vec{e_j} \right\rangle \\
&= \left\langle \vec{x}, \vec{e_j} \right\rangle - \sum_{k=1}^{m} \left\langle \left\langle \vec{x}, \vec{e_k} \right\rangle \vec{e_k}, \vec{e_j} \right\rangle \\
&= \left\langle \vec{x}, \vec{e_j} \right\rangle - \sum_{k=1}^{m} \left\langle \vec{x}, \vec{e_k} \right\rangle \cdot \left\langle \vec{e_k}, \vec{e_j} \right\rangle \\
&= \left\langle \vec{x}, \vec{e_j} \right\rangle - \sum_{k=1}^{m} \left\langle \vec{x}, \vec{e_k} \right\rangle \cdot \delta_{kj} \\
&= \left\langle \vec{x}, \vec{e_j} \right\rangle - \left\langle \vec{x}, \vec{e_j} \right\rangle = 0,
\end{aligned}$$

woraus wegen der Basiseigenschaft von $\vec{e_1}, \vec{e_2}, \ldots, \vec{e_m}$ folgt:

$$\vec{x} - P\left(\vec{x}\right) \in W^{\perp}.$$

Wegen $\vec{x} = P\left(\vec{x}\right) + \left(\vec{x} - P\left(\vec{x}\right)\right)$ ergibt sich also:

$$V = W + W^{\perp}.$$

Diese Summe ist aber auch direkt, denn ist $\vec{u} \in W \cap W^{\perp}$, so gilt:

$$\left\langle \vec{u}, \vec{w} \right\rangle = 0 \text{ für alle } \vec{w} \in W.$$

Insbesondere ist

$$\left\langle \vec{u}, \vec{u} \right\rangle = 0,$$

woraus wegen der Definitheit des Innenprodukts sofort $\vec{u} = \vec{0}$ folgt. Somit ist $W \cap W^{\perp} = \mathcal{O}$, d. h., es gilt:

$$V = W \oplus W^{\perp}.$$ ■

Aus der Schule ist der Satz des Pythagoras bekannt, welcher besagt, dass in einem rechtwinkligen Dreieck die Summe der Kathetenquadrate gleich dem Hypotenusenquadrat ist. Dieser Satz kann verallgemeinert werden und gilt in beliebigen Innenprodukträumen.

Satz 7.6 *$(V, \langle .,. \rangle)$ sei ein Innenproduktraum. Dann gilt der* ***Satz des Pythagoras****:*

$$\vec{x} \perp \vec{y} \Leftrightarrow \|\vec{x}+\vec{y}\|^2 = \|\vec{x}\|^2 + \|\vec{y}\|^2 .$$

Beweis: In einem Innenproduktraum gilt die Beziehung (vgl. (7.21))

$$\|\vec{x}+\vec{y}\|^2 = \|\vec{x}\|^2 + \|\vec{y}\|^2 + \langle \vec{x}, \vec{y} \rangle + \langle \vec{y}, \vec{x} \rangle .$$

Daraus folgt sofort die Behauptung. ■

Folgerung 7.2 Für zwei orthogonale Vektoren gilt der Satz des Pythagoras auch in der Form $\|\vec{x}-\vec{y}\|^2 = \|\vec{x}\|^2 + \|\vec{y}\|^2$.

Beispiel 7.11 Die Vektoren $\vec{x} = \begin{pmatrix} 1 \\ -2 \\ -3 \end{pmatrix}, \vec{y} = \begin{pmatrix} 7 \\ 5 \\ -1 \end{pmatrix}$ sind orthogonal.

Folglich gilt der Satz des Pythagoras:

$$\|\vec{x}+\vec{y}\|^2 = 89 = \|\vec{x}\|^2 + \|\vec{y}\|^2 = 14 + 75.$$

Testfragen

1. Bestimmen Sie $M \cap M^{\perp}$.
2. W ist ein Teilraum des endlichdimensionalen Vektorraumes V. Gilt dann
$$V = W \oplus W^{\perp}?$$
3. Es ist $\vec{x} = (1, 0, 0)^T \in \mathbb{R}^3$. Charakterisieren Sie alle Vektoren $\vec{y} \in \mathbb{R}^3$, so dass für $\vec{x}, \vec{y}$ der Satz des Pythagoras gilt.
4. Welchen Winkel schließen die Vektoren
$$\begin{pmatrix} 0 \\ -2 \\ 1 \end{pmatrix}, \begin{pmatrix} 3 \\ 1 \\ 2 \end{pmatrix}$$
des euklidischen Raumes $V = \mathbb{R}^3$ ein?
5. Hängt der Winkel zwischen zwei Vektoren vom verwendeten Skalarprodukt ab?

7.4 Das Orthogonalisierungsverfahren

In vielen Fällen ist es wünschenswert, eine Basis aus orthogonalen Vektoren zur Verfügung zu haben. Mithilfe des Orthogonalisierungsverfahrens von Erhardt Schmidt ist es möglich, eine gegebene Basis in eine orthogonale Basis umzuwandeln, d. h., orthogonale Vektoren zu finden, welche den gleichen Raum aufspannen.

Satz 7.7 *(Orthogonalisierungsverfahren von E. Schmidt) $(V, \langle .,. \rangle)$ sei ein Innenproduktraum, und $\overrightarrow{u_1}, \overrightarrow{u_2}, \dots \overrightarrow{u_m} \in V$ seien linear unabhängige Vektoren. Wir führen folgende Schritte aus:*
Setze $\overrightarrow{z_1} = \overrightarrow{u_1}$.
Berechne für $k = 2, 3, \dots, m$ die Vektoren

$$\overrightarrow{z_k} = \overrightarrow{u_k} - \sum_{j=1}^{k-1} \frac{\langle \overrightarrow{u_k}, \overrightarrow{z_j} \rangle}{\| \overrightarrow{z_j} \|^2} \overrightarrow{z_j}. \tag{7.27}$$

Gegebenenfalls eine Orthonormierung durchführen:

$$\frac{\overrightarrow{z_k}}{\| \overrightarrow{z_k} \|}, \text{ den normierten Vektor bezeichnen wir wieder mit } \overrightarrow{z_k}. \tag{7.28}$$

Dann ist das System $\overrightarrow{z_1}, \overrightarrow{z_2}, \dots \overrightarrow{z_r}, r = 1, 2, \dots m$, ein linear unabhängiges Orthogonal- bzw. ein Orthonormalsystem, und es gilt

$$\operatorname{span}\left(\overrightarrow{u_1}, \overrightarrow{u_2}, \dots \overrightarrow{u_r}\right) = \operatorname{span}\left(\overrightarrow{z_1}, \overrightarrow{z_2}, \dots \overrightarrow{z_r}\right), \quad r = 1, 2, \dots m. \tag{7.29}$$

Beweis: Wir konstruieren die orthonormale Folge $\overrightarrow{z_1}, \overrightarrow{z_2}, \dots \overrightarrow{z_r}$ mit der Eigenschaft (7.29) rekursiv. Für $r = 1$ genügt es

$$\overrightarrow{z_1} = \frac{\overrightarrow{u_1}}{\| \overrightarrow{u_1} \|}$$

zu setzen. Sind $\overrightarrow{z_1}, \overrightarrow{z_2}, \dots \overrightarrow{z_r}$ mit $r < m$ nach diesen Forderungen bereits konstruiert, so gilt insbesondere

$$\langle \overrightarrow{z_i}, \overrightarrow{z_j} \rangle = \delta_{ij}, \tag{7.30}$$

und wir setzen mit unbekannten Skalaren $\alpha_i \in \mathbb{K}$

$$\overrightarrow{z_{r+1}} = \overrightarrow{u_{r+1}} - \sum_{j=1}^{r} \alpha_j \overrightarrow{z_j}.$$

Daraus folgt für $i = 1, 2, \dots r$ mit $r < m$ die Beziehung

$$\left\langle \overrightarrow{z_{r+1}}, \overrightarrow{z_i} \right\rangle = \left\langle \overrightarrow{u_{r+1}} - \sum_{j=1}^{r} \alpha_j \overrightarrow{z_j} \ , \ \overrightarrow{z_i} \right\rangle \underset{(S1),(S2),(7.30)}{=} \left\langle \overrightarrow{u_{r+1}}, \overrightarrow{z_i} \right\rangle - \alpha_i \left\langle \overrightarrow{z_i} \, , \, \overrightarrow{z_i} \right\rangle,$$

es gilt also $\left\langle \overrightarrow{z_{r+1}}, \overrightarrow{z_i} \right\rangle = 0$ genau dann, wenn $\left\langle \overrightarrow{u_{r+1}}, \overrightarrow{z_i} \right\rangle = \alpha_i \left\langle \overrightarrow{z_i} \, , \, \overrightarrow{z_i} \right\rangle$ ist. Das Gleiche gilt für den normierten Vektor

$$\frac{\overrightarrow{z_{r+1}}}{\left\| \overrightarrow{z_{r+1}} \right\|},$$

den wir auch wieder mit $\overrightarrow{z_{r+1}}$ bezeichnen. Daher ist $\overrightarrow{z_1}, \overrightarrow{z_2}, \dots \overrightarrow{z_m}$ ein Orthonormalsystem mit den geforderten Eigenschaften. ■

Beispiel 7.12 Im euklidischen Raum $\left(\mathbb{R}^4, \langle ., . \rangle\right)$ mit dem Innenprodukt

$$\left\langle \overrightarrow{x} \, , \, \overrightarrow{y} \right\rangle = \sum_{k=1}^{4} x_k y_k$$

wenden wir das Orthogonalisierungsverfahren auf die linear unabhängigen Vektoren

$$\overrightarrow{u_1} = \begin{pmatrix} 1 \\ 1 \\ 1 \\ 1 \end{pmatrix}, \overrightarrow{u_2} = \begin{pmatrix} 1 \\ 2 \\ 4 \\ 5 \end{pmatrix}, \overrightarrow{u_3} = \begin{pmatrix} 1 \\ -3 \\ -4 \\ -2 \end{pmatrix}$$

an. Wir erhalten

$$\overrightarrow{z_1} = \overrightarrow{u_1} = \begin{pmatrix} 1 \\ 1 \\ 1 \\ 1 \end{pmatrix}$$

sowie

$$\begin{aligned} \overrightarrow{z_2} &= \overrightarrow{u_2} - \frac{\left\langle \overrightarrow{u_2}, \overrightarrow{z_1} \right\rangle}{\left\| \overrightarrow{z_1} \right\|^2} \overrightarrow{z_1} \\ &= \begin{pmatrix} 1 \\ 2 \\ 4 \\ 5 \end{pmatrix} - \frac{12}{4} \begin{pmatrix} 1 \\ 1 \\ 1 \\ 1 \end{pmatrix} = \begin{pmatrix} -2 \\ -1 \\ 1 \\ 2 \end{pmatrix} \end{aligned}$$

und

$$\begin{aligned}
\overrightarrow{z_3} &= \overrightarrow{u_3} - \frac{\langle \overrightarrow{u_3}, \overrightarrow{z_1} \rangle}{\| \overrightarrow{z_1} \|^2} \overrightarrow{z_1} - \frac{\langle \overrightarrow{u_3}, \overrightarrow{z_2} \rangle}{\| \overrightarrow{z_2} \|^2} \overrightarrow{z_2} \\
&= \begin{pmatrix} 1 \\ -3 \\ -4 \\ -2 \end{pmatrix} - \frac{(-8)}{4} \begin{pmatrix} 1 \\ 1 \\ 1 \\ 1 \end{pmatrix} - \frac{(-7)}{10} \begin{pmatrix} -2 \\ -1 \\ 1 \\ 2 \end{pmatrix} = \frac{1}{10} \begin{pmatrix} 16 \\ -17 \\ -13 \\ 14 \end{pmatrix} .
\end{aligned}$$

Testfragen

1. Führen Sie die Vektoren

$$\begin{pmatrix} 3 \\ -4 \end{pmatrix}, \begin{pmatrix} 1 \\ 1 \end{pmatrix} \in \mathbb{R}^2$$

in ein Orthonormalsystem über.

2. Geben Sie eine Basis des Vektorraumes $\mathbb{R}^3$ an, welche kein Orthogonalsystem bildet.

3. Zeigen Sie, dass für $\overrightarrow{u} \neq \overrightarrow{0}$ und einen beliebigen Vektor $\overrightarrow{v}$ eines Innenproduktraumes $(V, \langle , \rangle)$ gilt

$$\overrightarrow{v} - \frac{\langle \overrightarrow{v}, \overrightarrow{u} \rangle}{\| \overrightarrow{u} \|^2} \overrightarrow{u} \perp \overrightarrow{u} .$$

4. Zeigen Sie, dass im Innenproduktraum

$$\left(C\,[0, 2\pi]\,, \langle f, g \rangle = \int_0^{2\pi} f\,(t)\, g\,(t)\, dt \right)$$

gilt:

$$\sin \perp \cos .$$

7.5 Aufgaben

Aufgabe 7.1 Beweisen Sie, dass in einem normierten Raum die 2. Dreiecksungleichung gilt

$$\left\| \overrightarrow{x} - \overrightarrow{y} \right\| \geq \left| \left\| \overrightarrow{x} \right\| - \left\| \overrightarrow{y} \right\| \right| .$$

Aufgabe 7.2 Für welche Zahlen t erfüllt die Abbildung

$$\langle .,. \rangle_t : \mathbb{R}^3 \times \mathbb{R}^3 \to \mathbb{R}, \left(\overrightarrow{x}, \overrightarrow{y} \right) \mapsto \left\langle \overrightarrow{x}, \overrightarrow{y} \right\rangle_t$$
$$\text{mit } \left\langle \overrightarrow{x}, \overrightarrow{y} \right\rangle_t = t x_1 y_1 + x_1 y_3 + x_3 y_1 + x_2 y_2 + x_2 y_3 + x_3 y_2 + 2 x_3 y_3$$

die Innenprodukteigenschaften?

Aufgabe 7.3 Orthogonalisieren Sie im euklidischen Raum $\left(\mathbb{R}^4, \langle .,. \rangle\right)$ mit dem Innenprodukt $\left\langle \overrightarrow{x}, \overrightarrow{y} \right\rangle = \sum\limits_{k=1}^{4} x_k y_k$ die Vektoren

$$\overrightarrow{u_1} = \begin{pmatrix} 1 \\ 0 \\ 1 \\ -2 \end{pmatrix}, \overrightarrow{u_2} = \begin{pmatrix} 1 \\ 2 \\ 4 \\ 5 \end{pmatrix}, \overrightarrow{u_3} = \begin{pmatrix} -1 \\ 3 \\ 4 \\ 2 \end{pmatrix}, \overrightarrow{u_4} = \begin{pmatrix} 3 \\ 6 \\ -4 \\ -2 \end{pmatrix}$$

Aufgabe 7.4 Orthogonalisieren Sie im Innenproduktraum

$$V = C\,[a, b]\,, \langle f, g \rangle = \int\limits_a^b f\,(t)\,g\,(t)\,dt$$

die Funktionen $1, x, x^2, x^3$.

Aufgabe 7.5 Gegeben ist der Innenproduktraum

$$V = \left(\mathbb{C}^4, \left\langle \overrightarrow{x}, \overrightarrow{y} \right\rangle = \sum_{k=1}^{4} x_k \overline{y_k} \right).$$

Bestimmen Sie eine Basis des orthogonalen Komplements von

$$M = \operatorname{span} \left(\begin{pmatrix} -1 \\ \mathrm{i} \\ 0 \\ 1 \end{pmatrix}, \begin{pmatrix} \mathrm{i} \\ 0 \\ 2 \\ 0 \end{pmatrix} \right)$$

Aufgabe 7.6 Orthogonalisieren Sie im unitären Raum

$$\left(\mathbb{C}^3, \langle \vec{x}, \vec{y} \rangle = \sum_{k=1}^{3} x_k \overline{y_k}\right)$$

die drei Vektoren

$$\vec{u}_1 = \begin{pmatrix} \mathrm{i} \\ \mathrm{i} \\ 0 \end{pmatrix}, \vec{u}_2 = \begin{pmatrix} 2 \\ -1 \\ 0 \end{pmatrix}, \vec{u}_3 = \begin{pmatrix} 0 \\ 1 \\ \mathrm{i} \end{pmatrix}.$$

Aufgabe 7.7 Beweisen Sie, dass die Funktionen

$$f_k : [0, 1] \to \mathbb{C}, t \longmapsto e^{2\pi \mathrm{i} kt} \quad , \quad k \in \mathbb{Z}$$

ein Orthonormalsystem im komplexen Vektorraum $F([0, 1], \mathbb{C})$ mit dem Innenprodukt

$$\langle f, g \rangle = \int_0^1 f(t) \overline{g(t)} dt$$

bilden.

Aufgabe 7.8 Zeigen Sie, dass die Funktionen

$$\begin{aligned} e_0(x) &= \frac{1}{\sqrt{2\pi}}, \\ e_{2k-1}(x) &= \frac{\sin(kx)}{\sqrt{\pi}}, \quad e_{2k}(x) = \frac{\cos(kx)}{\sqrt{\pi}}, \quad k = 1, 2, \ldots \end{aligned} \tag{7.31}$$

im Innenproduktraum $\left(C[0, 2\pi], \langle f, g \rangle = \int_0^{2\pi} f(t) g(t) dt\right)$ ein Orthonormalsystem bilden.

Aufgabe 7.9 Im $\mathbb{R}^n$, $n > 1$ bilden $n + 1$ von einem Punkt auslaufende Einheitsvektoren $\vec{e_1}, \vec{e_2}, \ldots \overrightarrow{e_{n+1}}$ einen n-dimensionalen Stern, wenn sie paarweise verschieden sind und paarweise den gleichen Winkel φ_n einschließen. Bestimmen Sie, wie groß dieser Winkel φ_n ist.

8 Euklidische Geometrie

Bislang hatten wir uns mit Strukturaspekten der Linearen Algebra beschäftigt und die abstrakte Seite der Vektorrechnung betont. Nun wollen wir geometrische Seiten der Linearen Algebra beleuchten und kommen mit der Vektoralgebra zu einem Gebiet, welches zum Kern-Curriculum der Sekundarstufe II zählt und somit für Studierende des Lehramtes Mathematik unerlässlich ist. Der Aufbau unseres Buches erlaubt es uns, das ganze Instrumentarium der Vektorräume einzusetzen.

8.1 Punktmengen

Wir gehen auf geometrische Aspekte der Vektorrechnung ein. Dabei ergeben sich zahlreiche geometrische Anwendungen räumlicher und ebener Vektoren. Wir betrachten Punkte in der Ebene und im Raum. Eingangs beschäftigen wir uns nur mit Punkten im $\mathbb{R}^2$ oder $\mathbb{R}^3$, ohne zunächst eine algebraische Struktur einzuführen.

Definition 8.1 Unter dem Raum $\mathbb{R}^2$ (**Punktebene**, **zweidimensionaler Punktraum**) versteht man die Menge aller geordneten reellen Zahlenpaare (x, y) bzw. die Menge aller Punkte mit den zwei Koordinaten $P = (x, y)$. Der Raum $\mathbb{R}^3$ (**dreidimensionaler Punktraum**) bedeutet die Menge aller geordneten reellen Zahlentripel (x, y, z) bzw. die Menge aller Punkte mit den drei Koordinaten $P = (x, y, z)$.

Definition 8.2 Der **euklidische Abstand** zwischen den zwei Punkten

$$A = (a_1, a_2, a_3) \text{ und } B = (b_1, b_2, b_3)$$

ist wie folgt erklärt:

$$\overline{AB} = d\,(A, B) = \sqrt{(b_1 - a_1)^2 + (b_2 - a_2)^2 + (b_3 - a_3)^2}. \qquad (8.1)$$

Der Abstand zweier Punkte $A = (a_1, a_2)$ und $B = (b_1, b_2)$ des zweidimensionalen Punktraumes lautet

$$\overline{AB} = d\,(A, B) = \sqrt{(b_1 - a_1)^2 + (b_2 - a_2)^2}.$$

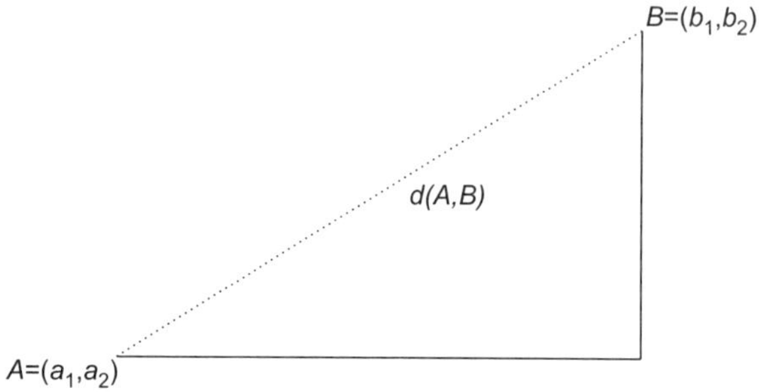

Abb. 8.1: Euklidischer Abstand im Punktraum $\mathbb{R}^2$

Bemerkung 8.1 Der euklidische Abstand hat die Eigenschaften (7.9) – (7.11)

(M1) Definitheit: $\bigwedge_{A,B\in\mathbb{R}^3} \quad d(A,B) \geqslant 0$ und

$$d(A,B) = 0 \Leftrightarrow A = B$$

(M2) Symmetrie: $\bigwedge_{A,B\in\mathbb{R}^3} \quad d(A,B) = d(B,A)$

(M3) Dreiecksungleichung: $\bigwedge_{A,B,C\in\mathbb{R}^3} \quad d(A,C) \leq d(A,B) + d(B,C)$

und definiert somit eine Metrik auf dem Punktraum $\mathbb{R}^3$.

Wir stellen einige wichtige Punktmengen des $\mathbb{R}^2$ bzw. $\mathbb{R}^3$ zusammen.

- Kreis um den Ursprung mit Radius $r > 0$:

$$K = \left\{(x, y) \in \mathbb{R}^2 \,\middle|\, x^2 + y^2 = r^2\right\}.$$

- Vollkreis:

$$D = \left\{(x, y) \in \mathbb{R}^2 \,\middle|\, x^2 + y^2 \leq r^2\right\}.$$

- Offene Kreisscheibe:

$$U = \left\{(x, y) \in \mathbb{R}^2 \,\middle|\, x^2 + y^2 < r^2\right\}.$$

- Kugel um den Ursprung mit Radius $r > 0$:

$$K = \left\{(x, y, z) \in \mathbb{R}^3 \,\middle|\, x^2 + y^2 + z^2 = r^2\right\}.$$

- Ellipsoid mit den Halbachsen $a, b, c > 0$:

$$K = \left\{(x, y, z) \in \mathbb{R}^3 \,\middle|\, \frac{x^2}{a^2} + \frac{y^2}{b^2} + \frac{z^2}{c^2} = 1\right\}.$$

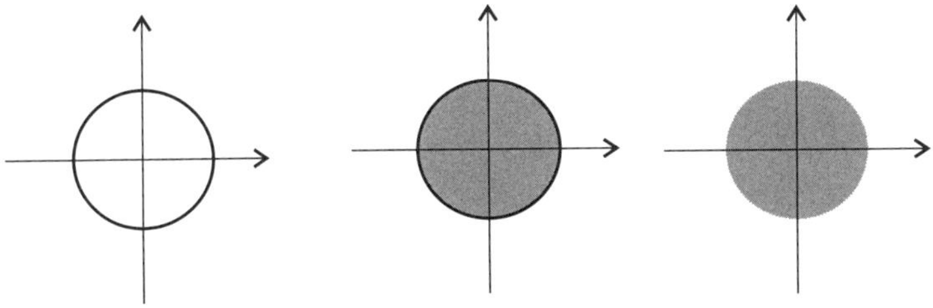

Abb. 8.2: Kreislinie, Vollkreis und Kreisscheibe

Als Nächstes befassen wir uns mit der geometrische Darstellung von Vektoren in der Ebene. Wir unterscheiden zwischen skalaren und vektoriellen Größen. Ein Skalar ist eine Größe, welche durch alleinige Angabe einer Zahl in Verbindung mit einer geeigneten physikalischen Einheit vollständig charakterisiert ist. Beispiele dafür sind Länge oder Zeit. Im Gegensatz dazu sind Vektoren Größen, welche durch Angabe von Betrag und Richtung gekennzeichnet sind, wie beispielsweise Kraft oder Geschwindigkeit. Wir unterscheiden ebene (zweidimensionale) und räumliche (dreidimensionale) Vektoren. Geometrisch können Vektoren durch gerichtete Strecken repräsentiert werden. Die Pfeilspitze legt die Richtung des Vektors fest, während die Länge dem Betrag des Vektors entspricht.

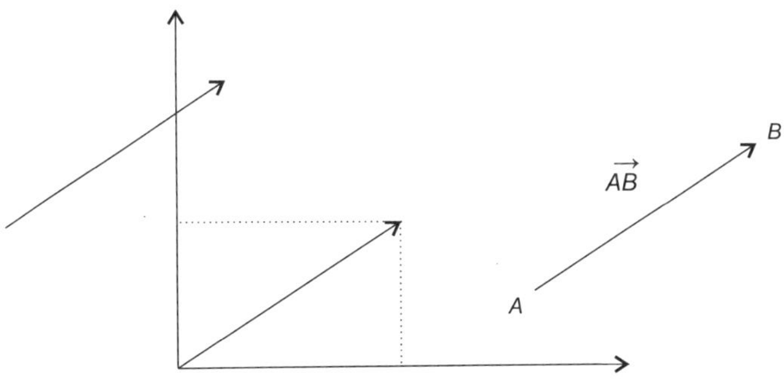

Abb. 8.3: Ebene Vektoren im $\mathbb{R}^2$

Ein Vektor lässt sich vollständig durch die Angabe von Anfangspunkt A und Endpunkt B festlegen. Daher verwenden wir die Notation $\overrightarrow{AB}$ für denjenigen Vektor, der von A nach B zeigt und $\overrightarrow{BA}$ für den Vektor, der von B nach A zeigt.

Definition 8.3 In der Geometrie meint man mit dem Begriff Vektor den Spezialfall einer Verschiebung. Ein **geometrischer Vektor** $\overrightarrow{a}$ ist die Menge aller zueinander paralleler, gleich langer und gleich gerichteter Pfeile. Die Norm oder die Länge $\|\overrightarrow{a}\|$ des Vektors $\overrightarrow{a}$ ist gleich der Länge der gerichteten Strecke $\overrightarrow{AB}$ für einen beliebigen Repräsentanten von $\overrightarrow{a}$.

Zwei Vektoren sind identisch, wenn sie in Betrag und Richtung übereinstimmen. Vektoren sind demnach gleich, wenn sie durch Parallelverschiebung ineinander überführt werden können. Zu jedem Vektor $\overrightarrow{AB}$ gibt es einen Gegenvektor $-\overrightarrow{AB}$, welcher den gleichen Betrag hat, jedoch entgegengesetzt gerichtet ist. Es gilt

$$\overrightarrow{AB} = -\overrightarrow{BA} \quad \text{sowie} \quad \overrightarrow{BA} = -\overrightarrow{AB}.$$

Vektoren kann man addieren, subtrahieren und mit irgendeiner reellen Zahl multiplizieren. Diese Vektoroperationen können geometrisch dargestellt werden. Wir beschreiben geometrisch die Addition zweier ebener Vektoren $\overrightarrow{a}$ und $\overrightarrow{b}$.

1. Verschiebe den Vektor $\overrightarrow{b}$ unter Beibehaltung seiner Länge und Richtung so lange parallel zu sich selbst, bis der Anfangspunkt von $\overrightarrow{b}$ mit dem Endpunkt von $\overrightarrow{a}$ zusammenfällt.

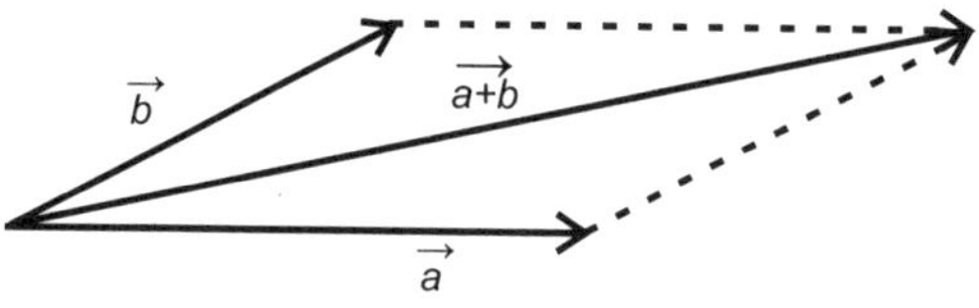

Abb. 8.4: Vektoraddition

2. Zeichne denjenigen Vektor, der vom Anfangspunkt von $\overrightarrow{a}$ zum Endpunkt des verschobenen Vektors $\overrightarrow{b}$ zeigt. Dieser Vektor ist die Resultierende oder Summe der Vektoren $\overrightarrow{a}$ und $\overrightarrow{b}$; die beiden Vektoren $\overrightarrow{a}$, $\overrightarrow{b}$ heißen auch die Komponenten des Summenvektors $\overrightarrow{a} + \overrightarrow{b}$.

Die Vektorsumme $\overrightarrow{a} + \overrightarrow{b}$ lässt sich als gerichtete Diagonale in dem aus $\overrightarrow{a}$ und $\overrightarrow{b}$ gebildeten Parallelogramm ermitteln. Die Differenz $\overrightarrow{a} - \overrightarrow{b}$ wird bestimmt, indem zunächst $-\overrightarrow{b}$ durch Umkehrung der Richtung von $\overrightarrow{b}$ gebildet wird und anschließend, wie oben beschrieben, die Addition $\overrightarrow{a} + \left(-\overrightarrow{b}\right)$ ausgeführt wird. Durch die Polygonmethode – das Aneinanderhängen von Vektoren – lässt sich die Vektoraddition auf mehrere Vektoren übertragen.

Durch Multiplikation eines Vektors $\overrightarrow{a}$ mit einer reellen Zahl α, skalare Multiplikation genannt, entsteht ein Vektor $\alpha \cdot \overrightarrow{a}$ der Länge $|\alpha| \cdot \|\overrightarrow{a}\|$. Für $|\alpha| > 1$ wird der Vektor $\overrightarrow{a}$ verlängert und für $|\alpha| < 1$ verkürzt. Ist α negativ ($\alpha < 0$), so wird zusätzlich die Richtung umgekehrt.

Testfragen

1. Skizzieren Sie die ebenen Punktmengen

$$M = \left\{(x, y) \in \mathbb{R}^2 \middle| \, 0 \leq x \leq 1, -1 \leq y \leq 2 \right\}$$

und

$$N = \left\{(x, y) \in \mathbb{R}^2 \middle| \, y \leq x \right\}.$$

2. Sind folgende Größen vektoriell oder skalar: Volumen, Gewicht, Kraft, Geschwindigkeit, Fläche, Beschleunigung?
3. Deuten Sie die Aufgabe $3 + 5 = 8$ am Zahlenstrahl.
4. Weisen Sie geometrisch nach, dass die Addition und skalare Multiplikation geometrischer Vektoren die Gesetze (2.3)–(2.6) sowie (2.7)–(2.10) erfüllen.
5. Gegeben sind die Punkte

$$A = (1, 0)\,,\; B = (3, 2)\,,\; C = (-2, 2)\,,\; D = (2, -4)\,.$$

Zeichnen Sie die Vektoren

$$\overrightarrow{AB}, \overrightarrow{CD}, \overrightarrow{AB} + \overrightarrow{CD}, \overrightarrow{AB} - \overrightarrow{CD}, 3\overrightarrow{AB}, -\frac{1}{2}\overrightarrow{CD}.$$

8.2 Vektoren im Koordinatensystem

Bisher hatten wir Vektoren koordinatenfrei betrachtet, nun legen wir ein kartesisches Koordinatensystem zugrunde. Dadurch ergeben sich neben der geometrischen auch algebraische Möglichkeiten zur Beschreibung ebener und räumlicher Vektoren. Wir werden uns bei der folgenden Darstellung auf räumliche Vektoren beziehen, da sich die Verhältnisse bei ebenen Vektoren durch Streichung der dritten Koordinate ergeben.

Für den Ursprung $O = (0, 0, 0)$ und die Punkte

$$A = (a_1, a_2, a_3)\,,\; B = (b_1, b_2, b_3)\,,\; C = (c_1, c_2, c_3)$$

ist der **Ortsvektor** $\overrightarrow{OA}$ wie folgt erklärt:

$$\overrightarrow{OA} = \begin{pmatrix} a_1 \\ a_2 \\ a_3 \end{pmatrix}. \tag{8.2}$$

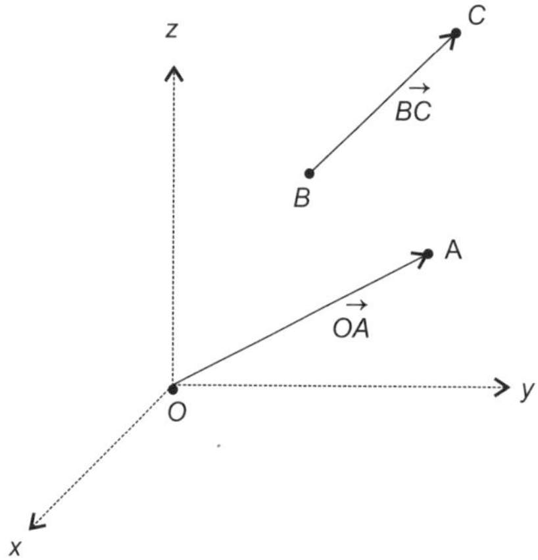

Abb. 8.5: Gebundene und freie Vektoren

Der Ortsvektor $\overrightarrow{OA}$ ist an den Anfangspunkt O gebunden; man spricht von einem **gebundenen Vektor**. Der Vektor $\overrightarrow{BC}$ vom Punkt B zum Punkt C ist wie folgt erklärt:

$$\overrightarrow{BC} = \begin{pmatrix} c_1 - b_1 \\ c_2 - b_2 \\ c_3 - b_3 \end{pmatrix}. \tag{8.3}$$

Merke: Wir müssen zwischen den mathematisch unterschiedlichen Objekten

$$\text{Punkt } A = (a_1, a_2, a_3) \text{ und Ortsvektor } \overrightarrow{OA} = \begin{pmatrix} a_1 \\ a_2 \\ a_3 \end{pmatrix}$$

unterscheiden.

Beispiel 8.1 Für die Punkte

$$A = (1, -2, 3)\,, B = (4, 0, -2)\,, C = (5, 5, 7)\,, D = (2, 3, 12)$$

des $\mathbb{R}^3$ erhalten wir die Ortsvektoren

$$\overrightarrow{OA} = \begin{pmatrix} 1 \\ -2 \\ 3 \end{pmatrix}, \overrightarrow{OB} = \begin{pmatrix} 4 \\ 0 \\ -2 \end{pmatrix}, \overrightarrow{OC} = \begin{pmatrix} 5 \\ 5 \\ 7 \end{pmatrix}, \overrightarrow{OD} = \begin{pmatrix} 2 \\ 3 \\ 12 \end{pmatrix}$$

sowie die Vektoren

$$\overrightarrow{AB} = \begin{pmatrix} 3 \\ -2 \\ -5 \end{pmatrix}, \overrightarrow{BC} = \begin{pmatrix} 1 \\ 5 \\ 9 \end{pmatrix}, \overrightarrow{AC} = \begin{pmatrix} 4 \\ 7 \\ 4 \end{pmatrix}, \overrightarrow{AD} = \begin{pmatrix} 1 \\ 5 \\ 9 \end{pmatrix}.$$

Die Vektoren $\overrightarrow{BC}$ und $\overrightarrow{AD}$ besitzen die gleiche Koordinatendarstellung, obwohl sie verschiedene Anfangs- und Endpunkte haben. Diese Vektoren können durch Parallelverschiebung ineinander überführt werden und sind daher nach Definition 8.3 identisch.

Je nach Zweck verwenden wir für Vektoren des Raumes unterschiedliche Betrachtungsweisen. Wenn es auf Anfangs- und Endpunkt A und B des Vektors ankommt, benutzen wir die Schreibweise

$$\overrightarrow{AB} = \begin{pmatrix} b_1 - a_1 \\ b_2 - a_2 \\ b_3 - a_3 \end{pmatrix},$$

und die Koordinatendarstellung

$$\overrightarrow{v} = \begin{pmatrix} v_1 \\ v_2 \\ v_3 \end{pmatrix},$$

wenn Anfangs- und Endpunkt des Vektors keine Rolle spielen.

Die zuvor rein geometrisch erklärte Addition und skalare Multiplikation ebener bzw. räumlicher Vektoren kann algebraisch erfasst werden:

- Zwei Vektoren sind genau dann gleich, wenn ihre entsprechenden Koordinaten gleich sind.
- Die Koordinaten des Summenvektors (Differenzvektors) sind gleich den Summen (Differenzen) entsprechender Koordinaten der Einzelvektoren.
- Die Koordinaten des α-fachen Vektors sind die α-fachen-Koordinaten des Vektors.

Mit diesen Verknüpfungen ist die Menge aller Vektoren $\overrightarrow{AB}$ ein reeller Vektorraum, er wird ebenfalls mit $\mathbb{R}^3$ bezeichnet.

Die lineare Abhängigkeit zweier bzw. dreier Vektoren im Koordinatensystem des $\mathbb{R}^3$ bezeichnet man als Kollinearität bzw. Komplanarität.

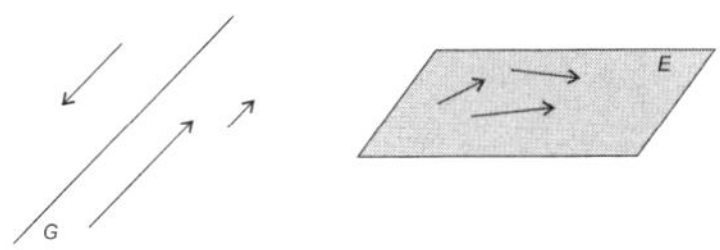

Abb. 8.6: Kollineare und komplanare Vektoren

Definition 8.4 Zwei Vektoren $\vec{u}, \vec{v} \in \mathbb{R}^3$ heißen **kollinear**, wenn es eine reelle Zahl α gibt, so dass gilt:

$$\vec{u} = \alpha \vec{v} \text{ oder } \vec{v} = \alpha \vec{u}.$$

Drei Vektoren $\vec{u}, \vec{v}, \vec{w} \in \mathbb{R}^3$ heißen **komplanar**, wenn es reelle Zahlen α, β gibt, so dass gilt:

$$\vec{u} = \alpha \vec{v} + \beta \vec{w} \text{ oder } \vec{v} = \alpha \vec{u} + \beta \vec{w} \text{ oder } \vec{w} = \alpha \vec{u} + \beta \vec{v}.$$

Bemerkung 8.2 Die Definition der Kollinearität bzw. Komplanarität schließt den Fall ein, dass einer der Vektoren der Nullvektor ist.

Geometrische Bedeutung von kollinear bzw. komplanar: Vektoren sind kollinear, wenn sie alle zu einer Geraden parallel sind, und komplanar, wenn sie alle zu einer Ebene parallel sind (s. Abb. 8.6).

Die euklidische Norm oder Länge des Vektors $\overrightarrow{AB}$ erhält man nach (7.3) im Fall $n = 3$:

$$\left\| \overrightarrow{AB} \right\| = \overline{AB} = d(A, B) = \sqrt{(b_1 - a_1)^2 + (b_2 - a_2)^2 + (b_3 - a_3)^2}.$$

Für einen Vektor $\vec{v} = \begin{pmatrix} v_1 \\ v_2 \\ v_3 \end{pmatrix}$ in Koordinatenschreibweise lautet demzufolge die euklidische Norm $\|\vec{v}\| = \sqrt{v_1^2 + v_2^2 + v_3^2}$. Im $\mathbb{R}^3$ verwenden wir das Standard-Skalarprodukt (7.17):

$$\vec{u} \bullet \vec{v} = u_1 v_1 + u_2 v_2 + u_3 v_3,$$

dieses spezielle Innenprodukt wird mit dem Symbol $\bullet$ bezeichnet. Somit ist $\mathbb{R}^3$ ein euklidischer Raum und damit nach (7.20) auch ein normierter Raum. Die wichtigsten Regeln für den Umgang mit euklidischer Norm und Skalarprodukt sind nachfolgend nochmals zusammengestellt (vgl. (7.12)–(7.15)). Für Vektoren $\vec{u}, \vec{v}, \vec{w} \in \mathbb{R}^3$ und reelle Zahlen α gilt:

$$\begin{aligned} \|\vec{u}\| &= \sqrt{\vec{u} \bullet \vec{u}} \\ \vec{u} \bullet \vec{v} &= \vec{v} \bullet \vec{u} \\ \vec{u} \bullet (\vec{v} + \vec{w}) &= \vec{u} \bullet \vec{v} + \vec{u} \bullet \vec{w} \\ (\alpha \vec{u}) \bullet \vec{v} &= \alpha (\vec{u} \bullet \vec{v}) = \vec{u} \bullet (\alpha \vec{v}) \\ 0 \vec{u} &= \vec{0}. \end{aligned}$$

Eine Besonderheit des Raumes $\mathbb{R}^3$ ist das Vektorprodukt, durch welches je zwei Vektoren ein dritter Vektor zugeordnet wird.

Definition 8.5 Für zwei Vektoren

$$\vec{u} = \begin{pmatrix} u_1 \\ u_2 \\ u_3 \end{pmatrix}, \vec{v} = \begin{pmatrix} v_1 \\ v_2 \\ v_3 \end{pmatrix} \in \mathbb{R}^3$$

ist das **Vektorprodukt** oder **Kreuzprodukt** $\vec{u} \times \vec{v} \in \mathbb{R}^3$ definiert durch:

$$\vec{u} \times \vec{v} = \begin{pmatrix} u_2v_3 - u_3v_2 \\ u_3v_1 - u_1v_3 \\ u_1v_2 - u_2v_1 \end{pmatrix} = \begin{pmatrix} u_2v_3 - u_3v_2 \\ -(u_1v_3 - u_3v_1) \\ u_1v_2 - u_2v_1 \end{pmatrix}.$$

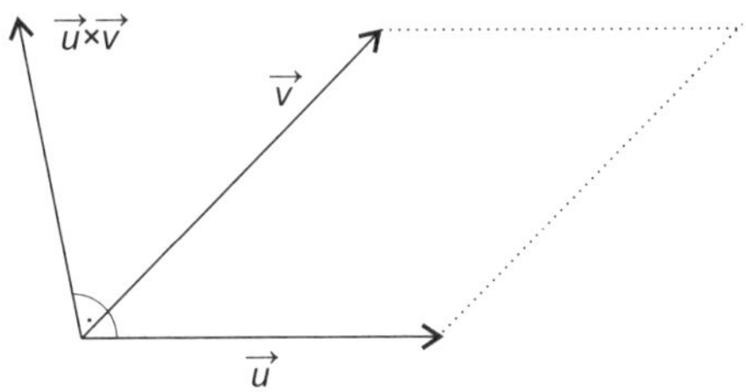

Abb. 8.7: Vektorprodukt

Beispiel 8.2 Wir berechnen das Vektorprodukt der Vektoren

$$\vec{u} = \begin{pmatrix} 2 \\ -3 \\ 5 \end{pmatrix}, \vec{v} = \begin{pmatrix} 6 \\ 3 \\ -4 \end{pmatrix}$$

und erhalten

$$\vec{u} \times \vec{v} = \begin{pmatrix} (-3) \cdot (-4) - 5 \cdot 3 \\ -((5) \cdot 6 - 2 \cdot (-4)) \\ (2) \cdot 3 - (-3) \cdot 6 \end{pmatrix} = \begin{pmatrix} -3 \\ 38 \\ 24 \end{pmatrix}.$$

Durch einfaches Nachrechnen lassen sich folgende Eigenschaften des Vektorproduktes nachweisen:

Lemma 8.1 *Das Vektorprodukt hat folgende Eigenschaften*

$$\begin{aligned} &\textit{Antikommutativität:} & \vec{u} \times \vec{v} &= -\vec{v} \times \vec{u}. \\ &\textit{Homogenität:} & (\alpha\vec{u}) \times \vec{v} &= \alpha\left(\vec{u} \times \vec{v}\right). \\ &\textit{Distributivität:} & \vec{u} \times \left(\vec{v} + \vec{w}\right) &= \vec{u} \times \vec{v} + \vec{u} \times \vec{w}. \end{aligned}$$

Dabei sind $\vec{u}, \vec{v}, \vec{w} \in \mathbb{R}^3$ *und* $\alpha \in \mathbb{R}$.

Der Winkel zwischen zwei Vektoren, allgemein bereits in Definition 7.4 eingeführt, erfährt für Vektoren im euklidischen Raum $\mathbb{R}^3$ eine konkrete geometrische Bedeutung. Seien $A = (a_1, a_2, a_3)$ und $B = (b_1, b_2, b_3)$ Punkte im $\mathbb{R}^3$ sowie $\overrightarrow{a} = \overrightarrow{OA}$ und $\overrightarrow{b} = \overrightarrow{OB}$ die zugehörigen Ortsvektoren. Sind die Vektoren $\overrightarrow{OA}$, $\overrightarrow{OB}$ nicht kollinear, dann ist der Winkel φ zwischen $\overrightarrow{OA}$ und $\overrightarrow{OB}$ gleich dem Winkel AOB in dem Dreieck, welches durch die Punkte A, O, B festgelegt ist. Sind die Vektoren $\overrightarrow{OA}$ und $\overrightarrow{OB}$ kollinear und gleich gerichtet, dann ist der Winkel, welcher von den Vektoren $\overrightarrow{a} = \overrightarrow{OA}$ und $\overrightarrow{b} = \overrightarrow{OB}$ eingeschlossen wird gleich 0. Demgegenüber ist der eingeschlossene Winkel gleich π bei kollinearen und entgegengesetzt gerichteten Vektoren.

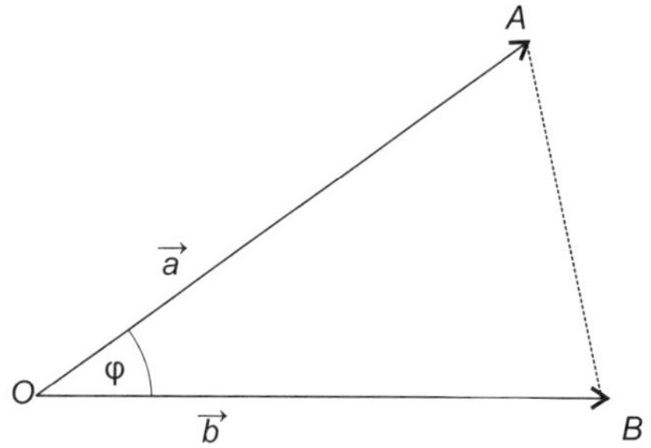

Abb. 8.8: Winkel zwischen zwei Vektoren

Satz 8.1 *Ist φ der Winkel, welchen die Vektoren $\overrightarrow{a} \neq \overrightarrow{0}$ und $\overrightarrow{b} \neq \overrightarrow{0}$ einschließen, dann gilt:*

$$\overrightarrow{a} \bullet \overrightarrow{b} = \|\overrightarrow{a}\| \left\|\overrightarrow{b}\right\| \cos(\varphi) .$$

Beweis: Im Fall nichtkollinearer Vektoren $\overrightarrow{a}$, $\overrightarrow{b}$ liefert die Anwendung des Kosinussatzes auf das Dreieck AOB:

$$\left\|\overrightarrow{AB}\right\|^2 = \|\overrightarrow{a}\|^2 + \left\|\overrightarrow{b}\right\|^2 - 2\,\|\overrightarrow{a}\| \left\|\overrightarrow{b}\right\| \cos(\varphi) .$$

Wegen $\overrightarrow{AB} = \overrightarrow{b} - \overrightarrow{a}$ gilt andererseits (vgl. (7.21)) auch

$$\|\overrightarrow{a}\|^2 + \left\|\overrightarrow{b}\right\|^2 - \left\|\overrightarrow{AB}\right\|^2 = 2\overrightarrow{a} \bullet \overrightarrow{b}$$

und somit nach Division durch 2 die Behauptung. Sind $\vec{a}$, $\vec{b}$ kollinear, so gilt $\vec{a} = \alpha \vec{b}$ und folglich:

$$\vec{a} \bullet \vec{b} = \vec{a} \bullet (\alpha \vec{a}) = \alpha (\vec{a} \bullet \vec{a}) = \alpha \left\| \vec{a} \right\|^2 .$$

Betrachten wir nun den Ausdruck $\left\| \vec{a} \right\| \left\| \vec{b} \right\| \cos(\varphi)$, so erhalten wir

$$\left\| \vec{a} \right\| \left\| \vec{b} \right\| \cos(\varphi) = |\alpha| \left\| \vec{a} \right\|^2 \cos(\varphi) .$$

Vorzeichenbetrachtung von $\alpha \neq 0$ führt auf die beiden Fälle $\alpha > 0$ und $\alpha < 0$.

$\alpha > 0$: Es ist $|\alpha| = \alpha$, die Vektoren $\vec{a}$, $\vec{b}$ sind gleich gerichtet, somit $\varphi = 0$ und $|\alpha| \left\| \vec{a} \right\|^2 \cos(\varphi) = \alpha \left\| \vec{a} \right\|^2$.

$\alpha < 0$: Es ist $|\alpha| = -\alpha$, dieVektoren $\vec{a}$, $\vec{b}$ sind entgegengesetzt gerichtet, somit $\varphi = \pi$,und $|\alpha| \left\| \vec{a} \right\|^2 \cos(\varphi) = \alpha \left\| \vec{a} \right\|^2$.

In beiden Situationen ergibt sich also auch bei kollinearen Vektoren die behauptete Identität. ■

Die Vektoren $\vec{a}$ und $\vec{b}$ stehen aufeinander senkrecht oder sind zueinander orthogonal, in Zeichen $\vec{a} \perp \vec{b}$, wenn ihr Skalarprodukt verschwindet:

$$\vec{a} \perp \vec{b} \Leftrightarrow \vec{a} \bullet \vec{b} = 0 \Leftrightarrow a_1 b_1 + a_2 b_2 + a_3 b_3 = 0.$$

Weitere wichtige Beziehungen zwischen Skalar- und Vektorprodukt sind nachfolgend zusammengestellt:

Satz 8.2 *Der Vektor $\vec{a} \times \vec{b}$ steht senkrecht auf den Vektoren $\vec{a}$ und $\vec{b}$, d. h.*

$$\left(\vec{a} \times \vec{b}\right) \bullet \vec{a} = 0 \text{ sowie } \left(\vec{a} \times \vec{b}\right) \bullet \vec{b} = 0.$$

Beweis: Der Beweis erfolgt durch Nachrechnen

$$\begin{aligned} \left(\vec{a} \times \vec{b}\right) \bullet \vec{a} &= \begin{pmatrix} a_2 b_3 - a_3 b_2 \\ a_3 b_1 - a_1 b_3 \\ a_1 b_2 - a_2 b_1 \end{pmatrix} \bullet \vec{a} \\ &= (a_2 b_3 - a_3 b_2)\, a_1 + (a_3 b_1 - a_1 b_3)\, a_2 + (a_1 b_2 - a_2 b_1)\, a_3 \\ &= a_2 b_3 a_1 - a_3 b_2 a_1 + a_3 b_1 a_2 - a_1 b_3 a_2 + a_1 b_2 a_3 - a_2 b_1 a_3 \\ &= 0. \end{aligned}$$

Analog folgt

$$\left(\vec{a} \times \vec{b}\right) \bullet \vec{b} = (a_2b_3 - a_3b_2)\, b_1 + (a_3b_1 - a_1b_3)\, b_2 + (a_1b_2 - a_2b_1)\, b_3 = 0.$$

■

Satz 8.3 *Ist φ der Winkel, welchen die Vektoren $\vec{a} \neq \vec{0}$ und $\vec{b} \neq \vec{0}$ einschließen, dann ist*

$$\left\| \vec{a} \times \vec{b} \right\| = \left\| \vec{a} \right\| \cdot \left\| \vec{b} \right\| \cdot \sin(\varphi), \tag{8.4}$$

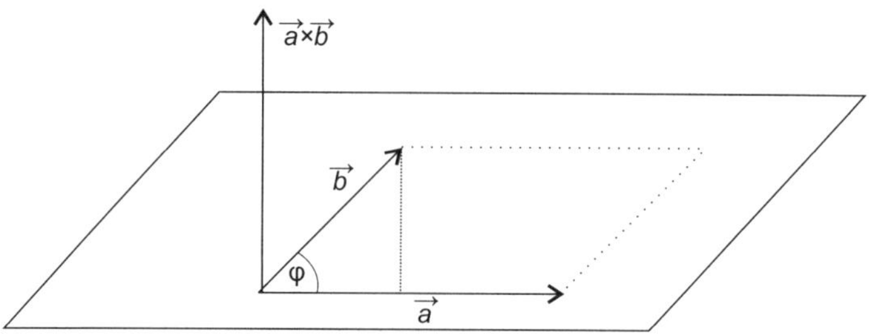

Abb. 8.9: Fläche eines Parallelogramms

d. h., der Betrag des Vektors $\vec{a} \times \vec{b}$ ist gleich der Fläche des aus $\vec{a}$ und $\vec{b}$ gebildeten Parallelogramms.

Beweis: Es ist (vgl. (8.5) in Testfrage 5.)

$$\left\| \vec{a} \times \vec{b} \right\|^2 = \left(\vec{a} \times \vec{b}\right) \cdot \left(\vec{a} \times \vec{b}\right) = \left(\left\| \vec{a} \right\| \cdot \left\| \vec{b} \right\|\right)^2 - \left(\vec{a} \bullet \vec{b}\right)^2.$$

Wegen $\vec{a} \bullet \vec{b} = \left\| \vec{a} \right\| \cdot \left\| \vec{b} \right\| \cos(\varphi)$ folgt weiter

$$\begin{aligned} \left\| \vec{a} \times \vec{b} \right\|^2 &= \left(\left\| \vec{a} \right\| \cdot \left\| \vec{b} \right\|\right)^2 - \left(\left\| \vec{a} \right\| \cdot \left\| \vec{b} \right\| \cos(\varphi)\right)^2 \\ &= \left(\left\| \vec{a} \right\| \cdot \left\| \vec{b} \right\|\right)^2 \left(1 - \cos^2(\varphi)\right) \\ &= \left(\left\| \vec{a} \right\| \cdot \left\| \vec{b} \right\|\right)^2 \sin^2(\varphi) \end{aligned}$$

und damit die Behauptung. ■

Beispiel 8.3 Zu den Eckpunkten des Dreiecks ABC führen die folgenden Ortsvektoren

$$\overrightarrow{OA} = \begin{pmatrix} 1 \\ 1 \\ 1 \end{pmatrix}, \overrightarrow{OB} = \begin{pmatrix} 5 \\ 1 \\ 1 \end{pmatrix}, \overrightarrow{OC} = \begin{pmatrix} 2 \\ -2 \\ 5 \end{pmatrix}.$$

Die Fläche F dieses Dreiecks lässt sich mithilfe des Vektorproduktes berechnen. Nach (8.4) ist

$$\begin{aligned} F &= \frac{1}{2} \left\| \left(\overrightarrow{OA} - \overrightarrow{OB}\right) \times \left(\overrightarrow{OA} - \overrightarrow{OC}\right) \right\| \\ &= \frac{1}{2} \left\| \begin{pmatrix} -4 \\ 0 \\ 0 \end{pmatrix} \times \begin{pmatrix} -1 \\ 3 \\ -4 \end{pmatrix} \right\| = \frac{1}{2} \left\| \begin{pmatrix} 0 \\ -16 \\ -12 \end{pmatrix} \right\| = \frac{1}{2} 20 = 10. \end{aligned}$$

Das Vektorprodukt gibt uns auch ein Kriterium an die Hand, mit welchem Vektoren auf lineare Abhängigkeit bzw. Unabhängigkeit überprüft werden können.

Satz 8.4 *Für zwei Vektoren $\vec{a}$, $\vec{b}$ des $\mathbb{R}^3$ gilt:*

a) $\vec{a}, \vec{b}$ *kollinear* $\Leftrightarrow \vec{a} \times \vec{b} = \vec{0}$.

b) $\vec{a}, \vec{b}$ *nicht kollinear* $\Leftrightarrow \vec{a} \times \vec{b} \neq \vec{0}$

c) $\vec{a} \times \vec{b} \neq \vec{0} \Rightarrow \vec{a}, \vec{b}, \vec{a} \times \vec{b}$ *linear unabhängig.*

Beweis: a) Der Fall $\vec{a} = \vec{0}$ oder $\vec{b} = \vec{0}$ ist trivial. Wir ziehen für jede Beweisrichtung eine andere Argumentationsweise heran.
„$\Rightarrow$“: Sind $\vec{a} \neq \vec{0}, \vec{b} \neq \vec{0}$ kollinear, etwa $\vec{a} = \alpha \vec{b}$, so erhalten wir in Koordinatenschreibweise:

$$\vec{a} \times \vec{b} = \begin{pmatrix} a_1 \\ a_2 \\ a_3 \end{pmatrix} \times \begin{pmatrix} \alpha a_1 \\ \alpha a_2 \\ \alpha a_3 \end{pmatrix} = \begin{pmatrix} a_2 \alpha a_3 - a_3 \alpha a_2 \\ a_3 \alpha a_1 - a_1 \alpha a_3 \\ a_1 \alpha a_2 - a_2 \alpha a_1 \end{pmatrix} = \begin{pmatrix} 0 \\ 0 \\ 0 \end{pmatrix}.$$

„$\Leftarrow$“: Gilt umgekehrt $\vec{a} \times \vec{b} = \vec{0}$, so ist $\left\| \vec{a} \times \vec{b} \right\| = 0$; wegen $\vec{a} \neq \vec{0}$ und $\vec{b} \neq \vec{0}$ gelten die Beziehungen $\| \vec{a} \| \neq 0$ und $\left\| \vec{b} \right\| \neq 0$. Aufgrund der Tatsache

$$0 = \left\| \vec{a} \times \vec{b} \right\| = \| \vec{a} \| \cdot \left\| \vec{b} \right\| \cdot \sin(\varphi)$$

muss dann der Faktor $\sin(\varphi)$ null werden, was für $\varphi = 0$ oder $\varphi = \pi$ der Fall ist. Also sind die beiden Vektoren parallel, mithin kollinear. Die restlichen Aussagen b) und c) folgen dann unmittelbar. ■

Die Vektorrechnung in der Ebene bzw. im Raum findet Anwendung in der Mechanik, ferner lassen sich Sachverhalte der Geometrie vektoriell beweisen. Wir wollen beide Anwendungen anhand von Beispielen illustrieren.

Beispiel 8.4 In der Mechanik gilt das Axiom von Stevin, welches besagt, dass Kräfte mit gleichem Angriffspunkt nach der Parallelogrammregel zur Resultierenden $\overrightarrow{R}$ addiert werden können. Es wird ein Freikörperbild gezeichnet, d. h., der betrachtete Körper wird losgelöst von anderen Objekten gezeichnet, und es werden stattdessen die Kräfte eingetragen, welche diese auf ihn ausüben. Wir betrachten eine Kiste, welche mithilfe eines auf einer Rolle laufenden Seils einen Hang hinaufgezogen wird.

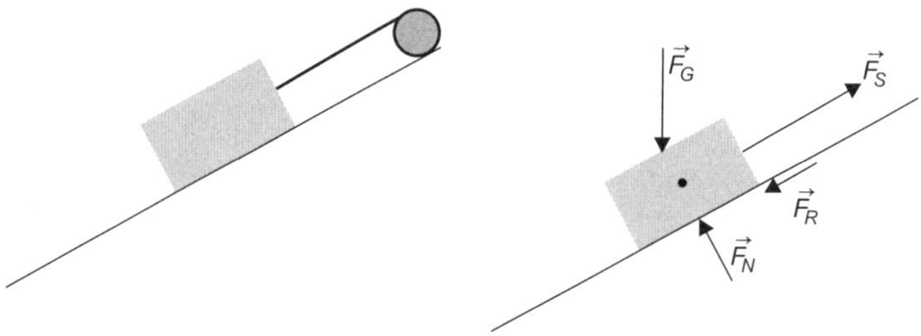

Abb. 8.10: Freischneiden eines Körpers

Wir zeichnen die auf die Kiste wirkenden Kräfte ein, dabei legt die Länge des Pfeils den Betrag der Kraft und die Pfeilspitze die Wirkungslinie der Kraft fest. Es wirken die Gewichtskraft $\overrightarrow{F_G}$, die Seilkraft $\overrightarrow{F_S}$, die Reibungskraft $\overrightarrow{F_R}$, die Normalenkraft $\overrightarrow{F_N}$. Der gemeinsame Angriffspunkt dieser Kräfte ist der Schwerpunkt der Kiste. Das Freikörperbild hat folgendes Aussehen:

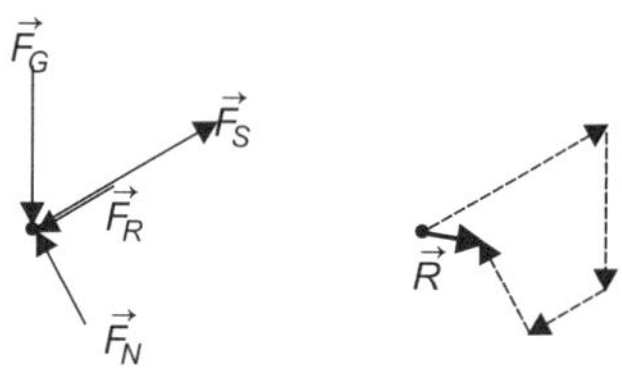

Abb. 8.11: Bestimmung der resultierenden Kraft

Diese Kräfte können nach der Parallelogrammregel addiert werden. Die resultierende Kraft $\overrightarrow{R}$ gibt Größe und Wirkung der auf die Kiste wirkenden Kraft an:

$$\overrightarrow{R} = \overrightarrow{F_R} + \overrightarrow{F_G} + \overrightarrow{F_S} + \overrightarrow{F_N}.$$

Ein Beispiel für vektorielle Beweisführung liefert das nächste Beispiel.

Beispiel 8.5 Mithilfe der Vektorrechnung wollen wir folgenden Sachverhalt beweisen: Werden die Mittelpunkte aufeinanderfolgender Seiten eines Vierecks miteinander verbunden, so entsteht ein Parallelogramm.

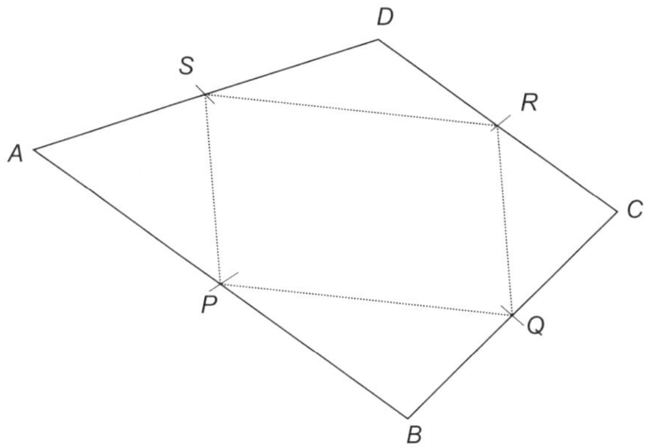

Abb. 8.12: Seitenmitten eines Vierecks

Bezeichnen A, B, C, D die Endpunkte des Vierecks und P, Q, R, S die Seitenmittelpunkte, so gilt:

$$\begin{aligned}\overrightarrow{PQ} &= \frac{1}{2}\left(\overrightarrow{AB}+\overrightarrow{BC}\right), \overrightarrow{QR} = \frac{1}{2}\left(\overrightarrow{BC}+\overrightarrow{CD}\right),\\ \overrightarrow{RS} &= \frac{1}{2}\left(\overrightarrow{CD}+\overrightarrow{DA}\right), \overrightarrow{SP} = \frac{1}{2}\left(\overrightarrow{DA}+\overrightarrow{AB}\right).\end{aligned}$$

Die Vektoren $\overrightarrow{AB}, \overrightarrow{BC}, \overrightarrow{CD}, \overrightarrow{DA}$ bilden einen geschlossenen Vektorzug, d. h. $\overrightarrow{AB}+\overrightarrow{BC}+\overrightarrow{CD}+\overrightarrow{DA} = \overrightarrow{0}$, also $\overrightarrow{AB}+\overrightarrow{BC} = -\left(\overrightarrow{CD}+\overrightarrow{DA}\right)$ sowie $\overrightarrow{BC}+\overrightarrow{CD} = -\left(\overrightarrow{AB}+\overrightarrow{DA}\right)$, woraus folgt:

$$\overrightarrow{PQ} = \frac{1}{2}\left(\overrightarrow{AB}+\overrightarrow{BC}\right) = -\frac{1}{2}\left(\overrightarrow{CD}+\overrightarrow{DA}\right) = -\overrightarrow{RS}$$

und

$$\overrightarrow{QR} = \frac{1}{2}\left(\overrightarrow{BC}+\overrightarrow{CD}\right) = -\frac{1}{2}\left(\overrightarrow{DA}+\overrightarrow{AB}\right) = -\overrightarrow{SP}.$$

Demnach sind gegenüberliegende Seiten gleich groß und parallel, womit das Viereck mit den Endpunkten P, Q, R, S ein Parallelogramm ist.

Testfragen

1. Was versteht man unter einem Ortsvektor?
2. Im Punktraum $\mathbb{R}^3$ sind folgende vier Punkte gegeben:

$$A = (1, -2, 3) \ , \ B = (3, 2, 1) \ , \ C = (6, 4, 4) \ , \ D = (4, 0, 6) \, .$$

Berechnen Sie die Abstände $\overline{AB}$, $\overline{BC}$, $\overline{CD}$, $\overline{AD}$ und deuten Sie die Figur $ABCD$ geometrisch.

3. Für welche Werte des reellen Parameters γ sind die Vektoren

$$\vec{u} = \begin{pmatrix} 1 \\ 2 \\ -1 \end{pmatrix}, \vec{v} = \begin{pmatrix} -3 \\ \gamma \\ 3 \end{pmatrix}$$

kollinear?

4. Berechnen Sie das Vektorprodukt der Vektoren

$$\vec{u} = \begin{pmatrix} -15 \\ 3 \\ 6 \end{pmatrix}, \vec{v} = \begin{pmatrix} 10 \\ -2 \\ -4 \end{pmatrix} \in \mathbb{R}^3$$

sowie den Flächeninhalt des von ihnen aufgespannten Parallelogramms. Welche Konsequenzen ergeben sich hinsichtlich der Komplanarität?

5. Weisen Sie für Vektoren $\vec{a} \times \vec{b} \in \mathbb{R}^3$ die Identität

$$\left\| \vec{a} \times \vec{b} \right\|^2 = \left(\left\| \vec{a} \right\| \cdot \left\| \vec{b} \right\| \right)^2 - \left(\vec{a} \bullet \vec{b} \right)^2 \tag{8.5}$$

nach.

6. Beantworten Sie mithilfe der Vektorrechnung: Welche Bedingungen müssen die Seiten eines Parallelogramms erfüllen, damit die Diagonalen aufeinander senkrecht stehen?

8.3 Geraden und Ebenen

In diesem Abschnitt beschäftigen wir uns mit Geraden und Ebenen in vektorieller Darstellung sowie deren Lagebeziehungen. Wir wollen damit beginnen, die Gleichung einer Geraden aufzustellen. Folgende Szenarien sind möglich:

- Gegeben ist ein Punkt A und damit auch der Ortsvektor $\overrightarrow{OA}$. Ferner sei ein Richtungsvektor $\overrightarrow{u}$ gegeben. Die **Punkt-Richtungsform der Geraden** durch den Punkt A mit Richtung $\overrightarrow{u}$ lautet:

$$G : \overrightarrow{x}(\lambda) = \overrightarrow{OA} + \lambda \overrightarrow{u}, \lambda \in \mathbb{R}.$$

- Gegeben sind Punkte A und B mit Ortsvektoren $\overrightarrow{OA}, \overrightarrow{OB}$. Die **Zwei-Punkte-Form der Geraden** durch den Punkt A mit Richtung von A nach B lautet:

$$G : \overrightarrow{x}(\lambda) = \overrightarrow{OA} + \lambda \overrightarrow{AB}, \lambda \in \mathbb{R}.$$

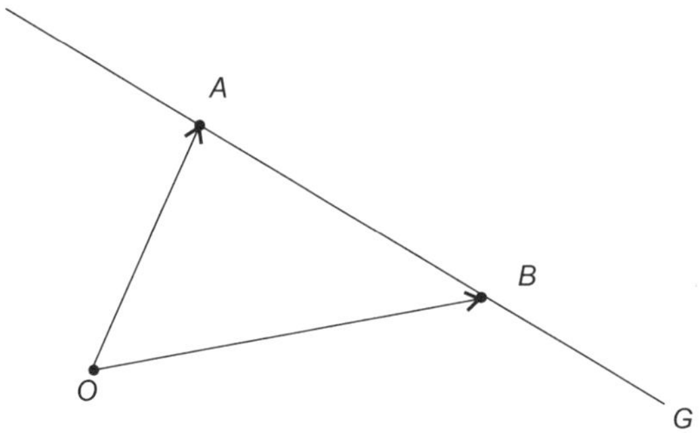

Abb. 8.13: Gerade

Die Gerade durch den Punkt A mit Richtung von B nach A hat die Form

$$G : \overrightarrow{x}(\lambda) = \overrightarrow{OA} + \lambda \overrightarrow{BA}, \lambda \in \mathbb{R}$$

und stimmt mit der Geraden durch A und dem Richtungsvektor $\overrightarrow{AB}$ überein.

Beispiel 8.6 Wir bestimmen die Winkelhalbierenden der Geraden

$$G_1 : \overrightarrow{x}(\lambda) = \overrightarrow{OP} + \lambda \overrightarrow{u}, \lambda \in \mathbb{R} \text{ und } G_2 : \overrightarrow{y}(\mu) = \overrightarrow{OP} + \mu \overrightarrow{v}, \mu \in \mathbb{R},$$

welche durch den gemeinsamen Punkt P gehen. Die Einheitsvektoren

$$\overrightarrow{e_u} = \frac{1}{\|\overrightarrow{u}\|}\overrightarrow{u} \text{ und } \overrightarrow{e_v} = \frac{1}{\|\overrightarrow{v}\|}\overrightarrow{v}$$

bilden eine Raute, deren Diagonalen (hier: $\overrightarrow{e_u} + \overrightarrow{e_v}$ und $\overrightarrow{e_u} - \overrightarrow{e_v}$) stets aufeinander senkrecht und den gesuchten Winkel halbieren. Somit lauten die Winkelhalbierenden:

$$\overrightarrow{w_1} = \overrightarrow{OP} + \alpha\left(\overrightarrow{e_u} + \overrightarrow{e_v}\right), \alpha \in \mathbb{R} \text{ sowie } \overrightarrow{w_2} = \overrightarrow{OP} + \beta\left(\overrightarrow{e_u} - \overrightarrow{e_v}\right), \beta \in \mathbb{R}.$$

Bemerkung 8.3 Eine Gerade G ist eine lineare Mannigfaltigkeit, aber kein Teilraum des Vektorraumes $\mathbb{R}^3$.

Geraden können sich schneiden, parallel zueinander verlaufen oder windschief sein.

Wir untersuchen, welche Lage zwei Geraden zueinander haben können. Dazu betrachten wir zwei Geraden

$$G_1 : \overrightarrow{x} = \overrightarrow{a_1} + \lambda \overrightarrow{u_1}, \lambda \in \mathbb{R} \text{ und } G_2 : \overrightarrow{y} = \overrightarrow{a_2} + \mu \overrightarrow{u_2}, \mu \in \mathbb{R}$$

mit den Vektoren

$$\overrightarrow{a_1} = \begin{pmatrix} a_{11} \\ a_{21} \\ a_{31} \end{pmatrix}, \overrightarrow{a_2} = \begin{pmatrix} a_{12} \\ a_{22} \\ a_{32} \end{pmatrix}, \overrightarrow{u_1} = \begin{pmatrix} u_{11} \\ u_{21} \\ u_{31} \end{pmatrix}, \overrightarrow{u_2} = \begin{pmatrix} u_{12} \\ u_{22} \\ u_{32} \end{pmatrix}.$$

Der Schnittpunkt $S = (s_1, s_2, s_3)$ der Geraden liegt sowohl auf G_1 als auch auf G_2; muss also das folgende überbestimmte lineare System für die beiden Unbekannten λ und μ erfüllen:

$$\begin{aligned} u_{11}\lambda - u_{12}\mu &= a_{12} - a_{11} \\ u_{21}\lambda - u_{22}\mu &= a_{22} - a_{21} \\ u_{31}\lambda - u_{32}\mu &= a_{32} - a_{31}. \end{aligned}$$

Anhand der Koeffizientenmatrix A und der erweiterten Koeffizientenmatrix $\widetilde{A}$

$$A = \begin{pmatrix} u_{11} & -u_{12} \\ u_{21} & -u_{22} \\ u_{31} & -u_{32} \end{pmatrix}, \quad \widetilde{A} = \begin{pmatrix} u_{11} & -u_{12} & a_{12} - a_{11} \\ u_{21} & -u_{22} & a_{22} - a_{21} \\ u_{31} & -u_{32} & a_{32} - a_{31} \end{pmatrix} \tag{8.6}$$

lässt sich feststellen, welche Lage die Geraden zueinander haben:

$\operatorname{rang}(A) < \operatorname{rang}(\widetilde{A}) \Rightarrow$ die beiden Geraden haben keine Punkte gemeinsam.

$\operatorname{rang}(A) = \operatorname{rang}(\widetilde{A}) = 2 \Rightarrow$ die beiden Geraden schneiden sich in einem Punkt.

$\operatorname{rang}(A) = \operatorname{rang}(\widetilde{A}) = 1 \Rightarrow$ die beiden Geraden sind gleich, d. h. $\overrightarrow{u_1}, \overrightarrow{u_2}$ sowie $\overrightarrow{a_2} - \overrightarrow{a_1}$ sind kollinear.

Im ersten Fall $\operatorname{rang}(A) < \operatorname{rang}(\widetilde{A})$ können die Geraden parallel oder nicht parallel sein; um das festzustellen, sind weitere Untersuchungen erforderlich.

Satz 8.5 *Gegeben sind die beiden Geraden*

$$G_1 : \overrightarrow{x} = \overrightarrow{a_1} + \lambda \overrightarrow{u_1}, \lambda \in \mathbb{R}, \ G_2 : \overrightarrow{y} = \overrightarrow{a_2} + \mu \overrightarrow{u_2}, \mu \in \mathbb{R}.$$

Tritt bei den Matrizen aus (8.6) der Fall $\operatorname{rang}(A) < \operatorname{rang}(\widetilde{A})$ *ein, dann folgt:*
a) G_1 *und* G_2 *sind parallel genau dann, wenn* $\overrightarrow{u_1}$, $\overrightarrow{u_2}$ *kollinear sind.*
b) G_1 *und* G_2 *sind windschief, d. h., sie sind weder parallel noch besitzen sie gemeinsame Punkte, genau dann, wenn gilt:*

$$\overrightarrow{u_1} \times \overrightarrow{u_2} \neq \overrightarrow{0} \ \text{und} \ \left(\overrightarrow{a_2} - \overrightarrow{a_1}\right) \bullet \left(\overrightarrow{u_1} \times \overrightarrow{u_2}\right) \neq 0.$$

Beweis: a) Folgt sofort aus (8.6).
b) Aufgrund der Tatsache $\overrightarrow{u_1} \times \overrightarrow{u_2} \neq \overrightarrow{0}$ sind die Vektoren $\overrightarrow{u_1}$, $\overrightarrow{u_2}$ nicht kollinear, G_1, G_2 also nicht parallel. Die Bedingung $\left(\overrightarrow{a_2} - \overrightarrow{a_1}\right) \bullet \left(\overrightarrow{u_1} \times \overrightarrow{u_2}\right) \neq 0$ sichert, dass G_1, G_2 keinen Punkt gemeinsam haben. ■

Beispiel 8.7 Wir bestimmen, welche Lage die Gerade G_1, welche durch die Punkte $A = (1, 0, -2)$ und $B = (0, 3, 4)$ verläuft, und die Gerade

$$G_2 : \overrightarrow{x} = \begin{pmatrix} 1 \\ 0 \\ 0 \end{pmatrix} + \mu \begin{pmatrix} 2 \\ 5 \\ 8 \end{pmatrix}, \mu \in \mathbb{R}$$

zueinander haben. Die Punktrichtungsform von G_1 lautet

$$G_1 : \overrightarrow{y} = \begin{pmatrix} 1 \\ 0 \\ -2 \end{pmatrix} + \lambda \begin{pmatrix} -1 \\ 3 \\ 6 \end{pmatrix}, \lambda \in \mathbb{R}.$$

Die Koeffizientenmatrizen

$$A = \begin{pmatrix} 2 & -1 \\ 5 & 3 \\ 8 & 6 \end{pmatrix} \ \text{bzw.} \ \widetilde{A} = \begin{pmatrix} 2 & -1 & 0 \\ 5 & 3 & 0 \\ 8 & 6 & -2 \end{pmatrix}$$

aus (8.6) haben den Rang 2 bzw. 3, somit schneiden sich die beiden Geraden nicht.

Als Nächstes wenden wir uns den verschiedenen Beschreibungsmöglichkeiten einer Ebene zu. Die einzelnen Darstellungsmöglichkeiten können ineinander umgerechnet werden. Je nach Problemstellung kann es sinnvoll sein, die Darstellungsart zu wechseln.

- Gegeben ist ein Punkt A mit Ortsvektor $\overrightarrow{OA}$ und zwei nicht kollineare Vektoren $\overrightarrow{u}$ und $\overrightarrow{v}$. Die **Punkt-Richtungsform der Ebene** durch den Punkt A, aufgespannt durch die Vektoren $\overrightarrow{u}$ und $\overrightarrow{v}$, lautet:

$$E : \overrightarrow{x}\,(\lambda, \mu) = \overrightarrow{OA} + \lambda \overrightarrow{u} + \mu \overrightarrow{v}, \lambda, \mu \in \mathbb{R}.$$

- Gegeben sind die Punkte A, B und C mit Ortsvektoren $\overrightarrow{OA}$,$\overrightarrow{OB}$, $\overrightarrow{OC}$. Die **Drei-Punkte-Form der Ebene** durch die Punkte A, B und C lautet:

$$E : \overrightarrow{x}\,(\lambda, \mu) = \overrightarrow{OA} + \lambda \overrightarrow{AB} + \mu \overrightarrow{AC}, \lambda, \mu \in \mathbb{R}.$$

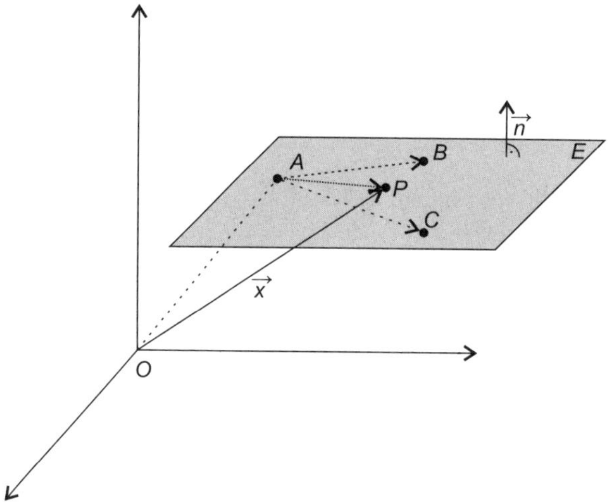

Abb. 8.14: Gleichung einer Ebene

- Gegeben ist ein Punkt A mit Ortsvektor $\overrightarrow{OA}$ und Normalenvektor $\overrightarrow{n}$, d. h., für jeden Vektor $\overrightarrow{x} \in E$ gilt:

$$\overrightarrow{n} \bullet \left(\overrightarrow{x} - \overrightarrow{OA}\right) = 0,$$

wobei

$$\overrightarrow{x} = \begin{pmatrix} x_1 \\ x_2 \\ x_3 \end{pmatrix}, \overrightarrow{OA} = \begin{pmatrix} a_1 \\ a_2 \\ a_3 \end{pmatrix}, \overrightarrow{n} = \begin{pmatrix} n_1 \\ n_2 \\ n_3 \end{pmatrix}.$$

Dann bezeichnet man folgende Darstellung, bei welcher der Vekor $\overrightarrow{n}$ senkrecht auf E steht, als **Normalenform der Ebene**:

$$n_1x_1 + n_2x_2 + n_3x_3 = n_1a_1 + n_2a_2 + n_3a_3.$$

- Gegeben sind die Abschnitte a, b, c auf der x-Achse, y-Achse, z-Achse. Die **Achsenabschnittsform (Koordinatenform) der Ebene** mit den Achsenabschnitten $a \neq 0, b \neq 0, c \neq 0$ lautet:

$$\frac{x}{a} + \frac{y}{b} + \frac{z}{c} = 1. \tag{8.7}$$

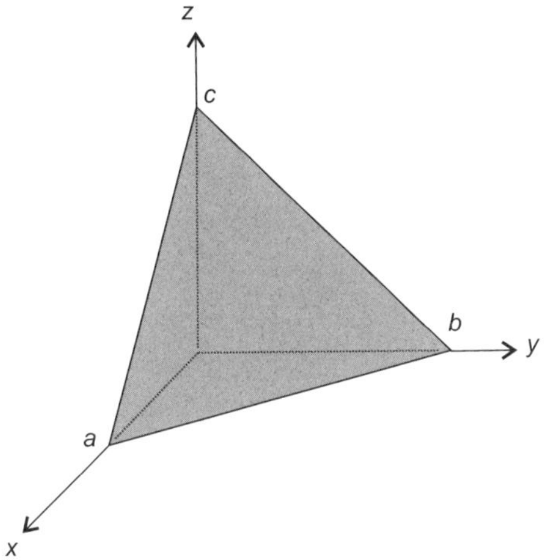

Abb. 8.15: Achsenabschnittsform einer Ebene

Sonderformen:
Die folgenden Formen treten auf, wenn die Ebene parallel zu einer der Koordinatenachsen ist. Diese reduzierten Achsenabschnittsformen können als Grenzfälle dafür angesehen werden, dass der jeweilige Achsenabschnitt in (8.7) gegen ∞ geht.

$$\frac{y}{b} + \frac{z}{c} = 1, \text{ falls die Ebene parallel zur } x\text{-Achse ist.}$$

$$\frac{x}{a} + \frac{z}{c} = 1, \text{ falls die Ebene parallel zur } y\text{-Achse ist.}$$

$$\frac{x}{a} + \frac{y}{b} = 1, \text{ falls die Ebene parallel zur } z\text{-Achse ist.}$$

Ist die Ebene parallel zu einer der Koordinatenebenen, so erhält man die folgenden Darstellungen.

$$\frac{z}{c} = 1, \text{ falls die Ebene parallel zur } x, y\text{-Ebene ist.}$$
$$\frac{y}{b} = 1, \text{ falls die Ebene parallel zur } x, z\text{-Ebene ist.}$$
$$\frac{x}{a} = 1, \text{ falls die Ebene parallel zur } y, z\text{-Ebene ist.}$$

Falls einer der Achsenabschnitte null ist, dann enthält die Ebene den Punkt O und ist nicht in Achsenabschnittsform darstellbar.

Bemerkung 8.4 Eine Ebene E ist eine lineare Mannigfaltigkeit, aber kein Teilraum des $\mathbb{R}^3$.

Beispiel 8.8 Auf einem Dach, beschrieben durch die Ebenengleichung

$$D : 2x + y + 2z = 0,$$

steht im Ursprung eine Antenne mit der Spitze im Punkt $P = (0, 0, 2)$. Die Sonnenstrahlen fallen in Richtung des Vektors

$$\vec{v} = \begin{pmatrix} 1 \\ -2 \\ -4 \end{pmatrix},$$

wodurch die Antenne auf dem Dach einen Schatten wirft. Wir bestimmen den Endpunkt S des Schattens sowie dessen Länge.

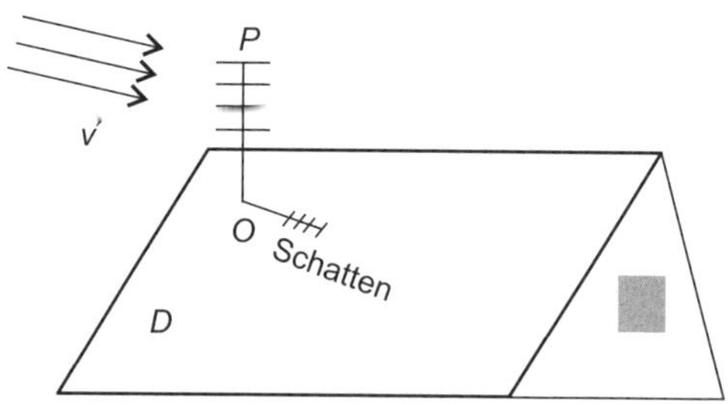

Abb. 8.16: Schatten einer Antenne

Aus der Ebenengleichung für D können wir den Normalenvektor

$$\vec{n} = \begin{pmatrix} 2 \\ 1 \\ 2 \end{pmatrix}$$

ablesen. Die Antennenspitze ist durch den Ortsvektor

$$\overrightarrow{OP} = \begin{pmatrix} 0 \\ 0 \\ 2 \end{pmatrix}$$

gegeben. Gesucht ist also der Vektor $\overrightarrow{OS}$, für den gilt

$$\overrightarrow{OS} = \overrightarrow{OP} + \lambda \overrightarrow{v}, \tag{8.8}$$

wobei $\lambda \in \mathbb{R}$ gesucht ist. Aus (8.8) folgt durch Skalarproduktbildung mit dem Normalenvektor $\overrightarrow{n}$:

$$\overrightarrow{n} \bullet \overrightarrow{OS} = \overrightarrow{n} \bullet \overrightarrow{OP} + \lambda \overrightarrow{n} \bullet \overrightarrow{v}. \tag{8.9}$$

Da der Schatten $\overrightarrow{OS}$ der Antenne auf dem Dach verläuft, gilt

$$\overrightarrow{n} \bullet \overrightarrow{OS} = 0.$$

Aus (8.9) folgt dann unmittelbar:

$$\lambda = -\frac{\overrightarrow{n} \bullet \overrightarrow{OP}}{\overrightarrow{n} \bullet \overrightarrow{v}}.$$

Einsetzen der Zahlenwerte ergibt

$$\lambda = -\frac{4}{-8} = \frac{1}{2},$$

und damit ist

$$\overrightarrow{OS} = \begin{pmatrix} \frac{1}{2} \\ -1 \\ 0 \end{pmatrix}.$$

Die Länge des Schattens ist dann $\left\|\overrightarrow{OS}\right\| = \frac{1}{2}\sqrt{5}$.

Wir untersuchen, welche Lage zwei Ebenen zueinander haben können. Ebenen können sich in einer Geraden schneiden, parallel zueinander verlaufen oder identisch sein. Es ist nicht möglich, dass zwei Ebenen sich nur in einem Punkt schneiden. Wir gehen von zwei Ebenen E_1, E_2 in der Punkt-Richtungsform

$$E_1 : \overrightarrow{x} = \overrightarrow{OA_1} + \lambda \overrightarrow{u_1} + \mu \overrightarrow{v_1}, \lambda, \mu \in \mathbb{R},$$
$$E_2 : \overrightarrow{y} = \overrightarrow{OA_2} + \sigma \overrightarrow{u_2} + \tau \overrightarrow{v_2}, \ \sigma, \tau \in \mathbb{R}$$

aus und verwenden die Notation

$$\overrightarrow{OA_k} = \begin{pmatrix} a_{1k} \\ a_{2k} \\ a_{3k} \end{pmatrix}, \overrightarrow{u_k} = \begin{pmatrix} u_{1k} \\ u_{2k} \\ u_{3k} \end{pmatrix}, \overrightarrow{v_k} = \begin{pmatrix} v_{1k} \\ v_{2k} \\ v_{3k} \end{pmatrix}, k = 1, 2.$$

Die Schnittgerade $S : \overrightarrow{s} + \xi \overrightarrow{w}$, die sowohl auf E_1 als auch auf E_2 liegt, muss das folgende lineare System für die vier Unbekannten $\lambda, \mu, \sigma, \tau$ erfüllen:

$$\begin{aligned} u_{11}\lambda + v_{11}\mu - u_{12}\sigma - v_{12}\tau &= a_{12} - a_{11} \\ u_{21}\lambda + v_{21}\mu - u_{22}\sigma - v_{22}\tau &= a_{22} - a_{21} \\ u_{31}\lambda + v_{31}\mu - u_{32}\sigma - v_{32}\tau &= a_{32} - a_{31}. \end{aligned}$$

Anhand der Koeffizientenmatrix A

$$A = \begin{pmatrix} u_{11} & v_{11} & -u_{12} & -v_{12} \\ u_{21} & v_{21} & -u_{22} & -v_{22} \\ u_{31} & v_{31} & -u_{32} & -v_{32} \end{pmatrix} \tag{8.10}$$

und der erweiterten Koeffizientenmatrix $\widetilde{A}$

$$\widetilde{A} = \begin{pmatrix} u_{11} & v_{11} & -u_{12} & -v_{12} & a_{12} - a_{11} \\ u_{21} & v_{21} & -u_{22} & -v_{22} & a_{22} - a_{21} \\ u_{31} & v_{31} & -u_{32} & -v_{32} & a_{32} - a_{31} \end{pmatrix}$$

lässt sich leicht feststellen, welche Lage die Ebenen zueinander haben:

$\operatorname{rang}(A) < \operatorname{rang}(\widetilde{A})$	$\Rightarrow$	die Ebenen haben keine Punkte gemeinsam, d. h., die Ebenen sind parallel zueinander.
$\operatorname{rang}(A) = \operatorname{rang}(\widetilde{A}) = 3$	$\Rightarrow$	die Ebenen schneiden sich in einer Geraden.
$\operatorname{rang}(A) = \operatorname{rang}(\widetilde{A}) = 2$	$\Rightarrow$	die beiden Ebenen sind gleich.
$\operatorname{rang}(A) = \operatorname{rang}(\widetilde{A}) = 1$		dieser Fall kann nicht auftreten, da sonst keine Ebenen vorliegen.

Liegen die Ebenen in Normalenform vor

$$\begin{aligned} E_1 &: n_{11}x_1 + n_{21}x_2 + n_{31}x_3 = d_1 \\ E_2 &: n_{12}x_1 + n_{22}x_2 + n_{32}x_3 = d_2, \end{aligned}$$

dann haben die Koeffizientenmatrizen zur Feststellung der Lagebeziehung folgendes Aussehen:

$$B = \begin{pmatrix} n_{11} & n_{21} & n_{31} \\ n_{12} & n_{22} & n_{32} \end{pmatrix}, \widetilde{B} = \begin{pmatrix} n_{11} & n_{21} & n_{31} & d_1 \\ n_{12} & n_{22} & n_{32} & d_2 \end{pmatrix}. \tag{8.11}$$

Die Normalenform erweist sich also zur Überprüfung der Lagebeziehungen als einfacher. Wir erhalten:

$\operatorname{rang}(B) < \operatorname{rang}(\widetilde{B})$ $\Rightarrow$ die Ebenen haben keine Punkte gemeinsam, d. h., die Ebenen sind parallel zueinander.

$\operatorname{rang}(B) = \operatorname{rang}(\widetilde{B}) = 2$ $\Rightarrow$ die Ebenen schneiden sich in einer Geraden.

$\operatorname{rang}(B) = \operatorname{rang}(\widetilde{B}) = 1$ $\Rightarrow$ die beiden Ebenen sind gleich.

Beispiel 8.9 Wir bestimmen, welche Lage die Ebenen

$$E_1 : \overrightarrow{x} = \begin{pmatrix} 0 \\ 2 \\ 0 \end{pmatrix} + \lambda \begin{pmatrix} 3 \\ -2 \\ 8 \end{pmatrix} + \mu \begin{pmatrix} 5 \\ 2 \\ 1 \end{pmatrix}, \lambda, \mu \in \mathbb{R}$$

und

$$E_2 : \overrightarrow{y} = \begin{pmatrix} 1 \\ -1 \\ 0 \end{pmatrix} + \sigma \begin{pmatrix} 0 \\ 0 \\ 2 \end{pmatrix} + \tau \begin{pmatrix} 1 \\ 0 \\ -1 \end{pmatrix}, \sigma, \tau \in \mathbb{R}$$

zueinander haben. Die Koeffizientenmatrizen (8.10)

$$A = \begin{pmatrix} 3 & 5 & 0 & -1 \\ -2 & 2 & 0 & 0 \\ 8 & 1 & -2 & 1 \end{pmatrix}, \quad \widetilde{A} = \begin{pmatrix} 3 & 5 & 0 & -1 & 1 \\ -2 & 2 & 0 & 0 & -3 \\ 8 & 1 & -2 & 1 & 0 \end{pmatrix}$$

haben beide den Rang 3, daher schneiden sich die beiden Ebenen. Die Schnittgerade lautet

$$G : \overrightarrow{x}(\zeta) = \begin{pmatrix} \frac{3}{2} \\ -1 \\ 12 \end{pmatrix} + \zeta \begin{pmatrix} 8 \\ 0 \\ 9 \end{pmatrix}, \zeta \in \mathbb{R}.$$

Testfragen

1. Welche Lage haben die beiden Ebenen

$$E_1 : 3x + y - 2z = 6, E_2 : 4x - y + 3z = 0$$

zueinander?

2. Die Ebene E ist gegeben durch die Gleichung $2x - 5y + 3z = 2$. Beschreiben Sie vektoriell die Gerade N, welche normal zu E durch den Punkt $A = (1, -1, 1)$ verläuft.

3. Bestimmen Sie die Winkelhalbierenden der beiden Geraden

$$G_1 : \overrightarrow{x} = \begin{pmatrix} -7 \\ 3 \\ 11 \end{pmatrix} + \lambda \begin{pmatrix} -30 \\ 12 \\ 20 \end{pmatrix}, \lambda \in \mathbb{R},$$

$$G_2 : \overrightarrow{y} = \begin{pmatrix} -7 \\ 3 \\ 11 \end{pmatrix} + \mu \begin{pmatrix} 18 \\ -49 \\ 42 \end{pmatrix}, \mu \in \mathbb{R}.$$

4. Sind die Geraden

$$G_1 : \overrightarrow{x} = \begin{pmatrix} 3 \\ -1 \\ 7 \end{pmatrix} + \lambda \begin{pmatrix} 1 \\ \frac{1}{2} \\ 1 \end{pmatrix}, \lambda \in \mathbb{R},$$

$$G_2 : \overrightarrow{y} = \begin{pmatrix} -1 \\ 2 \\ -3 \end{pmatrix} + \mu \begin{pmatrix} 4 \\ 1 \\ 6 \end{pmatrix}, \mu \in \mathbb{R}$$

zueinander parallel?

5. Beschreiben Sie alle Teilräume des Vektorraumes $\mathbb{R}^2$ geometrisch!

8.4 Abstände und Winkel

Schneiden sich Geraden und Ebenen, so ist die Frage von Interesse, unter welchem Winkel sie sich schneiden, andernfalls ist der kürzeste Abstand von Belang.

Definition 8.6 Schneiden sich zwei Geraden

$$G_1 : \overrightarrow{x} = \overrightarrow{a_1} + \lambda \overrightarrow{u_1}, \lambda \in \mathbb{R} \text{ und } G_2 : \overrightarrow{x} = \overrightarrow{a_2} + \mu \overrightarrow{u_2}, \mu \in \mathbb{R},$$

dann ist der **Schnittwinkel** φ der Winkel, den die Richtungsvektoren einschließen:

$$\cos(\varphi) = \frac{\overrightarrow{u}_1 \bullet \overrightarrow{u}_2}{\|\overrightarrow{u}_1\| \, \|\overrightarrow{u}_2\|}.$$

Der **Schnittwinkel** φ zweier sich schneidender Ebenen

$$E_1 : \overrightarrow{n}_1 \bullet \overrightarrow{x} = d_1, E_2 : \overrightarrow{n}_2 \bullet \overrightarrow{x} = d_2$$

ist der Winkel, den die Normalenvektoren miteinander einschließen

$$\cos(\varphi) = \frac{\overrightarrow{n}_1 \bullet \overrightarrow{n}_2}{\|\overrightarrow{n}_1\| \, \|\overrightarrow{n}_2\|}.$$

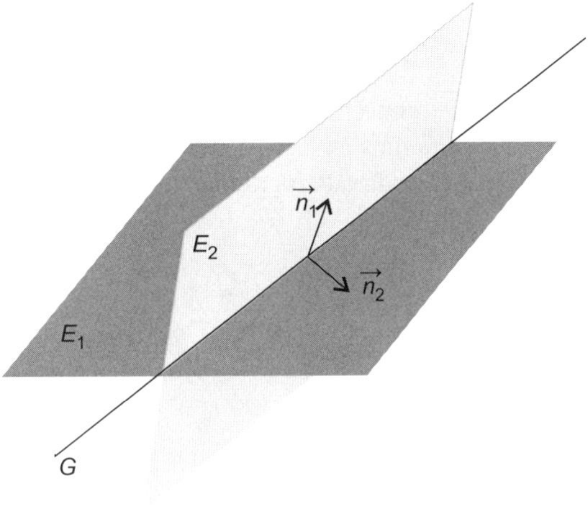

Abb. 8.17: Schnittgerade und Schnittwinkel zweier Ebenen

Folgerung 8.1 Schneiden sich eine Gerade $G : \vec{x} = \vec{a} + \lambda \vec{u}, \lambda \in \mathbb{R}$ und eine Ebene $E : \vec{n} \bullet \vec{x} = d$, dann gilt für deren Schnittwinkel φ

$$\sin(\varphi) = \frac{\vec{u} \bullet \vec{n}}{\|\vec{u}\| \, \|\vec{n}\|}.$$

Satz 8.6 *a) Der Abstand* $d(P, G)$ *eines Punktes* $P = (p_1, p_2, p_3)$ *von einer Geraden* $G : \vec{x} = \vec{a} + \lambda \vec{u}, \lambda \in \mathbb{R}$ *ist gegeben durch:*

$$d(P, G) = \left\| \frac{\vec{u}}{\|\vec{u}\|} \times \left(\overrightarrow{OP} - \vec{a}\right) \right\|. \tag{8.12}$$

b) Der Abstand $d(G_1, G_2)$ *zweier paralleler Geraden*

$$G_1 : \vec{x} = \vec{a_1} + \lambda \vec{u_1}, \lambda \in \mathbb{R}, \quad G_2 : \vec{y} = \vec{a_2} + \mu \vec{u_2}, \mu \in \mathbb{R}$$

lautet:

$$d(G_1, G_2) = \frac{\|\vec{u_1} \times (\vec{a_1} - \vec{a}_2)\|}{\|\vec{u}_1\|}. \tag{8.13}$$

c) Der Abstand $d(G_1, G_2)$ *zweier windschiefer Geraden*

$$G_1 : \vec{x} = \vec{a_1} + \lambda \vec{u_1}, \lambda \in \mathbb{R}, \quad G_2 : \vec{y} = \vec{a_2} + \mu \vec{u_2}, \mu \in \mathbb{R}$$

ist:

$$d(G_1, G_2) = \frac{|(\vec{a_1} - \vec{a}_2) \bullet (\vec{u_1} \times \vec{u}_2)|}{\|\vec{u_1} \times \vec{u}_2\|}. \tag{8.14}$$

Beweis: a) Zu dem Punkt Q_1 auf G mit $\overrightarrow{a} = \overrightarrow{OQ_1}$ wählen wir einen zweiten Punkt Q_2 auf G mit $d\,(Q_1, Q_2) = 1$. Dann ist $\overrightarrow{Q_1Q_2} = \frac{1}{\|\overrightarrow{u}\|}\overrightarrow{u}$ ein Einheitsvektor. Die Vektoren $\overrightarrow{Q_1Q_2}$ und $\overrightarrow{Q_1P} = \overrightarrow{OP} - \overrightarrow{a}$ bilden ein Parallelogramm. Die Höhe dieses Parallelogramms ist der Abstand des Punktes P von der Geraden G. Der Flächeninhalt eines Parallelogramms ist das Produkt aus Grundlinie und Höhe. Nach (8.4) folgt:

$$\underbrace{\left\|\overrightarrow{Q_1Q_2} \times \overrightarrow{Q_1P}\right\|}_{\text{Fläche Parallelogramm}} = \underbrace{\left\|\overrightarrow{Q_1Q_2}\right\|}_{\text{Grundlinie}} \cdot \underbrace{d\,(P, G)}_{\text{Höhe}}$$

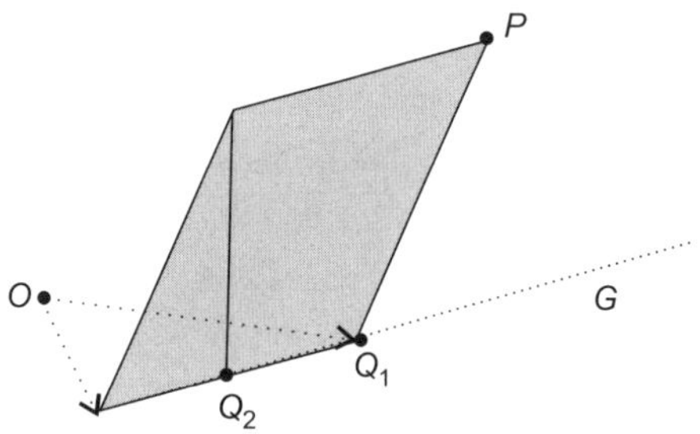

Abb. 8.18: Abstand eines Punktes von einer Geraden

Wegen $d\,(Q_1, Q_2) = \left\|\overrightarrow{Q_1Q_2}\right\| = 1$ ergibt sich die Behauptung.
b) Der Abstand von G_1 und G_2 ist gleich dem Abstand eines beliebigen Punktes P_1 auf G_1 von der Geraden G_2 und ist somit auf die Abstandsbestimmung eines Punktes von einer Geraden zurückgeführt. Wir wählen P_1, so dass $\overrightarrow{OP_1} = \overrightarrow{u_1}$ gilt. Daraus folgt nach (8.12) die Abstandsformel zweier paralleler Geraden.
c) Wenn sich G_1 und G_2 schneiden, so gilt $d\,(G_1, G_2) = 0$. Im Fall zweier windschiefer Geraden muss also $d\,(G_1, G_2) > 0$ sein. Wir definieren:

$$\overrightarrow{n} = \frac{\overrightarrow{u_1} \times \overrightarrow{u}_2}{\|\overrightarrow{u_1} \times \overrightarrow{u}_2\|}$$

und legen durch die Endpunkte der Ortsvektoren $\overrightarrow{a_1}$ und $\overrightarrow{a_2}$ die beiden Ebenen E_1, E_2 mit dem gemeinsamen Normaleneinheitsvektor $\overrightarrow{n}$.

Wegen $\overrightarrow{n} \perp \overrightarrow{u_1}$ und $\overrightarrow{n} \perp \overrightarrow{u_2}$ liegen die beiden Geraden G_1 bzw. G_2 in E_1 bzw. E_2. Der kürzeste Abstand der beiden Geraden stimmt somit mit dem kürzesten Abstand $d(E_1, E_2)$ der Ebenen E_1, E_2 überein und ist die Länge des von E_1 nach E_2 verlaufenden Vektors $\overrightarrow{a_1} - \overrightarrow{a_2}$ und durch (8.17) gegeben. ■

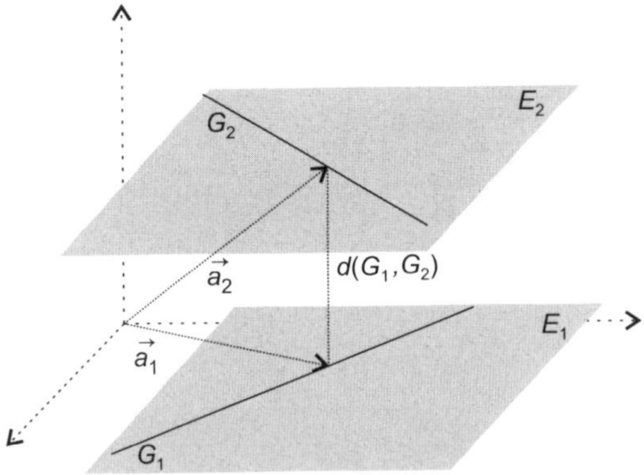

Abb. 8.19: Abstand zweier windschiefer Geraden

Satz 8.7 *a) Der Abstand $d(P, E)$ eines Punktes $P = (p_1, p_2, p_3)$ von einer Ebene $E : \vec{n} \bullet \left(\vec{x} - \overrightarrow{OA}\right) = 0$ ist gegeben durch:*

$$d(P, E) = \frac{\left|\vec{n} \bullet \left(\overrightarrow{OP} - \overrightarrow{OA}\right)\right|}{\|\vec{n}\|}. \tag{8.15}$$

b) Der Abstand $d(G, E)$ einer Geraden $G : \vec{x} = \vec{a} + \lambda \vec{u}, \lambda \in \mathbb{R}$ zu einer Ebene $E : \vec{n} \bullet \left(\vec{x} - \overrightarrow{OA}\right) = 0$ lautet:

$$d(G, E) = \frac{\left|\vec{n} \bullet \left(\vec{a} - \overrightarrow{OA}\right)\right|}{\|\vec{n}\|}. \tag{8.16}$$

c) Der Abstand $d(E_1, E_2)$ zweier paralleler Ebenen $E_1 : \vec{n_1} \bullet \left(\vec{x_1} - \overrightarrow{OA_1}\right) = 0$ und $E_2 : \vec{n_2} \bullet \left(\vec{x_2} - \overrightarrow{OA_2}\right) = 0$ ist

$$d(E_1, E_2) = \frac{\left|\vec{n_1} \bullet \left(\overrightarrow{OA_2} - \overrightarrow{OA_1}\right)\right|}{\|\vec{n_1}\|}. \tag{8.17}$$

Beweis: a) Die Gleichung der Ebene E lautet:

$$E : \frac{\overrightarrow{n}}{\|\overrightarrow{n}\|} \bullet \left(\overrightarrow{x} - \overrightarrow{OA}\right) = 0.$$

Um den Abstand von P zur Ebene E zu bestimmen, legen wir eine zu E parallele Ebene H durch P.

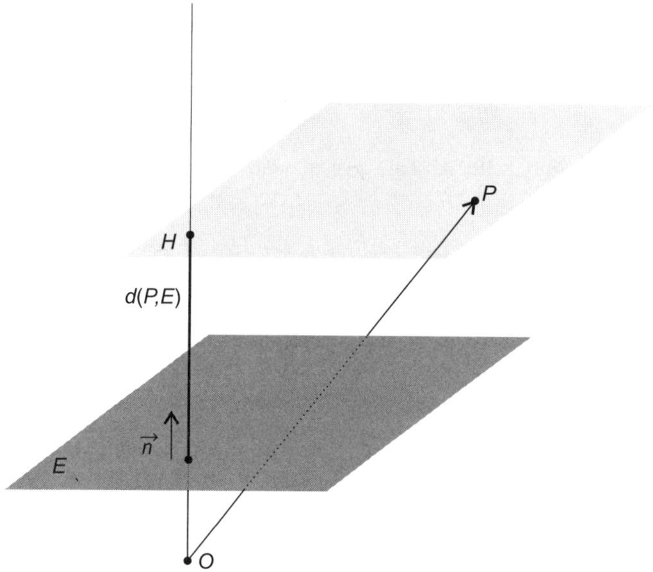

Abb. 8.20: Abstand eines Punktes von einer Ebene

Diese Ebene H hat die Gleichung

$$H : \frac{\overrightarrow{n}}{\|\overrightarrow{n}\|} \bullet \left(\overrightarrow{x} - \overrightarrow{OP}\right) = 0.$$

Der gesuchte Abstand ist dann der Abstand der beiden parallelen Ebenen E und H und somit gegeben durch:

$$\left| \frac{\overrightarrow{n}}{\|\overrightarrow{n}\|} \bullet \overrightarrow{OP} - \frac{\overrightarrow{n}}{\|\overrightarrow{n}\|} \bullet \overrightarrow{OA} \right|.$$

Der Betrag ist zu nehmen, da der Punkt P auf verschiedenen Seiten der Ebene liegen kann.

b) Schneiden sich G und E in einem Punkt, dann haben sie den Abstand null, andernfalls hat G die Form

$$G : \overrightarrow{x} = \overrightarrow{a} + \lambda \overrightarrow{u}, \lambda \in \mathbb{R} \text{ mit } \overrightarrow{u} \perp \overrightarrow{n}.$$

Jeder Punkt P auf G hat den gleichen Abstand von E. Wir wählen P, so dass $\overrightarrow{a} = \overrightarrow{OP}$ ist und haben das Problem auf die Bestimmung des Abstandes eines Punktes von einer Ebene zurückgeführt, welcher durch (8.15) gegeben ist.

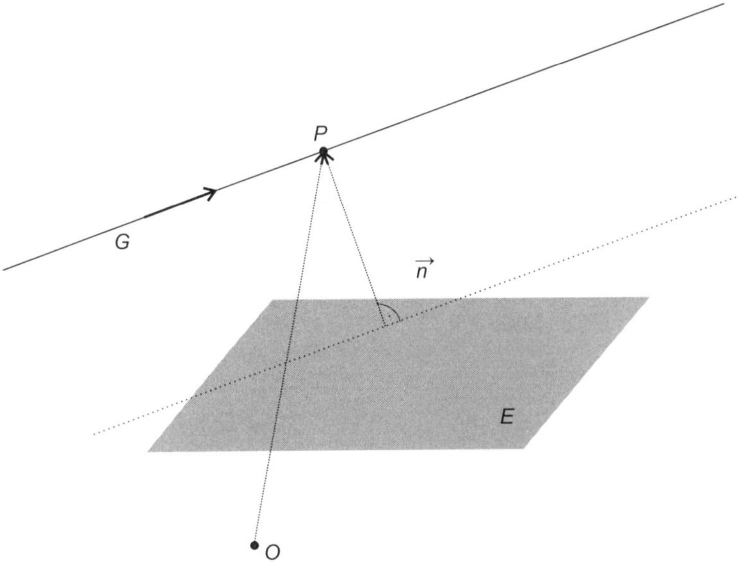

Abb. 8.21: Abstand zwischen Gerade und Ebene

c) Alle Punkte auf E_2 haben von der Ebene E_1 den gleichen senkrechten Abstand. Dazu wählen wir auf E_2 einen beliebigen Punkt P_2 und bestimmen dessen Abstand $d(P_2, E_1)$ zu E_1, somit ist mit

$$d(P_2, E_1) = d(E_1, E_2)$$

der Abstand von E_1 und E_2 nach (8.15) gegeben. ■

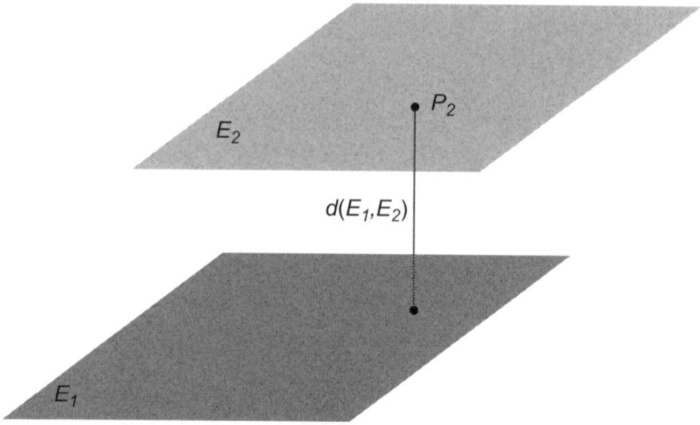

Abb. 8.22: Abstand zweier paralleler Ebenen

Testfragen

1. Die Ebene E ist gegeben durch die Gleichung $E : -2x - 5y + 4z = -3$. Geben Sie eine Gerade G an, welche parallel zur Ebene E durch den Punkt $P = (3, 2, -5)$ verläuft.

2. Wählen Sie den Parameter $\tau \in \mathbb{R}$ so, dass die beiden Ebenen
$$E_1 : x + 2y - z = 4, E_2 : 2x - y + \tau z = 1$$
aufeinander senkrecht stehen.

3. Bestimmen Sie den kürzesten Abstand der beiden Geraden.
$$G_1 : \overrightarrow{x} = \begin{pmatrix} 3 \\ -1 \\ 7 \end{pmatrix} + \lambda \begin{pmatrix} 1 \\ \frac{1}{2} \\ 1 \end{pmatrix}, \lambda \in \mathbb{R},$$
$$G_2 : \overrightarrow{y} = \begin{pmatrix} -1 \\ 2 \\ -3 \end{pmatrix} + \mu \begin{pmatrix} 4 \\ 1 \\ 6 \end{pmatrix}, \mu \in \mathbb{R}.$$

4. Bestimmen Sie den Schnittwinkel der beiden Ebenen
$$E_1 : 3x + y - 2z = 6, \ E_2 : 4x - y + 3z = 0.$$

5. Die Ebene E ist gegeben durch die Gleichung $E : -2x - 5y + 4z = -3$. Geben Sie eine Gerade F an, welche auf E senkrecht steht und durch den Ursprung geht.

6. Zeigen Sie vektoriell: In einem gleichschenkligen Dreieck ist die Seitenhalbierende der Basis orthogonal zur Basis.
7. Welche Lagebeziehungen sind zwischen zwei Geraden möglich?
8. Welche Lagebeziehungen sind zwischen zwei Ebenen möglich?

8.5 Kugel in vektorieller Darstellung

Definition 8.7 Die **Kugel** $K_r(M)$ mit dem Mittelpunkt $M = (m_1, m_2, m_3)$ aus $\mathbb{R}^3$ und dem Radius $r > 0$ ist definiert durch

$$K_r(M) = \left\{ \vec{x} = \begin{pmatrix} x_1 \\ x_2 \\ x_3 \end{pmatrix} \in \mathbb{R}^3 \;\middle|\; \left\| \vec{x} - \overrightarrow{OM} \right\| = r \right\}$$

und wird üblicherweise durch die Gleichung

$$\left\| \vec{x} - \overrightarrow{OM} \right\|^2 = r^2$$

beschrieben.

Bemerkung 8.5 Wegen der Beziehung

$$\left\| \vec{x} - \overrightarrow{OM} \right\|^2 = \left(\vec{x} - \overrightarrow{OM} \right) \bullet \left(\vec{x} - \overrightarrow{OM} \right) = \left(\vec{x} - \overrightarrow{OM} \right)^2$$

ist auch die Schreibweise

$$\left(\vec{x} - \overrightarrow{OM} \right)^2 = r^2$$

gebräuchlich. Übertragen wir die Gleichung der Kugel in Koordinatenschreibweise, so ergibt sich die gewohnte Darstellung der Kugel

$$\left\| \vec{x} - \overrightarrow{OM} \right\|^2 = (x_1 - m_1)^2 + (x_2 - m_2)^2 + (x_3 - m_3)^2 = r^2. \qquad (8.18)$$

Bemerkung 8.6 Die Gleichung (8.18) enthält den Sonderfall des Kreises; ist nämlich $M = (m_1, m_2) \in \mathbb{R}^2$, dann ist

$$K_r(M) = \left\{ \vec{x} \in \mathbb{R}^2 = \begin{pmatrix} x_1 \\ x_2 \end{pmatrix} \;\middle|\; \left\| \vec{x} - \overrightarrow{OM} \right\| = r \right\}$$

die Gleichung eines Kreises mit Radius r um den Mittelpunkt M, und die Koordinatenschreibweise lautet:

$$\left\| \vec{x} - \overrightarrow{OM} \right\|^2 = (x_1 - m_1)^2 + (x_2 - m_2)^2 = r^2.$$

Wir beschäftigen uns im Folgenden mit Kugeln, da die Übertragung auf Kreise jeweils als Sonderfall enthalten ist. Ein Punkt $P = (p_1, p_2, p_3)$ liegt genau dann auf der Kugel $K_r(M) : \left(\vec{x} - \overrightarrow{OM}\right)^2 = r^2$, wenn gilt:

$$\left(\overrightarrow{OP} - \overrightarrow{OM}\right)^2 = r^2.$$

Gilt dagegen

$$\left(\overrightarrow{OP} - \overrightarrow{OM}\right)^2 < r^2 \text{ bzw. } \left(\overrightarrow{OP} - \overrightarrow{OM}\right)^2 > r^2,$$

so liegt P innerhalb bzw. außerhalb der Kugel $K_r(M)$. Als Nächstes wollen wir die Schnittpunkte von Geraden mit Kugeln bestimmen. Ist die Gerade durch die Gleichung

$$G : \vec{x}(\lambda) = \vec{a} + \lambda \vec{u}, \lambda \in \mathbb{R}$$

gegeben und ist

$$K_r(M) : \left(\vec{x} - \overrightarrow{OM}\right)^2 = r^2$$

die Gleichung der Kugel, dann hat $K_r(M)$ mit G entweder zwei Schnittpunkte, einen Berührungspunkt oder keinen Punkt gemeinsam. Der Ortsvektor

$$\vec{x}(\lambda_S) = \begin{pmatrix} s_1 \\ s_2 \\ s_3 \end{pmatrix}$$

des Schnittpunktes S muss beide Gleichungen erfüllen. Setzen wir daher

$$\vec{x}(\lambda_S) = \vec{a} + \lambda_S \vec{u}$$

in die Gleichung der Kugel ein, so folgt

$$\left\| \vec{a} + \lambda_S \vec{u} - \overrightarrow{OM} \right\|^2 = r^2.$$

Auflösen nach λ_S ergibt eine quadratische Gleichung für λ_S :

$$\lambda_S^2 \|\vec{u}\|^2 + 2\lambda_S \vec{u} \bullet \left(\vec{a} - \overrightarrow{OM}\right) + \left\| \vec{a} - \overrightarrow{OM} \right\|^2 - r^2 = 0.$$

Diese Gleichung hat keine, eine oder zwei reelle Lösungen λ_S, je nachdem, ob die Gerade eine **Passante**, **Tangente** oder **Sekante** für die Kugel ist.

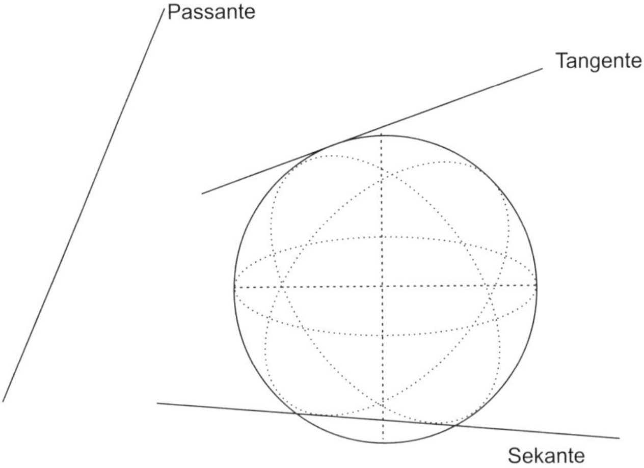

Abb. 8.23: Passante, Tangente und Sekante an eine Kugel

Beispiel 8.10 Die Gerade

$$G : \overrightarrow{x}\,(\lambda) = \begin{pmatrix} 2 \\ -2 \\ 2 \end{pmatrix} + \lambda \begin{pmatrix} 1 \\ 0 \\ 2 \end{pmatrix}, \lambda \in \mathbb{R}$$

ist Sekante zur Kugel

$$K : \left(\overrightarrow{x} - \begin{pmatrix} 1 \\ 1 \\ 1 \end{pmatrix} \right)^2 = 16,$$

da die quadratische Gleichung

$$5\lambda_S^2 + 6\lambda_S - 5 = 0$$

für den Parameter λ_S des Schnittpunktes die beiden reellen Lösungen

$$\frac{1}{5}\left(-3 + \sqrt{34}\right) \text{ und } \frac{1}{5}\left(-3 - \sqrt{34}\right)$$

hat. Die Schnittpunkte der Geraden G mit der Kugel K sind

$$S_1 = \left(\frac{1}{5}\left(7 + \sqrt{34}\right), -2, \frac{1}{5}\left(4 + 2\sqrt{34}\right)\right)$$

und

$$S_2 = \left(\frac{1}{5}\left(7 - \sqrt{34}\right), -2, \frac{1}{5}\left(4 - 2\sqrt{34}\right)\right).$$

Definition 8.8 Haben eine Ebene E und eine Kugel K genau einen Punkt P gemeinsam, so heißt die Ebene E **Tangentialebene** an die Kugel K im Punkt P.

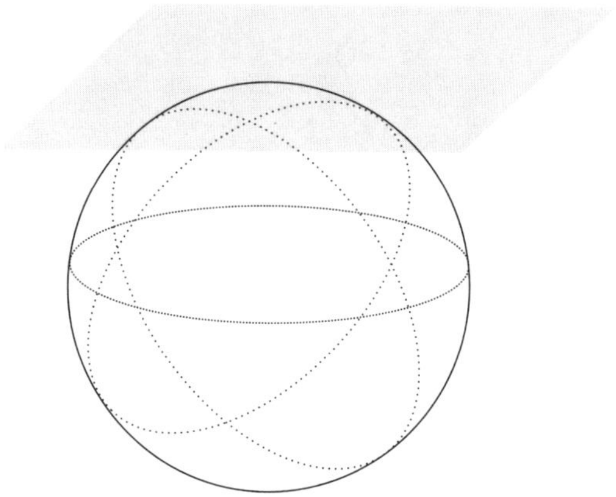

Abb. 8.24: Tangentialebene an eine Kugel

Satz 8.8 *Die Gleichung der Tangentialebene an die Kugel*

$$K_r(M) : \left(\vec{x} - \overrightarrow{OM}\right)^2 = r^2$$

im Punkt $P \in K_r(M)$ der Kugel lautet:

$$\left(\vec{x} - \overrightarrow{OM}\right) \bullet \left(\overrightarrow{OP} - \overrightarrow{OM}\right) = r^2. \tag{8.19}$$

Beweis: Ausmultiplizieren liefert:

$$\left(\overrightarrow{OP} - \overrightarrow{OM}\right) \bullet \vec{x} = \left(\overrightarrow{OP} - \overrightarrow{OM}\right) \bullet \overrightarrow{OM} + r^2,$$

und $\overrightarrow{OP} - \overrightarrow{OM}$ erweist sich als Normalenvektor der Tangentialebene. ■

Bemerkung 8.7 Liegt P außerhalb der Kugel, dann gibt es unendlich viele Geraden durch P, welche die Kugel in genau einem Punkt berühren; diese Berührpunkte liegen in einer gemeinsamen Ebene, der **Polarebene** zum Pol P. Die Polarebene hat ebenfalls die Gleichung:

$$\left(\vec{x} - \overrightarrow{OM}\right) \bullet \left(\overrightarrow{OP} - \overrightarrow{OM}\right) = r^2. \tag{8.20}$$

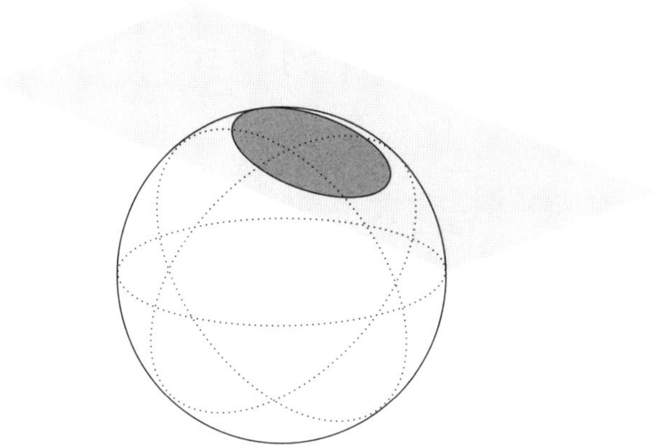

Abb. 8.25: Schnittfläche einer Ebene mit einer Kugel

Beispiel 8.11 Der Punkt $P = (1, 0, 2)$ liegt außerhalb der Kugel

$$\left(\vec{x} - \begin{pmatrix} 0 \\ 1 \\ 0 \end{pmatrix}\right)^2 = 1.$$

Die Geraden durch P, welche die Kugel in genau einem Punkt berühren, liegen alle in der Polarebene

$$\left(\vec{x} - \begin{pmatrix} 1 \\ 0 \\ 2 \end{pmatrix}\right) \bullet \left(\begin{pmatrix} 1 \\ 0 \\ 2 \end{pmatrix} - \begin{pmatrix} 0 \\ 1 \\ 0 \end{pmatrix}\right) = 1;$$

in Normalenform lautet die Polarebene:

$$x_1 - x_2 + 2x_3 = 6.$$

Testfragen

1. Was versteht man unter einer Passante?
2. Welche Lage können zwei Kugeln zueinander haben?
3. Welche Lage können eine Ebene und eine Kugeln zueinander haben?
4. Liegt der Punkt $P = (2, -1, 4)$ auf der Kugel

$$\left(\overrightarrow{x} - \begin{pmatrix} 4 \\ 6 \\ 0 \end{pmatrix}\right)^2 = r^2?$$

5. Ist die Gerade

$$G : \overrightarrow{x}(\lambda) = \lambda \begin{pmatrix} 1 \\ 1 \\ 1 \end{pmatrix}, \lambda \in \mathbb{R}$$

Passante,Tangente oder Sekante für die Kugel

$$K : \left(\overrightarrow{x}\right)^2 = 1?$$

8.6 Aufgaben

Aufgabe 8.1 Geben Sie einen Vektor $\overrightarrow{x}$ an, welcher die Richtung des Vektors $\overrightarrow{u} = \begin{pmatrix} 4 \\ 0 \\ 3 \end{pmatrix}$ und die Länge des Vektors $\overrightarrow{v} = \begin{pmatrix} 3 \\ 12 \\ 4 \end{pmatrix}$ hat.

Aufgabe 8.2 Gegeben sind zwei aufeinander senkrecht stehende Vektoren $\overrightarrow{u}$ und $\overrightarrow{v}$ mit der Eigenschaft $\|\overrightarrow{u}\| = \|\overrightarrow{v}\|$ sowie die Vektoren

$$\overrightarrow{y} = \overrightarrow{u} + 2\overrightarrow{v}, \overrightarrow{z} = \overrightarrow{u} + \gamma\overrightarrow{v}.$$

Für welche reellen Zahlen γ schließen die Vektoren $\overrightarrow{y}$ und $\overrightarrow{z}$ einen Winkel von 45° ein?

Aufgabe 8.3 Die Vektoren $\overrightarrow{x}, \overrightarrow{y} \in \mathbb{R}^3$ seien nicht komplanar. Zeigen Sie, dass

$$\overrightarrow{u} = \|\overrightarrow{x}\|\overrightarrow{y} + \|\overrightarrow{y}\|\overrightarrow{x}$$

nicht der Nullvektor ist.

Aufgabe 8.4 Ein Dreieck hat die Eckpunkte

$$A = (-1, 2, 4), B = (-4, 3, -6), C = (-1, 4, -5).$$

Der Schwerpunkt S des Dreiecks liegt im Schnittpunkt der Seitenhalbierenden. Berechnen Sie seine Koordinaten. Berechnen Sie ferner den Flächeninhalt des Dreiecks.

Aufgabe 8.5 Von drei Beobachtungspunkten A, B und C wird die Entfernung zu einem Satelliten S gemessen:

$$\overline{AS} = 555\ km,\ \ \overline{BS} = 550\ km,\ \ \overline{CS} = 545\ km.$$

Dabei gilt in einem kartesischen Koordinatensystem (Einheit km):

$$A = (0, 0, 0),\ \ B = (5, 15, 0),\ \ C = (25, 35, 0).$$

Berechnen Sie die Koordinaten des Satelliten.

Aufgabe 8.6 Welche Gerade G durch den Punkt $P = (0, 0, 2)$ schneidet die Gerade

$$H : \overrightarrow{x} = \begin{pmatrix} 5 \\ 2 \\ 3 \end{pmatrix} + \lambda \begin{pmatrix} -2 \\ 1 \\ -1 \end{pmatrix}, \lambda \in \mathbb{R}$$

senkrecht? Welchen Abstand hat dieser Schnittpunkt von P?

Aufgabe 8.7 Zerlegen Sie den Vektor

$$\overrightarrow{x} = \begin{pmatrix} 2 \\ 7 \\ 5 \end{pmatrix}$$

in folgender Weise:
a) parallel zur Geraden

$$G : \overrightarrow{y} = \begin{pmatrix} 1 \\ 0 \\ 3 \end{pmatrix} + \lambda \begin{pmatrix} 1 \\ -2 \\ 5 \end{pmatrix}, \lambda \in \mathbb{R}$$

und senkrecht dazu.
b) parallel zur Ebene

$$E : x + y - z = 2$$

und senkrecht dazu.

Aufgabe 8.8 Gegeben sind die Vektoren

$$\overrightarrow{x} = \begin{pmatrix} 2 \\ -3 \\ 4 \end{pmatrix} \text{ und } \overrightarrow{y} = \begin{pmatrix} -2 \\ 1 \\ 3 \end{pmatrix}.$$

a) Berechnen Sie die Vektorprodukte $\overrightarrow{x} \times \overrightarrow{y}$ und $\left(\overrightarrow{x} + 3\overrightarrow{y}\right) \times \left(\overrightarrow{x} - \overrightarrow{y}\right)$.
b) Bestimmen Sie den Parameter τ so, dass die Vektoren $\overrightarrow{x} + \overrightarrow{y}$ und $\overrightarrow{x} - \tau\,\overrightarrow{y}$ aufeinander senkrecht stehen.

c) Bestimmen Sie mithilfe des Vektorproduktes den Parameter τ so, dass die Vektoren $\vec{x} + \vec{y}$ und $\vec{x} - \tau\vec{y}$ parallel sind.
d) Geben Sie einen Vektor an, welcher die Richtung von $\vec{y}$ und den Betrag von $\vec{x}$ hat.

Aufgabe 8.9 Bestimmen Sie die Schnittgerade der beiden Ebenen

$$E_1 : x + y + z = 1, E_2 : 2x - y + 2z = 5$$

sowie ihren Schnittwinkel.

Aufgabe 8.10 G_1 ist die Gerade durch die Punkte $(3, 4, 6)$ und $(-1, -2, 4)$, G_2 ist die Gerade durch die Punkte $(3, 7, -2)$ und $(5, 16, -6)$. Welchen Abstand besitzen die Geraden G_1 und G_2 zueinander?

Aufgabe 8.11 E ist die Ebene durch den Punkt $(2, 1, 3)$ mit Normalenvektor

$$\vec{n} = \begin{pmatrix} -1 \\ 3 \\ 1 \end{pmatrix}.$$

G ist die Gerade durch den Punkt $(5, 1, 2)$ mit dem Richtungsvektor

$$\vec{v} = \begin{pmatrix} 3 \\ 1 \\ 2 \end{pmatrix}.$$

Welche Lage haben die Gerade G und die Ebene E zueinander? Bestimmen Sie ggf. Abstand, Schnittwinkel und Schnittpunkt.

Aufgabe 8.12 E_1 ist die Ebene durch den Punkt $(3, 5, 6)$ mit Normalenvektor

$$\vec{n_1} = \begin{pmatrix} 1 \\ 3 \\ -2 \end{pmatrix},$$

E_2 ist die Ebene durch den Punkt $(1, 5, -2)$ mit Normalenvektor

$$\vec{n_2} = \begin{pmatrix} -3 \\ -3 \\ 6 \end{pmatrix}.$$

Welche Lage haben Ebene E_1 und E_2 zueinander? Bestimmen Sie ggf. Abstand, Schnittwinkel und Schnittpunkt.

Aufgabe 8.13 Ein Spiegel wird justiert, indem man vom Punkt $P = (1, 2, 2)$ einen Laserstrahl zum festen Punkt $O = (0, 0, 0)$ des Spiegels schickt und diesen so lange dreht, bis auf einem Schirm der Bildpunkt $B = (-3, 4, 5)$ getroffen wird. Bestimmen Sie die Ebenengleichung des Spiegels und deren Normalenvektor.

Aufgabe 8.14 Gegeben ist die Ebene E im $\mathbb{R}^3$ in der Form

$$E : x + 2y - 2z = 5$$

sowie der Vektor

$$\vec{v} = \begin{pmatrix} -16 \\ 3 \\ -2 \end{pmatrix}.$$

a) Bestimmen Sie das Lot $\vec{v_0}$ von $\vec{v}$ auf E.
b) Gesucht ist ferner die Ebene E^* mit den Eigenschaften

E^* schneidet E orthogonal.
E^* enthält den Vektor $\vec{v}$.
E^* geht durch den Ursprung des $\mathbb{R}^3$.

9 Eigenwerttheorie

Mithilfe der Determinante können wir quadratische Matrizen bzw. lineare Selbstabbildungen durch eine Zahl charakterisieren. Wir wollen eine weitere genauere Charakterisierung mittels Eigenwerten vornehmen. Wir befassen uns im Folgenden mit reellen oder komplexen $n \times n$ Matrizen, die zugrunde liegenden Vektorräume sind demzufolge $\mathbb{R}^n$ oder $\mathbb{C}^n$. So wird u. a. untersucht, wann eine $n \times n$ Matrix durch eine Ähnlichkeitstransformation auf Diagonalgestalt gebracht werden kann. Abschätzungen von Eigenwerten beschließen dieses Kapitel. Mit $\mathbb{K}$ bezeichnen wir in diesem Kapitel stets den Körper $\mathbb{R}$ oder $\mathbb{C}$ der reellen bzw. komplexen Zahlen.

9.1 Eigenwerte von Matrizen

Wir beginnen mit einem einführenden Beispiel aus dem Bereich der Ökonomie und erläutern daran den Begriff des Eigenwertes und Eigenvektors.

Beispiel 9.1 Eine Automobilfirma produziert Personenfahrzeuge (x) und Nutzfahrzeuge (y). Die Stückzahlen von beiden Fahrzeugtypen im n-ten Jahr sind x_n und y_n. Im darauf folgenden Jahr hängt die Anzahl der produzierten Fahrzeuge von denen des Vorjahres in folgender Form ab:

$$x_{n+1} = 0.9x_n + 0.4y_n$$

$$y_{n+1} = 0.3x_n + 0.8y_n$$

In Matrixschreibweise erhalten wir.

$$\underbrace{\begin{pmatrix} x_{n+1} \\ y_{n+1} \end{pmatrix}}_{\overrightarrow{p_{n+1}}} = \underbrace{\begin{pmatrix} 0.9 & 0.4 \\ 0.3 & 0.8 \end{pmatrix}}_{A} \cdot \underbrace{\begin{pmatrix} x_n \\ y_n \end{pmatrix}}_{\overrightarrow{p_n}}.$$

Betragen die Produktionsmengen im ersten Jahr $x_1 = 2000$ und $y_1 = 500$, dann können in den folgenden Jahren die Produktionszahlen rekursiv berechnet werden

$$\overrightarrow{p_{n+1}} = A\overrightarrow{p_n}.$$

Die Produktionszahlen sollen jährlich gleichmäßig wachsen, das ist genau dann der Fall, wenn es einen Faktor $\gamma > 1$ mit der Eigenschaft

$$\overrightarrow{p_{n+1}} = A\overrightarrow{p_n} = \gamma\,\overrightarrow{p_n}$$

gibt. Setzen wir

$$\overrightarrow{p} = \begin{pmatrix} x \\ y \end{pmatrix},$$

so lautet die Bedingung:

$$A\overrightarrow{p} = \gamma \overrightarrow{p}.$$

Mithilfe der 2×2 Einheitsmatrix E können wir diese Gleichung in die Form

$$(A - \gamma E)\overrightarrow{p} = \overrightarrow{0}$$

bringen, wobei die Matrix A bekannt und γ und $\overrightarrow{p}$ gesucht sind. Das System

$$\begin{aligned} (0.9 - \gamma)\,x + 0.4y &= 0 \\ 0.3x + (0.8 - \gamma)\,y &= 0 \end{aligned}$$

hat für jede Zahl γ stets die triviale Lösung $x = 0$, $y = 0$. Diese Lösung ist aber nicht praxisrelevant, vielmehr sind wir an nicht trivialen Lösungen interessiert, welche existieren, wenn $\operatorname{rang}(A - \gamma E) < 2$ ist. Das ist genau dann der Fall, wenn $\det(A - \gamma E) = 0$ ist:

$$\det(A - \gamma E) = \begin{vmatrix} 0.9 - \gamma & 0.4 \\ 0.3 & 0.8 - \gamma \end{vmatrix} = \gamma^2 - 1.7\gamma + 0.6 = 0.$$

Vorstehende quadratische Gleichung hat die beiden Lösungen

$$\gamma_1 = 0.5 \text{ und } \gamma_2 = 1.2.$$

Diese Zahlen heißen Eigenwerte der Matrix A. Für $\gamma_1 = 0.5$ lautet das zugehörige lineare Gleichungssystem

$$\begin{aligned} 0.4x + 0.4y &= 0 \\ 0.3x + 0.3y &= 0. \end{aligned}$$

Es hat die Lösung (Eigenvektor zum Eigenwert γ_1 genannt):

$$\overrightarrow{p_1} = t\begin{pmatrix} 1 \\ -1 \end{pmatrix}, t \in \mathbb{R}.$$

Diese Lösung spielt in der Praxis keine Rolle, da Produktionszahlen immer nicht negativ sind. Für $\gamma_1 = 1.2$ erhalten wir das lineare Gleichungssystem

$$\begin{aligned} -0.3x + 0.4y &= 0 \\ 0.3x - 0.4y &= 0 \end{aligned}$$

mit der allgemeinen Lösung

$$\overrightarrow{p_2} = t\begin{pmatrix} 1 \\ 0.75 \end{pmatrix}, t \in \mathbb{R}.$$

Dieses Ergebnis kann wie folgt interpretiert werden: Wird im ersten Jahr eine beliebige Menge an Personenfahrzeugen produziert und produziert man 75 % an Nutzfahrzeugen davon, so wird die gesamte Produktion alljährlich um 20 % gesteigert.

Nun stellen wir die erarbeiteten Begriffe in einen allgemeinen Kontext.

Definition 9.1 A ist eine $n \times n$ Matrix. Eine Zahl λ, zu der ein Vektor $\overrightarrow{x} \neq \overrightarrow{0}$ mit der Eigenschaft

$$A\overrightarrow{x} = \lambda\overrightarrow{x} \tag{9.1}$$

existiert, heißt **Eigenwert** der Matrix A. Der Vektor $\overrightarrow{x}$ heißt der zum Eigenwert λ gehörige **Eigenvektor** von A. Das Paar $\left(\lambda, \overrightarrow{x}\right)$ heißt **Eigenpaar**.
Das **Spektrum** ist die Menge aller Eigenwerte von A

$$\text{spek}\,(A) = \{\lambda \mid \lambda \text{ Eigenwert von } A\}.$$

Der **Spektralradius** ist der betragsgrößte Eigenwert

$$\varrho\,(A) = \max\{|\lambda| \mid \lambda \in \text{spek}\,(A)\}. \tag{9.2}$$

Die reziproken Werte der Eigenwerte ungleich null bezeichnet man als **charakterististische Zahlen**

$$\mu = \frac{1}{\lambda}, \lambda \neq 0.$$

Bemerkung 9.1 Der Spektralradius steht in enger Beziehung zur Norm einer Matrix, denn für jede Matrixnorm gilt

$$\varrho\,(A) \leq \|A\|. \tag{9.3}$$

Bemerkung 9.2 a) Wenn der Vektor $\overrightarrow{x} \neq \overrightarrow{0}$ Eigenvektor zur Matrix A ist, dann sind die Vektoren $\overrightarrow{x}$ und $A\overrightarrow{x}$ linear abhängig.
b) Ist $\left(\lambda, \overrightarrow{x}\right)$ ein Eigenpaar zur Matrix A , dann gilt

$$A^2\overrightarrow{x} = A\left(A\overrightarrow{x}\right) = A\lambda\overrightarrow{x} = \lambda A\overrightarrow{x} = \lambda^2\overrightarrow{x}$$

und durch vollständige Induktion folgt weiter $A^k\overrightarrow{x} = \lambda^k\overrightarrow{x}$, $k = 0, 1, 2, \ldots$; zusammengefasst haben wir:

$$\bigwedge_{k \in \mathbb{N}_0} \left(\lambda, \overrightarrow{x}\right) \text{ Eigenpaar von } A \Rightarrow \left(\lambda^k, \overrightarrow{x}\right) \text{ Eigenpaar von } A^k. \tag{9.4}$$

Beispiel 9.2 Die Matrix

$$A=\begin{pmatrix} 1 & 2 & 1 \\ 3 & 0 & -2 \\ 1 & -1 & 2 \end{pmatrix}$$

hat den Eigenwert $\lambda = 3$ und den zugehörigen Eigenvektor $\overrightarrow{x} = \begin{pmatrix} 1 \\ 1 \\ 0 \end{pmatrix}$, denn es gilt:

$$A\overrightarrow{x} = \begin{pmatrix} 1 & 2 & 1 \\ 3 & 0 & -2 \\ 1 & -1 & 2 \end{pmatrix}\begin{pmatrix} 1 \\ 1 \\ 0 \end{pmatrix} = \begin{pmatrix} 3 \\ 3 \\ 0 \end{pmatrix} = 3\begin{pmatrix} 1 \\ 1 \\ 0 \end{pmatrix} = 3\overrightarrow{x}.$$

Beispiel 9.3 Die $n \times n$ Einheitsmatrix E hat nur den Eigenwert $\lambda = 1$, und jeder Vektor $\overrightarrow{x} \neq \overrightarrow{0}$ ist Eigenvektor zum Eigenwert 1, denn es ist $E\overrightarrow{x} = 1 \cdot \overrightarrow{x}$. Der Spektralradius der Einheitsmatrix ist demnach eins: $\varrho(E) = 1$.

Satz 9.1 *Eigenvektoren zu verschiedenen Eigenwerten sind stets linear unabhängig.*

Beweis: Sind $\overrightarrow{x} \neq \overrightarrow{0}$ und $\overrightarrow{y} \neq \overrightarrow{0}$ Eigenvektoren der Matrix A zu den Eigenwerten $\lambda \neq \mu$, dann gilt

$$A\overrightarrow{x} = \lambda\overrightarrow{x} \text{ sowie } A\overrightarrow{y} = \mu\overrightarrow{y}.$$

Wir nehmen nun an, dass $\overrightarrow{x}$ und $\overrightarrow{y}$ linear abhängig sind, d. h., mit einem Skalar $\alpha \in \mathbb{K}$ gilt: $\overrightarrow{x} = \alpha\overrightarrow{y}$. Daraus folgt einerseits $A\overrightarrow{x} = \lambda\overrightarrow{x}$ und andererseits $A\overrightarrow{x} = A\alpha\overrightarrow{y} = \alpha A\overrightarrow{y} = \alpha\mu\overrightarrow{y} = \mu\overrightarrow{x}$, was ein Widerspruch zu $\lambda \neq \mu$ ist. ■

Testfragen

1. Beweisen oder widerlegen Sie die folgende Aussage:

$$\lambda_A \in \text{spek}(A) \text{ und } \lambda_B \in \text{spek}(B) \Rightarrow \lambda_A + \lambda_B \in \text{spek}(A+B).$$

2. Welche Matrix A hat den Spektraradius $\varrho(A) = 0$?
3. Welche Eigenwerte und Eigenvektoren hat eine 1×1 Matrix A?
4. Welche charakteristischen Zahlen hat die Einheitsmatrix?
5. Hat eine $n \times n$ Matrix genau so viele charakteristische Zahlen wie Eigenwerte?
6. Hat eine Matrix A immer einen Eigenvektor zu einem Eigenwert?

9.2 Lösung der Eigenwertaufgabe

Wir wollen nun überlegen, wie Eigenwerte und Eigenvektoren einer Matrix A bestimmt werden können. Dazu schreiben wir die Eigenwertaufgabe $A\vec{x} = \lambda\vec{x}$ in der Form $A\vec{x} - \lambda\vec{x} = \vec{0}$, das ist ein lineares Gleichungssystem

$$(A - \lambda E)\vec{x} = \vec{0}$$

mit der Koeffizientenmatrix $A - \lambda E$. Da wir an nicht trivialen Lösungen interessiert sind, muss

$$\det(A - \lambda E) = \begin{vmatrix} a_{11} - \lambda & a_{12} & \cdots & \cdots & a_{1n} \\ a_{21} & a_{12} - \lambda & & & \vdots \\ \vdots & \vdots & \ddots & & \vdots \\ \vdots & \vdots & & \ddots & \vdots \\ a_{n1} & a_{n2} & \cdots & a_{n-1\,n} & a_{nn} - \lambda \end{vmatrix} = 0$$

gelten. Da $\det(A - \lambda E)$ ein Polynom vom Grad n in der Variablen λ ist, ist die Bestimmung der Eigenwerte auf ein Nullstellenproblem für Polynome zurückgeführt. Der höchste Koeffizient dieses Polynoms ist $(-1)^n$.

Satz 9.2 *A ist eine $n \times n$ Matrix. Dann sind die Eigenwerte der Matrix A genau die Nullstellen der* ***charakteristischen Gleichung***

$$\det(A - \lambda E) = 0. \tag{9.5}$$

Das Polynom n-ten Grades

$$P_A(\lambda) = \det(A - \lambda E) = c_0 + c_1\lambda + c_2\lambda^2 + \ldots + c_{n-1}\lambda^{n-1} + (-1)^n\lambda^n \tag{9.6}$$

heißt ***charakteristisches Polynom*** *der Matrix A und besitzt, unter Berücksichtigung der Vielfachheiten, n komplexe Nullstellen. Die zugehörigen Eigenvektoren sind die nicht trivialen Lösungen des homogenen linearen Gleichungssystems*

$$(A - \lambda E)\vec{x} = \vec{0}.$$

Beweis: Folgt sofort aus (9.1) und Satz 1.9. ■

Satz 9.3 *Ist A eine $n \times n$ Matrix mit den, nicht notwendig verschiedenen, Eigenwerten $\lambda_1, \lambda_2, \ldots, \lambda_n$, dann gilt:*
a) $\det(A) = \lambda_1 \cdot \lambda_2 \cdot \ldots \cdot \lambda_n$.
b) $\operatorname{spur}(A) = \lambda_1 + \lambda_2 + \ldots + \lambda_n$.

Beweis: Die Eigenwerte von A sind Nullstellen des charakteristischen Polynoms

$$\begin{aligned}
P_A(\lambda) &= (-1)^n (\lambda - \lambda_1)(\lambda - \lambda_2)\ldots(\lambda - \lambda_n) \\
&= \begin{vmatrix}
a_{11}-\lambda & a_{12} & a_{13} & \cdots & \cdots & a_{1n} \\
a_{21} & a_{22}-\lambda & a_{23} & & & \vdots \\
\vdots & a_{32} & a_{33}-\lambda & & & \vdots \\
\vdots & \vdots & \vdots & \ddots & & \vdots \\
\vdots & \vdots & \vdots & & \ddots & \vdots \\
a_{n1} & a_{n2} & \cdots & \cdots & a_{n-1\,n} & a_{nn}-\lambda
\end{vmatrix} \\
&= (-1)^n \lambda^n + c_{n-1}\lambda^{n-1} + \ldots + c_1\lambda + c_0.
\end{aligned}$$

Für $\lambda = 0$ erhalten wir

$$P_A(0) = c_0 = \det(A).$$

Es gilt weiter für den Koeffizienten c_{n-1} des charakteristischen Polynoms

$$c_{n-1} = (-1)^n(-\lambda_1 - \lambda_2 + \ldots - \lambda_n) = (-1)^{n+1}(\lambda_1 + \lambda_2 + \ldots + \lambda_n).$$

Andererseits erhält man, wenn man $\det(A - \lambda E)$ nach den Potenzen von λ entwickelt

$$c_{n-1} = (-1)^{n-1}(a_{11} + a_{22} + \ldots + a_{nn}) = (-1)^{n-1}\,\mathrm{spur}(A).$$

Koeffizientenvergleich ergibt somit:

$$\mathrm{spur}(A) = a_{11} + a_{22} + \ldots + a_{nn} = \lambda_1 + \lambda_2 + \ldots + \lambda_n.$$ ∎

Merke: Man kann an den Eigenwerten ablesen, ob eine Matrix A invertierbar ist. Nach Satz 6.7 gilt nämlich:

$$\det(A) \neq 0 \Leftrightarrow 0 \notin \mathrm{spek}(A). \tag{9.7}$$

Satz 9.4 *Für eine invertierbare $n \times n$ Matrix A gilt:*
a) Ist λ Eigenwert von A, so ist λ^{-1} Eigenwert von A^{-1}.
b) Ist $(\lambda, \vec{x})$ ein Eigenpaar von A, so ist $(\lambda^{-1}, \vec{x})$ ein Eigenpaar von A^{-1}.

Beweis: Da A invertierbar ist, ist nach (9.7) die Zahl 0 kein Eigenwert von A. Für ein Eigenpaar $(\lambda, \vec{x})$ von A gilt $A\vec{x} = \lambda\vec{x}$ und weiter:

$$\vec{x} = A^{-1}A\vec{x} = A^{-1}\lambda\vec{x} = \lambda A^{-1}\vec{x} \text{ also } A^{-1}\vec{x} = \frac{1}{\lambda}\vec{x} = \lambda^{-1}\vec{x},$$

woraus a) und b) folgen. ∎

Definition 9.2 Unter der **algebraischen Vielfachheit** $\alpha(\lambda)$ eines Eigenwertes λ der Matrix A, verstehen wir die Vielfachheit von λ als Nullstelle des charakteristischen Polynoms $P_A(\lambda) = \det(A - \lambda E)$. Es gilt also:

$$\alpha(\lambda) = m \Leftrightarrow \lambda \text{ ist } m\text{-fache Nullstelle von } P_A(\lambda). \tag{9.8}$$

Als nächstes wollen wir uns um Eigenwerte spezieller Matrizen kümmern.

Lemma 9.1 *Ist $A \in M_{n\times n}(\mathbb{K})$, dann gilt:*
a) $\operatorname{spek}(A) = \operatorname{spek}\left(A^T\right)$.
b) Ist A eine Dreiecksmatrix, dann sind die Diagonalelemente die Eigenwerte von A.

Beweis: a) Sei $\lambda \in \operatorname{spek}(A)$, d.h. $P_A(\lambda) = \det(A - \lambda E) = 0$. Dann folgt

$$(A - \lambda E)^T = A^T - (\lambda E)^T = A^T - \lambda E,$$

wegen $\det(A) = \det\left(A^T\right)$ ergibt

$$\det\left(A^T - \lambda E\right) = P_{A^T}(\lambda) = \det(A - \lambda E)^T = \det(A - \lambda E) = 0$$

die Behauptung.

b) Aufgrund von Teil a) können wir uns auf obere Dreiecksmatrizen beschränken. Aus der Darstellung

$$\begin{aligned} P_A(\lambda) &= \det(A - \lambda E) = \begin{vmatrix} a_{11}-\lambda & a_{12} & \cdots & \cdots & a_{1n} \\ 0 & a_{22}-\lambda & & & \vdots \\ 0 & 0 & \ddots & & \vdots \\ \vdots & & & \ddots & \vdots \\ 0 & 0 & \cdots & 0 & a_{nn}-\lambda \end{vmatrix} \\ &= (a_{11}-\lambda)(a_{22}-\lambda)\ldots(a_{nn}-\lambda) \end{aligned}$$

entnehmen wir sofort die Nullstellen des charakteristischen Polynoms $P_A(\lambda)$ und somit die Eigenwerte von A. ■

Die Lösung der Eigenwertaufgabe $A\vec{x} = \lambda\vec{x}$ vollzieht sich in vier Schritten:

1. Bilde $A - \lambda E$.
2. Berechne das charakteristische Polynom $P_A(\lambda) = \det(A - \lambda E)$.

3. Bestimme die Nullstellen des charakteristischen Polynoms $P_A(\lambda)$. Diese Nullstellen sind die Eigenwerte der Matrix A.
4. Bestimme zu jedem Eigenwert λ alle nicht trivialen Lösungen des homogenen linearen Gleichungssystems $(A - \lambda E)\vec{x} = \vec{0}$. Diese Lösungen sind die Eigenvektoren von A zum Eigenwert λ.

Beispiel 9.4 Wir bestimmen die Eigenpaare der Matrix

$$A = \begin{pmatrix} 2 & 3 & 4 \\ 2 & 3 & 3 \\ 0 & 0 & 1 \end{pmatrix}.$$

Das charakteristische Polynom ist:

$$P_A(\lambda) = \det(A - \lambda E) = \lambda^3 - 6\lambda^2 + 5\lambda = \lambda\left(\lambda^2 - 6\lambda + 5\right)$$

und hat die Nullstellen

$$\lambda_1 = 0, \lambda_2 = 1 \text{ und } \lambda_3 = 5.$$

Die Eigenvektoren berechnen sich wie folgt:
Eigenvektor zum Eigenwert $\lambda_1 = 0$:
Wir erhalten das lineare Gleichungssystem $(A - \lambda_1 E)\vec{x} = \vec{0}$, d. h.

$$\begin{aligned} 2x_1 + 3x_2 + 4x_3 &= 0 \\ 2x_1 + 3x_2 + 3x_3 &= 0 \\ x_3 &= 0 \end{aligned}$$

Die zu $\lambda_1 = 0$ gehörenden Eigenvektoren sind $\vec{x_1} = t \begin{pmatrix} -\frac{3}{2} \\ 1 \\ 0 \end{pmatrix}$, $t \in \mathbb{R}$.

Eigenvektor zum Eigenwert $\lambda_2 = 1$:
Wir erhalten das lineare Gleichungssystem $(A - \lambda_2 E)\vec{x} = \vec{0}$, d. h.

$$\begin{aligned} x_1 + 3x_2 + 4x_3 &= 0 \\ 2x_1 + 2x_2 + 3x_3 &= 0 \\ 0x_3 &= 0 \end{aligned}$$

Die zu $\lambda_2 = 1$ gehörenden Eigenvektoren sind $\vec{x_2} = t \begin{pmatrix} -\frac{1}{4} \\ -\frac{5}{4} \\ 1 \end{pmatrix}$, $t \in \mathbb{R}$.

Eigenvektor zum Eigenwert $\lambda_3 = 5$:
Wir erhalten das lineare Gleichungssystem $(A - \lambda_3 E)\,\vec{x} = \vec{0}$, d. h.

$$\begin{aligned} -3x_1 + 3x_2 + 4x_3 &= 0 \\ 2x_1 - 2x_2 + 3x_3 &= 0 \\ -4x_3 &= 0 \end{aligned}$$

Die zu $\lambda_3 = 5$ gehörenden Eigenvektoren sind $\vec{x}_3 = t \begin{pmatrix} 1 \\ 1 \\ 0 \end{pmatrix}, \quad t \in \mathbb{R}.$

Satz 9.5 *Ähnliche Matrizen A, B haben die gleichen Eigenwerte und damit auch die gleichen Eigenvektoren.*

Beweis: Da A und B ähnlich sind, gibt es eine Matrix S mit $\det S \neq 0$, so dass gilt

$$B = S^{-1} A S.$$

Daraus folgt:

$$\begin{aligned} \det(B - \lambda E) &= \det\left(S^{-1} A S - \lambda E\right) = \det\left(S^{-1} A S - S^{-1} \lambda E S\right) \\ &= \det\left(S^{-1} (A - \lambda E)\, S\right). \end{aligned}$$

Mit dem Determinantenmultiplikationssatz und der Beziehung

$$\det S^{-1} = \frac{1}{\det S}$$

folgern wir:

$$\det\left(S^{-1} (A - \lambda E)\, S\right) = \det S^{-1} \det(A - \lambda E) \det S = \det(A - \lambda E),$$

das bedeutet

$$P_B(\lambda) = P_A(\lambda),$$

und somit ist die Behauptung bewiesen. ■

Testfragen

1. Bestimmen Sie das charakteristische Polynom der Matrizen

$$A = \begin{pmatrix} 2 & 10 \\ 5 & 3 \end{pmatrix}, B = \begin{pmatrix} 10 & -2 \\ -3 & 3 \end{pmatrix}.$$

2. Bestimmen Sie die Eigenwerte und Eigenvektoren der Matrix

$$A = \begin{pmatrix} 1 & -2 \\ 1 & 4 \end{pmatrix}.$$

3. Welche Matrizen sind ähnlich zur Einheitsmatrix E?

4. Ist die Aussage

$$\operatorname{spur}(A) = 0 \Leftrightarrow \det(A) = 0$$

richtig oder falsch?

5. Geben Sie eine Matrix an, welche ähnlich zur Matrix

$$A = \begin{pmatrix} 1 & 0 & 0 \\ 0 & 2 & 0 \\ 0 & 0 & 4 \end{pmatrix}$$

ist.

6. Sind zwei Matrizen ähnlich, wenn ihre charakteristischen Polynome übereinstimmen?

7. Wenn $\lambda \neq 0$ Eigenwert von A ist, ist dann λ^{-2} Eigenwert von A^{-2}?

9.3 Hauptvektoren

Wir gehen in dem folgenden Abschnitt der Frage nach, wie viele linear unabhängige Eigenvektoren eine $n \times n$ Matrix hat.

Satz 9.6 *Es sei A eine $n \times n$ Matrix über dem Körper $\mathbb{K}$; weiter sei λ ein Eigenwert von A. Die Lösungen $\overrightarrow{x}$ der Eigenwertgleichung*

$$(A - \lambda E)\overrightarrow{x} = \overrightarrow{0}$$

*bilden einen Teilraum des Vektorraumes $\mathbb{K}^n$, welcher **Eigenraum** $\mathcal{E}(\lambda)$ zu λ genannt wird. Die Dimension von $\mathcal{E}(\lambda)$ wird als **geometrische Vielfachheit***

$\gamma(\lambda)$ des Eigenwertes λ bezeichnet:

$$\gamma(\lambda) = \dim \mathcal{E}(\lambda).$$

Es gilt:

$$\gamma(\lambda) = \dim(\text{Kern}(A - \lambda E)) = n - \text{rang}(A - \lambda E). \tag{9.9}$$

Zwischen algebraischer Vielfachheit $\alpha(\lambda)$ und geometrischer Vielfachheit $\gamma(\lambda)$ besteht folgende Ungleichung:

$$1 \le \gamma(\lambda) \le \alpha(\lambda) \le n. \tag{9.10}$$

Beweis: Die Teilraumeigenschaft folgt aus Satz 4.1, und die Beziehung (9.9) ergibt sich aus (4.4).
Die geometrische Vielfachheit eines Eigenwertes λ ist mindestens eins, da wegen

$$\text{rang}(A - \lambda E) = \text{rang}\left(A - \lambda E \,\middle|\, \overrightarrow{0}\right)$$

stets nicht triviale Lösungen des homogenen linearen Gleichungssystems

$$(A - \lambda E)\overrightarrow{x} = \overrightarrow{0}$$

existieren. Damit folgt die linke Ungleichung in (9.10), die rechte Ungleichung ergibt sich unmittelbar aus Satz 1.10.
Zum Nachweis der mittleren Ungleichung nehmen wir an, für ein $\widehat{\lambda} \in \text{spek}(A)$ sei $\dim \mathcal{E}(\widehat{\lambda}) = \gamma(\widehat{\lambda}) = m > \alpha(\widehat{\lambda})$. Wir ergänzen eine Basis $\overrightarrow{b_1}, \ldots, \overrightarrow{b_m}$ von $\mathcal{E}(\lambda)$ durch $\overrightarrow{b_{m+1}}, \ldots, \overrightarrow{b_n}$ zu einer Basis von $\mathbb{K}^n$; mit $b_{i,j}, i = 1, \ldots, n$ bezeichnen wir die i-te Koordinate des Vektors $\overrightarrow{b_j}$, $j = 1, \ldots, m$. Wir bilden die Matrix

$$M = \begin{pmatrix} b_{11} & \cdots & b_{1m} & b_{1\,m+1} & \cdots & b_{1n} \\ \vdots & & \vdots & \vdots & & \vdots \\ b_{i1} & \cdots & b_{im} & b_{i\,m+1} & \cdots & b_{in} \\ \vdots & & \vdots & \vdots & & \vdots \\ \vdots & & \vdots & \vdots & & \vdots \\ b_{n1} & \cdots & b_{nm} & b_{n\,m+1} & \cdots & b_{nn} \end{pmatrix}.$$

Wegen $A\overrightarrow{b_j} = \widehat{\lambda}\overrightarrow{b_j}$, $j = 1, \ldots, m$ folgt:

$$AM = \begin{pmatrix} \widehat{\lambda}b_{11} & \cdots & \widehat{\lambda}b_{1m} & * & \cdots & * \\ \vdots & & \vdots & \vdots & & \vdots \\ \widehat{\lambda}b_{21} & \cdots & \widehat{\lambda}b_{2m} & * & \cdots & * \\ \vdots & & \vdots & \vdots & & \vdots \\ \vdots & & \vdots & \vdots & & \vdots \\ \widehat{\lambda}b_{n1} & \cdots & \widehat{\lambda}b_{nm} & * & \cdots & * \end{pmatrix}, \tag{9.11}$$

wobei $*$ beliebige Elemente aus $\mathbb{K}$ bezeichnen. Weiter ist

$$\begin{aligned} AM &= \begin{pmatrix} b_{1,1} & \cdots & b_{1,m} & \cdots & b_{1,n} \\ \vdots & & \vdots & & \vdots \\ b_{i,1} & \cdots & b_{i,m} & \cdots & b_{i,n} \\ \vdots & & \vdots & & \vdots \\ \vdots & & \vdots & & \vdots \\ b_{n,1} & \cdots & b_{n,m} & \cdots & b_{n,n} \end{pmatrix} \underbrace{\begin{pmatrix} \widehat{\lambda} & & 0 & \widetilde{*} & \widetilde{*} \\ 0 & \ddots & \vdots & \vdots & \vdots \\ \vdots & & \widehat{\lambda} & \widetilde{*} & \widetilde{*} \\ \vdots & & 0 & \widetilde{*} & \widetilde{*} \\ \vdots & & \vdots & \vdots & \vdots \\ 0 & & 0 & \widetilde{*} & \widetilde{*} \end{pmatrix}}_{=K} \\ &= MK, \end{aligned} \tag{9.12}$$

mit $\widetilde{*} \in \mathbb{K}$. Wegen $\det(M) \neq 0$ sind K und A ähnlich und nach Satz 9.5 gilt:

$$\det(K - \lambda E) = \det(A - \lambda E)\,. \tag{9.13}$$

Aufgrund der Definition der Determinante können wir aus (9.12) ersehen, dass $\det(K - \lambda E)$ den Faktor $\left(\lambda - \widehat{\lambda}\right)^m$ enthält. Andererseits ist

$$\det(A - \lambda E) = \left(\lambda - \widehat{\lambda}\right)^{\alpha(\widehat{\lambda})} q(\lambda)\,;$$

dabei ist q ein Polynom vom Grad $n - \alpha\left(\widehat{\lambda}\right)$ mit $q\left(\widehat{\lambda}\right) \neq 0$. Wegen $m > \alpha\left(\widehat{\lambda}\right)$ ist das ein Widerspruch zu (9.13). ∎

Beispiel 9.5 Dass in (9.10) alle Fälle möglich sind, machen wir uns anhand von 2×2 Matrizen klar.

Matrix A	spek (A)	$\gamma(\lambda)$	$\alpha(\lambda)$
$\begin{pmatrix} 1 & 0 \\ 8 & -2 \end{pmatrix}$	$\{-2, 1\}$	$\gamma(-2) = 1, \gamma(1) = 1$	$\alpha(-2) = 1, \alpha(1) = 1$
$\begin{pmatrix} 2 & -3 \\ 0 & 2 \end{pmatrix}$	$\{2\}$	$\gamma(2) = 1$	$\alpha(2) = 2$
$\begin{pmatrix} 4 & 0 \\ 0 & 4 \end{pmatrix}$	$\{4\}$	$\gamma(4) = 2$	$\alpha(4) = 2$

Lemma 9.2 *Summen von Eigenräumen zu verschiedenen Eigenwerten sind stets direkt:*

$$\sum_{k=1}^{m} \mathcal{E}(\lambda_k) = \bigoplus_{k=1}^{m} \mathcal{E}(\lambda_k).$$

Beweis: Das ist eine Konsequenz aus Satz 9.1. ∎

Definition 9.3 Sei $A \in M_{n\times n}(\mathbb{K})$ mit $\lambda_j \in \operatorname{spek}(A) = \{\lambda_1, \lambda_2, \ldots, \lambda_p\}$. Ein Vektor $\vec{x} \neq \vec{0}$ heißt **Hauptvektor** k-ter Stufe zum Eigenwert λ_j, wenn gilt:

$$\left(A - \lambda_j E\right)^k \vec{x} = \vec{0}, \text{ aber } \left(A - \lambda_j E\right)^{k-1} \vec{x} \neq \vec{0}. \tag{9.14}$$

Der **Hauptraum** $\mathcal{H}(\lambda_j)$ zum Eigenwert λ_j ist die lineare Hülle aller Hauptvektoren.

Merke: Hauptvektoren k-ter Stufe, mit $k > 1$ zum Eigenwert λ existieren, falls gilt:

$$\gamma(\lambda) < \alpha(\lambda).$$

Eigenvektoren sind Hauptvektoren erster Stufe, sie erfüllen auch die **Hauptvektorgleichung**

$$\left(A - \lambda_j E\right)^k \vec{x} = \vec{0}.$$

Hauptvektoren sind nicht eindeutig bestimmt.

Bemerkung 9.3 Aus Definition 9.3 folgt sofort, dass die Summe aller Haupträume direkt ist

$$\bigoplus_{\lambda \in \operatorname{spek}(A)} \mathcal{H}(\lambda).$$

Ohne Beweis formulieren wir folgendes Lemma:

Lemma 9.3 *Die Teilräume* Kern $\left(A-\lambda_j E\right)^k$ *bilden eine strikt aufsteigende Kette von Teilräumen:*

$$\begin{aligned}\left\{\vec{0}\right\} &= \text{Kern}\left(A-\lambda_j E\right)^0 < \text{Kern}\left(A-\lambda_j E\right)^1 < \dots \\ &< \text{Kern}\left(A-\lambda_j E\right)^{\alpha(\lambda_j)} = \text{Kern}\left(A-\lambda_j E\right)^{\alpha(\lambda_j)+1} = \mathcal{H}\left(\lambda_j\right).\end{aligned}$$

Beispiel 9.6 Bei der Matrix

$$A = \begin{pmatrix} -2 & 3 & 7 \\ 0 & 3 & 5 \\ 0 & 0 & 3 \end{pmatrix}$$

handelt es sich um eine (obere) Dreiecksmatrix; die Eigenwerte sind die Diagonalelemente

$$\lambda_1 = -2 \text{ bzw. } \lambda_2 = 3$$

mit den algebraischen Vielfachheiten

$$\alpha\left(\lambda_1\right) = 1 \text{ bzw. } \alpha\left(\lambda_2\right) = 2.$$

Wir bestimmen den Eigenvektor zum Eigenwert $\lambda_1 = -2$, d. h., wir lösen das lineare Gleichungssystem $(A - \lambda_1 E)\vec{x} = \vec{0}$:

$$\begin{aligned} 3x_2 + 7x_3 &= 0 \\ 5x_2 + 5x_3 &= 0 \\ 5x_3 &= 0 \end{aligned}$$

und erhalten den zu $\lambda_1 = -2$ gehörenden Eigenvektor $\vec{x_1} = \begin{pmatrix} 1 \\ 0 \\ 0 \end{pmatrix}$.

Wegen $\gamma\left(\lambda_1\right) = \alpha\left(\lambda_1\right) = 1$ existieren keine Hauptvektoren höherer Stufe zum Eigenwert $\lambda_1 = -2$.
Zur Bestimmung des Eigenvektors zum Eigenwert $\lambda_2 = 3$ lösen wir das lineare Gleichungssystem $(A - \lambda_2 E)\vec{x} = \vec{0}$:

$$\begin{aligned} -5x_1 + 3x_2 + 7x_3 &= 0 \\ 5x_3 &= 0 \end{aligned}$$

und erkennen rang $(A - 3E) = 2$, mithin ist $\gamma\left(\lambda_2\right) = 1$, und der zum Eigenwert $\lambda_2 = 3$ gehörende Eigenvektor ist $\vec{x_2} = \begin{pmatrix} \frac{3}{5} \\ 1 \\ 0 \end{pmatrix}$.

Da $1 = \gamma(\lambda_2) < \alpha(\lambda_1) = 2$, gibt es zum Eigenwert $\lambda_2 = 3$ Hauptvektoren zweiter Stufe. Diese sind nicht triviale Lösungen $\overrightarrow{x}$ des Systems

$$(A - \lambda_2 E)^2 \overrightarrow{x} = \begin{pmatrix} 25 & -15 & -20 \\ 0 & 0 & 0 \\ 0 & 0 & 0 \end{pmatrix} \begin{pmatrix} x_1 \\ x_2 \\ x_3 \end{pmatrix} = \begin{pmatrix} 0 \\ 0 \\ 0 \end{pmatrix},$$

wobei $(A - \lambda_2 E)\overrightarrow{x} \neq \overrightarrow{0}$ sein muss. Das System hat die allgemeine Lösung

$$\overrightarrow{x} = s \begin{pmatrix} 1 \\ \frac{5}{3} \\ 0 \end{pmatrix} + t \begin{pmatrix} 0 \\ -\frac{4}{3} \\ 1 \end{pmatrix}, s, t \in \mathbb{R}.$$

Wir sehen, dass $\begin{pmatrix} 1 \\ \frac{5}{3} \\ 0 \end{pmatrix}$ ein Hauptvektor erster Stufe (Eigenvektor zum Eigenwert 3) ist. Folglich ist $\overrightarrow{x} = \begin{pmatrix} 0 \\ -\frac{4}{3} \\ 1 \end{pmatrix}$ ein Hauptvektor zweiter Stufe, d. h., es gilt:

$$(A - 3E)\overrightarrow{x} = \begin{pmatrix} -5 & 3 & 7 \\ 0 & 0 & 5 \\ 0 & 0 & 0 \end{pmatrix} \begin{pmatrix} 0 \\ -\frac{4}{3} \\ 1 \end{pmatrix} = \begin{pmatrix} 3 \\ 5 \\ 0 \end{pmatrix} \neq \begin{pmatrix} 0 \\ 0 \\ 0 \end{pmatrix}$$

sowie

$$(A - 3E)^2 \overrightarrow{x} = \begin{pmatrix} 25 & -15 & -20 \\ 0 & 0 & 0 \\ 0 & 0 & 0 \end{pmatrix} \begin{pmatrix} 0 \\ -\frac{4}{3} \\ 1 \end{pmatrix} = \begin{pmatrix} 0 \\ 0 \\ 0 \end{pmatrix}.$$

Testfragen

1. Bestimmen Sie die algebraischen und geometrischen Vielfachheiten der Eigenwerte der Matrix

$$A = \begin{pmatrix} 1 & 2 & 3 \\ 0 & 4 & 4 \\ 0 & 0 & 0 \end{pmatrix}.$$

2. Was bedeutet es, wenn eine Matrix A nur Hauptvektoren 1. Stufe besitzt?

3. Existieren für eine $n \times n$ Matrix Hauptvektoren m-ter Stufe mit $m > n$?

4. Wie viele verschiedene Eigenwerte hat eine $n \times n$ Matrix mindestens? Wie viele höchstens?

5. Bestimmen Sie alle Hauptvektoren der Matrix

$$A = \begin{pmatrix} 2 & -3 \\ 0 & 2 \end{pmatrix}.$$

9.4 Diagonalisierbarkeit

Wir wollen in diesem Kapitel der Frage nachgehen, wann eine Matrix eine Basis aus Eigenvektoren besitzt.

Definition 9.4 Es sei A eine $n \times n$ Matrix mit den $m \leq n$ verschiedenen Eigenwerten $\lambda_1, \lambda_2, \ldots, \lambda_m$. Die Matrix A heißt **diagonalisierbar**, wenn gilt

$$\sum_{k=1}^{m} \gamma(\lambda_k) = \sum_{k=1}^{m} \dim \mathcal{E}(\lambda_k) = n. \tag{9.15}$$

Kriterien für die Diagonalisierbarkeit sind nachfolgend zusammengestellt.

Satz 9.7 *Es sei A eine $n \times n$ Matrix. Dann gilt:*
a) A besitzt n verschiedene Eigenwerte $\lambda_1, \lambda_2, \ldots, \lambda_n \Rightarrow A$ ist diagonalisierbar.
b) $\bigwedge_{\lambda \in \mathrm{spek}(A)} \gamma(\lambda) = \alpha(\lambda) \Leftrightarrow A$ ist diagonalisierbar
c) A ist diagonalisierbar $\Leftrightarrow$ Es gibt eine Basis aus Eigenvektoren.
d) A ist diagonalisierbar $\Leftrightarrow$ A ist ähnlich zu einer Diagonalmatrix D.

Beweis: a) Gibt es n verschiedene Eigenwerte $\lambda_1, \lambda_2, \ldots, \lambda_n$ einer Matrix, dann ist

$$\bigwedge_{k=1}^{n} \gamma(\lambda_k) = \alpha(\lambda_k) = 1$$

und daher

$$\sum_{k=1}^{n} \gamma(\lambda_k) = n.$$

Also ist A diagonalisierbar.
b) Aus

$$\bigwedge_{\lambda \in \mathrm{spek}(A)} \gamma(\lambda) = \alpha(\lambda)$$

folgt sofort

$$\sum_{k=1}^{n} \gamma(\lambda_k) = \sum_{\lambda \in \text{spek}(A)} \alpha(\lambda) = n$$

und damit die Diagonalisierbarkeit von A. Umgekehrt folgt aus der Diagonalisierbarkeit wegen (9.10) unmittelbar

$$\bigwedge_{\lambda \in \text{spek}(A)} \gamma(\lambda) = \alpha(\lambda) .$$

c) Wenn A diagonalisierbar ist, gilt

$$\sum_{k=1}^{n} \gamma(\lambda_k) = \sum_{k=1}^{m} \dim \mathcal{E}(\lambda_k) = n,$$

also muss es n linear unabhängige Eigenvektoren geben. Gibt es umgekehrt n linear unabhängige Eigenvektoren, so heißt dies

$$\sum_{k=1}^{m} \dim \mathcal{E}(\lambda_k) = n,$$

und somit ist A diagonalisierbar.
d) Wir nehmen zunächst an, A sei diagonalisierbar, d. h., die $n \times n$ Matrix A hat n linear unabhängige Eigenvektoren

$$\vec{x_1} = \begin{pmatrix} x_{11} \\ x_{21} \\ \vdots \\ x_{n1} \end{pmatrix}, \vec{x_2} = \begin{pmatrix} x_{12} \\ x_{22} \\ \vdots \\ x_{n2} \end{pmatrix}, \ldots, \vec{x_n} = \begin{pmatrix} x_{1n} \\ x_{1n} \\ \vdots \\ x_{nn} \end{pmatrix}.$$

Wir bilden nun die Matrix

$$X = \begin{pmatrix} x_{11} & x_{12} & \cdots & \cdots & x_{1n} \\ x_{21} & \ddots & & & x_{2n} \\ \vdots & & \ddots & & \vdots \\ \vdots & & & \ddots & \vdots \\ x_{n1} & x_{n2} & \cdots & \cdots & x_{nn} \end{pmatrix} \tag{9.16}$$

und berechnen AX. Dabei ist zu beachten, dass die i-te Spalte von AX gleich $A\vec{x_i} = \lambda_i \vec{x_i}$ ist. Bezeichnen $\lambda_1, \ldots \lambda_n$ die Eigenwerte von A entsprechend ihrer Vielfachheit, dann folgt:

$$AX = \begin{pmatrix} \lambda_1 x_{11} & \lambda_2 x_{12} & \cdots & \lambda_n x_{1n} \\ \lambda_1 x_{21} & \ddots & & \lambda_n x_{2n} \\ \vdots & & & \vdots \\ \lambda_1 x_{n1} & \lambda_2 x_{n2} & \cdots & \lambda_n x_{nn} \end{pmatrix}.$$

Weiter können wir schreiben:

$$AX = \begin{pmatrix} x_{11} & x_{12} & \cdots & x_{1n} \\ x_{21} & \ddots & & x_{2n} \\ \vdots & & & \vdots \\ x_{n1} & x_{n2} & \cdots & x_{nn} \end{pmatrix} \begin{pmatrix} \lambda_1 & 0 & \cdots & 0 \\ 0 & \lambda_2 & & \vdots \\ \vdots & & \ddots & 0 \\ 0 & 0 & \cdots & \lambda_n \end{pmatrix} = XD.$$

Da $\operatorname{rang}(X) = n$ ist, existiert X^{-1}, und man erhält:

$$X^{-1}AX = D = \operatorname{Diag}(\lambda_1, \lambda_2, \ldots, \lambda_n).$$

Ist umgekehrt A ähnlich zu einer Diagonalmatrix, so bedeutet dies, dass es eine Basis aus Eigenvektoren gibt. Somit ist dann A diagonalisierbar. ∎

Die Diagonalisierung einer Matrix A kann mithilfe des folgenden Algorithmus festgestellt bzw. durchgeführt werden:

1. Bestimme die paarweise verschiedenen Eigenwerte $\lambda_1, \lambda_2, \ldots, \lambda_m$ von A.
2. Gibt es dazu n linear unabhängige Eigenvektoren $\overrightarrow{x_1}, \overrightarrow{x_2}, \ldots, \overrightarrow{x_n}$, so ist A diagonalisierbar. Bilde dann die Matrix X der Eigenvektoren, wobei die Spalten von X aus den Eigenvektoren $\overrightarrow{x_1}, \overrightarrow{x_2}, \ldots, \overrightarrow{x_n}$ bestehen. Das Matrizenprodukt $X^{-1}AX$ ist dann eine Diagonalmatrix mit den Eigenwerten $\lambda_1, \lambda_2, \ldots, \lambda_m$ als Diagonalelementen, die entsprechend ihrer algebraischen Vielfachheit vorkommen:

   $$D = X^{-1}AX = \operatorname{Diag}(\lambda_1, \ldots, \lambda_2, \ldots, \lambda_m).$$

   Die Reihenfolge, in welcher die Eigenwerte $\lambda_1, \lambda_2, \ldots, \lambda_m$ nummeriert werden, ist nicht eindeutig, daher ist die Matrix X nur bis auf die Reihenfolge, in welcher die Spaltenvektoren angeordnet sind, bestimmt.

Beispiel 9.7 Wir diagonalisieren die Matrix

$$A = \begin{pmatrix} 2 & -3 \\ -1 & 4 \end{pmatrix}.$$

Das charakteristische Polynom ist $P_A(\lambda) = \lambda^2 - 6\lambda + 5$. Die Nullstellen von $P_A(\lambda)$ sind die Eigenwerte von A und lauten: $\lambda_1 = 1$ und $\lambda_2 = 5$. Die Eigenvektoren berechnen sich wie folgt:

Eigenvektor zum Eigenwert $\lambda_1 = 1$: $\overrightarrow{x}_1 = \begin{pmatrix} 3 \\ 1 \end{pmatrix}$.

Eigenvektor zum Eigenwert $\lambda_2 = 5$: $\overrightarrow{x}_2 = \begin{pmatrix} -1 \\ 1 \end{pmatrix}$.

Die Spalten der Transformationsmatrix X werden gemäß (9.16) aus den Eigenvektoren $\overrightarrow{x_1}$, $\overrightarrow{x_2}$ gebildet:

$$X = \begin{pmatrix} 3 & -1 \\ 1 & 1 \end{pmatrix}.$$

Es ist

$$X^{-1} = \begin{pmatrix} \frac{1}{4} & \frac{1}{4} \\ -\frac{1}{4} & \frac{3}{4} \end{pmatrix}$$

und weiter folgt:

$$X^{-1}AX = \begin{pmatrix} 1 & 0 \\ 0 & 5 \end{pmatrix}.$$

Vertauscht man die Spalten der Transformationsmatrix, verwendet man also $\widetilde{X} = \begin{pmatrix} -1 & 3 \\ 1 & 1 \end{pmatrix}$, so ist

$$\widetilde{X}^{-1} = \begin{pmatrix} -\frac{1}{4} & \frac{3}{4} \\ \frac{1}{4} & \frac{1}{4} \end{pmatrix}$$

und es folgt

$$\widetilde{X}^{-1}A\widetilde{X} = \begin{pmatrix} 5 & 0 \\ 0 & 1 \end{pmatrix}.$$

Bemerkung 9.4 Für eine diagonalisierbare Matrix A kann man Potenzen

$$A^p, p \in \mathbb{N}$$

sehr einfach wie folgt berechnen. Wir diagonalisieren A, d. h., bestimmen eine invertierbare Matrix S und eine Diagonalmatrix D mit der Eigenschaft

$$D = S^{-1}AS.$$

Dann ist

$$A = SDS^{-1} \text{ und } A^2 = SD\underbrace{S^{-1}S}_{E}DS^{-1} = SD^2S^{-1}.$$

Durch vollständige Induktion erhalten wir:

$$A^p = SD^pS^{-1}. \tag{9.17}$$

Beispiel 9.8 Für $A = \begin{pmatrix} 2 & -3 \\ -1 & 4 \end{pmatrix}$ berechnen wir A^7. A ist diagonalisierbar. Mit den Transformationsmatrizen (vgl. (9.7))

$$X = \begin{pmatrix} 3 & -1 \\ 1 & 1 \end{pmatrix} \text{und } X^{-1} = \begin{pmatrix} \frac{1}{4} & \frac{1}{4} \\ -\frac{1}{4} & \frac{3}{4} \end{pmatrix}.$$

folgt $A = XDX^{-1}$ und damit

$$\begin{aligned} A^7 = XD^7X^{-1} &= \begin{pmatrix} 3 & -1 \\ 1 & 1 \end{pmatrix} \begin{pmatrix} 1 & 0 \\ 0 & 78125 \end{pmatrix} \begin{pmatrix} \frac{1}{4} & \frac{1}{4} \\ -\frac{1}{4} & \frac{3}{4} \end{pmatrix} \\ &= \begin{pmatrix} 19532 & -58593 \\ -19531 & 58594 \end{pmatrix}. \end{aligned}$$

Satz 9.8 *Ist A eine reelle, schiefsymmetrische $n \times n$ Matrix, d. h., gilt*

$$A = -A^T,$$

dann haben alle Eigenwerte λ von A einen verschwindenden Realteil:

$$\mathrm{Re}\,(\lambda) = 0.$$

Beweis: Für ein Eigenpaar $(\lambda, \vec{x})$ von A gilt $A\vec{x} = \lambda\vec{x}$, daraus folgt

$$\overline{A\vec{x}} = \overline{\lambda\vec{x}}.$$

Wegen der Schiefsymmetrie von A folgt einerseits

$$\left(\overline{A\vec{x}}\right)^T = \overline{\vec{x}}^T\overline{A}^T \underbrace{=}_{A \text{ reell}} \overline{\vec{x}}^T A^T \underbrace{=}_{A \text{ schiefsymm.}} \overline{\vec{x}}^T(-A)$$

und andererseits

$$\left(\overline{A\vec{x}}\right)^T = \left(\overline{\lambda\vec{x}}\right)^T = \overline{\lambda}\,\overline{\vec{x}}^T.$$

Daraus folgt $\overline{\vec{x}}^T A = -\bar{\lambda}\,\overline{\vec{x}}^T$. Multiplikation dieser Beziehung von rechts mit dem Vektor $\vec{x}$ liefert (vgl. (7.20)):

$$\overline{\vec{x}}^T A \vec{x} = -\bar{\lambda}\,\overline{\vec{x}}^T \vec{x} = -\bar{\lambda}\,\|\vec{x}\|^2 .$$

Multiplikation von $A\vec{x} = \lambda\vec{x}$ von links mit $\overline{\vec{x}}^T$ ergibt:

$$\overline{\vec{x}}^T A \vec{x} = \lambda\,\overline{\vec{x}}^T \vec{x} = \lambda\,\|\vec{x}\|^2 ,$$

woraus wegen $\lambda = -\bar{\lambda}$ notwendigerweise $\mathrm{Re}\,(\lambda) = 0$ folgt. ■

Satz 9.9 *Ist A eine* ***Hermite'sche*** *$n \times n$* ***Matrix****, d. h., gilt $A = \overline{A}^T$, dann sind alle Eigenwerte reell, und die zu verschiedenen Eigenwerten gehörenden Eigenvektoren orthogonal, wobei man wie üblich den komplexen Vektorraum $\mathbb{C}^n$ mit dem Standardinnenprodukt $\bullet$ (vgl. (7.18)) versieht.*

Beweis: Für ein Eigenpaar $(\lambda, \vec{x})$ von A gilt $A\vec{x} = \lambda\vec{x}$, woraus folgt

$$\overline{A\vec{x}} = \overline{\lambda\vec{x}}$$

und weiter

$$\left(\overline{A\vec{x}}\right)^T = \overline{\vec{x}}^T\,\overline{A}^T = \left(\overline{\lambda\vec{x}}\right)^T = \bar{\lambda}\,\overline{\vec{x}}^T .$$

Da A hermitesch ist, haben wir auch

$$\overline{\vec{x}}^T A = \left(\overline{A\vec{x}}\right)^T = \left(\overline{\lambda\vec{x}}\right)^T = \bar{\lambda}\,\overline{\vec{x}}^T .$$

Multiplikation dieser Beziehung von rechts mit dem Vektor $\vec{x}$ liefert

$$\overline{\vec{x}}^T A\bar{x} = \bar{\lambda}\,\overline{\vec{x}}^T \vec{x} = \bar{\lambda}\,\|\vec{x}\|^2 ,$$

und Multiplikation von $A\vec{x} = \lambda\vec{x}$ von links mit $\overline{\vec{x}}^T$ liefert

$$\overline{\vec{x}}^T A\vec{x} = \lambda\,\overline{\vec{x}}^T \vec{x} = \lambda\,\|\vec{x}\|^2 ,$$

woraus wegen $\lambda = \bar{\lambda}$ der Imaginärteil $\mathrm{Im}\,(\lambda)$ null ist, also $\lambda \in \mathbb{R}$ sein muss. Zum Nachweis der Orthogonalität betrachten wir Eigenvektoren $\vec{x} \neq \vec{0}$ und $\vec{y} \neq \vec{0}$ zu den verschiedenen Eigenwerten $\lambda \neq \mu$. Dann folgt:

$$\begin{aligned} \mu\,\vec{y} \bullet \vec{x} &= (\mu\vec{y})^T\,\overline{\vec{x}} = (A\vec{y})^T\,\overline{\vec{x}} = \left(\vec{y}^{\,T} A^T\right)\overline{\vec{x}} = \vec{y}^{\,T}\left(\overline{A\vec{x}}\right) \\ &= \vec{y}^{\,T}\left(\overline{A\vec{x}}\right) = \vec{y}^{\,T}\lambda\,\overline{\vec{x}} = \lambda\,\vec{y}^{\,T}\,\overline{\vec{x}} = \lambda\,\vec{y} \bullet \vec{x} . \end{aligned}$$

Aufgrund der Voraussetzung $\lambda \neq \mu$ muss daher $\vec{y} \bullet \vec{x} = 0$ sein. ■

Satz 9.10 *Jede Hermite'sche $n \times n$ Matrix A ist diagonalisierbar, d. h., es existiert eine Basis aus Eigenvektoren. Sind*

$$\vec{x_1} = \begin{pmatrix} x_{11} \\ x_{21} \\ \vdots \\ x_{n1} \end{pmatrix}, \vec{x_2} = \begin{pmatrix} x_{12} \\ x_{22} \\ \vdots \\ x_{n2} \end{pmatrix}, \dots, \vec{x_n} = \begin{pmatrix} x_{1n} \\ x_{2n} \\ \vdots \\ x_{nn} \end{pmatrix}$$

n paarweise orthogonale und normierte Eigenvektoren von A, so gilt für die Matrix

$$C = \begin{pmatrix} \frac{x_{11}}{\|\vec{x_1}\|} & \frac{x_{12}}{\|\vec{x_2}\|} & \cdots & \cdots & \frac{x_{1n}}{\|\vec{x_n}\|} \\ \frac{x_{21}}{\|\vec{x_1}\|} & \frac{x_{22}}{\|\vec{x_2}\|} & \cdots & \cdots & \frac{x_{2n}}{\|\vec{x_n}\|} \\ \vdots & \ddots & \ddots & & \vdots \\ \vdots & & & \ddots & \vdots \\ \frac{x_{n1}}{\|\vec{x_1}\|} & \frac{x_{n2}}{\|\vec{x_2}\|} & \cdots & \cdots & \frac{x_{nn}}{\|\vec{x_n}\|} \end{pmatrix},$$

welche A auf Diagonalgestalt transformiert:

$$C^{-1} = \overline{C}^T. \tag{9.18}$$

Eine Matrix mit der Eigenschaft (9.18) heißt ***unitär***.

Beweis: Zum Beweis der Diagonalsierbarkeit von A verweisen wir auf die Literatur ([9]) und auf den Beweis von Satz 11.9 bzw. Satz 11.12.
Wir berechnen nun

$$\overline{C}^T C = \begin{pmatrix} \frac{\overline{x_{11}}}{\|\vec{x_1}\|} & \frac{\overline{x_{21}}}{\|\vec{x_2}\|} & \cdots & \frac{\overline{x_{n1}}}{\|\vec{x_n}\|} \\ \frac{\overline{x_{12}}}{\|\vec{x_1}\|} & \frac{\overline{x_{22}}}{\|\vec{x_2}\|} & \cdots & \frac{\overline{x_{n2}}}{\|\vec{x_n}\|} \\ \vdots & & & \vdots \\ \frac{\overline{x_{1n}}}{\|\vec{x_1}\|} & \frac{\overline{x_{2n}}}{\|\vec{x_2}\|} & \cdots & \frac{\overline{x_{nn}}}{\|\vec{x_n}\|} \end{pmatrix} \begin{pmatrix} \frac{x_{11}}{\|\vec{x_1}\|} & \frac{x_{12}}{\|\vec{x_2}\|} & \cdots & \frac{x_{1n}}{\|\vec{x_n}\|} \\ \frac{x_{21}}{\|\vec{x_1}\|} & \frac{x_{22}}{\|\vec{x_2}\|} & \cdots & \frac{x_{2n}}{\|\vec{x_n}\|} \\ \vdots & & \ddots & \vdots \\ \frac{x_{n1}}{\|\vec{x_1}\|} & \frac{x_{n2}}{\|\vec{x_2}\|} & \cdots & \frac{x_{nn}}{\|\vec{x_n}\|} \end{pmatrix}.$$

Aufgrund der Orthonormalitätseigenschaft und mit (7.20) gilt für $i, j = 1, \dots, n$

$$\begin{pmatrix} \frac{\overline{x_{1i}}}{\|\vec{x_i}\|} & \frac{\overline{x_{2i}}}{\|\vec{x_i}\|} & \cdots & \frac{\overline{x_{ni}}}{\|\vec{x_i}\|} \end{pmatrix} \begin{pmatrix} \frac{x_{1j}}{\|\vec{x_j}\|} \\ \frac{x_{2j}}{\|\vec{x_j}\|} \\ \vdots \\ \frac{x_{nj}}{\|\vec{x_j}\|} \end{pmatrix} = \begin{cases} 1 \text{ falls } i = j \\ 0 \text{ falls } i \neq j \end{cases}$$

woraus (9.18) folgt. Weiter folgt mit Rechnungen analog zu (9.11) – (9.13)

$$C^{-1}AC = D = \begin{pmatrix} \lambda_1 & 0 & \cdots & \cdots & 0 \\ 0 & \lambda_2 & 0 & & \vdots \\ \vdots & \ddots & \ddots & \ddots & \vdots \\ \vdots & & \ddots & \ddots & 0 \\ 0 & \cdots & \cdots & 0 & \lambda_n \end{pmatrix},$$

d. h., A ist diagonalisierbar, wobei die Eigenwerte entsprechend ihrer algebraischen Vielfachheit aufgelistet sind. ∎

Bemerkung 9.5 Falls die geometrische Vielfachheit eines Eigenwerts größer eins ist, so sind die Basisvektoren des zugehörigen Eigenraumes nicht notwendigerweise orthogonal und müssen ggf. mithilfe des Orthogonalisierungsverfahren von E. Schmidt (vgl. Satz 7.7) orthogonalisiert werden.

Mithilfe des Spektralradius ist die Spektralnorm oder l_2-Matrixnorm erklärt.

Definition 9.5 Ist A ist eine $n \times n$ Matrix, dann ist die **Spektralnorm** wie folgt definiert:

$$\|A\|_2 = \sqrt{\varrho\left(A^T A\right)}. \tag{9.19}$$

Da $A^T A$ eine symmetrische Matrix ist, hat $A^T A$ nur reelle Eigenwerte, und daher ist der Radikand in (9.19) nicht negativ.

Testfragen

1. Wann ist eine $n \times n$ Matrix diagonalisierbar?
2. Kann eine 2×2 Matrix, die einen Eigenwert λ der algebraischen Vielfachheit $\alpha(\lambda) = 2$ hat, diagonalisierbar sein?
3. Hat die Matrix
$$A = \begin{pmatrix} 2 & 2 & 9 \\ -2 & 6 & -2 \\ -9 & 2 & -1 \end{pmatrix}$$
reelle Eigenwerte?
4. Ist die Matrix
$$A = \begin{pmatrix} \mathrm{i} & 2 & -7 \\ 2 & 0 & 5 \\ -7 & 5 & 2 \end{pmatrix}$$
diagonalisierbar?

5. Ist jede reguläre Matrix diagonalisierbar?
6. Kann eine singuläre Matrix diagonalisierbar sein?

9.5 Eigenwerte linearer Abbildungen

Wir wollen Eigenwerte und Eigenvektoren linearer Abbildungen erklären. Dazu greifen wir auf den in Kapitel 5 definierten Begriff der Darstellungsmatrix einer linearen Abbildung zurück. Dadurch können wir die für Matrizen erklärten Begriffe Eigenwert und Eigenvektor direkt auf lineare Selbstabbildungen (Endomorphismen) übertragen.

Definition 9.6 Ist $\dim \mathbf{V} = n < \infty$ und $F \in \mathrm{End}\,(V)$ eine lineare Selbstabbildung, dann heißt eine Zahl λ **Eigenwert** von F, wenn es einen Vektor (**Eigenvektor** genannt) $\overrightarrow{x} \in V$, $\overrightarrow{x} \neq \overrightarrow{0}$ gibt, so dass $F\left(\overrightarrow{x}\right) = \lambda \overrightarrow{x}$ gilt.

Zwischen den Eigenwerten einer linearen Selbstabbildung und den Eigenwerten einer Matrix besteht folgender Zusammenhang:

Wir wählen eine Basis $\mathcal{B} = \left\{\overrightarrow{b_1}, \overrightarrow{b_2}, \ldots, \overrightarrow{b_n}\right\}$ von V und bestimmen die Darstellungsmatrix $M_{\mathcal{B},\mathcal{B}}\,(F)$ der linearen Abbildung F bezüglich dieser Basis. Die Eigenwerte der Darstellungsmatrix $M_{\mathcal{B},\mathcal{B}}\,(F)$ sind auch die Eigenwerte von F, denn nach dem Determinantenmultiplikationssatz erhält man unabhängig von der Wahl des Basissystems $\mathcal{B}$ immer die gleichen Eigenwerte. Ein Basiswechsel von $\mathcal{B}$ zur Basis $\mathcal{C}$ führt nämlich stets zu einer Darstellungsmatrix $M_{\mathcal{C},\mathcal{C}}\,(F)$, die zur ursprünglichen Darstellungsmatrix $M_{\mathcal{B},\mathcal{B}}\,(F)$ ähnlich ist.. Daher übertragen sich die Begriffsbildungen von Matrizen auf lineare Abbildungen. Wir verdeutlichen diese Tatsache durch das nächste Beispiel.

Beispiel 9.9 Wir untersuchen die lineare Abbildung $F : \mathcal{P}_{\leq 3}\,(\mathbb{R}) \to \mathcal{P}_{\leq 3}\,(\mathbb{R})$ mit der Abbildungsvorschrift

$$F\left(a + bx + cx^2 + dx^3\right) = a + b\,(2x+3) + c\,(2x+3)^2 + d\,(2x+3)^3\,.$$

Bezüglich der Basis $\mathcal{B} = \left\{1, x, x^2, x^3\right\}$ lautet die Darstellungsmatrix $M_{\mathcal{B},\mathcal{B}}\,(F)$:

$$M_{\mathcal{B},\mathcal{B}}\,(F) = \begin{pmatrix} 1 & 3 & 9 & 27 \\ 0 & 2 & 12 & 54 \\ 0 & 0 & 4 & 36 \\ 0 & 0 & 0 & 8 \end{pmatrix}.$$

Diese Matrix hat obere Dreiecksform, und die Eigenwerte sind die Diagonalelemente

$$\lambda_1 = 1, \lambda_2 = 2, \lambda_3 = 4, \lambda_4 = 8.$$

Daher ist F diagonalisierbar, d. h., es existiert eine Basis aus Eigenvektoren. Die Eigenvektoren zu den Eigenwerten $\lambda_1, \lambda_2, \lambda_3, \lambda_4$ lauten:

$$\vec{x_1} = \begin{pmatrix} 1 \\ 0 \\ 0 \\ 0 \end{pmatrix}, \vec{x_2} = \begin{pmatrix} 3 \\ 1 \\ 0 \\ 0 \end{pmatrix}, \vec{x_3} = \begin{pmatrix} 9 \\ 6 \\ 1 \\ 0 \end{pmatrix}, \vec{x_4} = \begin{pmatrix} 27 \\ 27 \\ 9 \\ 1 \end{pmatrix}.$$

Eine Basis aus Eigenvektoren ist – ausgedrückt im Vektorraum der Polynome –

$$1, 3 + x, 9 + 6x + x^2, 27 + 27x + 9x^2 + x^3;$$

zum Beispiel gilt:

$$\begin{aligned} F\left(9 + 6x + x^2\right) &= 9 + 6\,(2x + 3) + (2x + 3)^2 \\ &= 9 + 12x + 18 + 4x^2 + 12x + 9 \\ &= 36 + 24x + 4x^2 = 4\left(9 + 6x + x^2\right). \end{aligned}$$

Die Transformationsmatrizen X und X^{-1} sind

$$X = \begin{pmatrix} 1 & 3 & 9 & 27 \\ 0 & 1 & 6 & 27 \\ 0 & 0 & 1 & 9 \\ 0 & 0 & 0 & 1 \end{pmatrix} \text{ und } X^{-1} = \begin{pmatrix} 1 & -3 & 9 & -27 \\ 0 & 1 & -6 & 27 \\ 0 & 0 & 1 & -9 \\ 0 & 0 & 0 & 1 \end{pmatrix}$$

mit

$$X \cdot M_{\mathcal{B},\mathcal{B}}(F) \cdot X^{-1} = \begin{pmatrix} 1 & 0 & 0 & 0 \\ 0 & 2 & 0 & 0 \\ 0 & 0 & 4 & 0 \\ 0 & 0 & 0 & 8 \end{pmatrix} = D.$$

Satz 9.11 *Ist $F \in \mathrm{End}\,(V)$ eine lineare Selbstabbildung und λ ein Eigenwert von F, dann gilt für den Eigenraum $\mathcal{E}(\lambda)$ zu λ*

$$F\,(\mathcal{E}\,(\lambda)) = \mathcal{E}\,(\lambda)\,.$$

Die Eigenvektorräume sind somit ***invariant*** *bezüglich F.*

Beweis: Für den Eigenwert $\lambda = 0$ ist die Aussage trivial, da gilt

$$\mathcal{E}(0) = \text{Kern}(F),$$

und Kern (F) invariant bezüglich F ist. Sei also $\lambda \neq 0$. Zu $\overrightarrow{y} \in F(\mathcal{E}(\lambda))$ gibt es ein $\overrightarrow{x} \in \mathcal{E}(\lambda)$ mit $F(\overrightarrow{x}) = \lambda\overrightarrow{x} = \overrightarrow{y}$, nun ist aber auch $\lambda\overrightarrow{x} \in \mathcal{E}(\lambda)$ und somit:

$$F(\mathcal{E}(\lambda)) \subseteq \mathcal{E}(\lambda).$$

Für $\overrightarrow{x} \in \mathcal{E}(\lambda)$ gilt $F(\lambda^{-1}\overrightarrow{x}) = \lambda(\lambda^{-1}\overrightarrow{x}) = \overrightarrow{x}$, woraus sofort

$$\mathcal{E}(\lambda) \subseteq F(\mathcal{E}(\lambda))$$

und somit die Behauptung folgt. ■

Bemerkung 9.6 Anstatt $\mathcal{E}(\lambda)$ für den Eigenraum zum Eigenwert λ schreibt man manchmal ausführlicher $\mathcal{E}(\lambda, F)$.

Testfragen

1. Begründen Sie, warum die identische Abbildung

$$I : V \to V, \overrightarrow{x} \mapsto I(\overrightarrow{x}) = \overrightarrow{x}$$

diagonalisierbar ist.

2. Überprüfen Sie die lineare Abbildung

$$F : \mathbb{C}^2 \to \mathbb{C}^2, \overrightarrow{x} = \begin{pmatrix} x_1 \\ x_2 \end{pmatrix} \mapsto F(\overrightarrow{x}) = \begin{pmatrix} x_1 - x_2 \\ \mathrm{i}x_2 \end{pmatrix}$$

auf Diagonalisierbarkeit.

3. Bestimmen Sie die Eigenwerte der linearen Abbildung

$$G : \mathcal{P}_{\leq 3}(\mathbb{R}) \to \mathcal{P}_{\leq 3}(\mathbb{R}),\ p(x) \mapsto G(p(x)) = p'(x).$$

4. Bestimmen Sie die Eigenwerte der linearen Abbildung

$$H : \mathcal{P}_{\leq 3}(\mathbb{R}) \to \mathcal{P}_{\leq 3}(\mathbb{R}),\ p(x) \mapsto H(p(x)) = p(x-1).$$

9.6 Der Satz von Cayley-Hamilton

Wir schaffen eine Verbindung zwischen Polynomen und Matrizen.

Definition 9.7 Eine Matrix $A \in M_{n\times n}(\mathbb{K})$ heißt **nilpotent,** genau dann, wenn es ein $p \in \mathbb{N}$ mit $A^p = O$ gibt.

Lemma 9.4 *Eine nilpotente $n \times n$ Matrix A hat den einzigen Eigenwert* $\lambda = 0$.

Beweis: Wir nehmen an, A ist nilpotent, hat aber einen Eigenwert $\lambda \neq 0$. Dann gibt es einen zugehörigen Eigenvektor $\vec{x} \neq \vec{0}$ mit $A\vec{x} = \lambda\vec{x}$, woraus für alle $k \in \mathbb{N}$ folgt:

$$A^k\vec{x} = \lambda^k\vec{x} \neq \vec{0},$$

mithin ist $A^k \neq O$ für alle $k \in \mathbb{N}$, was ein Widerspruch zur Nilpotenz von A ist. ■

Beispiel 9.10 Die Matrix A

$$A = \begin{pmatrix} 0 & 1 & 0 & 0 \\ 0 & 0 & 1 & 0 \\ 0 & 0 & 0 & 1 \\ 0 & 0 & 0 & 0 \end{pmatrix}$$

ist nilpotent, denn $A^4 = O$.

Definition 9.8 Ist $p(x) = \sum\limits_{k=0}^{m} b_k x^k,\ x \in \mathbb{K}$ ein Polynom vom Grad m mit Koeffizienten aus $\mathbb{K}$, so heißt

$$p : M_{n\times n}(\mathbb{K}) \to M_{n\times n}(\mathbb{K}),\ A \mapsto p(A) = \sum_{k=0}^{m} b_k A^k$$

ein **Matrixpolynom**; $p(x)$ heißt das **erzeugende Polynom** von $p(A)$.

Beispiel 9.11 Das Polynom $p(x) = 2+5x-4x^3$ erzeugt das Matrixpolynom

$$p(A) = 2E + 5A - 4A^3.$$

Für die Matrix $A = \begin{pmatrix} 2 & -1 \\ 0 & 3 \end{pmatrix}$ erhalten wir bspw.

$$p(A) = 2\begin{pmatrix} 1 & 0 \\ 0 & 1 \end{pmatrix} + 5\begin{pmatrix} 2 & -1 \\ 0 & 3 \end{pmatrix} - 4\begin{pmatrix} 2 & -1 \\ 0 & 3 \end{pmatrix}^3 = \begin{pmatrix} -20 & 71 \\ 0 & -91 \end{pmatrix}.$$

Definition 9.9 Es sei $A \in M_{n \times n}(\mathbb{K})$. Genau dann heißt ein Polynom

$$p(x) = \sum_{k=0}^{n} b_k x^k$$

mit $\operatorname{grad}(p) \geq 1$ **annullierend** für A, wenn gilt:

$$p(A) = \sum_{k=0}^{m} b_k A^k = O.$$

Bemerkung 9.7 Zu jeder Matrix $A \in M_{n \times n}(\mathbb{K})$ gibt es ein Polynom $p(x)$ mit $1 \leq \operatorname{grad}(p) \leq n^2$ mit der Eigenschaft $p(A) = O$, denn $M_{n \times n}(\mathbb{K})$ ist ein n^2-dimensionaler $\mathbb{K}$-Vektorraum und

$$\dim \mathcal{P}_{\leq n^2} = \dim \left\{ p(x) | \; p(x) = \sum_{k=0}^{n^2} a_k x^k \text{ mit } a_k \in \mathbb{K} \right\} = n^2 + 1.$$

Beispiel 9.12 Das Polynom $p(x) = 2x - 3x^2 + x^3$ ist annullierend für die Matrix

$$A = \begin{pmatrix} 1 & 2 \\ 0 & 2 \end{pmatrix},$$

denn

$$p(A) = 2\begin{pmatrix} 1 & 2 \\ 0 & 2 \end{pmatrix} - 3\begin{pmatrix} 1 & 6 \\ 0 & 4 \end{pmatrix} + \begin{pmatrix} 1 & 14 \\ 0 & 8 \end{pmatrix} = \begin{pmatrix} 0 & 0 \\ 0 & 0 \end{pmatrix}.$$

Satz 9.12 *(Satz von Cayley-Hamilton) Ist $A \in M_{n \times n}(\mathbb{K})$, so ist das charakteristische Polynom $P_A(\lambda) = \det(A - \lambda E)$ der Matrix A annullierend für A:*

$$P_A(A) = O. \tag{9.20}$$

Beweis: Sind $\lambda_1, \lambda_2, \ldots, \lambda_m$ die verschiedenen Eigenwerte der Matrix A, dann erhalten wir für $\lambda \notin \operatorname{spek}(A)$ wegen $P_A(\lambda) = \det(A - \lambda E)$ gemäß der Inversenformel (6.21) :

$$(A - \lambda E)^{-1} = \frac{1}{P_A(\lambda)} (\operatorname{adj}(A - \lambda E))^T. \tag{9.21}$$

Mit gewissen $n \times n$ Matrizen M_k (vgl. Definition 6.7 und Satz 6.4) können wir schreiben:

$$(\operatorname{adj}(A - \lambda E))^T = \sum_{k=0}^{n-1} M_k \lambda^k$$

Aus (9.21) folgt daher durch Multiplikation mit $P_A(\lambda)(A-\lambda E)$:

$$P_A(\lambda)\,E = \sum_{k=0}^{n-1} M_k \lambda^k (A-\lambda E)$$

und weiter aus der Darstellung $P_A(\lambda) = \sum\limits_{k=0}^{n} c_k \lambda^k$:

$$\sum_{k=0}^{n} c_k \lambda^k E = \sum_{k=0}^{n-1} M_k \lambda^k (A-\lambda E)\,.$$

Koeffizientenvergleich liefert:

$$c_0 E = M_0 A, \tag{9.22}$$

$$\bigwedge_{k=1}^{n-1} c_k E = M_k A - M_{k-1}, \tag{9.23}$$

$$c_n E = -M_{n-1}. \tag{9.24}$$

Multiplikation von (9.23) bzw. (9.24) mit A^k bzw. A^n ergibt:

$$\bigwedge_{k=1}^{n-1} c_k A^k = M_k A^{k+1} - M_{k-1} A^k,$$

$$c_n A^n = -M_{n-1} A^n.$$

Addition liefert:

$$P_A(A) = \underbrace{M_0 A + \sum_{k=1}^{n-1} \left(M_k A^{k+1} - M_{k-1} A^k \right) - M_{n-1} A^n}_{\text{Teleskopsumme}} = O. \qquad \blacksquare$$

Aus vorstehendem Beweis erkennen wir, wie man mithilfe des Satzes von Cayley-Hamilton – ohne Lösung eines linearen Gleichungssystems – die Inverse einer regulären Matrix A berechnen kann. Dazu bestimmt man das charakteristische Polynom der Matrix A :

$$P_A(\lambda) = \det(A-\lambda E) = c_0 + c_1\lambda + c_2\lambda^2 + \ldots + c_{n-1}\lambda^{n-1} + (-1)^n \lambda^n;$$

wegen der Nichtsingularität von A gilt:

$$c_0 = \det(A) \neq 0.$$

Nach dem Satz von Cayley-Hamilton haben wir:

$$\begin{aligned} P_A(A) &= \det(A - \lambda E) \\ &= c_0 E + c_1 A + c_2 A^2 + \ldots + c_{n-1} A^{n-1} + (-1)^n A^n = O, \end{aligned}$$

woraus folgt

$$c_1 A + c_2 A^2 + \ldots + c_{n-1} A^{n-1} + (-1)^n A^n = -c_0 E.$$

Division durch $-c_0 \neq 0$ und Ausklammern von A liefert:

$$A\left(-\frac{1}{c_0}\left(c_1 E + c_2 A + \ldots + c_{n-1} A^{n-2} + (-1)^n A^{n-1}\right)\right) = E,$$

und somit erhalten wir die Inverse:

$$A^{-1} = -\frac{1}{c_0}\left(c_1 E + c_2 A + \ldots + c_{n-1} A^{n-2} + (-1)^n A^{n-1}\right). \tag{9.25}$$

Beispiel 9.13 Wir berechnen die Inverse der Matrix

$$A = \begin{pmatrix} -10 & 4 & 1 \\ 0 & 5 & 4 \\ 0 & 0 & -3 \end{pmatrix}.$$

Das charakteristische Polynom ist

$$P_A(A) = -\lambda^3 - 8\lambda^2 + 35\lambda + 150.$$

Damit erhalten wir für die Inverse A^{-1} der Matrix A:

$$A^{-1} = -\frac{1}{150}\left(35E - 8A - A^2\right) = \begin{pmatrix} -\frac{1}{10} & \frac{2}{25} & \frac{11}{150} \\ 0 & \frac{1}{5} & \frac{4}{15} \\ 0 & 0 & -\frac{1}{3} \end{pmatrix}.$$

Testfragen

1. Geben Sie ein Beispiel einer nilpotenten 2×2 Matrix an, welche nicht die Nullmatrix ist!
2. Welches Polynom ist annullierend für die Einheitsmatrix E?
3. Gibt es für eine Matrix A genau ein annullierendes Polynom?

4. Verifizieren Sie den Satz von Cayley-Hamilton für die Matrix

$$A = \begin{pmatrix} 3 & -2 \\ 5 & 6 \end{pmatrix}.$$

5. Berechnen Sie aufgrund des Satzes von Cayley-Hamilton die Inverse der Matrix

$$A = \begin{pmatrix} 1 & 1 & 1 \\ 1 & 1 & 0 \\ 0 & 0 & 1 \end{pmatrix}.$$

6. Existiert zu jeder quadratischen Matrix ein annullierendes Polynom?

9.7 Eigenwertabschätzungen

Die Berechnung der Eigenwerte einer Matrix ist häufig sehr aufwendig. In vielen Fällen genügt es, wenn man eine (ungefähre) Aussage über die Lage der Eigenwerte treffen kann. Vor allem sind Informationen über den betragsgrößten Eigenwert von Interesse.

Satz 9.13 *Ist $A \in M_{n\times n}(\mathbb{K})$, so ist*

$$\rho(A) \leq \max_{1\leq i\leq n} \left\{ \sum_{k=1}^{n} |a_{ik}| \right\} = \|A\|_\infty \tag{9.26}$$

und

$$\rho(A) \leq \max_{1\leq j\leq n} \left\{ \sum_{k=1}^{n} |a_{kj}| \right\} = \|A\|_1 . \tag{9.27}$$

In jeder induzierten Matrixnorm gilt die Ungleichung:

$$\rho(A) \leq \|A\| . \tag{9.28}$$

Beweis: Wir brauchen lediglich (9.28) zu beweisen, da die Abschätzungen (9.26) und (9.27) aufgrund von Beispiel 7.3 folgen. Sei $(\lambda, \vec{x})$ ein Eigenpaar von A, dann gilt nach (7.7)

$$|\lambda| \, \|\vec{x}\| = \|\lambda \vec{x}\| = \|A\vec{x}\| \leq \|A\| \, \|\vec{x}\|$$

und daher $|\lambda| \leq \|A\|$. ■

Bessere Aussagen über die Lage der Eigenwerte einer Matrix erhält man mit dem Kreissatz von Gerschgorin.

Satz 9.14 *(Kreissatz von Gerschgorin). Ist $A \in M_{n\times n}(\mathbb{K})$, so ist gilt für die Eigenwerte λ von A:*

$$\lambda \in \bigcup_{i=1}^{n} K_i,$$

wobei K_i der abgeschlossene Kreis um das Diagonalelement a_{ii} mit Radius $r_i = \sum\limits_{k=1,k\neq i}^{n} |a_{ik}|$ ist:

$$K_i = \left\{ z \in \mathbb{C} \;\middle|\; |z - a_{ii}| \leq r_i = \sum_{k=1,k\neq i}^{n} |a_{ik}| \right\}, \quad i = 1, 2, \ldots, n. \tag{9.29}$$

Entsprechendes gilt bzgl. der Spalten von A:

$$\lambda \in \bigcup_{j=1}^{n} C_j,$$

wobei

$$C_j = \left\{ z \in \mathbb{C} \;\middle|\; \left|z - a_{jj}\right| \leq r_j = \sum_{k=1,k\neq j}^{n} \left|a_{kj}\right| \right\}, \quad j = 1, 2, \ldots, n. \tag{9.30}$$

Ist jeweils ein Kreis disjunkt zur Vereinigung der übrigen $n-1$ Kreise, so liegt darin genau ein Eigenwert von A.

Beweis: Wir beweisen die Ungleichung (9.29). Die Abschätzung (9.30) folgt durch Übergang zur transponierten Matrix A^T. Zu jedem $\lambda \in \text{spek}(A)$ gibt es einen Vektor $\vec{x} \neq \vec{0}$ mit:

$$A\vec{x} - \lambda\vec{x} = \vec{0}. \tag{9.31}$$

Da $\vec{x} \neq \vec{0}$ ist, existiert ein Index $i_{\max} \in \{1, 2, \ldots, n\}$ mit

$$\left|x_{i_{\max}}\right| = \max_{k\in\{1,2,\ldots,n\}} |x_k| \neq 0$$

und aus (9.31) folgt:

$$\left(\lambda - a_{i_{\max} i_{\max}}\right) x_{i_{\max}} + \sum_{k=1, k \neq i_{\max}}^{n} a_{i_{\max} k} x_k = 0,$$

d. h., es gilt:

$$\left|\lambda - a_{i_{\max} i_{\max}}\right| \leq \sum_{k=1, k \neq i_{\max}}^{n} \left|a_{i_{\max} k}\right| \frac{|x_k|}{\left|x_{i_{\max}}\right|} \leq \sum_{k=1, k \neq i_{\max}}^{n} \left|a_{i_{\max} k}\right|$$

und damit (9.29). ∎

Die beiden Abschätzungen (9.29) und (9.30) liefern i. A. unterschiedliche Ergebnisse und gestatten Eingrenzungen der Eigenwerte, welche durch Ähnlichkeitstransformationen noch verbessert werden können.

Folgerung 9.1 Sind l der Gerschgorin-Kreise disjunkt zu den restlichen Kreisen, dann liegen, die algebraische Vielfachheit mitgezählt, genau l Eigenwerte in der Vereinigung dieser l Kreise. Das bedeutet aber nicht, dass in jedem Gerschgorin-Kreis ein Eigenwert liegt!

Beispiel 9.14 Wir berechnen Eigenwertschranken für die Matrix

$$A = \begin{pmatrix} \mathrm{i} & 5 & 2 & 0 \\ 1 - 2\mathrm{i} & 8 & 2 & 10 \\ 4 & 0 & 2 & -3 - 4\mathrm{i} \\ 2 & -1 & 5 & 0 \end{pmatrix}.$$

Als erste Abschätzung erhalten wir

$$\rho(A) \leq \max_{1 \leq i \leq n} \left\{ \sum_{k=1}^{n} |a_{ik}| \right\} = \max \left\{ 8, 20 + \sqrt{5}, 11, 8 \right\} = 20 + \sqrt{5} = 22.23$$

sowie

$$\rho(A) \leq \max_{1 \leq j \leq n} \left\{ \sum_{k=1}^{n} |a_{kj}| \right\} = \max \left\{ 7 + \sqrt{5}, 14, 11, 15 \right\} = 15.$$

Bessere Ergebnisse sind mit dem Kreissatz von Gerschgorin zu gewinnen. Wir erhalten, wenn wir die Zeilensummen bilden, folgende vier Gerschgorin-Kreise:

$$
\begin{aligned}
K_1 &= \{z \in \mathbb{C} \mid |z-i| \le r_1 = 7\}\,,\\
K_2 &= \left\{z \in \mathbb{C} \;\middle|\; |z-8| \le r_2 = 12+\sqrt{5} = 14.23\right\},\\
K_3 &= \{z \in \mathbb{C} \mid |z-2| \le r_3 = 9\}\,,\\
K_4 &= \{z \in \mathbb{C} \mid |z| \le r_4 = 8\}\,.
\end{aligned}
$$

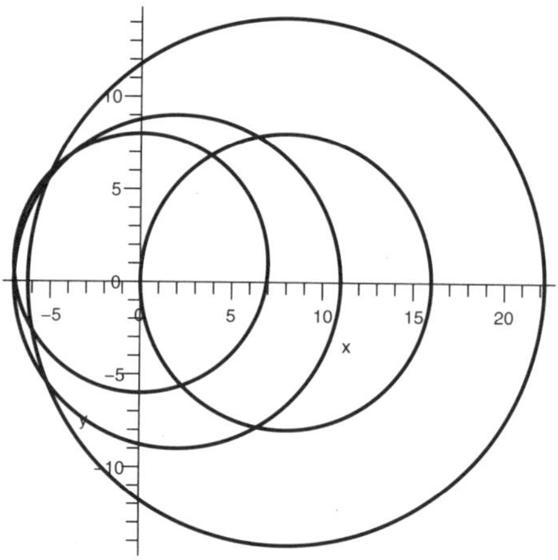

Abb. 9.1: Gerschgorinkreise (Zeilensumme)

Durch Bilden der Spaltensumme erhalten wir die vier Kreise:

$$
\begin{aligned}
C_1 &= \left\{z \in \mathbb{C} \;\middle|\; |z-i| \le r_1 = 6+\sqrt{5} = 8.23\right\},\\
C_2 &= \{z \in \mathbb{C} \mid |z-8| \le r_2 = 6\}\,,\\
C_3 &= \{z \in \mathbb{C} \mid |z-2| \le r_3 = 9\}\,,\\
C_4 &= \{z \in \mathbb{C} \mid |z| \le r_4 = 15\}\,.
\end{aligned}
$$

Keiner der Gerschgorin-Kreise ist disjunkt zu den anderen. Aus beiden Abschätzungen können wir folgende Einschließungen für die Eigenwerte von A ableiten:

$$
\begin{aligned}
|z-\mathrm{i}| &\le 7,\\
|z-8| &\le 6,\\
|z-2| &\le 9,\\
|z| &\le 8.
\end{aligned}
$$

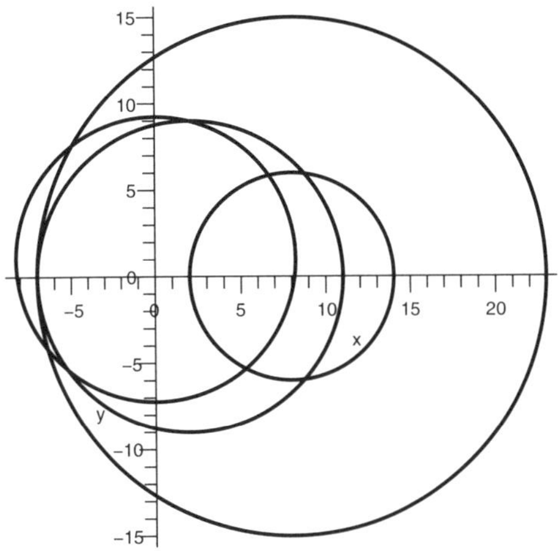

Abb. 9.2: Gerschgorinkreise (Spaltensumme)

Beispiel 9.15 Wir bestimmen die Gerschgorin-Kreise der Matrix

$$A = \begin{pmatrix} -4 & 0 & 2 & 0 \\ 1 & 1 & 0 & 0 \\ -1 & 2 & 7 & 0 \\ 0 & -\frac{1}{2} & 0 & 3 \end{pmatrix}.$$

Durch Zeilensummenbildung erhalten wir die folgenden Gerschgorin-Kreise:

$$\begin{aligned} K_1 &= \{z \in \mathbb{C} \mid |z+4| \leq r_1 = 2\}, \\ K_2 &= \{z \in \mathbb{C} \mid |z-1| \leq r_2 = 1\}, \\ K_3 &= \{z \in \mathbb{C} \mid |z-7| \leq r_3 = 3\}, \\ K_4 &= \left\{z \in \mathbb{C} \;\middle|\; |z-3| \leq r_4 = \tfrac{1}{2}\right\}. \end{aligned}$$

Wie wir der nachstehenden Abbildung entnehmen können, sind alle Gerschgorin-Kreise disjunkt; in jedem Kreis liegt also genau ein Eigenwert von A, demzufolge ist A diagonalisierbar.

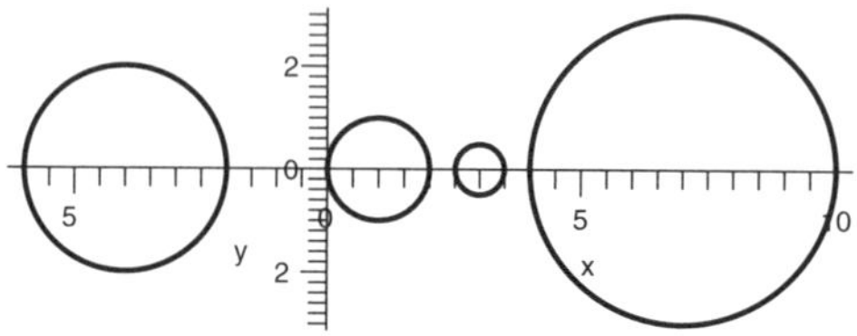

Abb. 9.3: Disjunkte Gerschgorinkreise

Testfragen

1. Geben Sie Abschätzungen für den Spektralradius der Matrix

$$\begin{pmatrix} 1+\mathrm{i} & 2 & -\mathrm{i} \\ 1 & 1 & \mathrm{i} \\ 2 & 0 & 1 \end{pmatrix}.$$

an.

2. Zeichnen Sie die Gerschgorin-Kreise der Matrix

$$\begin{pmatrix} 4 & 1 & -1 & 0 \\ \frac{1}{2} & -4 & -\frac{1}{3} & \frac{1}{6} \\ 0 & \frac{1}{2} & 2 & \frac{1}{2} \\ 2 & 1 & 2 & -6 \end{pmatrix}.$$

Was können Sie über die Lage der Eigenwerte aussagen? Verbessern Sie die Eigenwertabschätzung durch Anwendung einer geeigneten Ähnlichkeitstransformation.

3. Geben Sie mithilfe des Satzes von Gerschgorin eine Abschätzung für die Lage der Eigenwerte der Matrix

$$\begin{pmatrix} 1 & 3 & -\mathrm{i} \\ 2 & 0 & 1-\mathrm{i} \\ 2 & 3 & 1 \end{pmatrix}.$$

4. Bestimmen Sie die Gerschgorinkreise von Diagonalmatrizen.
5. Kann man an der Anzahl der Gerschgorin-Kreise die Anzahl der Zeilen und Spalten einer Matrix ablesen?
6. Ist es möglich, dass in einem Gerschgorin-Kreis kein Eigenwert liegt?
7. Lässt sich mit dem Satz von Gerschgorin entscheiden, ob eine Matrix diagonalisierbar ist?

9.8 Aufgaben

Aufgabe 9.1 Bestimmen Sie die Eigenwerte einer orthogonalen Matrix A, d. h. einer Matrix mit der Eigenschaft $A^{-1} = A^T$.

Aufgabe 9.2 Es sei A eine reelle $n \times n$ Matrix mit der Eigenschaft $A = -A^T$. Zeigen Sie, dass alle Eigenwerte λ von A einen verschwindenden Realteil haben.

Aufgabe 9.3 Sind die folgenden Aussagen richtig oder falsch (Beweis oder Gegenbeispiel)?

a) Wenn die Matrix A den Eigenwert λ hat, so hat $-A$ den Eigenwert $-\lambda$.
b) Wenn die Matrix A den Eigenwert λ hat, so hat A^k den Eigenwert λ^k.
c) Wenn die Matrix A^2 den Eigenwert λ^2 hat, so hat A den Eigenwert λ.

Aufgabe 9.4 Bestimmen Sie die Eigenwerte und Eigenvektoren der folgenden Matrizen:

a) $A = \begin{pmatrix} 5 & 0 \\ 8 & 10 \end{pmatrix}$, b) $A = \begin{pmatrix} -10 & 4 \\ -18 & 12 \end{pmatrix}$, c) $A = \begin{pmatrix} 5 & 10 & -7 \\ 2 & 4 & -2 \\ \frac{1}{2} & 5 & -\frac{3}{2} \end{pmatrix}$.

Aufgabe 9.5 Können die Zahlen a und b so gewählt werden, dass die folgenden Matrizen zueinander ähnlich sind:

$$A = \begin{pmatrix} 2 & 1 & 1 \\ 1 & 2 & 1 \\ 1 & 1 & 2 \end{pmatrix} \text{ und } D = \begin{pmatrix} a & 0 & 0 \\ 0 & b & 0 \\ 0 & 0 & 1 \end{pmatrix}?$$

Bestimmen Sie ggf. Transformationsmatrizen C und C^{-1}, so dass gilt

$$D = C^{-1}AC.$$

Aufgabe 9.6 A ist eine $m \times n$ Matrix. Beweisen Sie, dass $A^T A$ diagonalisierbar ist.

Aufgabe 9.7 Ist die lineare Abbildung

$$F : \mathbb{R}^2 \to \mathbb{R}^2, \begin{pmatrix} x_1 \\ x_2 \end{pmatrix} \mapsto \begin{pmatrix} -3x_1 + 2x_2 \\ -2x_1 + x_2 \end{pmatrix}$$

diagonalisierbar?

Aufgabe 9.8 Bestimmen Sie alle Hauptvektoren der Matrix

$$A = \begin{pmatrix} 8 & 2 & -2 \\ 3 & 3 & -1 \\ 24 & 8 & -6 \end{pmatrix}.$$

Aufgabe 9.9 Werten Sie möglichst effizient für das erzeugende Polynom

$$\begin{aligned} p(x) = & -134 + 2x + 49x^2 + 270x^3 - 133x^4 - 32x^5 + 4x^6 \\ & -330x^7 + 165x^8 - 686x^9 + 358x^{10} + 88x^{11} - 11x^{12} \end{aligned}$$

das Matrixpolynom für

$$A = \begin{pmatrix} 2 & -2 & 5 \\ 0 & 2 & -1 \\ 12 & 7 & 4 \end{pmatrix}$$

aus.

Aufgabe 9.10 Zeigen Sie, dass die $n \times n$ Matrix A invertierbar ist, wenn sie die Gleichung $A^2 + 2A + E = O$ erfüllt. Wie kann man in diesem Fall A^{-1} berechnen?

Aufgabe 9.11 Nachfolgend sind die Gerschgorin-Kreise einer 4×4 Matrix A gezeichnet. Geben Sie jeweils an, wo die Eigenwerte liegen und beantworten Sie folgende Fragen:
a) Ist die Matrix A diagonalisierbar?
b) Ist A eine reellle Matrix?
c) Gibt es reelle Eigenwerte?

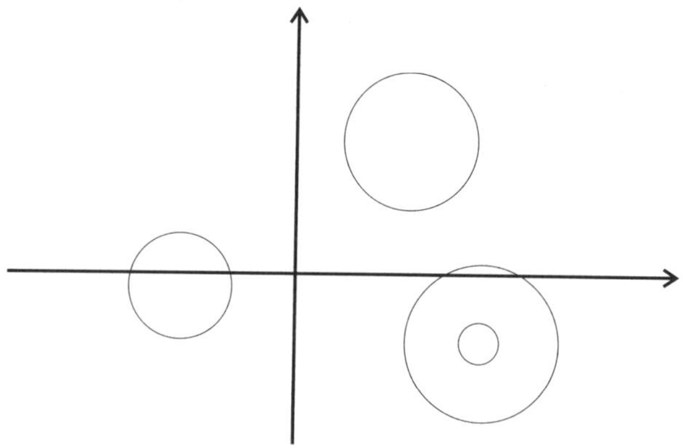

Abb. 9.4: Gerschgorin-Kreise einer 4×4 Matrix

Aufgabe 9.12 Bestimmen Sie mithilfe des Kreissatzes von Gerschgorin jeweils Schranken für die Eigenwerte der folgenden Matrizen

$$A = \begin{pmatrix} 1 & 0 & 0 \\ -1 & 0 & 1 \\ -1 & -1 & 2 \end{pmatrix}, B = \begin{pmatrix} 4.75 & 2.25 & -0.25 \\ 2.25 & 4.75 & 1.25 \\ -0.25 & 1.25 & 4.75 \end{pmatrix}$$

$$C = \begin{pmatrix} -4 & 0 & 1 & 3 \\ 0 & -4 & 2 & 1 \\ 1 & 2 & -2 & 0 \\ 3 & 1 & 0 & -4 \end{pmatrix}, D = \begin{pmatrix} 1 & 0 & -1 & 1 \\ 2 & 2 & -1 & 1 \\ 0 & 1 & 3 & -2 \\ 1 & 0 & 1 & 4 \end{pmatrix}.$$

10 Anwendungen der Eigenwerttheorie

In diesem Kapitel wollen wir einige Anwendungsbereiche kennenlernen, in denen Eigenwerte eine Rolle spielen. Zuerst betrachten wir Beispiele aus dem Bereich der Ökonomie, dort sind Markov- und Verbrauchsmatrizen von Bedeutung.

10.1 Markov-Matrizen

Definition 10.1 Eine reelle $n \times n$ Matrix A heißt **Markov-Matrix** oder **stochastische Matrix**, wenn sie folgende Eigenschaften hat:
Kein Eintrag von A ist negativ, d. h.

$$a_{ij} \geqslant 0, \;\; i, j = 1, 2, \ldots n. \tag{10.1}$$

Die Summe der Einträge in jeder Spalte von A ist 1, d. h.

$$\sum_{i=1}^{n} a_{ij} = 1, \;\; j = 1, 2, \ldots n. \tag{10.2}$$

Beispiel 10.1 Welche der folgenden Matrizen sind Markov-Matrizen?

$$A = \begin{pmatrix} 0.8 & 0.2 \\ 0.2 & 0.7 \end{pmatrix}, \;\; B = \begin{pmatrix} 0.4 & 0.1 \\ 0.6 & 0.9 \end{pmatrix}.$$

Alle Einträge der Matrix A sind nicht negativ; die Spaltensumme der ersten Spalten beträgt 1, und die Spaltensumme der zweiten Spalte ist 0.9, daher handelt es sich nicht um eine Markov-Matrix. Bei der Matrix B sind alle Matrixelemente nicht negativ, und alle Spaltensummen sind 1, es handelt sich also um eine Markov-Matrix.

Satz 10.1 *Ist A eine reelle $n \times n$ Matrix Markov-Matrix, dann gilt:*
a) Ist $\overrightarrow{x} \in \mathbb{R}^n$ ein Vektor mit nicht negativen Komponenten

$$x_i \geqslant 0, i = 1, \ldots, n,$$

dann ist $\overrightarrow{y} = A\overrightarrow{x}$ ebenfalls ein Vektor mit nicht negativen Komponenten

$$y_i \geqslant 0, i = 1, \ldots, n.$$

b) Ist $\overrightarrow{x} \in \mathbb{R}^n$ ein Vektor mit der Eigenschaft $\sum\limits_{i=1}^{n} x_i = 1$, so gilt dies auch für den Vektor $\overrightarrow{y} = A\overrightarrow{x}$. Einen solchen Vektor nennt man auch ***Wahrscheinlichkeitsvektor****.*

Beweis: a) Dies ist sofort ersichtlich.
b) Die i-te Komponente des Vektors $\overrightarrow{y}$ lautet:

$$y_i = \sum_{j=1}^{n} a_{ij} x_j, \ i = 1, 2, \ldots, n.$$

Daraus folgt durch Addition der Komponenten

$$\sum_{i=1}^{n} \sum_{j=1}^{n} a_{ij} x_j = \sum_{j=1}^{n} \underbrace{\sum_{i=1}^{n} a_{ij}}_{=1} x_j = \sum_{j=1}^{n} x_j = 1. \qquad \blacksquare$$

Beispiel 10.2 Eine Agentur vermietet PKWs mit je einer Vermietstation am Bahnhof (**B**) und am Flughafen (**F**). Der Bruchteil der Mietwagen, welche sich am Bahnhof befindet, ist am Anfang 0.02, und der Anteil am Flughafen ist 0.98. Pro Woche werden 80 % der Fahrzeuge am Bahnhof (**B** → **B**) angemietet und zurückgegeben, während 20 % am Bahnhof angemietet und am Flughafen (**B** → **F**) zurückgegebenen werden. 95 % der Fahrzeuge, welche am Flughafen angemietet werden, werden auch dort zurückgegeben (**F** → **F**), wohingegen nur 5 % der Fahrzeuge, die am Flughafen (**F** → **B**) angemietet werden, am Bahnhof abgegeben werden. In Form einer Matrix lässt sich die Situation wie folgt beschreiben

$$A = \begin{pmatrix} \mathbf{B} \to \mathbf{B} & \mathbf{F} \to \mathbf{B} \\ \mathbf{B} \to \mathbf{F} & \mathbf{F} \to \mathbf{F} \end{pmatrix} = \begin{pmatrix} a_{\mathbf{B}\to\mathbf{B}} & a_{\mathbf{F}\to\mathbf{B}} \\ a_{\mathbf{B}\to\mathbf{F}} & a_{\mathbf{F}\to\mathbf{F}} \end{pmatrix} 0 = \begin{pmatrix} 0.8 & 0.05 \\ 0.2 & 0.95 \end{pmatrix}.$$

Es handelt sich um eine Markov-Matrix. Bezeichnet $x_1^{(k)}$bzw. $x_2^{(k)}$ den prozentualen Anteil aller Mietwagen, die sich zu Beginn der k-ten Woche am Bahnhof bzw. am Flughafen befinden, so erhalten wir mit $\overrightarrow{x^{(0)}} = \begin{pmatrix} 0.02 \\ 0.98 \end{pmatrix}$ die Vektoren:

$$\begin{aligned} \overrightarrow{x^{(1)}} &= A\overrightarrow{x^{(0)}} = \begin{pmatrix} 0.8 & 0.05 \\ 0.2 & 0.95 \end{pmatrix} \begin{pmatrix} 0.02 \\ 0.98 \end{pmatrix} = \begin{pmatrix} 0.065 \\ 0.935 \end{pmatrix} \\ \overrightarrow{x^{(2)}} &= A\overrightarrow{x^{(1)}} = \begin{pmatrix} 0.8 & 0.05 \\ 0.2 & 0.95 \end{pmatrix} \begin{pmatrix} 0.065 \\ 0.935 \end{pmatrix} = \begin{pmatrix} 0.09875 \\ 0.90125 \end{pmatrix} \end{aligned}$$

und weiter die **Markov-Kette**

$$\overrightarrow{x^{(1)}} = A\overrightarrow{x^{(0)}}, \overrightarrow{x^{(2)}} = A\overrightarrow{x^{(1)}} = A^2\overrightarrow{x^{(0)}}, \dots, \overrightarrow{x^{(k)}} = A\overrightarrow{x^{(k-1)}} = A^k\overrightarrow{x^{(0)}}.$$

Uns interessiert die Frage, wie sich die Fahrzeuge nach vielen Wochen auf die beiden Stationen verteilen. Dazu untersuchen wir die Potenzen der Matrix A. Es ist

$$P_A(\lambda) = \begin{vmatrix} 0.8 - \lambda & 0.05 \\ 0.2 & 0.95 - \lambda \end{vmatrix} = \lambda^2 - 1.75\lambda + 0.75 = (\lambda - 1)(\lambda - 0.75).$$

A ist also diagonalisierbar, und es existiert eine Basis aus Eigenvektoren. Zum Eigenwert $\lambda_1 = 1$ gehört der Eigenvektor

$$\overrightarrow{x_1} = \begin{pmatrix} 0.2 \\ 0.8 \end{pmatrix},$$

und zum Eigenwert $\lambda_2 = 0.75$ gehört der Eigenvektor

$$\overrightarrow{x_2} = \begin{pmatrix} -1 \\ 1 \end{pmatrix}.$$

Somit ist

$$X = \begin{pmatrix} 0.2 & -1 \\ 0.8 & 1 \end{pmatrix}$$

die Matrix, welche A auf Diagonalgestalt transformiert.
Jeder Vektor $\overrightarrow{x} \in \mathbb{R}^2$ lässt sich als eindeutige Linearkombination der Eigenbasis darstellen, insbesondere erhalten wir für die Vektoren $\overrightarrow{x^{(k)}}$ der Markov-Kette:

$$\overrightarrow{x^{(0)}} = \begin{pmatrix} 0.02 \\ 0.98 \end{pmatrix} = \underbrace{\begin{pmatrix} 0.2 \\ 0.8 \end{pmatrix}}_{\overrightarrow{x_1}} + 0.18\underbrace{\begin{pmatrix} -1 \\ 1 \end{pmatrix}}_{\overrightarrow{x_2}},$$

$$\begin{aligned} \overrightarrow{x^{(k)}} &= A^k\overrightarrow{x^{(0)}} = A^k\left(\overrightarrow{x_1} + 0.18\overrightarrow{x_2}\right) \\ &= A^k\overrightarrow{x_1} + 0.18A^k\overrightarrow{x_2} = \overrightarrow{x_1} + 0.18\,(0.75)^k\,\overrightarrow{x_2}. \end{aligned}$$

Jedes Mal, wenn mit der Matrix A multipliziert wird, wird bei der Berechnung von $\overrightarrow{x^{(k)}}$ der Eigenvektor $\overrightarrow{x_2}$ mit dem Faktor 0.75 malgenommen, während der erste Eigenvektor wegen der Multiplikation mit dem Eigenwert 1 unverändert bleibt.

$$\overrightarrow{x^{(k)}} = A^k\overrightarrow{x^{(0)}} = \begin{pmatrix} 0.2 \\ 0.8 \end{pmatrix} + 0.18 \cdot (0.75)^k \begin{pmatrix} -1 \\ 1 \end{pmatrix}.$$

Für $k \to \infty$ erhält man als Grenzfall den sogenannten **stationären Zustand**:

$$\begin{aligned}
\overrightarrow{x_\infty} &= \lim_{k\to\infty} \overrightarrow{x^{(k)}} = \lim_{k\to\infty} A^k \overrightarrow{x^{(0)}} \\
&= \lim_{k\to\infty} \left(\begin{pmatrix} 0.2 \\ 0.8 \end{pmatrix} + 0.18 \cdot (0.75)^k \begin{pmatrix} -1 \\ 1 \end{pmatrix} \right) = \begin{pmatrix} 0.2 \\ 0.8 \end{pmatrix},
\end{aligned}$$

d. h., auf lange Sicht werden 20 % der Fahrzeuge am Bahnhof und 80 % der Fahrzeuge am Flughafen stehen.

Satz 10.2 *Ist A eine positive $n \times n$ Markov-Matrix, d. h., ist*

$$a_{ij} > 0,\ i, j = 1, 2, \ldots n \text{ sowie } \sum_{i=1}^{n} a_{ij} = 1,\ \ j = 1, 2, \ldots n,$$

dann gilt:
a) $\lambda = 1$ ist der betragsgrößte Eigenwert von A.
b) Der zu $\lambda = 1$ gehörende Eigenvektor $\overrightarrow{x_1}$ ist der stationäre Zustand $\overrightarrow{x_\infty}$:

$$\overrightarrow{x_\infty} = \lim_{k\to\infty} \overrightarrow{x^{(k)}} = \lim_{k\to\infty} A\overrightarrow{x^{(k-1)}} = \lim_{k\to\infty} A^k \overrightarrow{x^{(0)}} = \overrightarrow{x_1}. \tag{10.3}$$

Beweis: a) Aus (10.2) folgt $a_{jj} = 1 - \sum\limits_{\substack{i=1\\ i\neq j}}^{n} a_{ij} < 1,\ \ j = 1, 2, \ldots n$ und weiter:

$$A - E = \begin{pmatrix}
-\sum\limits_{\substack{i=1\\ i\neq 1}}^{n} a_{i1} & a_{12} & \cdots \cdots & a_{1n} \\
a_{21} & -\sum\limits_{\substack{i=1\\ i\neq 2}}^{n} a_{i2} & & a_{2n} \\
\vdots & & \ddots & \vdots \\
\vdots & & \ddots & \vdots \\
a_{n1} & \cdots & & -\sum\limits_{\substack{i=1\\ i\neq n}}^{n} a_{in}
\end{pmatrix}.$$

Addieren wir nacheinander die 2-te, 3-te, ..., n-te Zeile zur 1-ten Zeile, so wird die 1-te Zeile zur Nullzeile, und es folgt

$$\det(A - E) = 0,$$

d. h., 1 ist Eigenwert von A. Nach dem Satz von Gerschgorin erhalten wir für A die folgenden n Gerschgorin-Kreise:

$$C_j = \left\{ z \in \mathbb{C} \mid \left|z - a_{jj}\right| \leq r_j = 1 - a_{jj} \right\}, \quad j = 1, 2, \ldots n,$$

daher liegen alle Eigenwerte, mit Ausnahme des Eigenwertes $\lambda = 1$, im Inneren des Einheitskreises.

b) Wir betrachten die Matrix A^T und zeigen, dass der Eigenwert $\lambda = 1$ die geometrische Vielfachheit $\gamma(\lambda) = 1$ besitzt, indem wir nachweisen, dass alle Eigenvektoren $\overrightarrow{x}$ zum Eigenwert $\lambda = 1$ folgende Form haben müssen:

$$\overrightarrow{x} = \begin{pmatrix} t \\ t \\ \vdots \\ t \end{pmatrix}, \quad t \in \mathbb{R}. \tag{10.4}$$

Wir nehmen an, dass es einen Eigenvektor $\overrightarrow{v} \in \mathcal{E}(1) \leq \mathbb{R}^n$ gibt, der nicht die Gestalt (10.4) hat. Dann gibt es einen kleinsten Index k, so dass $v_k < v_{k+1}$ ist. Betrachten wir die k-te Zeile der Eigenwertgleichung $A^T \overrightarrow{v} = \overrightarrow{v}$:

$$v_k = \sum_{j=1}^{n} a_{jk} v_j > \sum_{j=1}^{n} a_{jk} v_k = v_k \sum_{j=1}^{n} a_{jk} \underset{(10.2)}{=} v_k,$$

so erhalten wir einen Widerspruch. Folglich ist $\dim \mathcal{E}(1) = 1$ und

$$\mathcal{E}(1) = \operatorname{span}\left(\begin{pmatrix} 1 \\ 1 \\ \vdots \\ 1 \end{pmatrix} \right).$$

Als Nächstes untersuchen wir die Vektorfolge $A^k \overrightarrow{x^{(0)}}$. Wir ergänzen $\overrightarrow{x_1} \in \mathcal{E}(1)$ durch linear unabhängige Vektoren $\overrightarrow{x_2}, \overrightarrow{x_3}, \ldots, \overrightarrow{x_n}$ zu einer Basis des $\mathbb{R}^n$. Dann können wir mit eindeutig bestimmten reellen Zahlen $\xi_i \in \mathbb{R}, i = 1, \ldots, n$ den Vektor $\overrightarrow{x^{(0)}}$ in der Form

$$\overrightarrow{x^{(0)}} = \sum_{i=1}^{n} \underbrace{\xi_i}_{=\alpha_i \lambda_i} \overrightarrow{x_i} \text{ bzw. } \overrightarrow{x^{(0)}} = \sum_{i=1}^{n} \alpha_i \lambda_i \overrightarrow{x_i}$$

darstellen, daraus erhalten wir für $\overrightarrow{x^{(k)}}$:

$$\overrightarrow{x^{(k)}} = A^k \overrightarrow{x^{(0)}} = A^k \sum_{i=1}^{n} \alpha_i \lambda_i \overrightarrow{x_i} = \sum_{i=1}^{n} \alpha_i \lambda_i A^k \overrightarrow{x_i} = \overrightarrow{x_1} + \sum_{i=1}^{n} \alpha_i \left(\lambda_i\right)^k \overrightarrow{x_i}.$$

Wegen $|\lambda_i| < 1$ ist $\left((\lambda_i)^k\right)_{k\in\mathbb{N}}$ für $i = 2, \ldots, n$ eine Nullfolge, und damit ist die Behauptung bewiesen. ■

Bemerkung 10.1 Aus $\overrightarrow{x_1}$ erhalten wir einen Wahrscheinlichkeitsvektor, wenn wir diesen Eigenvektor auf die Komponentensumme 1 normieren.

Testfragen

1. Ist die Matrix $A = \begin{pmatrix} 1 & 0 \\ 0 & 1 \end{pmatrix}$ eine positive Markov-Matrix?
2. Für welche Werte der reellen Parameter a, b, c ist die nachfolgende Matrix eine Markov-Matrix
$$A = \begin{pmatrix} \frac{1}{2} & \frac{3}{4} & \frac{1}{5} \\ 0 & \frac{1}{4} & c \\ a & b & \frac{3}{7} \end{pmatrix}?$$
3. Ist mit A auch A^T eine Markov-Matrix?
4. Ist das Produkt zweier Markov-Matrizen wieder eine Markov-Matrix?
5. Bestimmen Sie den stationären Zustand der Matrix
$$A = \begin{pmatrix} \frac{1}{2} & \frac{1}{5} & \frac{1}{6} \\ \frac{1}{4} & \frac{1}{5} & \frac{1}{2} \\ \frac{1}{4} & \frac{3}{5} & \frac{1}{3} \end{pmatrix}.$$

10.2 Verbrauchsmatrizen

Für einen Vektor $\overrightarrow{x} \in \mathbb{R}^n$ vereinbaren wir die Schreibweise:

$$\overrightarrow{x} \geq 0 \Leftrightarrow \bigwedge_{i=1}^{n} x_i \geq 0.$$

Analog ist die Notation für Matrizen zu verstehen; sinngemäß sind strenge Ungleichungen zu interpretieren.

Eine Verbrauchsmatrix gibt an, wie viel Einheiten von verschiedenen Materialien benötigt (Input) werden, um eine Einheit eines Produkts herzustellen (Output). Orientieren wir uns zunächst an einem Beispiel.

Beispiel 10.3 Wir betrachten drei Produkte P1, P2 und P3.
Zur Produktion von 1 Einheit P1 werden benötigt:

0.2 Einheiten P1, 0.3 Einheiten P2 sowie 0.4 Einheiten P3.

Zur Produktion von 1 Einheit P2 werden benötigt:

0.4 Einheiten P1, 0.4 Einheiten P2 sowie 0.1 Einheiten P3.

Zur Produktion von 1 Einheit P3 werden benötigt:

0.5 Einheiten P1, 0.1 Einheiten P2 sowie 0.3 Einheiten P3.

Wir stellen diesen Zusammernhang in einem Matrix-Schema dar:

$$\begin{pmatrix} \text{P1-Output} \\ \text{P2-Output} \\ \text{P3-Output} \end{pmatrix} = \underbrace{\begin{pmatrix} 0.2 & 0.3 & 0.4 \\ 0.4 & 0.4 & 0.1 \\ 0.5 & 0.1 & 0.3 \end{pmatrix}}_{\text{Verbrauchsmatrix } A} \begin{pmatrix} \text{P1-Input} \\ \text{P2-Input} \\ \text{P3-Input} \end{pmatrix}.$$

Von Bedeutung für eine Volkswirtschaft ist die Beantwortung der Frage:
Kann die Wirtschaft die Nachfrage nach y_1, y_2, y_3 Einheiten an den Produkten P1, P2, P3 erfüllen?
Es bezeichne $\overrightarrow{p}$ den Vektor der Produktionsmengen und $\overrightarrow{y}$ den Nachfragevektor:

$$\overrightarrow{p} = \begin{pmatrix} p_1 \\ p_2 \\ p_3 \end{pmatrix}, \overrightarrow{y} = \begin{pmatrix} y_1 \\ y_2 \\ y_3 \end{pmatrix},$$

so muss $\overrightarrow{p} - A\overrightarrow{p}$ positiv sein. Kann ein Vektor $\overrightarrow{p}$ bestimmt werden, so dass

$$\overrightarrow{p} - A\overrightarrow{p} = \overrightarrow{y}$$

gilt? $A\overrightarrow{p}$ ist der Verbrauch, da ein Teil des Inputs $\overrightarrow{p}$ während der Produktion von $\overrightarrow{y}$ verbraucht wird, und

$$\overrightarrow{p} - A\overrightarrow{p}$$

ist die **Nettoproduktion**. Das führt auf das lineare Gleichungssystem

$$(E - A)\overrightarrow{p} = \overrightarrow{y} \text{ bzw. } \overrightarrow{p} = (E - A)^{-1}\overrightarrow{y}$$

und wirft die Frage auf, wann bei nicht negativer Verbrauchsmatrix A und nicht negativem Nachfragevektor $\overrightarrow{y}$ der Produktionsmengenvektor $\overrightarrow{p}$ nicht negativ ist, das ist gleichbedeutend mit der Nichtnegativität der Matrix $(E - A)^{-1}$.

An $(E - A)^{-1}$ kann überprüft werden, ob durch die Verbrauchsmatrix A eine produktive Ökonomie beschrieben wird, welche jede positive Nachfrage bedienen kann. Folgende Fälle sind denkbar:

$A > E \Rightarrow A\vec{p} > \vec{p}$: „$A$ ist zu groß", die Produktion verbraucht mehr als sie erzeugt, und die externe Nachfrage $\vec{y}$ kann nicht befriedigt werden.

$A < E \Rightarrow A\vec{p} < \vec{p}$: „$A$ ist klein", es wird genügend produziert, um die externe Nachfrage $\vec{y}$ zu befriedigen.

Ob A "klein" oder "groß" ist, hängt vom größten Eigenwert λ_1 von A ab; im vorliegenden Fall gilt $\lambda_1 > 0$. Wir diskutieren die verschiedenen Szenarien:

$$\lambda_1 > 1 \Rightarrow (E - A)^{-1} \text{ hat negative Einträge,}$$
$$\lambda_1 = 1 \Rightarrow (E - A)^{-1} \text{ existiert nicht,}$$
$$\lambda_1 < 1 \Rightarrow (E - A)^{-1} \text{ hat nur nicht negative Einträge.}$$

Um die aufgeworfene Frage nach der Nichtnegativität von A beantworten zu können, müssen wir Matrizenfolgen $A^{(k)}, k = 0, 1, \ldots$ untersuchen, welche analog zu Zahlenfolgen gebildet werden.

Definition 10.2 Die **Matrixfolge**

$$A^{(k)} = \left(a_{ij}^{(k)}\right) \in M_{n\times m}(\mathbb{K})$$

heißt **konvergent** gegen die $n \times m$ **Grenzmatrix** $A = \left(a_{ij}\right)$, wenn die Matrizenfolge elementweise konvergiert:

$$\lim_{k\to\infty} a_{ij}^{(k)} = a_{ij}, \quad i = 1, 2, \ldots n, \quad j = 1, 2, \ldots m.$$

Diese Konvergenz wird als **elementweise Konvergenz** bezeichnet. Wir schreiben

$$\lim_{k\to\infty} A^{(k)} = A.$$

Eine Matrixfolge heißt **divergent**, wenn sie nicht konvergent ist.
Die **Matrixreihe**

$$\sum_{k=0}^{\infty} A^{(k)}$$

heißt konvergent, wenn die Folge der **Matrix-Partialsummen**

$$\sum_{k=0}^{n} A^{(k)}$$

konvergent ist.

Bemerkung 10.2 Neben der elementweisen Konvergenz gibt es noch die Norm-Konvergenz. Die Matrizenfolge

$$A^{(k)} = \left(a_{ij}^{(k)}\right) \in M_{n\times m}(\mathbb{K}), \quad k = 0, 1, \ldots$$

heißt **normweise konvergent** gegen $A \in M_{n\times m}(\mathbb{K})$, wenn der Grenzwert

$$\lim_{k\to\infty} \left\| A^{(k)} - A \right\|$$

in einer beliebigen Matrixnorm existiert. Beide Konvergenzarten sind äquivalent in folgendem Sinne:

$$\begin{gathered} A^{(k)} \text{ elementweise konvergent gegen } A \\ \Leftrightarrow \\ A^{(k)} \text{ normweise konvergent gegen } A \end{gathered} \tag{10.5}$$

Beispiel 10.4 Die Matrixfolge

$$A^{(k)} = \begin{pmatrix} \sqrt[k]{k} & 1 - \frac{1}{k} \\ \left(-\frac{1}{2}\right)^k & \frac{k+1}{2k^2} \end{pmatrix}, k = 1, 2, \ldots$$

konvergiert gegen die Grenzmatrix

$$A = \begin{pmatrix} 1 & 1 \\ 0 & 0 \end{pmatrix},$$

denn

$$\lim_{k\to\infty} \sqrt[k]{k} = 1, \lim_{k\to\infty} 1 - \frac{1}{k} = 1, \lim_{k\to\infty} \left(-\frac{1}{2}\right)^k = 0, \lim_{k\to\infty} \frac{k+1}{2k^2} = 0.$$

Beispiel 10.5 Die Matrixreihe

$$\sum_{k=0}^{\infty} A^{(k)} = \sum_{k=0}^{\infty} \begin{pmatrix} \left(\frac{1}{2}\right)^k & \frac{1}{(k+1)^2} \\ \left(-\frac{1}{2}\right)^k & \frac{1}{k!} \end{pmatrix}$$

hat die p-te Partialsumme

$$\sum_{k=0}^{p} A^{(k)} = \begin{pmatrix} \sum\limits_{k=0}^{p} \left(\frac{1}{2}\right)^k & \sum\limits_{k=0}^{p} \frac{1}{(k+1)^2} \\ \sum\limits_{k=0}^{p} \left(-\frac{1}{2}\right)^k & \sum\limits_{k=0}^{p} \frac{1}{k!} \end{pmatrix}$$

und konvergiert daher gegen die Grenzmatrix

$$A = \begin{pmatrix} 2 & \frac{\pi^2}{6} \\ \frac{2}{3} & \mathrm{e} \end{pmatrix}.$$

Im Weiteren werden wir nur noch quadratische Matrizen betrachten.

Satz 10.3 *Für eine Matrix $A \in M_{n\times n}(\mathbb{K})$ gilt:*

$$\rho(A) < 1 \Leftrightarrow \lim_{k\to\infty} A^k = O. \tag{10.6}$$

Beweis: Aus (9.4) folgt die für alle $k \in \mathbb{N}$ gültige Beziehung

$$\rho\left(A^k\right) = \rho(A)^k \tag{10.7}$$

und daraus die Behauptung. ■

Satz 10.4 *Ist $A \in M_{n\times n}(\mathbb{K})$ mit $\rho(A) < 1$, dann existiert die Inverse der Matrix $(E - A)$, und es ist*

$$(E - A)^{-1} = E + A + A^2 + A^3 + \ldots = \sum_{k=0}^{\infty} A^k. \tag{10.8}$$

Beweis: Wegen $\rho(A) < 1$, konvergiert nach Satz 10.3 die Matrix-Reihe $\sum\limits_{k=0}^{\infty} A^k$. Weiter ist

$$(E - A)\sum_{k=0}^{\infty} A^k = \lim_{n\to\infty} \sum_{k=0}^{n} \left(A^k - A^{k+1}\right) = E,$$

das bedeutet, $\sum\limits_{k=0}^{\infty} A^k$ ist die Inverse zu der Matrix $(E - A)$. ■

Im Fall der Verbrauchsmatrizen A gilt $A \geq 0$, woraus $A^k \geq 0$ und somit

$$(E - A)^{-1} = \sum_{k=0}^{\infty} A^k \geq 0$$

folgt; die Wirtschaft ist also produktiv, wenn $\rho(A) < 1$ ist.

Testfragen

1. Konvergiert die Matrixreihe

$$\sum_{k=0}^{\infty} \begin{pmatrix} 1 & 0 \\ 0 & -1 \end{pmatrix}^k ?$$

2. Bestimmen Sie den Grenzwert der Matrixfolge

$$A^{(k)} = \begin{pmatrix} \left(1 + \frac{1}{k}\right)^k & \sin\left(\frac{1}{k}\right) \\ \sqrt[k]{4k} & \frac{k^k}{k!} \end{pmatrix}. \tag{10.9}$$

3. Berechnen Sie mithilfe von (10.8) die Inverse der Matrix

$$A = \begin{pmatrix} -\frac{1}{3} & 0 & 0 \\ 0 & \frac{2}{9} & 0 \\ 0 & 0 & \frac{1}{4} \end{pmatrix}.$$

4. Weisen Sie die Konvergenz der Matrizenfolge (10.9) in der Maximum Norm nach!

5. Für welche reelle Zahl a_{22}, besitzt die Matrix

$$A = \begin{pmatrix} 7 & 3 \\ 4 & a_{22} \end{pmatrix}$$

eine positive Inverse A^{-1}?
Können Sie einen Zahl a_{22} angeben, so dass A^{-1} nicht positiv ist?

10.3 Quadratische Formen und Normalform einer reellen Quadrik

Definition 10.3 Es sei $A \in M_{n\times n}(\mathbb{R})$ symmetrisch. Unter der **quadratischen Form** mit der Matrix A versteht man die Funktion

$$Q : \mathbb{R}^n \to \mathbb{R},\ \vec{x} = \begin{pmatrix} x_1 \\ \vdots \\ x_n \end{pmatrix} \mapsto Q(\vec{x}) = \vec{x}^T A \vec{x}$$

mit $\vec{x}^T A \vec{x} = \sum_{i=1}^{n} a_{ii} (x_i)^2 + 2 \sum_{i=1}^{n} \sum_{j=i+1}^{n} a_{ij} x_i x_j.$

Beispiel 10.6 Die Matrix $A = \begin{pmatrix} 1 & -4 & 5 \\ -4 & 2 & 6 \\ 5 & 6 & 3 \end{pmatrix}$ definiert die quadratische Form

$$\begin{aligned} Q(x_1, x_2, x_3) &= \begin{pmatrix} x_1 & x_2 & x_3 \end{pmatrix} \begin{pmatrix} 1 & -4 & 5 \\ -4 & 2 & 6 \\ 5 & 6 & 3 \end{pmatrix} \begin{pmatrix} x_1 \\ x_2 \\ x_3 \end{pmatrix} \\ &= \begin{pmatrix} x_1 & x_2 & x_3 \end{pmatrix} \begin{pmatrix} x_1 & -4x_2 & +5x_3 \\ -4x_1 & +2x_2 & +6x_3 \\ 5x_1 & +6x_2 & +3x_3 \end{pmatrix} \\ &= x_1^2 + 2x_2^2 + 3x_3^2 + 2(-4x_1x_2 + 5x_1x_3 + 6x_2x_3). \end{aligned}$$

Schwieriger ist es, bei einer quadratischen Form die erzeugende Matrix zu bestimmen.

Beispiel 10.7 Für die quadratische Form

$$Q(x_1, x_2) = x_1^2 - 6x_2^2 - 10x_1x_2$$

gilt:

$$x_1^2 - 6x_2^2 - 5x_1x_2 - 5x_1x_2 = \begin{pmatrix} x_1 & x_2 \end{pmatrix} \underbrace{\begin{pmatrix} 1 & -5 \\ -5 & -6 \end{pmatrix}}_{A} \begin{pmatrix} x_1 \\ x_2 \end{pmatrix}.$$

Sie wird durch die Matrix A erzeugt.

Definition 10.4 Ein reelles Polynom von höchstens zweitem Grade in mehreren Variablen hat die Form:

$$P(x_1, x_2, \ldots, x_n) = \sum_{1 \le i \le k \le n} a_{ik}^* x_i x_k + \sum_{i=1}^{n} b_i x_i + \gamma \text{ mit } a_{ik}^*, b_i, \gamma \in \mathbb{R}.$$

Wir setzen

$$a_{ik} = \begin{cases} \frac{1}{2} a_{ik}^* & \text{für } i \neq k \\ a_{ii}^* & \text{für } i = k \end{cases}$$

und definieren die Matrix $A = (a_{ik})_{i,k=1,\ldots n}$ sowie die Vektoren

$$\overrightarrow{x} = \begin{pmatrix} x_1 \\ \vdots \\ x_n \end{pmatrix} \text{ und } \overrightarrow{b} = \begin{pmatrix} b_1 \\ \vdots \\ b_n \end{pmatrix}.$$

Damit erklären wir den Ausdruck

$$\overrightarrow{x}^T A \overrightarrow{x} + \overrightarrow{b}^T \overrightarrow{x} + \gamma.$$

Die Matrix A ist reell und symmetrisch, besitzt also nur reelle Eigenwerte und ist nach Satz 9.10 diagonalisierbar.

Definition 10.5 Die durch die Nullstellen von

$$\begin{aligned} P(x_1, x_2, \ldots, x_n) &= \overrightarrow{x}^T A \overrightarrow{x} + \overrightarrow{b}^T \overrightarrow{x} + \gamma \\ &= \sum_{1 \le i \le k \le n} a_{ik}^* x_i x_k + \sum_{i=1}^{n} b_i x_i + \gamma \text{ mit } a_{i,k}^*, b_i, \gamma \in \mathbb{R} \end{aligned}$$

definierte Teilmenge

$$\{(x_1, x_2, \ldots, x_n) \,|\, P(x_1, x_2, \ldots, x_n) = 0\}$$

des $\mathbb{R}^n$ heißt eine reelle **Quadrik** oder **Hyperfläche zweiter Ordnung**. Auch das die Quadrik definierende Polynom $P(x_1, x_2, \ldots, x_n)$ bezeichnen wir der Einfachheit halber als Quadrik.

Im $\mathbb{R}^2$ und $\mathbb{R}^3$ lassen sich die Quadriken auf wenige Normalformen reduzieren. Diese Reduktion nennt man **Hauptachsentransformation** der Quadrik. Wir beschreiben zunächst allgemein die Vorgehensweise der Hauptachsentransformation, anschließend illustrieren wir dies an einem Beispiel.

Bei der Hauptachsentransformation der Quadrik

$$\begin{aligned} P\left(\overrightarrow{x}\right) &= P(x_1, x_2, \ldots, x_n) = \overrightarrow{x}^T A \overrightarrow{x} + \overrightarrow{b}^T \overrightarrow{x} + \gamma \\ &= \sum_{1 \le i \le k \le n}^{n} a_{ik}^* x_i x_k + \sum_{i=1}^{n} b_i x_i + \gamma. \end{aligned}$$

geht man wie folgt vor:

1. Bestimme die Matrix A der Quadrik:

$$a_{ik} = \begin{cases} \frac{1}{2} a_{ik}^* & \text{für } i \neq k \\ a_{ii}^* & \text{für } i = k \end{cases}.$$

Die Matrix A ist reell und symmetrisch.

2. Bestimme die Eigenwerte $\lambda_1, \lambda_2, \ldots, \lambda_n$ von A, entsprechend ihrer algebraischen Vielfachheit.

3. Bestimme zu den Eigenwerten die zugehörigen orthogonalisierten Eigenvektoren $\overrightarrow{c_i}$, $i = 1, 2, \ldots, n$ von A, ggf. müssen diese nach dem Orthogonalisierungsverfahren von E. Schmidt (vgl. Satz 7.7) orthogonalisiert werden. Die n Eigenvektoren

$$\overrightarrow{c_1} = \begin{pmatrix} c_{11} \\ c_{21} \\ \vdots \\ c_{n1} \end{pmatrix}, \overrightarrow{c_2} = \begin{pmatrix} c_{12} \\ c_{22} \\ \vdots \\ c_{n2} \end{pmatrix}, \ldots, \overrightarrow{c_n} = \begin{pmatrix} c_{1n} \\ c_{2n} \\ \vdots \\ c_{nn} \end{pmatrix}$$

sind paarweise orthogonal, d. h., mit dem Standardinnenprodukt $\bullet$ im $\mathbb{R}^n$ gilt

$$\overrightarrow{c_i} \bullet \overrightarrow{c_j} = \delta_{i,j}, \ i, j = 1, 2, \ldots, n,$$

und die Vektoren $\overrightarrow{c_1}, \overrightarrow{c_2}, \ldots, \overrightarrow{c_n}$ sind linear unabhängig.

4. Bilde die Matrix

$$C = \begin{pmatrix} \frac{c_{1,1}}{\|\overrightarrow{c_1}\|} & \frac{c_{1,2}}{\|\overrightarrow{c_2}\|} & \cdots & \cdots & \frac{c_{1,n}}{\|\overrightarrow{c_n}\|} \\ \frac{c_{2,1}}{\|\overrightarrow{c_1}\|} & \frac{c_{2,2}}{\|\overrightarrow{c_2}\|} & \cdots & \cdots & \frac{c_{2,n}}{\|\overrightarrow{c_n}\|} \\ \vdots & \vdots & \ddots & & \vdots \\ \vdots & \vdots & & \ddots & \vdots \\ \frac{c_{n,1}}{\|\overrightarrow{c_1}\|} & \frac{c_{n,2}}{\|\overrightarrow{c_2}\|} & \cdots & \cdots & \frac{c_{n,n}}{\|\overrightarrow{c_n}\|} \end{pmatrix}.$$

Es gilt $C^{-1} = C^T$, d. h., $CC^T = E$ sowie $\det(C) = 1$ und C transformiert A auf Diagonalgestalt:

$$C^T AC = D = \begin{pmatrix} \lambda_1 & 0 & \cdots & 0 \\ 0 & \ddots & & \vdots \\ \vdots & & \ddots & 0 \\ 0 & \cdots & 0 & \lambda_n \end{pmatrix} \Rightarrow A = CDC^T.$$

5. Durchführen der Substitution (Hauptachsentransformation) $\overrightarrow{x} = C\overrightarrow{y}$. Mit

$$\overrightarrow{x} = \begin{pmatrix} x_1 \\ x_2 \\ \vdots \\ x_n \end{pmatrix}, \overrightarrow{y} = \begin{pmatrix} y_1 \\ y_2 \\ \vdots \\ y_n \end{pmatrix}$$

und

$$\vec{x} = C\vec{y} \tag{10.10}$$

erhalten wir

$$P(\vec{x}) = \vec{x}^T C D \underbrace{C^T \vec{x}}_{\vec{y}} + \vec{b}^T C C^T \vec{x} + \gamma. \tag{10.11}$$

Es ist

$$\vec{y} = C^{-1}\vec{x} = C^T\vec{x} \Rightarrow \vec{y}^T = \left(C^T\vec{x}\right)^T = \vec{x}^T C.$$

Wir setzen

$$\vec{f} = C^T\vec{b} \Rightarrow \vec{f}^T = \vec{b}^T C.$$

Damit haben wir

$$\begin{aligned} P(\vec{x}) &= \underbrace{\vec{x}^T C}_{\vec{y}^T} D \underbrace{C^T\vec{x}}_{\vec{y}} + \underbrace{\vec{b}^T C}_{\vec{f}^T} \underbrace{C^T\vec{x}}_{\vec{y}} + \gamma \\ &= \vec{y}^T D \vec{y} + \vec{f}^T \vec{y} + \gamma \\ &= \sum_{i=1}^{n} \lambda_i y_i^2 + \sum_{i=1}^{n} f_i y_i + \gamma. \end{aligned} \tag{10.12}$$

6. Die Hauptachsenrichtungen der transformierten Quadrik sind die orthogonalen Einheits-Eigenvektoren der Matrix A. Gegebenfalls müssen wir weiter vereinfachen, indem die linearen Terme $f_i y_i$, welche zu Eigenwerten $\lambda_i \neq 0$ gehören, eliminiert werden. Dazu führen wir eine quadratische Ergänzung durch

$$\lambda_i y_i^2 + f_i y_i = \lambda_i \left(y_i + \frac{f_i}{2\lambda_i}\right)^2 - \frac{f_i^2}{4\lambda_i}$$

und definieren neue Variablen z_i:

$$z_i = \begin{cases} y_i & \text{falls } \lambda_i = 0 \\ y_i + \frac{f_i}{2\lambda_i} & \text{falls } \lambda_i \neq 0 \end{cases}. \tag{10.13}$$

Damit lautet die transformierte Quadrik

$$P(\vec{z}) = \sum_{i=1,\lambda_i\neq 0}^{n} \lambda_i z_i^2 + \sum_{i=1,\lambda_i=0}^{n} f_i z_i + \underbrace{\gamma - \sum_{i=1,\lambda_i\neq 0}^{n} \frac{f_i^2}{4\lambda_i}}_{\gamma^*}.$$

7. Ermitteln um welchen Quadriktyp es sich handelt.

Bemerkung 10.3 Der Übergang von den Koordinaten $x_1, \ldots, x_n$ zu den Koordinaten $y_1, \ldots, y_n$ wird durch eine orthogonale Transformation vermittelt. Die weitere Überführung in die Koordinaten $z_1, \ldots, z_n$ wird durch eine Translation bewirkt. Im Falle des $\mathbb{R}^2$ bedeutet der Übergang der Koordinaten x_1, x_2 zu den Koordinaten y_1, y_2 eine Drehung.

Kurzgefasst besteht die Hauptachsentransformation aus folgenden Schritten.

1. Matrix A der Quadrik $P\left(\overrightarrow{x}\right)$ bestimmen
2. Eigenwerte von A bestimmen
3. Eigenvektoren von A bestimmen
4. Transformationsmatrix C aufstellen
5. Hauptachsentransformation $\overrightarrow{y} = C^T\overrightarrow{x}$ $\overrightarrow{f} = C^T\overrightarrow{b}$ durchführen
6. Translation (10.13) durchführen
7. Typ der Quadrik ermitteln

Wir verdeutlichen diese Schritte anhand eines Beispiels.

Beispiel 10.8 Gegeben ist die Quadrik

$$P\left(\overrightarrow{x}\right) = 2x_1^2 + 2x_2^2 + 2x_3^2 + \frac{2}{\sqrt{2}}x_1x_2 - \frac{2}{\sqrt{2}}x_1x_3 - 1.$$

1. Matrix A der Quadrik $P\left(\overrightarrow{x}\right)$ bestimmen.

$$A = \begin{pmatrix} 2 & \frac{1}{\sqrt{2}} & \frac{-1}{\sqrt{2}} \\ \frac{1}{\sqrt{2}} & 2 & 0 \\ \frac{-1}{\sqrt{2}} & 0 & 2 \end{pmatrix}, \overrightarrow{b} = \begin{pmatrix} 0 \\ 0 \\ 0 \end{pmatrix}.$$

2. Eigenwerte von A bestimmen.
   Das charakteristische Polynom lautet:

$$\det(A - \lambda E) = -\lambda^3 + 6\lambda^2 - 11\lambda + 6 = (\lambda - 1)(\lambda - 2)(\lambda - 3).$$

   Die Eigenwerte $\lambda_1 = 1, \lambda_2 = 2, \lambda_3 = 3$ haben jeweils die algebraische Vielfachheit 1.

3. Eigenvektoren von A bestimmen.
Die Eigenpaare lauten:

$$\left(1, \begin{pmatrix} -\sqrt{2} \\ -1 \\ 1 \end{pmatrix}\right), \left(2, \begin{pmatrix} 0 \\ 1 \\ 1 \end{pmatrix}\right), \left(3, \begin{pmatrix} \sqrt{2} \\ -1 \\ 1 \end{pmatrix}\right).$$

4. Transformationsmatrix C aufstellen.

$$C = \begin{pmatrix} -\frac{\sqrt{2}}{2} & 0 & \frac{\sqrt{2}}{2} \\ -\frac{1}{2} & \frac{1}{\sqrt{2}} & -\frac{1}{2} \\ \frac{1}{2} & \frac{1}{\sqrt{2}} & \frac{1}{2} \end{pmatrix}$$

5. Hauptachsentransformation $\overrightarrow{y} = C^T \overrightarrow{x}$ $\overrightarrow{f} = C^T \overrightarrow{b}$ durchführen.
Die transformierte Quadrik hat die Gestalt

$$P\left(\overrightarrow{x}\right) = 1 \cdot y_1^2 + 2 \cdot y_2^2 + 3 \cdot y_3^2 - 1.$$

6. Translation.
Entfällt, da keine linearen Anteile vorkommen.

7. Typ der Quadrik ermitteln.
Es handelt sich um ein Ellipsoid mit den Hauptachsen 1, $\frac{1}{\sqrt{2}}$ und $\frac{1}{\sqrt{3}}$. Ein kartesisches Koordinatensystem, bezüglich dessen die Quadrik Normalform hat, ist gegeben durch

$$\begin{pmatrix} -\frac{\sqrt{2}}{2} \\ -\frac{1}{2} \\ \frac{1}{2} \end{pmatrix}, \begin{pmatrix} 0 \\ \frac{1}{\sqrt{2}} \\ \frac{1}{\sqrt{2}} \end{pmatrix}, \begin{pmatrix} \sqrt{2} \\ -1 \\ 1 \end{pmatrix}.$$

Im Folgenden sind die Normalformen aufgeführt, die für Quadriken im $\mathbb{R}^2$ und $\mathbb{R}^3$ infrage kommen. Zusätzlich sind die einzelnen Normalformen durch graphische Darstellungen veranschaulicht.

Satz 10.5 *Für die Normalform von Quadriken im $\mathbb{R}^2$ gibt es die folgenden Möglichkeiten:*

$$\begin{array}{llcll}
a) & z_1^2 & = & 0 & \textit{Doppelgerade} \\
 & z_1^2 & = & a^2 & \textit{paralleles Geradenpaar} \\
 & z_1^2 & = & -a^2 & \textit{keine reelle Kurve} \\
b) & \frac{z_1^2}{a_1^2} + \frac{z_2^2}{a_2^2} & = & 1 & \textit{Ellipse} \\
 & \frac{z_1^2}{a_1^2} + \frac{z_2^2}{a_2^2} & = & 0 & \textit{Punkt} \\
 & \frac{z_1^2}{a_1^2} + \frac{z_2^2}{a_2^2} & = & -1 & \textit{keine reelle Kurve} \\
c) & \frac{z_1^2}{a_1^2} - \frac{z_2^2}{a_2^2} & = & \pm 1 & \textit{Hyperbel} \\
 & \frac{z_1^2}{a_1^2} - \frac{z_2^2}{a_2^2} & = & 0 & \textit{Geradenpaar} \\
d) & z_1^2 & = & 2az_2 & \textit{Parabel}
\end{array}$$

Dabei sind jeweils die Koeffizienten $a, a_1, a_2 \neq 0$.

Die nachfolgenden Abbildungen geben beispielhaft die verschiedenen Normalformen für Quadriken im $\mathbb{R}^2$ wieder.

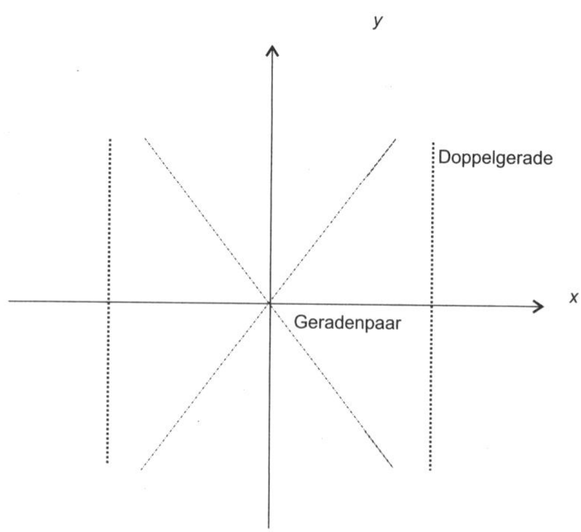

Abb. 10.1: Doppelgerade und Geradenpaar

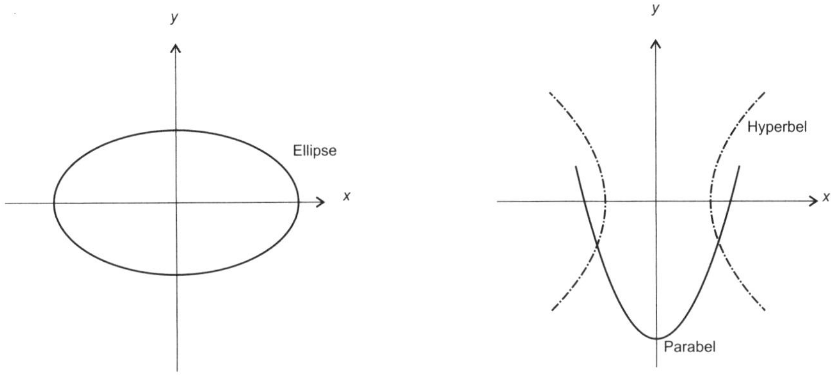

Abb. 10.2: Ellipse, Hyperbel, Parabel

Satz 10.6 *Für die Normalform von Quadriken im $\mathbb{R}^3$ gibt es die folgenden Möglichkeiten:*

$$
\begin{array}{llcll}
a) & z_1^2 & = & 0 & \textit{Ebene} \\
 & z_1^2 & = & a^2 & \textit{paralleles Ebenenpaar} \\
 & z_1^2 & = & -a^2 & \textit{keine reelle Fläche} \\
b) & \frac{z_1^2}{a_1^2} + \frac{z_2^2}{a_2^2} & = & 1 & \textit{elliptischer Zylinder} \\
 & \frac{z_1^2}{a_1^2} + \frac{z_2^2}{a_2^2} & = & 0 & \textit{Gerade} \\
 & \frac{z_1^2}{a_1^2} + \frac{z_2^2}{a_2^2} & = & -1 & \textit{keine reelle Fläche} \\
c) & \frac{z_1^2}{a_1^2} - \frac{z_2^2}{a_2^2} & = & 1 & \textit{hyperbolischer Zylinder} \\
 & \frac{z_1^2}{a_1^2} - \frac{z_2^2}{a_2^2} & = & 0 & \textit{Ebenenpaar} \\
 & \frac{z_1^2}{a_1^2} - \frac{z_2^2}{a_2^2} & = & -1 & \textit{hyperbolischer Zylinder} \\
d) & z_1^2 & = & 2az_2 & \textit{parabolischer Zylinder}
\end{array}
$$

$$
\begin{array}{llcll}
e) & \frac{z_1^2}{a_1^2} + \frac{z_2^2}{a_2^2} + \frac{z_3^2}{a_3^2} & = & 1 & \textit{Ellipsoid} \\
 & \frac{z_1^2}{a_1^2} + \frac{z_2^2}{a_2^2} + \frac{z_3^2}{a_3^2} & = & 0 & \textit{Punkt} \\
 & \frac{z_1^2}{a_1^2} + \frac{z_2^2}{a_2^2} + \frac{z_3^2}{a_3^2} & = & -1 & \textit{keine reelle Fläche} \\
f) & \frac{z_1^2}{a_1^2} + \frac{z_2^2}{a_2^2} - \frac{z_3^2}{a_3^2} & = & 1 & \textit{einschaliges Hyperboloid} \\
 & \frac{z_1^2}{a_1^2} + \frac{z_2^2}{a_2^2} - \frac{z_3^2}{a_3^2} & = & 0 & \textit{Kegel} \\
 & \frac{z_1^2}{a_1^2} + \frac{z_2^2}{a_2^2} - \frac{z_3^2}{a_3^2} & = & -1 & \textit{zweischaliges Hyperboloid} \\
g) & \frac{z_1^2}{a_1^2} + \frac{z_2^2}{a_2^2} & = & 2az_3 & \textit{elliptisches Paraboloid} \\
h) & \frac{z_1^2}{a_1^2} - \frac{z_2^2}{a_2^2} & = & 2az_3 & \textit{hyperbolisches Paraboloid}
\end{array}
$$

Dabei sind jeweils die Koeffizienten $a, a_1, a_2, a_3 \neq 0$.

Die nachfolgenden Abbildungen geben beispielhaft die verschiedenen Normalformen für Quadriken im $\mathbb{R}^3$ wieder.

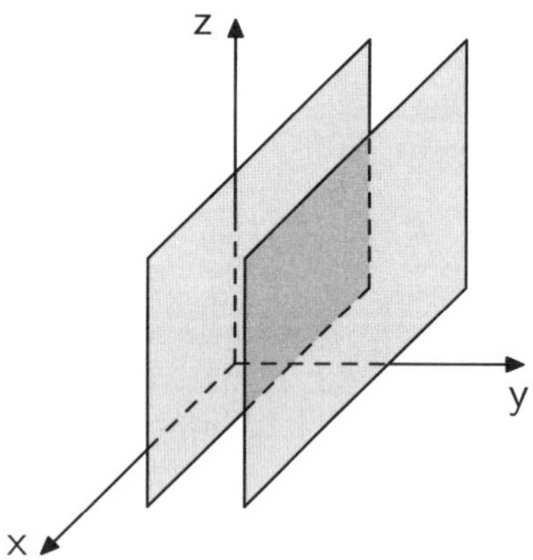

Abb. 10.3: Paralleles Ebenenpaar

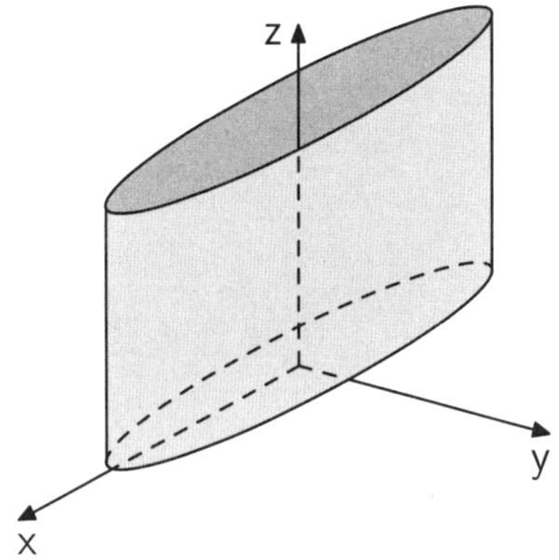

Abb. 10.4: Elliptischer Zylinder

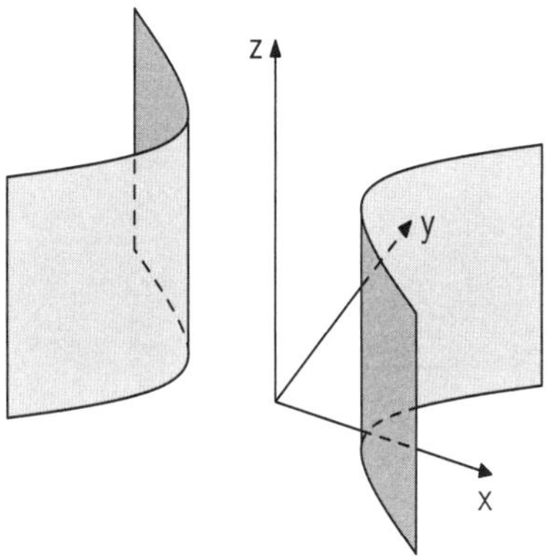

Abb. 10.5: Hyperbolischer Zylinder

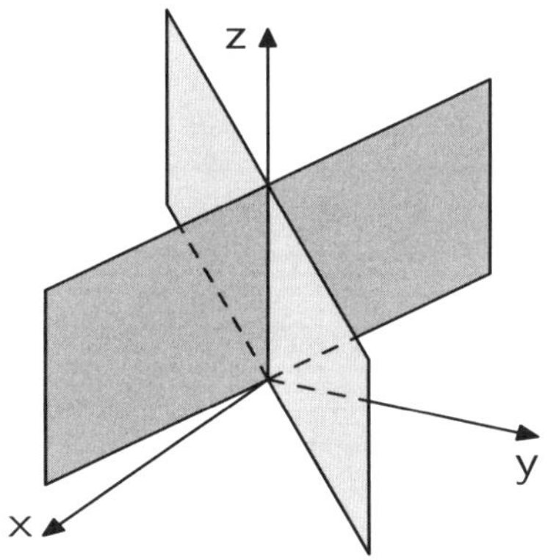

Abb. 10.6: Ebenenpaar

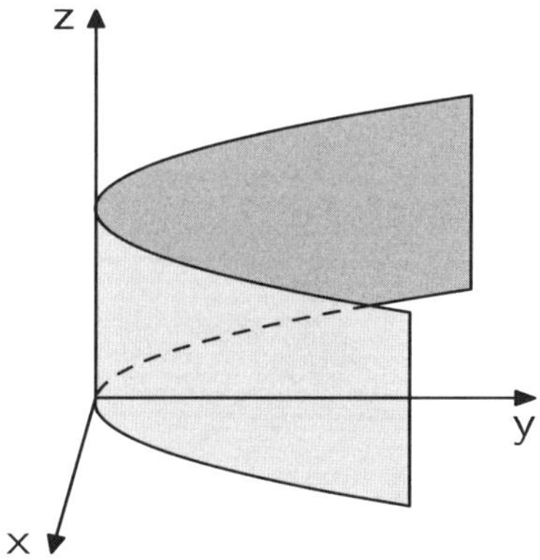

Abb. 10.7: Parabolischer Zylinder

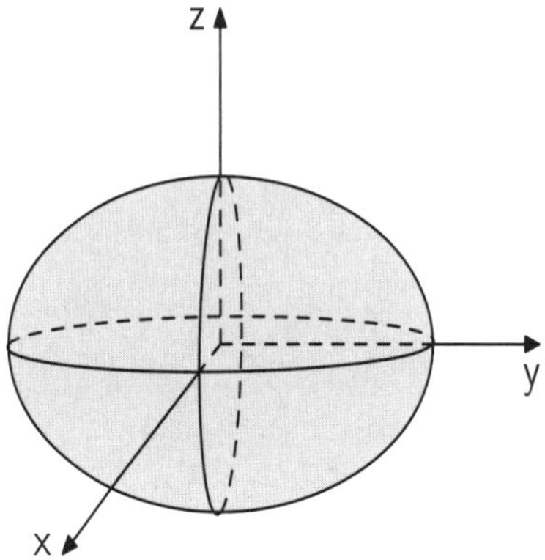

Abb. 10.8: Ellipsoid

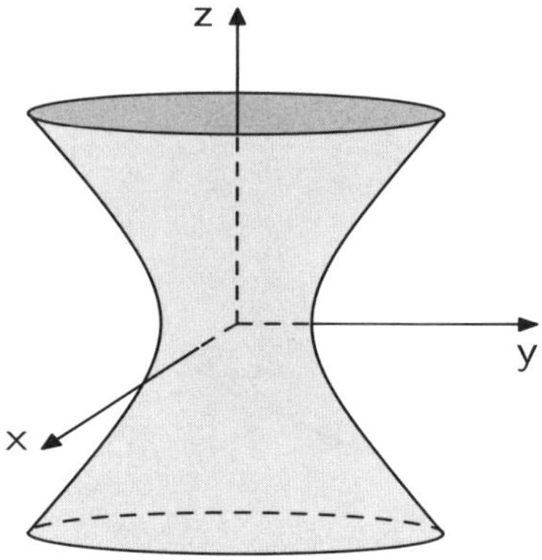

Abb. 10.9: Einschaliges Hyperboloid

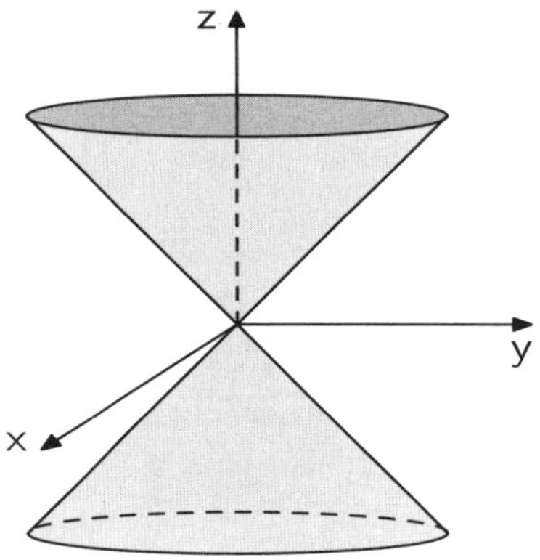

Abb. 10.10: Kegel

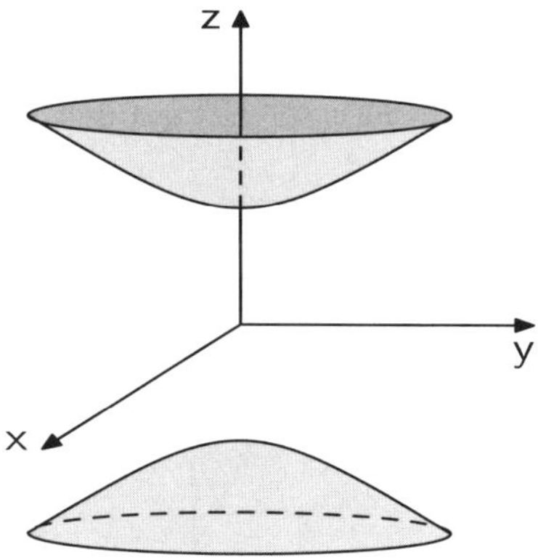

Abb. 10.11: Zweischaliges Hyperboloid

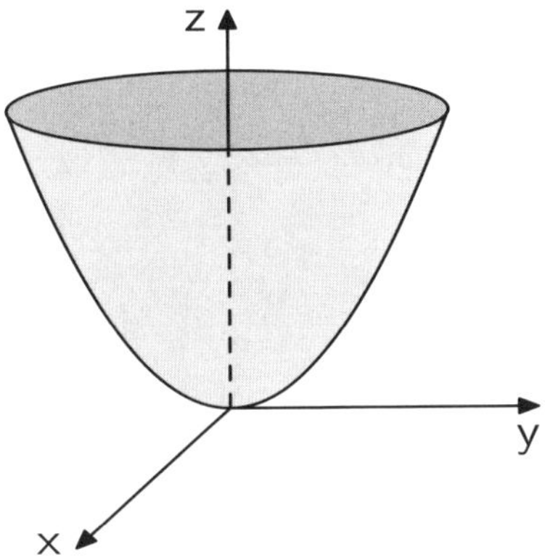

Abb. 10.12: Elliptisches Paraboloid

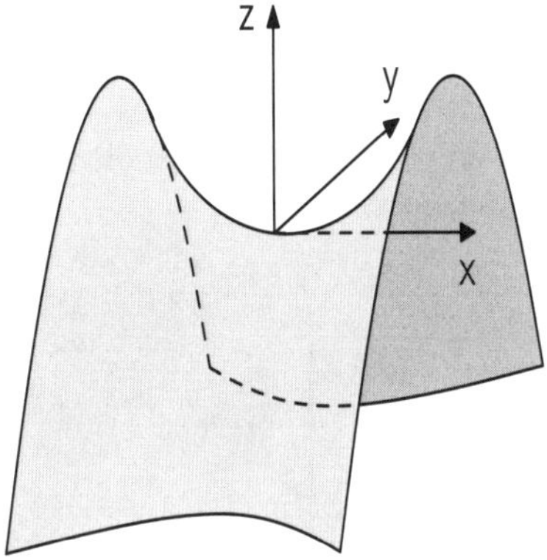

Abb. 10.13: Hyperbolisches Paraboloid

Testfragen

1. Welche quadratische Form definiert die Matrix

$$A = \begin{pmatrix} -2 & 6 & 8 \\ 6 & 1 & -3 \\ 8 & -3 & 3 \end{pmatrix}?$$

2. Welche Matrix erzeugt die quadratische Form

$$-3x_1^2 + 10x_2^2 + 12x_1x_2?$$

3. Bestimmen Sie die Normalform der Quadrik

$$8x_1^2 + 16x_2^2 + 4x_3^2 - 4 = 0.$$

4. Geben Sie eine Quadrik im $\mathbb{R}^2$ an, deren Normalform keine reelle Kurve ergibt.
5. Wie lautet die Quadrik eines elliptischen Parabolids?

10.4 Definitheit von Matrizen

Bei Extremwertuntersuchungen reeller, skalarer Funktionen $f(x_1, x_2, \ldots, x_n)$ mehrerer Veränderlicher ist die **Hesse-Matrix** im Punkt $P^* = \left(x_1^*, x_2^*, \ldots, x_n^*\right)$ zu untersuchen:

$$H = \begin{pmatrix} \frac{\partial^2 f}{\partial x_1 \partial x_1}(P^*) & \frac{\partial^2 f}{\partial x_1 \partial x_2}(P^*) & \ldots & \ldots & \frac{\partial^2 f}{\partial x_1 \partial x_n}(P^*) \\ \frac{\partial^2 f}{\partial x_2 \partial x_1}(P^*) & \frac{\partial^2 f}{\partial x_2 \partial x_2}(P^*) & & & \frac{\partial^2 f}{\partial x_2 \partial x_n}(P^*) \\ \vdots & \vdots & \ddots & & \vdots \\ \vdots & \vdots & & \ddots & \vdots \\ \frac{\partial^2 f}{\partial x_n \partial x_1}(P^*) & \frac{\partial^2 f}{\partial x_n \partial x_2}(P^*) & \ldots & \ldots & \frac{\partial^2 f}{\partial x_n \partial x_n}(P^*) \end{pmatrix}.$$

Ist die Funktion zweimal stetig differenzierbar, dann ist die Reihenfolge, nach welcher die zweiten Ableitungen berechnet werden, vertauschbar, und die Hesse-Matrix somit symmetrisch.

Definition 10.6 Es sei $A \in M_{n \times n}(\mathbb{R})$. Dann heißt

A **positiv definit** $\Leftrightarrow \bigwedge_{\vec{x} \in \mathbb{R}^n, \vec{x} \neq \vec{0}} \vec{x}^T A \vec{x} > 0.$

A **positiv semidefinit** $\Leftrightarrow \bigwedge_{\vec{x} \in \mathbb{R}^n} \vec{x}^T A \vec{x} \geqslant 0.$

A **negativ definit** $\Leftrightarrow \bigwedge_{\vec{x} \in \mathbb{R}^n, \vec{x} \neq \vec{0}} \vec{x}^T A \vec{x} < 0.$

A **negativ semidefinit** $\Leftrightarrow \bigwedge_{\vec{x} \in \mathbb{R}^n} \vec{x}^T A \vec{x} \leqslant 0.$

A **indefinit** in allen übrigen Fällen.

Beispiel 10.9 Wir untersuchen die Matrix $A = \begin{pmatrix} 2 & 1 \\ -1 & 1 \end{pmatrix}$ auf Definitheit.

Es ist

$$\begin{aligned} \vec{x}^T A \vec{x} &= (x_1, x_2) \begin{pmatrix} 2 & 1 \\ -1 & 1 \end{pmatrix} \begin{pmatrix} x_1 \\ x_2 \end{pmatrix} = (x_1, x_2) \begin{pmatrix} 2x_1 + x_2 \\ -x_1 + x_2 \end{pmatrix} \\ &= 2x_1^2 + x_1 x_2 - x_1 x_2 + x_2^2 = 2x_1^2 + x_2^2 > 0. \end{aligned}$$

Da $\vec{x}^T A \vec{x} > 0$ für alle $\vec{x} \neq \vec{0}$ gilt, ist A positiv definit.

Beispiel 10.10 Wir untersuchen die Matrix $A = \begin{pmatrix} 1 & 1 \\ 1 & s \end{pmatrix}$ in Abhängigkeit des reellen Parameters s auf Definitheit. Die Eigenwerte von A lauten:

$$\lambda_1 = \frac{1}{2} + \frac{1}{2}s - \frac{1}{2}\sqrt{4 + (1-s)^2},\ \lambda_2 = \frac{1}{2} + \frac{1}{2}s + \frac{1}{2}\sqrt{4 + (1-s)^2}.$$

Es ist

$$\begin{aligned} \lambda_1 > 0 &\text{ für } s > 1, \\ \lambda_1 = 0 &\text{ für } s = 1, \\ \lambda_1 < 0 &\text{ für } s < 1. \end{aligned}$$

Weiter gilt

$$\lambda_2 > 0 \text{ für alle } s \in \mathbb{R}.$$

Somit folgt für die Matrix A:

$$\begin{array}{ll} A \text{ positiv definit} & \text{für } s > 1, \\ A \text{ positiv semidefinit} & \text{für } s = 1, \\ A \text{ indefinit} & \text{für } s < 1. \end{array}$$

Für reelle, symmetrische Matrizen erhalten wir einfacher zu handhabende Definitheitskriterien, welche auf die Eigenwerte Bezug nehmen.

Satz 10.7 *Es sei A eine reelle, symmetrische $n \times n$ Matrix. Dann gilt:*

a) A positiv definit
$\Leftrightarrow$ Alle Eigenwerte von A sind positiv.

b) A positiv semidefinit
$\Leftrightarrow$ Alle Eigenwerte von A sind nicht negativ.

c) A negativ definit
$\Leftrightarrow$ Alle Eigenwerte von A sind negativ.
$\Leftrightarrow$ $-A$ positiv definit.

d) A negativ semidefinit
$\Leftrightarrow$ Alle Eigenwerte von A sind nicht positiv.
$\Leftrightarrow$ $-A$ positiv semidefinit

e) A indefinit in allen übrigen Fällen,
d. h., A hat positive und negative Eigenwerte.

Beweis: Die quadratische Form $\vec{x}^T A \vec{x}$ kann mithilfe der Variablentransformation $\vec{x} = C\vec{y}$ (vgl. (10.10)) auf folgende Diagonalgestalt transformiert werfen, wobei λ_i die Eigenwerte von A sind:

$$\vec{x}^T A \vec{x} = \vec{y}^T \left(C^T A C\right) \vec{y} = \sum_{i=1}^{n} \lambda_i y_i^2. \tag{10.14}$$

Die Behauptung ergibt sich dann unmittelbar aus (10.14). ∎

Eine weitere Überprüfung der Definitheit ist mithilfe der Hauptminoren möglich.

Definition 10.7 Ist A eine $n \times n$ Matrix, dann heißt die Determinante

$$H_{kk} = \begin{vmatrix} a_{11} & a_{12} & \cdots & \cdots & a_{1k} \\ a_{21} & a_{22} & & & a_{2k} \\ \vdots & & \ddots & & \vdots \\ \vdots & & & \ddots & \vdots \\ a_{k1} & a_{k2} & \cdots & \cdots & a_{kk} \end{vmatrix}$$

k-ter **Hauptminor** von A, $k = 1, 2, \ldots, n$.

Beispiel 10.11 Die Matrix

$$A = \begin{pmatrix} 1 & 2 & 4 & 8 \\ 1 & 3 & 9 & 27 \\ 1 & 4 & 16 & 64 \\ 1 & 5 & 25 & 125 \end{pmatrix}$$

besitzt die Hauptminoren (Vandermonde'sche Determinante, vgl. (6.11))

$$H_{11} = 1,\ H_{22} = \begin{vmatrix} 1 & 2 \\ 1 & 3 \end{vmatrix} = 1$$

und

$$H_{33} = \begin{vmatrix} 1 & 2 & 4 \\ 1 & 3 & 9 \\ 1 & 4 & 16 \end{vmatrix} = 2,\ H_{44} = \begin{vmatrix} 1 & 2 & 4 & 8 \\ 1 & 3 & 9 & 27 \\ 1 & 4 & 16 & 64 \\ 1 & 5 & 25 & 125 \end{vmatrix} = 12.$$

Satz 10.8 *Es sei A eine reelle, symmetrische $n \times n$ Matrix. Dann gilt:*
A positiv definit $\Leftrightarrow$ Alle Hauptminoren von A sind positiv.
A negativ definit $\Leftrightarrow$ Das Vorzeichen des k-ten Hauptminoren von A ist $(-1)^k$.

Beweis: Siehe [15]. ∎

Beispiel 10.12 Die Matrix

$$A = \begin{pmatrix} -2 & 2 & 4 \\ 2 & -4 & 1 \\ 4 & 1 & -30 \end{pmatrix} \tag{10.15}$$

besitzt die folgenden Hauptminoren:

$$H_{11} = \det(1) = -2$$

sowie

$$H_{22} = \begin{vmatrix} -2 & 2 \\ 2 & -4 \end{vmatrix} = 4$$

und

$$H_{33} = |A| = -38$$

und ist daher negativ definit.

Folgerung 10.1 Für reelle, symmetrische Matrizen A gilt:
Wenn A positiv semidefinit ist, dann sind alle Hauptminoren von A nicht negativ. Die Umkehrung ist jedoch i. A. falsch.

Testfragen

1. Bestimmen Sie die Hauptminoren der Matrix

$$A = \begin{pmatrix} 1 & 2 & 3 \\ 4 & 5 & 6 \\ 7 & 8 & 9 \end{pmatrix}.$$

2. Untersuchen Sie die Matrix

$$A = \begin{pmatrix} 1 & 1 \\ 1 & 1 \end{pmatrix}$$

mithilfe von Definition 10.6 auf Definitheit.

3. Für welche Parameterwerte s, t ist die Matrix

$$A = \begin{pmatrix} -1 & 0 & s \\ -1 & 2 & 0 \\ 3 & 0 & t \end{pmatrix}$$

positiv definit?

4. Für welche Werte von a ist die $n \times n$ Diagonalmatrix

$$D = \text{Diag}\left(a, a^2, \ldots, a^n\right)$$

negativ definit?

5. Zeigen Sie, dass Folgerung 10.1 richtig ist.

10.5 Aufgaben

Aufgabe 10.1 An einem bestimmten Tag ist ein Student entweder gesund oder krank. Ist ein Student heute gesund, so ist er zu 95 % auch am nächsten Tag gesund. Ist ein Student krank, so ist er zu 55 % auch noch am nächsten Tag erkrankt.
a) Stellen Sie die stochastische Matrix auf, welche diese Situation beschreibt.
b) Am Montag sind 20 % der Studenten erkrankt. Welcher Prozentanteil der Studenten ist auch dienstags und mittwochs erkrankt?
c) Mit welcher Wahrscheinlichkeit ist ein heute gesunder Student zwei Tage später erkrankt?
d) Bestimmen Sie den Gleichgewichtszustand.

Aufgabe 10.2 Ein Fußballspieler eines Vereins ist entweder verletzt (er kann nicht spielen) oder nicht verletzt (er kann spielen).
Ist ein Spieler an einem Spieltag verletzt, so ist er zu 50 % auch noch am nächsten Spieltag verletzt; ist er dagegen nicht verletzt, so ist er zu 80 % auch am nächsten Spieltag nicht verletzt.
a) Stellen Sie die stochastische Matrix auf, welche diese Situation beschreibt.
b) Am 1. Spieltag der neuen Saison sind 20 % der Spieler verletzt. Welcher Prozentanteil der Spieler ist auch am 2. und 3. Spieltag verletzt?
c) Mit welcher Wahrscheinlichkeit ist ein nicht verletzter Spieler drei Spieltage später verletzt?
d) Der Kader umfasst insgesamt 18 Spieler. Kann der Trainer damit rechnen, an jedem der 34 Spieltage 11 gesunde Spieler zur Verfügung zu haben?

Aufgabe 10.3 a) Für welche der folgenden Verbrauchsmatrizen A ergibt

$$(E - A)^{-1}$$

eine nicht negative Matrix? In diesem Fall kann die Wirtschaft jede Nachfrage erfüllen.

$$A = \begin{pmatrix} 1 & 2 \\ 2 & -1 \end{pmatrix}, A = \begin{pmatrix} 0 & 2 \\ 0.3 & 0 \end{pmatrix}, A = \begin{pmatrix} 1 & 0.4 \\ 1 & 0.6 \end{pmatrix}.$$

b) Die Nachfrage ist durch den Vektor

$$\vec{y} = \begin{pmatrix} 3 \\ 7 \end{pmatrix}$$

gegeben. Welcher zugehörige Inputvektor $\vec{p} = (E - A)^{-1}\vec{y}$ ergibt sich jeweils für die in a) genannten Verbrauchsmatrizen?

Aufgabe 10.4 Eine Volkswirtschaft ist in drei Sektoren aufgeteilt, nämlich

in einen landwirtschaftlichen Sektor (A),
in einen Schwerindustriesektor (S),
in einen Leichtindustriesektor (L),

Zur Produktion von 1 Einheit in Sektor (A) werden benötigt:

0.1 Einheiten aus (A), 0.2 Einheiten aus (S), 0.2 Einheiten aus (L).

Zur Produktion von 1 Einheit in Sektor (S) werden benötigt:

0.1 Einheiten aus (A), 0.1 Einheiten aus (S), 0.2 Einheiten aus (L).

Zur Produktion von 1 Einheit in Sektor (L) werden benötigt:

0.2 Einheiten aus (A), 0.3 Einheiten aus (S), 0.2 Einheiten aus (L).

Die Endnachfragen für die Güter in (S) bzw. (L) bzw. (A) sind 85 bzw. 95 bzw. 20 Einheiten.
a) Bestimmen Sie die Anzahl der Einheiten, welche in jedem Sektor produziert werden müssen, um die Endnachfrage zu erfüllen.
b) Ist die dadurch beschriebene Volkswirtschaft produktiv, d. h., kann jede positive Endnachfrage erfüllt werden?

Aufgabe 10.5 Die Temperatur in einem Seebad im Juli wechselt zwischen kühl (<20°), warm (20°–27°) und heiß (>27°). Der Temperaturwechsel von Tag zu Tag kann vereinfacht durch folgenden Übergangsgraphen beschrieben werden.

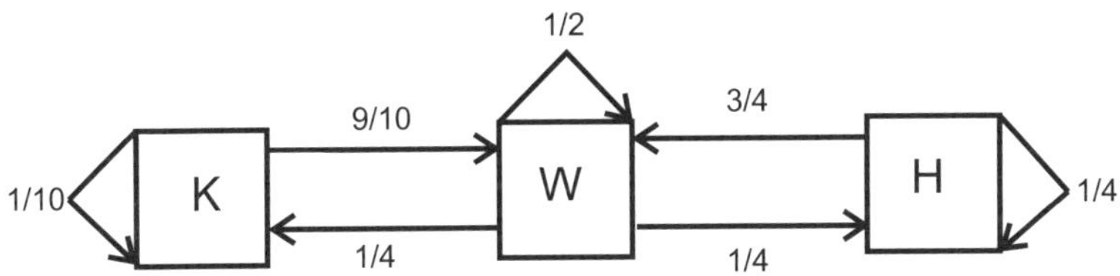

Abb. 10.14: Temperatur in einem Seebad

Am 1. Juli ist es kühl.
a) Welche Temperatur herrscht voraussichtlich am 3. Juli?
b) Welche Temperaturen sind im Juli vorwiegend zu erwarten?

Aufgabe 10.6 Das Wetter in einem Hochgebirgsdorf kann im August vereinfacht durch folgenden Übergangsgraphen beschrieben werden.

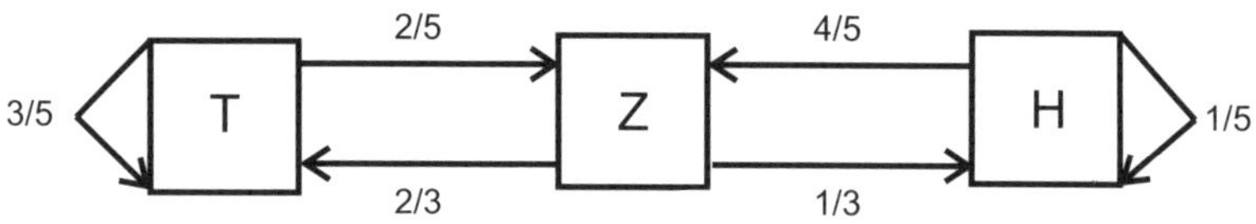

Abb. 10.15: Wetterlage in einem Gebirgsdorf

Dabei bedeutet **T**: Tief, **Z**: Zwischenhoch, **H**: Hoch.
Am 1. August herrscht ein Hoch. Kann man mit einer stabilen Wetterlage rechnen oder wechselt das Wetter unregelmäßig?

Aufgabe 10.7 Gegeben ist die Matrix

$$A = \begin{pmatrix} 0.6 & 0.2 \\ 0.4 & 0.8 \end{pmatrix}.$$

Bestimmen Sie $\lim\limits_{k \to \infty} A^k$.

Aufgabe 10.8 Transformieren Sie folgende Fläche zweiter Ordnung auf Normalform

$$3x_1^2 + 3x_2^2 - 2x_1x_2 - 2 = 0$$

und geben Sie an, um welche Fläche es sich handelt.

Aufgabe 10.9 Transformieren Sie folgende Fläche zweiter Ordnung auf Normalform

$$3x_1^2 + 3x_2^2 + 8x_1x_2 - 10 = 0$$

und geben Sie an, um welche Fläche es sich handelt.

Aufgabe 10.10 Transformieren Sie folgende Fläche zweiter Ordnung auf Normalform

$$x_1^2 + 3x_2^2 + 3x_3^2 + 4x_2x_3 - 6 = 0$$

und geben Sie an, um welche Fläche es sich handelt.

11 Lineare Abbildungen in euklidischen und unitären Räumen

In diesem Kapitel sind die betrachteten Vektorräume stets Vektorräume mit einem Innenprodukt, das mit $\langle .,. \rangle$ bezeichnet wird; der zugrunde gelegte Skalarenkörper ist $\mathbb{R}$ oder $\mathbb{C}$, wir sprechen dann wie in Kapitel 7 im reellen Fall von einem euklidischen bzw. im komplexen Fall von einem unitären Vektorraum. Sofern nicht ausdrücklich endliche Dimension vorausgesetzt wird, gelten die Aussagen auch für unendlichdimensionale Vektorräume.

11.1 Adjungierte Abbildungen

Zu jeder linearen Abbildung von euklidischen oder unitären Räumen erhält man mithilfe des Innenprodukts eine neue Abbildung.

Definition 11.1 Es seien V, W euklidische oder unitäre Vektorräume. Eine Abbildung $F^* : W \to V$ heißt zur linearen Abbildung $F : V \to W$ **adjungierte Abbildung**, wenn gilt:

$$\bigwedge_{\vec{v} \in V, \vec{w} \in W} \left\langle F\left(\vec{v}\right), \vec{w} \right\rangle = \left\langle \vec{v}, F^*\left(\vec{w}\right) \right\rangle. \tag{11.1}$$

Im Folgenden werden wir sehen, dass adjungierte Abbildungen, falls existent, stets eindeutig bestimmt sind und im endlichdimensionalen Fall auch immer existieren.

Satz 11.1 *Es seien V, W euklidische oder unitäre Vektorräume. Wenn zur linearen Abbildung $F : V \to W$ die adjungierte Abbildung $F^* : W \to V$ existiert, so ist F^* eindeutig bestimmt und ebenfalls eine lineare Abbildung.*

Beweis: Die Linearität von F^* ergibt sich unmittelbar aus der Linearität von F. Ist nun G eine weitere Funktion mit der Eigenschaft (11.1), so folgt sofort für alle $\vec{v} \in V$ und $\vec{w} \in W$ die Beziehung

$$\begin{aligned} \left\langle \vec{v}, F^*\left(\vec{w}\right) - G\left(\vec{w}\right) \right\rangle &= \left\langle \vec{v}, F^*\left(\vec{w}\right) \right\rangle - \left\langle \vec{v}, G\left(\vec{w}\right) \right\rangle \\ &= \left\langle F\left(\vec{v}\right), \vec{w} \right\rangle - \left\langle F\left(\vec{v}\right), \vec{w} \right\rangle = 0. \end{aligned}$$

Daher gilt zwangsläufig für alle $\vec{w} \in W$

$$F^*(\vec{w}) - G(\vec{w}) = \vec{0},$$

woraus

$$F^*(\vec{w}) = G(\vec{w}) \text{ für alle } \vec{w} \in W$$

und damit $F^* = G$ folgt. Somit ist nachgewiesen, dass F^* eindeutig bestimmt ist. ■

Aufgrund von Satz 11.1 bezeichnen wir F^* als die zu F adjungierte Abbildung.

Wie findet man nun zu einer gegebenen linearen Abbildung $F : V \to W$ zweier endlichdimensionaler Vektorräume die adjungierte Abbildung $F^* : W \to V$? Dies wollen wir zunächst an einem Beispiel untersuchen.

Beispiel 11.1 Es sei die lineare Abbildung F definiert wie folgt:

$$F : \mathbb{R}^3 \to \mathbb{R}^2, \begin{pmatrix} x_1 \\ x_2 \\ x_3 \end{pmatrix} \mapsto \begin{pmatrix} x_1 + x_2 \\ x_2 + x_3 \end{pmatrix}.$$

Dann gilt:

$$\begin{aligned} \bigwedge_{\vec{x} \in V, \vec{y} \in W} \langle F(\vec{x}), \vec{y} \rangle &= \left\langle \begin{pmatrix} x_1 + x_2 \\ x_2 + x_3 \end{pmatrix}, \begin{pmatrix} y_1 \\ y_2 \end{pmatrix} \right\rangle \\ &= (x_1 + x_2) y_1 + (x_2 + x_3) y_2 \\ &= x_1 y_1 + x_2 y_1 + x_2 y_2 + x_3 y_2 \\ &= x_1 y_1 + x_2 (y_1 + y_2) + x_3 y_2 \\ &= \left\langle \begin{pmatrix} x_1 \\ x_2 \\ x_3 \end{pmatrix}, \begin{pmatrix} y_1 \\ y_1 + y_2 \\ y_2 \end{pmatrix} \right\rangle \\ &= \langle \vec{x}, F^*(\vec{x}) \rangle. \end{aligned}$$

Folglich ist

$$F^* : \mathbb{R}^2 \to \mathbb{R}^3, \begin{pmatrix} y_1 \\ y_2 \end{pmatrix} \mapsto \begin{pmatrix} y_1 \\ y_1 + y_2 \\ y_2 \end{pmatrix}$$

die gesuchte adjungierte Abbildung.

Satz 11.2 *Es seien V, W euklidische oder unitäre Vektorräume mit endlicher Dimension. Dann gibt es zu jeder linearen Abbildung $F : V \to W$ die adjungierte Abbildung $F^* : W \to V$, und es gilt:*

$$F^*\left(\vec{w}\right) = \sum_{i=1}^{n} \left\langle \vec{w}, F\left(\vec{e_i}\right)\right\rangle \vec{e_i}, \ \vec{w} \in W. \tag{11.2}$$

Beweis: Es sei $\vec{e_1}, \ldots, \vec{e_n}$ eine Orthonormalbasis von V. Wir definieren die lineare Abbildung G von W in V durch

$$G\left(\vec{w}\right) = \sum_{i=1}^{n} \left\langle \vec{w}, F\left(\vec{e_i}\right)\right\rangle \vec{e_i}.$$

Dann gilt für $\vec{v} = \sum_{i=1}^{n} \left\langle \vec{v}, \vec{e_i}\right\rangle \vec{e_i}$:

$$\begin{aligned}
\left\langle F\left(\vec{v}\right), \vec{w}\right\rangle &= \left\langle F\left(\sum_{i=1}^{n} \left\langle \vec{v}, \vec{e_i}\right\rangle \vec{e_i}\right), \vec{w}\right\rangle \\
&= \left\langle \sum_{i=1}^{n} \left\langle \vec{v}, \vec{e_i}\right\rangle F\left(\vec{e_i}\right), \vec{w}\right\rangle \\
&= \sum_{i=1}^{n} \left\langle \vec{v}, \vec{e_i}\right\rangle \left\langle F\left(\vec{e_i}\right), \vec{w}\right\rangle = \sum_{i=1}^{n} \left\langle \vec{v}, \vec{e_i}\right\rangle \overline{\left\langle \vec{w}, F\left(\vec{e_i}\right)\right\rangle} \\
&= \left\langle \sum_{i=1}^{n} \left\langle \vec{v}, \vec{e_i}\right\rangle \vec{e_i}, \sum_{j=1}^{n} \left\langle \vec{w}, F\left(\vec{e_j}\right)\right\rangle \vec{e_j}\right\rangle = \left\langle \vec{v}, G\left(\vec{w}\right)\right\rangle.
\end{aligned}$$

Wegen der Eindeutigkeit der adjungierten Abbildung (Satz 11.1) folgt also:

$$F^*\left(\vec{w}\right) = G\left(\vec{w}\right) = \sum_{i=1}^{n} \left\langle \vec{w}, F\left(\vec{e_i}\right)\right\rangle \vec{e_i} \text{ für alle } \vec{w} \in W. \qquad \blacksquare$$

An einem konkreten Beispiel wird die Beweisidee von Satz 11.2 verdeutlicht.

Beispiel 11.2 Die lineare Abbildung $F \in \operatorname{Hom}\left(\mathbb{R}^4, \mathbb{R}^3\right)$ sei definiert durch

$$F\begin{pmatrix} x_1 \\ x_2 \\ x_3 \\ x_4 \end{pmatrix} = \begin{pmatrix} x_1 + x_2 + x_3 + x_4 \\ x_1 + x_2 + x_3 \\ x_1 + x_2 \end{pmatrix}.$$

Wir wollen nun $F^*\left(\overrightarrow{y}\right)$ berechnen. Bezeichnen

$$\mathcal{E}=\left\{\overrightarrow{e_1},\overrightarrow{e_2},\overrightarrow{e_3},\overrightarrow{e_4}\right\} \text{ und } \mathcal{E}'=\left\{\overrightarrow{e_1'},\overrightarrow{e_2'},\overrightarrow{e_3'}\right\}$$

die Standardbasen von $\mathbb{R}^4$ und $\mathbb{R}^3$, so gilt:

$$\begin{aligned}
&F\left(\overrightarrow{e_1}\right)=\overrightarrow{e_1'}+\overrightarrow{e_2'}+\overrightarrow{e_3'}, && F\left(\overrightarrow{e_2}\right)=\overrightarrow{e_1'}+\overrightarrow{e_2'}+\overrightarrow{e_3'},\\
&F\left(\overrightarrow{e_3}\right)=\overrightarrow{e_1'}+\overrightarrow{e_2'}, && F\left(\overrightarrow{e_4}\right)=\overrightarrow{e_1'}.
\end{aligned}$$

Damit erhalten wir für $\overrightarrow{y}\in\mathbb{R}^3$:

$$\begin{aligned}
\left\langle\overrightarrow{y},F\left(\overrightarrow{e_1}\right)\right\rangle &= y_1+y_2+y_3=\left\langle\overrightarrow{e_1},(y_1+y_2+y_3)\,\overrightarrow{e_1}\right\rangle,\\
\left\langle\overrightarrow{y},F\left(\overrightarrow{e_2}\right)\right\rangle &= y_1+y_2+y_3=\left\langle\overrightarrow{e_2},(y_1+y_2+y_3)\,\overrightarrow{e_2}\right\rangle,\\
\left\langle\overrightarrow{y},F\left(\overrightarrow{e_3}\right)\right\rangle &= y_1+y_2=\left\langle\overrightarrow{e_3},(y_1+y_2)\,\overrightarrow{e_3}\right\rangle,\\
\left\langle\overrightarrow{y},F\left(\overrightarrow{e_4}\right)\right\rangle &= y_1=\left\langle\overrightarrow{e_4},y_1\overrightarrow{e_4}\right\rangle.
\end{aligned}$$

Also folgt für $\overrightarrow{x}\in\mathbb{R}^4,\overrightarrow{y}\in\mathbb{R}^3$:

$$\begin{aligned}
\left\langle F\left(\overrightarrow{x}\right),\overrightarrow{y}\right\rangle &= \left\langle x_1F\left(\overrightarrow{e_1}\right)+x_2F\left(\overrightarrow{e_2}\right)+x_3F\left(\overrightarrow{e_3}\right)+x_4F\left(\overrightarrow{e_4}\right),\overrightarrow{y}\right\rangle\\
&= x_1\left\langle F\left(\overrightarrow{e_1}\right),\overrightarrow{y}\right\rangle+x_2\left\langle F\left(\overrightarrow{e_2}\right),\overrightarrow{y}\right\rangle\\
&\quad +x_3\left\langle F\left(\overrightarrow{e_3}\right),\overrightarrow{y}\right\rangle+x_4\left\langle F\left(\overrightarrow{e_4}\right),\overrightarrow{y}\right\rangle\\
&= x_1\left\langle\overrightarrow{y},F\left(\overrightarrow{e_1}\right)\right\rangle+x_2\left\langle\overrightarrow{y},F\left(\overrightarrow{e_2}\right)\right\rangle\\
&\quad +x_3\left\langle\overrightarrow{y},F\left(\overrightarrow{e_3}\right)\right\rangle+x_4\left\langle\overrightarrow{y},F\left(\overrightarrow{e_4}\right)\right\rangle\\
&= x_1(y_1+y_2+y_3)+x_2(y_1+y_2+y_3)\\
&\quad +x_3(y_1+y_2)+x_4y_1\\
&= x_1\left\langle\overrightarrow{e_1},(y_1+y_2+y_3)\,\overrightarrow{e_1}\right\rangle+x_2\left\langle\overrightarrow{e_2},(y_1+y_2+y_3)\,\overrightarrow{e_2}\right\rangle\\
&\quad +x_3\left\langle\overrightarrow{e_3},(y_1+y_2)\,\overrightarrow{e_3}\right\rangle+x_4\left\langle\overrightarrow{e_4},y_1\overrightarrow{e_4}\right\rangle\\
&= \left\langle\begin{pmatrix}x_1\\x_2\\x_3\\x_4\end{pmatrix},\begin{pmatrix}y_1+y_2+y_3\\y_1+y_2+y_3\\y_1+y_2\\y_1\end{pmatrix}\right\rangle=\left\langle\overrightarrow{x},F^*\left(\overrightarrow{y}\right)\right\rangle.
\end{aligned}$$

Somit ist F^* gegeben durch die Zuordnungsvorschrift:

$$F^*\begin{pmatrix}y_1\\y_2\\y_3\end{pmatrix}=\begin{pmatrix}y_1+y_2+y_3\\y_1+y_2+y_3\\y_1+y_2\\y_1\end{pmatrix}.$$

Für die Adjungiertenbildung gelten die folgenden Rechenregeln, deren Beweis als Übungsaufgabe (Aufgabe 1) empfohlen wird.

Satz 11.3 *Für $F, G \in \operatorname{Hom}(V, W)$ und $H \in \operatorname{Hom}(W, X)$ gelten die folgenden Regeln:*

$$\begin{aligned} &a) & (F+G)^* &= F^* + G^* \\ &b) & (\gamma F)^* &= \overline{\gamma} F^* \text{ für } \gamma \in \mathbb{K} \\ &c) & (H \circ F)^* &= F^* \circ H^* \\ &d) & (F^*)^* &= F \end{aligned}$$

Zwischen Darstellungsmatrizen von F und F^* besteht eine enge Verwandtschaft, wie der folgende Satz zeigt.

Satz 11.4 *Es seien V, W endlichdimensionale, euklidische oder unitäre Vektorräume mit Orthonormalbasen $\mathcal{E}$ und $\mathcal{E}'$. Dann gilt für $F \in \operatorname{Hom}(V, W)$:*

$$M_{\mathcal{E},\mathcal{E}'}\left(F^*\right) = \overline{M_{\mathcal{E}',\mathcal{E}}(F)}^T .$$

Beweis: Es seien $\mathcal{E} = \left\{\overrightarrow{e_1}, \ldots, \overrightarrow{e_n}\right\}$ und $\mathcal{E}' = \left\{\overrightarrow{e'_1}, \ldots, \overrightarrow{e'_m}\right\}$ Orthonormalbasen von V und W. Die Koeffizienten a_{ij} von $M_{\mathcal{E}',\mathcal{E}}(F)$ sind nach (5.10) bestimmt durch

$$F\left(\overrightarrow{e_j}\right) = \sum_{i=1}^{m} a_{ij} \overrightarrow{e'_i}, \quad j = 1, \ldots, n.$$

Daraus folgt sofort, weil $\mathcal{E}, \mathcal{E}'$ Orthonormalbasen sind:

$$a_{ij} = \left\langle F\left(\overrightarrow{e_j}\right), \overrightarrow{e'_i} \right\rangle, \quad i = 1, \ldots, m, \quad j = 1, \ldots, n.$$

Für die Koeffizienten b_{ji} von $M_{\mathcal{E},\mathcal{E}'}(F^*)$ gilt ganz entsprechend:

$$\begin{aligned} b_{ji} &= \left\langle F^*\left(\overrightarrow{e'_i}\right), \overrightarrow{e_j} \right\rangle = \overline{\left\langle \overrightarrow{e_j}, F^*\left(\overrightarrow{e'_i}\right) \right\rangle} \\ &= \overline{\left\langle F\left(\overrightarrow{e_j}\right), \overrightarrow{e'_i} \right\rangle} = \overline{a_{ij}}, \quad i = 1, \ldots, m, \quad j = 1, \ldots, n, \end{aligned}$$

d. h., es gilt:

$$M_{\mathcal{E},\mathcal{E}'}\left(F^*\right) = \overline{M_{\mathcal{E}',\mathcal{E}}(F)}^T . \qquad \blacksquare$$

Da sich durch Transponierung einer Matrix und durch den Übergang zu konjugiert komplexen Zahlen der Rang einer Matrix nicht ändert, erhält man aus Satz 11.4 sofort:

Folgerung 11.1 Es seien V, W endlichdimensionale, euklidische oder unitäre Vektorräume. Dann gilt für $F \in \operatorname{Hom}(V, W)$:

$$\operatorname{rang}\left(F^*\right) = \operatorname{rang}(F)\,.$$

Beispiel 11.3 Die lineare Abbildung $F : \mathbb{C}^3 \to \mathbb{C}^2$ sei definiert durch

$$F\begin{pmatrix} z_1 \\ z_2 \\ z_3 \end{pmatrix} = \begin{pmatrix} \mathrm{i}z_1 + z_2 + \mathrm{i}z_3 \\ -z_1 + z_2 - \mathrm{i}z_3 \end{pmatrix}.$$

Daraus folgt:

$$F^*\begin{pmatrix} z'_1 \\ z'_2 \end{pmatrix} = \begin{pmatrix} -\mathrm{i}z'_1 - z'_2 \\ z'_1 + z'_2 \\ -\mathrm{i}z'_1 + \mathrm{i}z'_2 \end{pmatrix}.$$

Sind $\mathcal{E}$ bzw. $\mathcal{E}'$ die Standardbasen von $\mathbb{C}^3$ bzw. $\mathbb{C}^2$, so gilt offensichtlich:

$$M_{\mathcal{E}',\mathcal{E}}(F) = \begin{pmatrix} \mathrm{i} & 1 & \mathrm{i} \\ -1 & 1 & -\mathrm{i} \end{pmatrix},$$

$$M_{\mathcal{E},\mathcal{E}'}\left(F^*\right) = \begin{pmatrix} -\mathrm{i} & -1 \\ 1 & 1 \\ -\mathrm{i} & \mathrm{i} \end{pmatrix} = \overline{M_{\mathcal{E}',\mathcal{E}}(F)}^T.$$

Testfragen

1. Gibt es immer eine adjungierte Abbildung F^* zu einer gegebenen linearen Abbildung F?
2. Wie lautet die adjungierte Abbildung F^*, wenn $F \in \operatorname{End}\left(\mathbb{R}^2\right)$ wie folgt definiert ist
$$F\begin{pmatrix} x_1 \\ x_2 \end{pmatrix} = \begin{pmatrix} x_1 + x_2 \\ x_1 - x_2 \end{pmatrix}?$$
3. Berechnen Sie $M_{\mathcal{E},\mathcal{E}}\left(F^*\right)$ für die lineare Abbildung
$$F : \mathbb{C}^2 \to \mathbb{C}^2, \begin{pmatrix} z_1 \\ z_2 \end{pmatrix} \mapsto F\begin{pmatrix} z_1 \\ z_2 \end{pmatrix} = \begin{pmatrix} z_2 \\ z_1 \end{pmatrix};$$
dabei bedeutet $\mathcal{E}$ die Standardbasis von $\mathbb{C}^2$.
4. Geben Sie ein Beispiel einer linearen Abbildung $F \in \operatorname{End}\left(\mathbb{R}^2\right)$, für die gilt $F^* = F$.

11.2 Normale Abbildungen

Jetzt betrachten wir adjungierte Selbstabbildungen. Von besonderer Bedeutung sind solche linearen Abbildungen eines euklidischen oder unitären Vektorraumes, die mit ihrer adjungierten Abbildung vertauschbar sind.

Definition 11.2 Ein Endomorphismus F eines euklidischen oder unitären Vektorraumes heißt **normal** genau dann, wenn F und F^* vertauschbar sind, d. h., wenn gilt

$$F^* \circ F = F \circ F^*.$$

Beispiel 11.4 Es sei die lineare Abbildung F definiert wie folgt:

$$F : \mathbb{R}^3 \to \mathbb{R}^3, \begin{pmatrix} x_1 \\ x_2 \\ x_3 \end{pmatrix} \mapsto \begin{pmatrix} -x_1 \\ x_2 - x_3 \\ x_2 + x_3 \end{pmatrix}.$$

Dann gilt für die dazu adjungierte Abbildung F^* nach Satz 11.2:

$$F^* : \mathbb{R}^3 \to \mathbb{R}^3, \begin{pmatrix} y_1 \\ y_2 \\ y_3 \end{pmatrix} \mapsto \begin{pmatrix} -y_1 \\ y_2 + y_3 \\ -y_2 + y_3 \end{pmatrix}.$$

Somit folgt für alle $\vec{x} \in \mathbb{R}^3$:

$$\left(F^* \circ F\right)\left(\vec{x}\right) = F^* \begin{pmatrix} -x_1 \\ x_2 - x_3 \\ x_2 + x_3 \end{pmatrix} = \begin{pmatrix} x_1 \\ 2x_2 \\ 2x_3 \end{pmatrix},$$

$$\left(F \circ F^*\right)\left(\vec{x}\right) = F \begin{pmatrix} -x_1 \\ x_2 + x_3 \\ -x_2 + x_3 \end{pmatrix} = \begin{pmatrix} x_1 \\ 2x_2 \\ 2x_3 \end{pmatrix}.$$

D. h., es ist $F^* \circ F = F \circ F^*$, und somit ist F normal.

Der folgende Satz liefert ein Kriterium für die Normalität eines Endomorphismus.

Satz 11.5 *Es sei F ein Endomorphismus eines euklidischen oder unitären Vektorraumes V. Dann gilt:*

$$F \text{ normal} \Leftrightarrow \bigwedge_{\vec{v}, \vec{w} \in V} \left\langle F\left(\vec{v}\right), F\left(\vec{w}\right)\right\rangle = \left\langle F^*\left(\vec{v}\right), F^*\left(\vec{w}\right)\right\rangle. \qquad (11.3)$$

Beweis: „⇒" Sei F normal, d. h., es gelte $F^* \circ F = F \circ F^*$. Daraus folgt sofort für alle $\vec{v}, \vec{w} \in V$:

$$\begin{aligned}\left\langle F\left(\vec{v}\right), F\left(\vec{w}\right)\right\rangle &= \left\langle \vec{v}, F^*\left(F\left(\vec{w}\right)\right)\right\rangle \\ &= \left\langle \vec{v}, F\left(F^*\left(\vec{w}\right)\right)\right\rangle = \left\langle F^*\left(\vec{v}\right), F^*\left(\vec{w}\right)\right\rangle.\end{aligned}$$

„⇐" Es gelte jetzt

$$\bigwedge_{\vec{v}, \vec{w} \in V} \left\langle F\left(\vec{v}\right), F\left(\vec{w}\right)\right\rangle = \left\langle F^*\left(\vec{v}\right), F^*\left(\vec{w}\right)\right\rangle.$$

Daraus folgt

$$\bigwedge_{\vec{v}, \vec{w} \in V} \left\langle \vec{v}, F^*\left(F\left(\vec{w}\right)\right)\right\rangle = \left\langle \vec{v}, F\left(F^*\left(\vec{w}\right)\right)\right\rangle,$$

woraus sich ergibt

$$\bigwedge_{\vec{v}, \vec{w} \in V} \left\langle \vec{v}, F^*\left(F\left(\vec{w}\right)\right) - F\left(F^*\left(\vec{w}\right)\right)\right\rangle = 0.$$

Somit erhalten wir

$$\bigwedge_{\vec{w} \in V} F^*\left(F\left(\vec{w}\right)\right) - F\left(F^*\left(\vec{w}\right)\right) = 0,$$

d. h., es gilt

$$F^* \circ F = F \circ F^*.$$

■

Folgerung 11.2 Ist F ein normaler Endomorphismus eines euklidischen oder unitären Vektorraumes, so gilt

$$\operatorname{Kern}(F) = \operatorname{Kern}\left(F^*\right).$$

Beweis: Nach Satz 11.5 gilt für eine normale Abbildung speziell

$$\bigwedge_{\vec{v} \in V} \left\langle F\left(\vec{v}\right), F\left(\vec{v}\right)\right\rangle = \left\langle F^*\left(\vec{v}\right), F^*\left(\vec{v}\right)\right\rangle,$$

d. h., es ist

$$\bigwedge_{\vec{v} \in V} \left\| F\left(\vec{v}\right)\right\| = \left\| F^*\left(\vec{v}\right)\right\|.$$

Daraus folgt sofort wegen der Definitheit der Norm:

$$F\left(\vec{v}\right) = \vec{0} \Leftrightarrow F^*\left(\vec{v}\right) = \vec{0}.$$

■

Ähnliche Aussagen wie Folgerung 11.2 gelten auch für Eigenräume.

Satz 11.6 *Es sei F ein normaler Endomorphismus eines unitären Vektorraumes V. Dann gilt:*
Ist $\vec{a}$ Eigenvektor von F zum Eigenwert λ, so ist $\vec{a}$ Eigenvektor von F^* zum Eigenwert $\overline{\lambda}$ und umgekehrt, d. h., es gilt

$$\mathcal{E}\,(\lambda, F) = \mathcal{E}\left(\overline{\lambda}, F^*\right).$$

Beweis: Es sei λ Eigenwert von F. Mit F ist auch $F - \lambda I$ normal, und es gilt

$$\mathcal{E}\,(\lambda, F) = \text{Kern}\,(F - \lambda I)\,,$$

wobei I die identische Abbildung bezeichnet. Die zu $F - \lambda I$ adjungierte Abbildung lautet wegen $I^* = I$ nach Satz 11.3

$$(F - \lambda I)^* = F^* - (\lambda I)^* = F^* - \overline{\lambda} I.$$

Nach Folgerung 11.2 ergibt sich also

$$\text{Kern}\,(F - \lambda I) = \text{Kern}\left((F - \lambda I)^*\right) = \text{Kern}\left(F^* - \overline{\lambda} I\right),$$

was gleichbedeutend ist zu

$$\mathcal{E}\,(\lambda, F) = \mathcal{E}\left(\overline{\lambda}, F^*\right).$$ ■

Folgerung 11.3 Es sei F ein normaler Endomorphismus eines euklidischen Vektorraumes V. Dann gilt:
Ist $\vec{a}$ Eigenvektor von F zum Eigenwert λ, so ist $\vec{a}$ Eigenvektor von F^* zum Eigenwert λ und umgekehrt, d. h., es gilt

$$\mathcal{E}\,(\lambda, F) = \mathcal{E}\left(\lambda, F^*\right).$$

Beweis: Für reelle Eigenwerte gilt $\lambda = \overline{\lambda}$. Die Aussage folgt damit sofort aus Satz 11.6. ■

Bei normalen Abbildungen sind die Eigenräume zu verschiedenen Eigenwerten orthogonal zueinander.

Satz 11.7 *Es sei F ein normaler Endomorphismus eines euklidischen oder unitären Vektorraumes V. Sind λ_1, λ_2 verschiedene Eigenwerte von F, so sind die zugehörigen Eigenräume orthogonal, d. h., es gilt:*

$$\lambda_1, \lambda_2 \in \text{Spek}\,(F) \;\; \textit{und} \;\; \lambda_1 \neq \lambda_2 \Rightarrow \mathcal{E}\,(\lambda_1, F) \perp \mathcal{E}\,(\lambda_2, F)\,.$$

Beweis: Es seien $\vec{v_1}$ und $\vec{v_2}$ Eigenvektoren zu den Eigenwerten λ_1 bzw. λ_2. Dann gilt

$$\lambda_1 \langle \vec{v_1}, \vec{v_2} \rangle = \langle \lambda_1 \vec{v_1}, \vec{v_2} \rangle = \langle F(\vec{v_1}), \vec{v_2} \rangle = \langle \vec{v_1}, F^*(\vec{v_2}) \rangle = \langle \vec{v_1}, \overline{\lambda_2} \vec{v_2} \rangle,$$

Letzteres aufgrund von Satz 11.6. Also haben wir erhalten

$$\lambda_1 \langle \vec{v_1}, \vec{v_2} \rangle = \langle \vec{v_1}, \overline{\lambda_2} \vec{v_2} \rangle = \lambda_2 \langle \vec{v_1}, \vec{v_2} \rangle,$$

woraus sofort folgt

$$(\lambda_1 - \lambda_2) \langle \vec{v_1}, \vec{v_2} \rangle = 0.$$

Da $\lambda_1 \neq \lambda_2$ vorausgesetzt war, bleibt nur übrig

$$\langle \vec{v_1}, \vec{v_2} \rangle = 0,$$

d. h., es gilt

$$\vec{v_1} \perp \vec{v_2}.$$

■

Normale Abbildungen lassen sich im Falle endlicher Dimension auch mithilfe von Darstellungsmatrizen charakterisieren.

Satz 11.8 *Es sei V ein euklidischer oder unitärer Vektorraum endlicher Dimension, F sei ein Endomorphismus von V, und $\mathcal{B}$ bzw. $\mathcal{E}$ sei eine Basis bzw. Orthonormalbasis von V. Dann gilt:*
a) F normal $\Leftrightarrow M_{\mathcal{B},\mathcal{B}}(F) \cdot M_{\mathcal{B},\mathcal{B}}(F^*) = M_{\mathcal{B},\mathcal{B}}(F^*) \cdot M_{\mathcal{B},\mathcal{B}}(F)$.
b) F normal $\Leftrightarrow M_{\mathcal{E},\mathcal{E}}(F) \cdot \overline{M_{\mathcal{E},\mathcal{E}}(F)}^T = \overline{M_{\mathcal{E},\mathcal{E}}(F)}^T \cdot M_{\mathcal{E},\mathcal{E}}(F)$.

Beweis: Die Aussagen ergeben sich sofort anhand der Darstellungsmatrizen und aus Satz 11.4. ■

Normale Endomorphismen sind im Falle endlicher Dimension diagonalisierbar, wie der folgende Satz zeigt.

Satz 11.9 *Es sei V ein unitärer Vektorraum endlicher Dimension, F sei ein normaler Endomorphismus von V. Dann ist F diagonalisierbar, d. h., es gibt eine Orthonormalbasis $\mathcal{E}$ aus Eigenvektoren, so dass gilt*

$$M_{\mathcal{E},\mathcal{E}}(F) = \mathrm{Diag}(\lambda_1, \ldots, \lambda_n),$$

wobei $\lambda_1, \ldots, \lambda_n$ die, entsprechend ihrer Vielfachheit aufgeführten, Eigenwerte von F bedeuten.

Beweis: Es seien $\mu_1, \ldots, \mu_m$ die verschiedenen Eigenwerte von F. Weiter bezeichne W die Summe der Eigenräume zu den Eigenwerten. Diese Summme ist direkt, da die Eigenräume nach Satz 11.7 orthogonal zueinander sind:

$$W = \mathcal{E}(\mu_1) \oplus \mathcal{E}(\mu_2) \oplus \ldots \oplus \mathcal{E}(\mu_m) . \tag{11.4}$$

Wir zeigen, dass $W = V$ ist. Dazu beachten wir, dass nach Satz 7.5 gilt

$$V = W \oplus W^{\perp}.$$

Die einzelnen Eigenräume in (11.4) sind nach Satz 9.11 F-invariant, also folgt

$$F(W) \leq W \text{ und } F^*(W) \leq W,$$

Letzteres wegen Satz 11.6. Weiter gilt

$$F\left(W^{\perp}\right) \leq W^{\perp}.$$

Denn ist $\vec{u} \in W^{\perp}$, so ergibt sich sofort für alle $\vec{w} \in W$ die Beziehung

$$\left\langle F(\vec{u}), \vec{w}\right\rangle = \left\langle \vec{u}, F^*(\vec{w})\right\rangle = 0,$$

da $F^*\left(\vec{w}\right) \in W$ ist wegen der F^*-Invarianz von W. Somit ist die Einschränkung $F_{W^{\perp}}$ von F auf $W^{\perp}$ ein Endomorphismus von $W^{\perp}$. Es gibt demnach einen Eigenwert μ von $F_{W^{\perp}}$ mit zugehörigem Eigenvektor $\vec{u_\mu} \in W^{\perp}$. Nun ist aber μ auch Eigenwert von F mit zugehörigem Eigenvektor $\vec{u_\mu}$. Nach Konstruktion von W enthält aber W bereits alle Eigenvektoren zu den einzelnen Eigenwerten von F. Somit ist

$$W^{\perp} = \mathcal{O},$$

d. h., es gilt

$$V = W = \bigoplus_{i=1}^{m} \mathcal{E}(\mu_i) .$$

Bezeichnen $\mathcal{E}_1, \ldots, \mathcal{E}_m$ die Orthonormalbasen der Eigenräume $\mathcal{E}(\mu_1), \ldots, \mathcal{E}(\mu_m)$, so ist

$$\mathcal{E} = \bigcup_{i=1}^{m} \mathcal{E}_i$$

eine Orthonormalbasis von V, für welche gilt

$$M_{\mathcal{E},\mathcal{E}}(F) = \operatorname{Diag}(\lambda_1, \ldots, \lambda_n),$$

wobei $\lambda_1, \ldots, \lambda_n$ die, entsprechend ihrer Vielfachheit aufgeführten, Eigenwerte von F bedeuten. ■

Bemerkung 11.1 Die Umkehrung von Satz 11.9 gilt natürlich auch. Ist F diagonalisierbar, so ist auch F^* diagonalisierbar. F und F^* sind demnach vertauschbar, weil das Produkt von Diagonalmatrizen vertauschbar ist. Somit ist F normal.

Beispiel 11.5 Es sei die lineare Abbildung F definiert wie folgt:

$$F : \mathbb{C}^3 \to \mathbb{C}^3, \begin{pmatrix} z_1 \\ z_2 \\ z_3 \end{pmatrix} \mapsto \begin{pmatrix} -z_1 \\ -2z_3 \\ 2z_2 \end{pmatrix}.$$

Bezüglich der Standardbasis E= $\left\{\overrightarrow{e_1}, \overrightarrow{e_2}, \overrightarrow{e_3}\right\}$ besitzt F die Darstellungsmatrix

$$M_{\mathcal{E},\mathcal{E}}(F) = \begin{pmatrix} -1 & 0 & 0 \\ 0 & 0 & -2 \\ 0 & 2 & 0 \end{pmatrix},$$

woraus man sofort erhält:

$$\det\left(M_{\mathcal{E},\mathcal{E}}(F) - \lambda E\right) = -(\lambda + 1)\left(\lambda^2 + 4\right).$$

Demnach lauten dieEigenwerte von F:

$$\lambda_1 = -1, \lambda_2 = 2\mathrm{i}, \lambda_3 = -2\mathrm{i}.$$

Zugehörige, linear unabhängige Eigenvektoren sind:

$$\overrightarrow{a_1} = \begin{pmatrix} 1 \\ 0 \\ 0 \end{pmatrix}, \overrightarrow{a_2} = \begin{pmatrix} 0 \\ \mathrm{i} \\ 1 \end{pmatrix}, \overrightarrow{a_3} = \begin{pmatrix} 0 \\ -\mathrm{i} \\ 1 \end{pmatrix}.$$

Daraus erhält man eine Orthonormalbasis $\mathcal{E}' = \left\{\overrightarrow{e'_1}, \overrightarrow{e'_2}, \overrightarrow{e'_3}\right\}$ mit

$$\overrightarrow{e'_1} = \overrightarrow{a_1}, \overrightarrow{e'_2} = \frac{1}{\sqrt{2}}\overrightarrow{a_2}, \overrightarrow{e'_3} = \frac{1}{\sqrt{2}}\overrightarrow{a_3},$$

für die gilt:

$$M_{\mathcal{E}',\mathcal{E}'}(F) = \begin{pmatrix} -1 & 0 & 0 \\ 0 & 2\mathrm{i} & 0 \\ 0 & 0 & -2\mathrm{i} \end{pmatrix}.$$

Testfragen

1. Ist die lineare Abbildung

$$F : \mathbb{R}^3 \to \mathbb{R}^3, \begin{pmatrix} x_1 \\ x_2 \\ x_3 \end{pmatrix} \mapsto F\begin{pmatrix} x_1 \\ x_2 \\ x_3 \end{pmatrix} = \begin{pmatrix} 0 \\ x_1 \\ x_2 \end{pmatrix}$$

eine normale Abbildung?

2. Die Eigenwerte einer normalen Abbildung $F : \mathbb{C}^4 \to \mathbb{C}^4$ sind

$$\lambda_1 = \mathrm{i},\ \lambda_1 = -\mathrm{i},\ \lambda_3 = 2,\ \lambda_4 = 1 + \mathrm{i}.$$

Wie lauten die Eigenwerte der adjungierten Abbildung?

3. Berechnen Sie die Eigenwerte und zugehörigen Eigenvektoren von

$$F : \mathbb{C}^2 \to \mathbb{C}^2, \begin{pmatrix} z_1 \\ z_2 \end{pmatrix} \mapsto F\begin{pmatrix} z_1 \\ z_2 \end{pmatrix} = \begin{pmatrix} -z_2 \\ z_1 \end{pmatrix}.$$

Ist F normal?

4. Es sei F eine normale Abbildung eines endlichdimensionalen, unitären Vektorraumes V. Besitzen F und F^* dieselben Eigenwerte?

5. Es sei F eine normale Abbildung eines endlichdimensionalen, euklidischen Vektorraumes V. Besitzen F und F^* dieselben Eigenwerte?

11.3 Selbstadjungierte Abbildungen

Von besonderer Bedeutung sind solche linearen Selbstabbildungen eines euklidischen oder unitären Vektorraumes, die mit ihrer adjungierten Abbildung übereinstimmen.

Definition 11.3 Ein Endomorphismus F eines euklidischen oder unitären Vektorraumes heißt **selbstadjungiert** genau dann, wenn gilt $F = F^*$.

Bemerkung 11.2 Unmittelbar einsichtig bzw. leicht nachzurechnen sind die folgenden Aussagen.
a) Jede selbstadjungierte Abbildung ist auch normal.
b) Für alle $F \in \mathrm{End}\,(V)$ sind

$$F^* \circ F,\ F \circ F^* \text{ und } F^* \circ F \pm F \circ F^*.$$

stets selbstadjungiert.

Für die Eigenwerte einer selbstadjungierten Abbildung gilt der folgende

Satz 11.10 *Es sei F ein selbstadjungierter Endomorphismus eines euklidischen oder unitären Vektorraumes V. Dann besitzt F nur reelle Eigenwerte.*

Beweis: Es sei $\vec{a} \neq \vec{0}$ ein Eigenvektor von F zum Eigenwert λ. Da F selbstadjungiert und damit auch normal ist, ist nach Satz 11.6 $\vec{a}$ auch Eigenvektor zum Eigenwert $\overline{\lambda}$. Also gilt

$$F\left(\vec{a}\right) = \lambda \vec{a} \text{ und } F^*\left(\vec{a}\right) = \overline{\lambda}\vec{a}.$$

Wegen $F = F^*$ folgt daraus

$$\left(\lambda - \overline{\lambda}\right)\vec{a} = \vec{0}.$$

Nun ist $\vec{a} \neq \vec{0}$, also folgt

$$\lambda - \overline{\lambda} = 2\,\mathrm{Im}\,(\lambda) = 0,$$

d. h., λ ist reell. ■

Ebenso wie normale Abbildungen lassen sich auch selbstadjungierte Abbildungen im Falle endlicher Dimension mithilfe von Darstellungsmatrizen charakterisieren.

Satz 11.11 *Es sei V ein euklidischer oder unitärer Vektorraum endlicher Dimension, F sei ein Endomorphismus von V, und $\mathcal{B}$ bzw. $\mathcal{E}$ sei eine Basis bzw. Orthonormalbasis von V. Dann gilt:*

a) F selbstadjungiert $\Leftrightarrow M_{\mathcal{B},\mathcal{B}}(F) = M_{\mathcal{B},\mathcal{B}}(F^*)$.

b) F selbstadjungiert $\Leftrightarrow M_{\mathcal{E},\mathcal{E}}(F) = \overline{M_{\mathcal{E},\mathcal{E}}(F)}^T$, d. h., $M_{\mathcal{E},\mathcal{E}}(F)$ ist hermitesch.

Beweis: Die Aussagen ergeben sich wie bei Satz 11.8 sofort anhand der Darstellungsmatrizen und aus Satz 11.4. ■

Für selbstadjungierte Abbildungen endlichdimensionaler unitärer oder orthogonaler Vektorräume gilt Satz 11.9 in einer schärferen Fassung.

Satz 11.12 *Es sei V ein euklidischer oder unitärer Vektorraum endlicher Dimension, F sei ein selbstadjungierter Endomorphismus von V. Dann ist F diagonalisierbar, d. h., es gibt eine Orthonormalbasis $\mathcal{E}$ aus Eigenvektoren, so dass gilt*

$$M_{\mathcal{E},\mathcal{E}}(F) = \mathrm{Diag}\,(\lambda_1, \ldots, \lambda_n),$$

wobei $\lambda_1, \ldots, \lambda_n$ die, entsprechend ihrer Vielfachheit aufgeführten, reellen Eigenwerte von F bedeuten.

Beweis: Jede selbstadjungierte Abbildung ist auch normal. Also ist F nach Satz 11.9 diagonalisierbar. Nach Satz 11.10 sind alle Eigenwerte von F reell. ■

Bemerkung 11.3 Die Umkehrung von Satz 11.12 gilt natürlich auch. Ist F diagonalisierbar mit nur reellen Eigenwerten, so ist auch F^* diagonalsierbar und hat nur reelle Eigenwerte. Folglich gilt für eine geeignete Orthonormalbasis $M_{\mathcal{E},\mathcal{E}}(F^*) = M_{\mathcal{E},\mathcal{E}}(F)$, d. h., F ist selbstadjungiert.

Beispiel 11.6 Es sei die lineare Abbildung F definiert wie folgt:

$$F : \mathbb{R}^3 \to \mathbb{R}^3, \begin{pmatrix} x_1 \\ x_2 \\ x_3 \end{pmatrix} \mapsto \begin{pmatrix} 3x_3 \\ x_2 \\ 3x_1 \end{pmatrix}.$$

Bezüglich der Standardbasis E= $\left\{\overrightarrow{e_1}, \overrightarrow{e_2}, \overrightarrow{e_3}\right\}$ besitzt F die Darstellungsmatrix

$$M_{\mathcal{E},\mathcal{E}}(F) = \begin{pmatrix} 0 & 0 & 3 \\ 0 & 1 & 0 \\ 3 & 0 & 0 \end{pmatrix},$$

woraus man sofort erhält:

$$\det\left(M_{\mathcal{E},\mathcal{E}}(F) - \lambda E\right) = -(\lambda - 1)\left(\lambda^2 - 9\right).$$

Demnach lauten dieEigenwerte von F:

$$\lambda_1 = 1, \lambda_2 = 3, \lambda_3 = -3.$$

Zugehörige, linear unabhängige, bereits normierte Eigenvektoren sind:

$$\overrightarrow{e_1'} = \begin{pmatrix} 0 \\ 1 \\ 0 \end{pmatrix}, \overrightarrow{e_2'} = \frac{1}{\sqrt{2}}\begin{pmatrix} 1 \\ 0 \\ 1 \end{pmatrix}, \overrightarrow{e_3'} = \frac{1}{\sqrt{2}}\begin{pmatrix} 1 \\ 0 \\ -1 \end{pmatrix}.$$

Bezüglich der Orthonormalbasis $\mathcal{E}' = \left\{\overrightarrow{e_1'}, \overrightarrow{e_2'}, \overrightarrow{e_3'}\right\}$ gilt dann:

$$M_{\mathcal{E}',\mathcal{E}'}(F) = \begin{pmatrix} 1 & 0 & 0 \\ 0 & 3 & 0 \\ 0 & 0 & 3 \end{pmatrix}.$$

Testfragen

1. Ist die lineare Abbildung

$$F : \mathbb{C}^2 \to \mathbb{C}^2, \begin{pmatrix} z_1 \\ z_2 \end{pmatrix} \mapsto F\begin{pmatrix} z_1 \\ z_2 \end{pmatrix} = \begin{pmatrix} z_1 + z_2 \\ z_1 \end{pmatrix}$$

eine selbstadjungierte Abbildung?

2. Die Eigenwerte eines Endomorphismus F von $\mathbb{C}^3$ lauten i, -i und 1. Kann F selbstadjungiert sein?

3. Gegeben ist die lineare Abbildung

$$F : \mathbb{R}^3 \to \mathbb{R}^3, \begin{pmatrix} x_1 \\ x_2 \\ x_3 \end{pmatrix} \mapsto F\begin{pmatrix} x_1 \\ x_2 \\ x_3 \end{pmatrix} = \begin{pmatrix} 0 \\ x_2 \\ 0 \end{pmatrix}.$$

Wie lautet $M_{\mathcal{E},\mathcal{E}}(F)$, wobei $\mathcal{E}$ die Standardbasis von $\mathbb{R}^3$ bedeutet?
Ist F selbstadjungiert?

4. Es sei V ein unitärer Vektorraum endlicher Dimension. Weiter sei F ein Endomorphismus von V. Wenn F und F^* dieselben Eigenwerte haben, ist dann F selbstadjungiert?

5. Es sei V ein euklidischer Vektorraum endlicher Dimension. Weiter sei F ein Endomorphismus von V. Wenn F und F^* dieselben Eigenwerte haben, ist dann F selbstadjungiert?

11.4 Orthogonale und unitäre Abbildungen

Jetzt untersuchen wir lineare Abbildungen, welche das Innenprodukt unverändert lassen.

Definition 11.4 Es seien V, W euklidische bzw. unitäre Vektorräume. Eine lineare Abbildung $F \in \text{Hom}(V, W)$ heißt **orthogonal** bzw. **unitär** genau dann, wenn gilt:

$$\bigwedge_{\vec{u}, \vec{v} \in V} \langle F(\vec{u}), F(\vec{v}) \rangle = \langle \vec{u}, \vec{v} \rangle. \tag{11.5}$$

Ist $V = W$, so nennt man F mit dieser Eigenschaft (11.5) auch **isometrisch**.

Bei einer orthogonalen bzw. unitären Abbildung F hat der Bildvektor $F(\vec{v})$ dieselbe Länge wie der ursprüngliche Vektor $\vec{v}$, denn es gilt aufgrund von (11.5)

$$\|F(\vec{v})\|^2 = \langle F(\vec{v}), F(\vec{v})\rangle = \langle \vec{v}, \vec{v}\rangle = \|\vec{v}\|^2. \tag{11.6}$$

Orthogonale bzw. unitäre Abbildungen haben spezielle Eigenschaften, die in den folgenden Sätzen formuliert werden.

Satz 11.13 *Es seien V, W euklidische bzw. unitäre Vektorräume. Ist die Abbildung $F \in \mathrm{Hom}(V, W)$ orthogonal bzw. unitär, so ist F stets monomorph.*

Beweis: Wir zeigen, dass eine orthogonale bzw. unitäre Abbildung $F : V \to W$ als Kern den Nullraum hat.
Dazu sei $F(\vec{v}) = \vec{0}$; dies ist äquivalent zu

$$\langle F(\vec{v}), F(\vec{v})\rangle = 0.$$

Aufgrund der orthogonalen bzw. unitären Eigenschaft (11.5) folgt

$$\langle F(\vec{v}), F(\vec{v})\rangle = \langle \vec{v}, \vec{v}\rangle = 0,$$

woraus wir wegen (7.15) sofort erhalten

$$\vec{v} = \vec{0}.$$

Also gilt

$$\mathrm{Kern}(F) = \mathcal{O},$$

d. h., F ist monomorph. ∎

Orthogonale bzw. unitäre Abbildungen, die isomorph sind, übertragen die Eigenschaft (11.5) auch auf ihre inverse Abbildung.

Satz 11.14 *Es seien V, W euklidische bzw. unitäre Vektorräume. Weiter sei $F \in \mathrm{Hom}(V, W)$ orthogonal bzw. unitär.*
a) Ist F isomorph, so ist auch F^{-1} orthogonal bzw. unitär, und es gilt:

$$F^* = F^{-1}.$$

b) Ist F isomorph und gilt $F^* = F^{-1}$, so ist F orthogonal bzw. unitär.

Beweis: a) Aus der Eigenschaft (11.5)

$$\bigwedge_{\vec{u}, \vec{v} \in V} \langle F(\vec{u}), F(\vec{v})\rangle = \langle \vec{u}, \vec{v}\rangle$$

folgt aufgrund der Isomorphie von F sofort

$$\bigwedge_{\vec{x},\vec{y}\in W} \left\langle F\left(F^{-1}(\vec{x})\right), F\left(F^{-1}(\vec{y})\right)\right\rangle = \left\langle F^{-1}(\vec{x}), F^{-1}(\vec{y})\right\rangle,$$

d. h., es gilt

$$\bigwedge_{\vec{x},\vec{y}\in W} \langle \vec{x}, \vec{y}\rangle = \left\langle F^{-1}(\vec{x}), F^{-1}(\vec{y})\right\rangle.$$

Also ist auch F^{-1} orthogonal bzw. unitär.
Da F isomorph ist, ergibt sich aus der Eigenschaft (11.5) weiter

$$\bigwedge_{\vec{v}\in V,\vec{w}\in W} \left\langle F(\vec{v}), F\left(F^{-1}(\vec{w})\right)\right\rangle = \left\langle \vec{v}, F^{-1}(\vec{w})\right\rangle,$$

also folgt

$$\bigwedge_{\vec{v}\in V,\vec{w}\in W} \langle F(\vec{v}), \vec{w}\rangle = \left\langle \vec{v}, F^{-1}(\vec{w})\right\rangle.$$

Nun ist aber die adjungierte Abbildung F^* genau durch die Beziehung

$$\bigwedge_{\vec{v}\in V,\vec{w}\in W} \langle F(\vec{v}), \vec{w}\rangle = \langle \vec{v}, F^*(\vec{w})\rangle$$

definiert. Somit stimmen F^* und F^{-1} überein.
b) Aus der Gleichheit von F^* und F^{-1} folgt

$$\bigwedge_{\vec{u}\in V,\vec{w}\in W} \langle F(\vec{u}), \vec{w}\rangle = \langle \vec{u}, F^*(\vec{w})\rangle = \left\langle \vec{u}, F^{-1}(\vec{w})\right\rangle,$$

woraus sich mit $\vec{w} = F(\vec{v})$ ergibt

$$\bigwedge_{\vec{u},\vec{v}\in V} \langle F(\vec{u}), F(\vec{v})\rangle = \left\langle \vec{u}, F^{-1}(F(\vec{v}))\right\rangle = \langle \vec{u}, \vec{v}\rangle.$$

Demnach ist die lineare Abbildung F orthogonal bzw. unitär. ■

Orthogonale bzw. unitäre Endomorphismen lassen nur bestimmte Werte als Eigenwerte zu.

Satz 11.15 *Es sei V ein euklidischer bzw. unitärer Vektorraum. Weiter sei der Automorphismus $F \in \mathrm{End}(V)$ orthogonal bzw. unitär. Dann ist F auch normal, und die Eigenwerte von F haben alle den Betrag* 1.

Beweis: Die Normalität von F ist leicht nachzuweisen und wird als Übungsaufgabe empfohlen. Da F ein orthogonaler bzw. unitärer Endomorphismus ist, gilt weiter speziell nach (11.3) für jeden Eigenwert λ von F mit zugehörigem Eigenvektor $\vec{a}$ die Gleichung

$$\|F(\vec{a})\|^2 = \langle F(\vec{a}), F(\vec{a})\rangle = \langle \lambda\vec{a}, \lambda\vec{a}\rangle = |\lambda|^2 \cdot \|\vec{a}\|^2 = \|\vec{a}\|^2.$$

Folglich erhält man

$$|\lambda|^2 = 1,$$

d. h., jeder Eigenwert von F hat den Betrag 1. ■

Im endlichdimensionalen Fall gilt für unitäre Räume sogar die Umkehrung von Satz 11.15, denn F ist dann wegen der Normalität nach Satz 11.9 diagonalisierbar. Also gibt es eine Orthonormalbasis $\mathcal{E}$, so dass gilt:

$$M_{\mathcal{E},\mathcal{E}}(F) = \operatorname{Diag}(\lambda_1, \ldots, \lambda_n),$$

wobei die Eigenwerte nach Voraussetzung alle den Betrag 1 haben. Folglich ist

$$M_{\mathcal{E},\mathcal{E}}\left(F^*\right) = \overline{M_{\mathcal{E},\mathcal{E}}(F)}^T = \operatorname{Diag}\left(\overline{\lambda_1}, \ldots, \overline{\lambda_n}\right) = M_{\mathcal{E},\mathcal{E}}(F)^{-1},$$

d. h., es ist nach Satz 11.14 F ein unitärer Automorphismus, und man erhält so den

Satz 11.16 *Es sei V ein unitärer Vektorraum endlicher Dimension; F sei ein normaler Endomorphismus von V, und die Eigenwerte von F haben alle den Betrag* 1. *Dann ist F unitär.*

Beispiel 11.7 Es sei die lineare Abbildung F definiert wie folgt:

$$F : \mathbb{C}^4 \to \mathbb{C}^4, \begin{pmatrix} z_1 \\ z_2 \\ z_3 \\ z_4 \end{pmatrix} \mapsto \begin{pmatrix} z_2 \\ z_1 \\ -z_4 \\ z_3 \end{pmatrix}.$$

Es gilt nun für $\vec{u}, \vec{v} \in \mathbb{C}^4$:

$$\begin{aligned}
\langle F(\vec{u}), F(\vec{v})\rangle &= \left\langle \begin{pmatrix} u_2 \\ u_1 \\ -u_4 \\ u_3 \end{pmatrix}, \begin{pmatrix} v_2 \\ v_1 \\ -v_4 \\ v_3 \end{pmatrix} \right\rangle \\
&= u_2 v_2 + u_1 v_1 + (-u_4)(-v_4) + u_3 v_3 \\
&= \left\langle \begin{pmatrix} u_1 \\ u_2 \\ u_3 \\ u_4 \end{pmatrix}, \begin{pmatrix} v_1 \\ v_2 \\ v_3 \\ v_4 \end{pmatrix} \right\rangle = \langle \vec{u}, \vec{v}\rangle,
\end{aligned}$$

d. h., F ist unitär. Bezüglich der Standardbasis E= $\left\{\overrightarrow{e_1}, \overrightarrow{e_2}, \overrightarrow{e_3}, \overrightarrow{e_4}\right\}$ besitzt F die Darstellungsmatrix

$$M_{\mathcal{E},\mathcal{E}}(F) = \begin{pmatrix} 0 & 1 & 0 & 0 \\ 1 & 0 & 0 & 0 \\ 0 & 0 & 0 & -1 \\ 0 & 0 & 1 & 0 \end{pmatrix},$$

woraus sich sofort ergibt:

$$\det\left(M_{\mathcal{E},\mathcal{E}}(F) - \lambda E\right) = \left(\lambda^2 - 1\right)\left(\lambda^2 + 1\right).$$

Demnach lauten dieEigenwerte von F:

$$\lambda_1 = 1,\ \lambda_2 = -1,\ \lambda_3 = \mathrm{i},\ \lambda_4 = -\mathrm{i}.$$

Zugehörige, linear unabhängige Eigenvektoren sind:

$$\overrightarrow{a_1} = \begin{pmatrix} 1 \\ 1 \\ 0 \\ 0 \end{pmatrix}, \overrightarrow{a_2} = \begin{pmatrix} 1 \\ -1 \\ 0 \\ 0 \end{pmatrix}, \overrightarrow{a_3} = \begin{pmatrix} 0 \\ 0 \\ \mathrm{i} \\ 1 \end{pmatrix}, \overrightarrow{a_4} = \begin{pmatrix} 0 \\ 0 \\ -\mathrm{i} \\ 1 \end{pmatrix}.$$

Daraus erhält man eine Orthonormalbasis $\mathcal{E}' = \left\{\overrightarrow{e'_1}, \overrightarrow{e'_2}, \overrightarrow{e'_3}, \overrightarrow{e'_4}\right\}$ mit

$$\overrightarrow{e'_1} = \frac{1}{\sqrt{2}}\overrightarrow{a_1},\ \overrightarrow{e'_2} = \frac{1}{\sqrt{2}}\overrightarrow{a_2},\ \overrightarrow{e'_3} = \frac{1}{\sqrt{2}}\overrightarrow{a_3},\ \overrightarrow{e'_4} = \frac{1}{\sqrt{2}}\overrightarrow{a_4},$$

für die gilt:

$$M_{\mathcal{E}',\mathcal{E}'}(F) = \begin{pmatrix} 1 & 0 & 0 & 0 \\ 0 & -1 & 0 & 0 \\ 0 & 0 & \mathrm{i} & 0 \\ 0 & 0 & 0 & -\mathrm{i} \end{pmatrix}.$$

Die orthogonalen bzw. unitären Automorphismen eines euklidischen bzw. unitären Vektorraumes bilden bezüglich des Abbildungsproduktes eine Gruppe, wie man leicht nachrechnen kann.

Definition 11.5 Die Gruppe der orthogonalen bzw. unitären Automorphismen eines euklidischen bzw. unitären Vektorraumes V heißt **orthogonale** bzw. **unitäre Gruppe** von V. Wir bezeichnen sie mit $\mathrm{Aut}_{\langle.,.\rangle}(V)$.

Die Gruppe $\mathrm{Aut}_{\langle .,. \rangle}(V)$ ist eine wichtige Untergruppe der Automorphismengruppe von V, denn sie gestattet die Darstellung eines beliebigen Automorphismus als Produkt eines orthogonalen bzw. unitären und eines selbstadjungierten Automorphismus.

Satz 11.17 *Es sei V ein euklidischer bzw. unitärer Vektorraum endlicher Dimension. Zu jedem Automorphismus F von V gibt es einen eindeutig bestimmten orthogonalen bzw. unitären Automorphismus $\widetilde{F}$ und einen eindeutig bestimmten selbstadjungierten Automorphismus F_*, so dass gilt*

$$F = \widetilde{F} \circ F_*.$$

Statt eines Beweises (siehe [9]) geben wir an, wie man die Automorphismen $\widetilde{F}$ und F_* konstruiert:

1. Man bildet die lineare Abbildung

$$F_0 = F^* \circ F.$$

F_0 ist dann selbstadjungiert mit nur positiven Eigenwerten $\lambda_1, \ldots, \lambda_n$. Es sei $\overrightarrow{e_1}, \ldots, \overrightarrow{e_n}$ eine zu F_0 gehörige Orthonormalbasis.

2. Man definiert die lineare Abbildung F_* durch

$$F_*\left(\overrightarrow{e_i}\right) = \sqrt{\lambda_i}\,\overrightarrow{e_i}\,;\; i = 1, \ldots, n.$$

F_* ist selbstadjungiert, und es gilt

$$F_* \circ F_* = F^* \circ F.$$

3. Man bildet die lineare Abbildung

$$\widetilde{F} = F \circ F_*^{-1}.$$

$\widetilde{F}$ ist dann orthogonal bzw. unitär, wie man durch Nachrechnen bestätigt.

4. Das Produkt

$$\widetilde{F} \circ F_*$$

ist dann die gewünschte Zerlegung von F in einen orthogonalen bzw. unitären und einen selbstadjungierten Automorphismus.

Bemerkung 11.4 Die Konstruktionsvorschrift zur Bildung von $\widetilde{F}$ und F_* kann als die Skizze eines Beweises von Satz 11.17 verstanden werden.

Testfragen

1. Ist die lineare Abbildung

$$F : \mathbb{R}^2 \to \mathbb{R}^2, \begin{pmatrix} x_1 \\ x_2 \end{pmatrix} \mapsto F\begin{pmatrix} x_1 \\ x_2 \end{pmatrix} = \begin{pmatrix} -x_2 \\ x_1 \end{pmatrix}$$

eine orthogonale Abbildung? Wie lauten die Eigenwerte von F?

2. Wenn F orthogonal bzw. unitär ist, gilt dann Kern $(F) = \mathcal{O}$?

3. Die Eigenwerte einer unitären Abbildung $F : \mathbb{C}^4 \to \mathbb{C}^4$ sind

$$\lambda_1 = -1, \lambda_1 = 1, \lambda_3 = \frac{1}{2}\left(1 + \sqrt{3}\mathrm{i}\right), \lambda_4 = \frac{1}{2}\left(1 - \sqrt{3}\mathrm{i}\right).$$

Ist dann F unitär?

4. Gegeben ist die lineare Abbildung

$$F : \mathbb{R}^3 \to \mathbb{R}^3, \begin{pmatrix} x_1 \\ x_2 \\ x_3 \end{pmatrix} \mapsto F\begin{pmatrix} x_1 \\ x_2 \\ x_3 \end{pmatrix} = \begin{pmatrix} x_1 \\ x_2 \\ -x_3 \end{pmatrix},$$

welche „an der (x_1, x_2)-Ebene spiegelt“. Ist F orthogonal? Wie lauten die Eigenwerte von F?

5. Ist eine orthogonale bzw. unitäre Abbildung auch normal?

11.5 Aufgaben

1. Beweisen Sie die Rechenregeln für adjungierte Abbildungen, welche in Satz 11.3 aufgeführt sind.

2. Zeigen Sie, dass die Umkehrung von Satz 11.9 gilt, d. h., dass jeder diagonalisierbare Endomorphismus eines endlichdimensionalen, unitären Vektorraumes auch normal ist.

3. Es sei $F : V \to W$ eine lineare Abbildung unitärer bzw. euklidischer Vektorräume. Es existiere die adjungierte Abbildung F^*. Zeigen Sie, dass gilt:
   a) $\text{Kern}\,(F) = \left\{ \vec{v} \in V \mid \langle \vec{v}, \vec{u} \rangle = 0 \text{ für alle } \vec{u} \in \text{Bild}\,(F^*) \right\}.$
   b) $\text{Kern}\,(F^*) = \left\{ \vec{w} \in W \mid \langle \vec{w}, \vec{x} \rangle = 0 \text{ für alle } \vec{x} \in \text{Bild}\,(F) \right\}.$

4. Es sei $F : V \to W$ eine lineare Abbildung endlichdimensionaler, unitärer bzw. euklidischer Vektorräume. Beweisen Sie, dass gilt:
   a) F monomorph $\Leftrightarrow$ F^* epimorph.
   b) F epimorph $\Leftrightarrow$ F^* monomorph.

5. Es sei F ein selbstadjungierter Endomorphismus eines endlichdimensionalen, orthogonalen Vektorraumes; die Eigenwerte von F seien alle positiv. Zeigen Sie:

a) F und $F \circ F$ haben dieselben Eigenvektoren.

b) Die Eigenwerte von $F \circ F$ sind die Quadrate der Eigenwerte von F.

6. Zeigen Sie, dass für einen orthogonalen bzw. unitären Automorphismus F gilt:

$$F = F^* \Leftrightarrow F^{-1} = F.$$

7. Berechnen Sie die Eigenwerte und Eigenvektoren von

$$F : \mathbb{C}^3 \to \mathbb{C}^3, \begin{pmatrix} z_1 \\ z_2 \\ z_3 \end{pmatrix} \mapsto F\begin{pmatrix} z_1 \\ z_2 \\ z_3 \end{pmatrix} = \begin{pmatrix} -3z_1 \\ z_2 + z_3 \\ z_3 \end{pmatrix}.$$

Ist F diagonalisierbar?

8. Gegeben ist die lineare Abbildung

$$F : \mathbb{R}^3 \to \mathbb{R}^3, \begin{pmatrix} x_1 \\ x_2 \\ x_3 \end{pmatrix} \mapsto F\begin{pmatrix} x_1 \\ x_2 \\ x_3 \end{pmatrix} = \begin{pmatrix} x_1 + x_2 + x_3 \\ x_2 + x_3 \\ x_3 \end{pmatrix}.$$

a) Zeigen Sie, dass F ein Automorphismus ist.

b) Geben Sie die Produktzerlegung von F in einen orthogonalen Automorphismus $\widetilde{F}$ und einen selbstadjungierten Automorphismus F^* an. (Siehe Satz 11.17)

Literaturverzeichnis

[1] Anton, H.: Lineare Algebra. Elsevier Spektrum Akademischer Verlag, Heidelberg 2004

[2] Artmannn, B.: Lineare Algebra. Birkhäuser, Basel 1991

[3] Bartsch, H.-J.: Taschenbuch mathematischer Formeln. Fachbuchverlag Leipzig im Carl Hanser Verlag, Leipzig 2004

[4] Beutelspacher, A.: Lineare Algebra. Vieweg, Wiesbaden 2003

[5] Bretscher, O.: Linear Algebra with Applications. Pearson Prentice Hall N J, 2001

[6] Burg, K., Haf, H. und Wille, F.: Höhere Mathematik für Ingenieure 2, Lineare Algebra. Teubner, Stuttgart 2007

[7] Fischer, G: Lineare Algebra. Vieweg, Wiesbaden 2005

[8] Fritzsche, K.: Grundkurs Analysis 1. Elsevier Spektrum Akademischer Verlag, Heidelberg 2005

[9] Kowalsky, H.-J. und Michler, G. O.: Lineare Algebra. De Gruyter, Berlin 2003

[10] Lay, D. C.: Linear Algbra. Pearson Addison Wesley, Boston 2006

[11] Gawronski, W.: Grundlagen der Linearen Algebra. AULA-Verlag, Wiesbaden 1996

[12] Göthner, P.: Grundzüge der linearen Algebra. Engelsdorfer Verlag, Leipzig 2005

[13] Gramlich, G.: Lineare Algebra. Fachbuchverlag Leipzig im Carl Hanser Verlag, Leipzig 2003

[14] Gramlich, G.: Anwendungen der Linearen Algebra. Fachbuchverlag Leipzig im Carl Hanser Verlag, Leipzig 2004

[15] Gröbner, W.: Matrizenrechnung. Bibliographisches Institut, Mannheim 1966

[16] Huppert, B. und Willems, W.: Lineare Algebra. Teubner, Stuttgart 2006

[17] Jänich, K.: Lineare Algebra. Springer, Berlin 2003

[18] Möller, H.: Algorithmische Lineare Algebra. Vieweg, Wiesbaden 1999

[19] Muthsam, H. J.: Lineare Algebra und ihre Anwendungen. Elsevier Spektrum Akademischer Verlag, Heidelberg 2006

[20] Lang, S.: Linear Algebra. Springer, Berlin 1993

[21] Olver, P. J. and Shakiban C.: Applied Linear Algebra. Pearson Prentice Hall N J, 2006

[22] Scherfner, M. und Senkbeil, T.: Lineare Algebra für das erste Semester. Pearson, München 2006

[23] Stoer, J.: Numerische Mathematik Band 1. Springer, Berlin 2005

[24] Strang, G.: Lineare Algebra. Springer, Berlin 2003

Sachwortverzeichnis